U0179787

中国区块链发展研究

RESEARCH ON THE DEVELOPMENT OF BLOCKCHAIN IN CHINA

中国工程院"中国区块链发展战略研究"项目组 ◎编

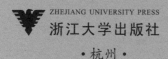

ZHEJIANG UNIVERSITY PRESS
浙江大学出版社
·杭州·

图书在版编目（CIP）数据

中国区块链发展研究 / 中国工程院"中国区块链发
展战略研究"项目组编. -- 杭州 : 浙江大学出版社，
2023.6
ISBN 978-7-308-23590-7

Ⅰ. ①中… Ⅱ. ①中… Ⅲ. ①区块链技术－研究－中
国 Ⅳ. ①TP311.135.9

中国国家版本馆CIP数据核字(2023)第051470号

中国区块链发展研究

ZHONGGUO QUKUAILIAN FAZHAN YANJIU

中国工程院"中国区块链发展战略研究"项目组　编

策　　划	黄娟琴
责任编辑	吴昌雷　黄娟琴
责任校对	王　波
封面设计	北京春天
出版发行	浙江大学出版社
	（杭州市天目山路148号　　邮政编码310007）
	（网址：http://www.zjupress.com）
排　　版	杭州林智广告有限公司
印　　刷	杭州钱江彩色印务有限公司
开　　本	710mm×1000mm　1/16
印　　张	26
字　　数	486千
版 印 次	2023年6月第1版　2023年6月第1次印刷
书　　号	ISBN 978-7-308-23590-7
定　　价	128.00元

区块链技术是继互联网之后又一影响深远的新型基础信息技术，具有数据公开透明、不可篡改、不可伪造、可追溯等特性，是建设下一代互联网应用可信基础设施的关键支撑技术。习近平总书记在主持中共中央政治局第十八次集体学习时强调："区块链技术的集成应用在新的技术革新和产业变革中起着重要作用。我们要把区块链作为核心技术自主创新的重要突破口，明确主攻方向，加大投入力度，着力攻克一批关键核心技术，加快推动区块链技术和产业创新发展。"[①]为抢抓区块链技术发展的重大战略机遇，充分发挥区块链技术的应用价值，服务于建设创新型国家和世界科技强国的目标，研究和制定我国区块链技术发展战略具有十分重要的意义。

中国工程院于 2021 年 1 月批准启动了"中国区块链发展战略研究"咨询研究项目，由我担任项目负责人，清华大学吴建平院士担任区块链理论发展战略课题负责人，国防科技大学廖湘科院士担任区块链创新应用发展战略课题负责人，浙江大学杨小虎教授担任区块链技术与平台发展战略课题负责人，项目组由 70 余位来自全国高校、研究机构、政府部门和企事业单位的区块链领域专家学者组成。项目组历时一年，调研分析国内外区块链前沿动态，克服疫情造成的困难多次开展线上线下研讨交流，数易其稿，撰写完成了研究报告。

---

① 习近平在中央政治局第十八次集体学习时强调把区块链作为核心技术自主创新重要突破口加快推动区块链技术和产业创新发展 [N]. 人民日报，2019-10-26(1).

《中国区块链发展研究》基于工程院项目研究报告，集合了项目组在区块链理论、技术与平台、创新应用等方面的调研结果和发展趋势分析，可供相关的领导干部、专家学者和从业人员参考。

我也借本书出版这个契机，感谢中国工程院对"中国区块链发展战略研究"咨询研究项目的大力支持，感谢各位专家的辛勤工作。

陈　纯

2022 年 11 月

CHAPTER 1 ——————— 第 1 章

引 言

中 国 区 块 链 发 展 研 究

　　区块链技术已被普遍认为是继互联网之后又一影响深远的新型基础信息技术，它融合了分布式存储、点对点网络、共识机制、密码学和智能合约等计算机技术，使得数据公开透明、不可篡改、不可伪造、可追溯，能够构建一个全新的价值传递网络，促进数字经济、数字社会与数字政府的发展，是建设下一代互联网应用的可信基础设施的关键支撑技术。区块链技术将引领信息互联网向价值互联网跨越，成为发展数字经济、建设可信社会不可或缺的关键技术，也将为众多行业的应用场景和逻辑规则带来重大改变。

　　中共中央政治局于 2019 年 10 月 24 日就区块链技术发展现状和趋势进行第十八次集体学习。中共中央总书记习近平在主持学习时强调："区块链技术的集成应用在新的技术革新和产业变革中起着重要作用。我们要把区块链作为核心技术自主创新的重要突破口，明确主攻方向，加大投入力度，着力攻克一批关键核心技术，加快推动区块链技术和产业创新发展。"

　　为抢抓区块链技术发展的重大机遇，充分发挥区块链技术的应用价值，服务于建设创新型国家和世界科技强国的目标，研究和制定我国区块链技术发展规划具有十分重要的意义。本调研报告就区块链理论、技术与平台及创新应用系统梳理了区块链各方面的发展现状和趋势，主要包括：

　　（1）瞄准区块链发展研究前沿，调研分析区块链密码学理论、区块链共识理论、区块链计算与存储理论、区块链隐私保护理论等基础科学理论。

　　（2）研究分析国内外区块链技术的发展趋势及面临的重大问题，客观评价我国区块链技术的整体水平，深入分析我国区块链技术发展面临的挑战。

　　（3）研究我国区块链技术的应用需求，调研国内区块链产业布局和创新能力，分析区块链技术大规模应用的场景及面临的挑战，深入分析区块链技术创新产业化发展面临的主要困难，确立区块链技术在创新应用、产业化推广等方面的发展方向和工作内容。

CHAPTER 2

第 2 章

区块链理论

中 国 区 块 链 发 展 研 究

2.1 内容概述

本章瞄准区块链理论发展研究前沿，按照图 2.1-1 所示的区块链理论研究框架进行系统性梳理。首先针对当前区块链的底层问题——区块链密码学理论和博弈论进行调查研究；然后在此基础上结合分布式真实计算与存储、分布式数字身份等基础理论，研究区块链的核心问题——分布式共识理论和跨链互操作等；最后对区块链理论研究给出建议。

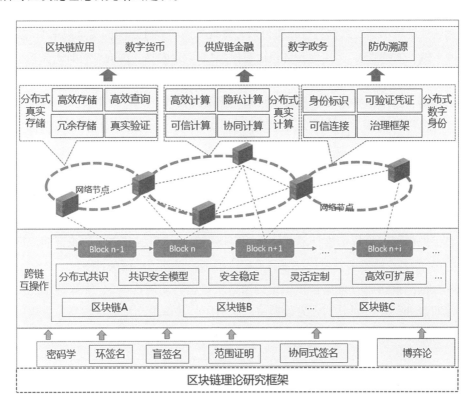

图 2.1-1　区块链理论研究框架

2.2 密码学

2.2.1 研究背景

区块链系统数据的公开透明性是构建无中心信任生态的基础，但也为区块链系统的数据安全与隐私保护带来了严峻挑战。密码技术是保障网络与信息安全的重要手段与核心技术，但现有区块链系统的密码技术主要采用签名、哈希等基础型密码，无法满足区块链技术日益发展面临的数据安全与隐私保护的需求。因此，亟须研究针对区块链系统数据安全与隐私保护的关键密码技术，为区块链技术创新和产业发展提供网络与信息安全保障。

虽然区块链在设计之初已经考虑基于假名的身份隐私保护，但随着理论研究的深入和应用领域的扩大，身份/交易数据隐私泄露问题逐渐显露。攻击者可以下载/更新公开透明的区块链数据副本，进一步分析得到网络结构、用户身份、应用状况等敏感信息，为区块链系统带来严重的隐私泄露风险。例如：Koshy等[1]利用三种异常的中继模式进行网络分析，成功将比特币地址映射到节点IP地址。科研人员通过对关联性比特币交易数据进行聚类分析，发现了不同地址之间的资金关系[2]、资金流向[3]和交易规律[4]。为了保护区块链身份/交易数据隐私，国内外科研人员基于环签名、零知识证明等密码工具提出门罗币、零币等多个隐私保护增强方案。

然而，过度保护隐私易导致区块链数据脱离监管。一旦攻击者利用区块链技术实施逃税、洗钱、违禁物交易、勒索等违法活动，系统无法对攻击者进行追责，区块链将成为犯罪行为滋生、不良内容传播的温床。以2017年爆发的"蠕虫式"勒索病毒WannaCry为例，攻击者将勒索的比特币兑换为匿名性更强的门罗币以逃脱追踪，至今逍遥法外。因此，设计兼顾用户身份隐私保护和非法行为追责的安全解决方案是区块链技术可以落地应用的必要条件之一。科研人员对区块链身份隐私保护和可监管技术进行不断探索并取得了初步成果，其中零知识证明、可链接群/环签名、盲签名等密码技术具有很大潜力，受到了广泛关注。

根据国家密码管理局初步拟定的《区块链密码使用指南》，区块链系统按照功能职责进行层次划分，分为数据层、网络层、共识层、智能合约层、应用层和用户层，各个层次调用密码技术支撑环境以保障其安全性（如图2.2-1所示）。

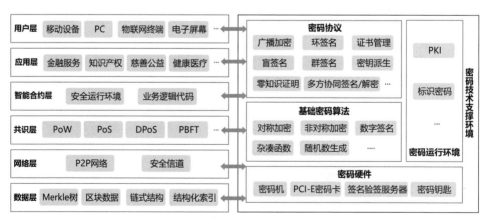

图 2.2-1 区块链密码应用参考框架

密码技术支撑环境相对独立，主要服务于区块链技术架构的各个层次，以保障应用安全及运行安全，具体可分为基础密码算法、密码协议、密码运行环境和密码硬件四个部分。

● 基础密码算法：为保障区块链系统中信息的机密性、完整性、真实性、抗抵赖性所使用的最底层密码算法，主要包括对称密钥算法、非对称密钥算法、签名验签算法、随机数生成算法、杂凑算法等；

● 密码协议：密码协议需要多方交互完成，用以满足区块链系统中的各类安全需求，主要包括零知识证明、多方协同签名/解密、群签名、环签名、盲签名、广播加密、密钥派生、证书管理等；

● 密码运行环境：密码算法或协议需要运行的基础设施体系，主要包括PKI密码体制和标识密码体制等；

● 密码硬件：经过国家密码管理部门定型和核准使用的、具有某种密码功能或能完成某种密码工作任务的设备，包括但不限于密码机、PCI-E密码卡、签名验签服务器、智能密码钥匙等。

然而，目前区块链密码运用参考架构严重依赖国外密码算法，未能广泛实现关键密码技术的自主可控。《中华人民共和国密码法》规定：我国的关键信息基础设施运营者应当使用国家商用密码进行保护。在当今错综复杂的国际环境下，以国家商用密码标准算法为基础的安全体系是实现区块链自主可控的根本。为了保障商用密码的安全性，国家商用密码管理局制定了一系列密码标准算法，已经形成了比较完善的国家商用密码标准体系，其中公开的算法主要包括：SM2 椭圆曲线公钥密码算法（包括SM2 数字签名算法、SM2 公钥加密算法和SM2 密钥交换协议）、SM3 杂凑算法、SM4 对称算法、SM9 标识密码算法（包括SM9 数字签名算法、SM9 公钥加密算法和SM9 密钥交换协议）和ZUC祖冲之算法。我国商用密码标准体系制定的初衷是满足网络与信息系统的基础安全需求，不能直接实现区块链安全所需的密钥保护、匿名交易、数据隐藏、合法监管等专用功能。因此，研究基于国家商用密码标准体系的零知识证明、多方协同签名/解密、群签名、环签名、盲签名、广播加密等新型功能密码算法，有助于实现区块链系统数据安全与隐私保护关键密码技术的自主可控，摆脱当前区块链安全严重依赖国外密码算法和标准的困境。

本项目立足国家商用密码标准体系，开展区块链系统数据安全与隐私保护关键密码技术的研究，丰富区块链技术的用户身份、交易数据、交易密钥等多层面隐私保护理论，强化区块链国产先进与自主可控，解决区块链技术发展和大规模应用面临的用户身份隐私、交易数据安全、合法监管等问题，助推区块链技术与政务、金融、医疗等涉及国计民生的重要领域相互融合。

2.2.2 研究现状

2.2.2.1 零知识证明

1989年，Goldwasser[5]等提出了零知识证明（Zero Knowledge Proof）的概念。零知识证明系统包含证明者和验证者两个参与方，证明者通过与验证者进行一次或一系列交互使验证者相信某个论断的正确性，且交互过程中不会向验证者泄漏其他秘密信息。

Zerocash[6]是零知识证明在区块链系统应用的经典案例之一，也是第一个基于零知识简洁的非交互知识论证（Zero-Knowledge Succinct Non-Interactive Argument of Knowledge, zk-SNARK）技术的未使用的交易输出（Unspent Transaction Output, UTXO）模型密码货币。Rondelet等[7]将Zerocash技术应用到以太坊，实现余额模型下的交易数据隐私保护与合法性验证。随后，Guan等[8]亦提出了一个基于zk-SNARK的区块链系统BlockMaze，通过隐藏账户余额、交易金额以及发送者和接收者之间的联系，保障余额模型下的交易数据的机密性。Bowe等[9]结合zk-SNARK设计了一种去中心化的保密交易方案，利用递归证明技术证明方案的安全性，并应用于分布式账本系统。虽然zk-SNARK在理论上能为交易数据提供强大的隐私保障，但zk-SNARK的证明生成过程复杂，内存消耗较大，不适合终端存储空间有限的应用场景[10]。

Bünz等[11]将零知识证明方案Bulletproofs[12]与ElGamal同态加密算法相结合，提出一种新的匿名支付方案Σ-Bullets，该方案减少了区块链交易的存储空间，但证明者的计算和验证开销较大。为了解决上述问题，Aram Jivanyan[13]设计了一个基于Σ-协议、通用Schnorr证明（Generalized Schnorr Proof）、双盲Pedersen承诺（Double-blinded Pedersen Commitment）等密码技术的分布式匿名支付方案，该方案能保障交易的机密性并允许批量验证交易的合法性，降低了计算和验证的开销。姜轶涵等[14]利用Bulletproofs、Paillier同态加密、Pedersen承诺等技术设计了一种可审计的机密交易方案，该方案在保证交易数据隐私的前提下实现了机密交易的可审计性。Chen等[15]将Twisted ElGamal同态加密、数字签名技术与Bulletproofs结合，提出一种可追责的分布式机密交易方案，保障交易的机密性和合法性。以上方案均使用了Bulletproofs零知识证明方案，降低了证据规模，但存在计算和验证成本较高的问题，在实际应用中的性能还有待提高。

2.2.2.2　多方协同签名/解密

安全多方计算（Secure Multi-Party Computation，SMPC）允许多个数据所有者在互不信任的情况下进行协同计算，输出计算结果，并保证任何一方都无法得到除计算结果之外的任何额外信息。多方协同签名/解密是安全多方计算的一种具体应用，主要是利用秘密分享、混淆电路等技术实现分布式密钥存储和使用，提高签名、解密等密码方案在分布式场景中的适用性、安全性和健壮性。

1982 年，姚[16]提出安全多方计算的概念，并给出安全两方计算的通用构造，主要用于解决分布式场景中两个互不信任的参与方协同计算的隐私泄漏问题。Goldreich 等[17]将安全两方计算推广到安全多方计算，提出安全多方计算问题的通用解决方案。MacKenzie 和 Reiter[18]提出首个 DSA/ECDSA 的两方协同签名协议，主要思想是将私钥分割成两部分，分别由两个实体安全保管，当需要使用私钥时，两个实体仅需执行交互协议即可完成签名运算，过程中无须恢复完整私钥，且保证不泄露任何的私钥信息。

尚铭等[19]提出针对 SM2 数字签名算法的门限签名方案，但因交互次数过多，计算和通信代价较高，导致实用性不强。Gennaro 等[20]和 Boneh 等[21]将文献[18]的两方协同签名方案扩展到 n 方，实现了 (t, n)-门限的 DSA/ECDSA 签名，但因这两个方案都多次使用分布式 Paillier 密钥生成/解密协议，导致性能较差，实用性不高。Lindell[22]提出一种改进的两方 ECDSA 协同签名方案，主要利用同态加密方案实现两方协同密钥和签名生成，提高了协同签名的效率。

Gennaro 和 Goldfeder[23]利用可验证秘密分享设计了更高效的分布式密钥生成方法，并提出 $n(n \geqslant 3)$ 方 DSA/ECDSA 协同签名方案。同时，Lindell 和 Nof[24]构造了全阈值 ECDSA 多方签名协议，主要思想以加法份额形式实现私钥分享，利用 Paillier 或不经意传输协议（Oblivious Transfer，OT）计算乘法运算中涉及的交叉项。随后，Doerner 等[25]基于 Shamir 秘密分享和 OT 协议提出 $(2, n)$-门限 ECDSA 签名方案，有效优化了方案的计算性能，但需要更多的交互次数。项目组[26]针对 IEEE P1363 标准中基于身份的数字签名设计了两方协同签名方案，主要利用同态加密算法进行设计，实现了密钥的安全保护，但方案性能有待提升。

Doerner 等[27]扩展了文献[25]的方案，提出多方场景下任意阈值的 ECDSA 签名方案。Hazay 等[28]提出两方生成 RSA 中合数 N 的协议，并在此基础上构造了抗恶意敌手攻击的门限 Paillier 密钥生成和解密方案。最近，Castagnos 等[29]在现有工作[23]的基础上提出一个不需要同态加密的多方协同 ECDSA 签名协议，有效提高了计算速度。Damgård 等[30]在大多数诚实模型（$t < n/2$）下提出一种高效的门限 ECDSA

签名协议，该方案采用提高安全假设、优先保证计算效率的思路，极大提高了门限ECDSA签名协议的吞吐量。Canetti等[31]提出一种通用可组合安全（Universally Composable, UC）的门限ECDSA签名协议，该方案不仅可以识别发起终止指令的参与方，还将签名过程分为交互式预处理阶段和非交互式签名阶段，大大提高了执行效率。

2.2.2.3 环签名

2001年，Rivest等[32]首次提出环签名（Ring Signature）的概念。环签名也是一种群组签名，但环签名中没有管理员，所有的签名参与者所形成的集合构成一个环，所有环成员用户地位对等。环签名可以做到完全匿名，即任意的环成员均能代表整个环产生有效的签名，而验证者无法明确该签名对应的签名者。Joseph等[33]提出了可链接环签名（Linkable Ring Singature）的概念，如果同一个环成员对同一消息产生了两次环签名，则验证者可以把两个签名链接起来。

为了提高安全性，Boyen等[34]提出了一个具有无条件匿名性和前向安全密钥更新的可链接环签名方案，并在远程电子投票系统中实现系统的前向安全性。曹素珍等[35]构建了一个基于离散对数困难问题且具有可转换性的可链接环签名方案。在该方案中，签名者通过随机秘密参数建立关联标签，实现可链接性、可转换性、强匿名性等安全属性。Zhang等[36]利用群签名的匿名撤销性，并以可链接环签名为基本架构提出了一个可撤销的可链接环签名方案，其中，撤销机构具有强制撤销实际签名者身份匿名性的能力。Backes等[37]构建了一个不依赖可信初始参数的可链接环签名，将环签名的规模优化为环成员数量的对数函数。2019年，Wang等[38]设计了一个基于批量验证、可链接消息标记和环签名技术的可链接环签名方案，该方案在选择相同的环成员时，能够对环签名进行批量验证。

可链接环签名已经被应用于区块链系统中以实现交易的匿名性，并通过可链接性防止"双花"行为。Noether[39]利用Joseph等[33]提出的可链接环签名方案设计了环状保密交易方案（RingCT 1.0），并用于门罗币中。在RingCT 1.0中，可链接环签名的长度与环用户数量呈线性关系。为了降低签名的长度，门罗币官方钱包中支持的签名者数量范围仅为5～20个，降低了系统的匿名性。另外，RingCT 1.0对协议的安全性并未严格定义和证明。

Sun等[40]给出了RingCT的形式化定义和安全模型，并以RingCT 1.0为基础提出了RingCT 2.0。该方案使用累加器技术对签名长度进行压缩，使得签名长度不受签名者数量影响，具有较好的效率，但RingCT 2.0中需要使用可信的公共参数，在公有链中的适用度较低。随后，Yuen等[41]提出了更高效的环状保密交易

（RingCT 3.0），该方案的签名规模比RingCT 1.0协议的环签名规模降低了98%。最近，Duan等[42]利用可链接环签名设计了一个高效的Ring CT协议来保护门罗币系统中用户的交易信息，同时降低多账户情景下的交互成本。

2.2.2.4 群签名

1991年，Chaum等[43]首次提出群签名（Group Signature）的概念。在群签名中，群成员资格由可信的群管理员管理，用户向群管理员注册并获得私钥，随后可以代表整个群对消息进行签名。验证者可以验证群签名的有效性并确认签名是否来自于某个特定的群成员，但无法确定该成员的身份。在必要情况下，群管理员可以利用它的私钥"打开"签名并揭露签名者的身份。群管理员掌握所有用户的真实身份及密钥信息，因此群签名的安全性高度依赖于群管理员的可靠性。

科研人员考虑到群成员的动态加入和撤销，引入了动态群签名的概念，并对群管理员的权利进行限制以平衡匿名性与可追踪性。Bootle等[44]对全动态群签名方案的系统模型和安全模型进行了严格的形式化定义，群管理员的角色被拆分为签发者和打开者，前者负责为群成员签发私钥，后者负责追踪签名者身份。同时，Bootle等引入安全属性"不可陷害性"（Non-Frameability），要求即使签发者和打开者合谋，也不能通过伪造用户签名来陷害诚实的群成员。Lu等[45]提出了具有去中心化追踪功能的群签名方案，主要利用知识签名（Signature of Knowledge, SoK）实现匿名性，并通过秘密分享技术分散追踪签名者的能力，平衡群签名的匿名性和可追踪性。

可链接性是平衡群用户隐私和可用性的重要手段。如果同一个群用户对同一个消息进行了两次签名，那么这两次签名可被链接到同一个用户，该属性也用于防止区块链交易中的"双花"行为。最直接的可链接性可通过群管理员揭露签名者身份来实现，但这种方式会严重泄露用户隐私。为解决上述问题，Hwang等[46]提出了可控链接性的概念，并设计了一个具有可控链接性的动态群签名方案。在该方案中，无论签名者的成员关系状态是否变更，其产生的签名都可以被匿名地链接，同时也不暴露其加入和撤销的历史。Hwang等[47]还提出了一个短群签名方案，该方案具有匿名性、可追踪性、防陷害性和可控链接性，且具有签名长度较短的优点。直接匿名认证环境还会考虑用户控制的可链接性，即用户在生成签名时决定哪些签名是可以被链接的。Garms等[48]提出了可选择链接性的概念，可以提供更灵活和隐私友好的可链接性。在该方案中，所有签名在创建时是完全不可链接的，只有在必要情况下，用户在中心实体的帮助下才能链接签名。

可链接群签名已经用于区块链环境中，可以在保障用户隐私的同时实现有效监管。Zhang 等[49]提出了一种可以追踪联盟链交易实体身份的可链接群签名方案，该方案利用线性加密帮助群管理员追踪群成员身份，并通过知识证明生成群签名，结合标签技术实现公开可链接性，有效解决区块链中的"双花"问题。Li 等[50]利用面向事件的可链接群签名和同态时间锁谜题设计了一个基于区块链的电子投票协议，并证明了该协议满足匿名性、有时间限制的隐私性、可链接性和完全可追踪性。

2.2.2.5 盲签名

1984 年，Chaum[51]首次提出盲签名（Blind Signature）的概念。盲签名方案是签名者和用户之间的一种交互协议：用户希望从签名者处获得消息的签名但不想泄漏消息的内容，而签名者需要在不知道消息内容的情况下对用户提供的消息进行签名，也不能将最终产生的签名与签名交互的过程相关联。

Zia 等[52]提出了一种基于椭圆曲线的盲签名方案，并证明该方案可以提供消息完整性、不可伪造性、不可抵赖性等安全属性。James 等[53]提出了一种基于身份的具有消息恢复功能的无双线性对盲签名方案，并基于椭圆曲线离散对数问题在随机谕言机模型下证明了该方案的安全性，最后通过性能分析表明该方案在计算和通信方面具有较好效率。左黎明等[54]提出了一种高效的短签名方案，该方案比较适用于区块链系统中计算能力和传输能力均受限的设备。科研人员也提出一系列适用于不同应用场景的多功能盲签名方案。Chande 等[55]提出了一种轻量级的代理盲签名方案，该方案允许授权代理签名者使用自己的代理私钥代表原始签名者创建合法的盲签名，具有不可链接性。Teng 等[56]提出了一种基于离散对数问题的多代理盲签名方案，该方案可以避免代理签名者缺席或通信错误导致的签名失败问题，具有较强的鲁棒性和容错性。

为了抵抗量子计算机的攻击，科研人员基于格、编码等代数结构设计了一系列盲签名方案。Zhang[57]等提出了一个基于格的代理盲签名方案，实现了消息盲化、签名委托、签名和验证等功能，并证明该方案具有不可否认性、不可伪造性和匿名性。Papachristoudis[58]等提出了一个基于格的部分盲签名方案，并在随机谕言机模型下证明了该方案的安全性。该方案的密钥/签名规模与签名速度是接近线性的，具有较好的实用性。最近，Hauck[59]等提出了一个新的基于格的盲签名方案，该方案利用一种新的中断技术减少签名错误，并在标准最小整数解（Small Integer Solution, SIS）假设下证明该方案是安全的。

张雪峰等[60]提出了一种基于SM9数字签名算法的盲签名方案，该方案利用SM3 杂凑算法和用户标识信息产生盲因子，并使用该盲因子对消息进行盲化处理，然而，用户无法通过盲签名恢复出原始消息的签名，存在明显的功能缺陷。

2.2.2.6　广播加密

1993 年，Fiat等[61]首次提出广播加密（Broadcast Encryption）的概念。广播加密是一种在公开信道上实现群组用户密文数据传输的密码体制，发送者选取任意用户集合进行数据加密，只有授权用户才能正确解密得到明文数据，而其他用户即使合谋也无法获得明文数据。

在区块链中，广播加密可以用于实现身份匿名保护、交易数据隐私保护、数据的细粒度访问控制等功能[62]。Naor等[63]提出了一个基于门限秘密分享的广播加密方案，该方案有效实现了叛徒追踪功能，但不能抵抗共谋攻击。Du等[64]提出了一个基于身份的广播加密方案，该方案能够避免证书管理问题，但密文长度会随接收者数量的增加而线性增加，密文扩展度较大。为了克服这个缺点，Boneh等[62]提出了一个新的广播加密方案，该方案抵抗共谋攻击并且密文长度固定，但需要预先设定用户数量的上限。为了进一步提高性能，Delerablée[65]利用公钥聚合的方法提出一个基于身份的广播加密方案，该方案具有固定长度的密文和私钥，并且不需要预先设定用户数量的上限。随后，Kim等[66]采用对偶加密技术构造了一个标准模型下具有适应性安全的身份基广播加密方案，该方案密文长度固定，但是公钥长度和私钥长度均与接收者数量线性相关。

Susilo等[67]提出一个用户可撤销的身份基广播加密方案。在该方案中，第三方无须解密密文即可撤销用户的解密权限。为了保护身份隐私，项目组[68]提出一个用户可撤销的匿名身份基广播加密方案。该方案在实现用户身份隐私保护的同时，支持用户解密权限的可撤销。随后，项目组[69]基于内积加密技术提出一个内积型身份基广播加密方案。该方案中解密结果不再是明文，而是与私钥和明文相关联的内积，有效实现了数据的隐私保护。为了降低密文扩展度，Ge等[70]基于树形结构构造了一个高效的身份基广播加密方案，该方案具有固定的密文长度。

Lubicz等[71]将属性基加密与广播加密相结合，提出属性基广播加密方案，能够实现动态灵活的访问控制。为了降低密文扩展度，胡思路等[72]利用动态门限访问结构设计了一种属性基广播加密方案，该方案具有固定长度的密文，并且计算和通信代价较低。Xiong等[73]提出一个部分策略可隐藏的属性基广播加密方案，可以防止访问策略中隐私信息泄漏。Agrawal等[74]基于双线性对映射和错误学习问题构造了一个新的广播加密方案，并在一般群模型下证明了方案的安全性。该方案的密文长度、私钥长度和公钥长度都与电路规模无关，具有较好的性能。为了提高安全性，Chen等[75]提出一个基于证书的广播加密方案，并在标准模型下给出了方案的安全性证明。

参考文献

[1] Koshy P, Koshy D, McDaniel P. An analysis of anonymity in bitcoin using p2p network traffic[C]//International Conference on Financial Cryptography and Data Security. Berlin: Springer, 2014: 469-485.

[2] Reid F, Harrigan M. An analysis of anonymity in the bitcoin system[M]//Security and Privacy in Social Networks. New York: Springer, 2013: 197-223.

[3] Liao K, Zhao Z, Doupé A, et al. Behind closed doors: measurement and analysis of CryptoLocker ransoms in Bitcoin[C]//2016 APWG Symposium on Electronic Crime Research (eCrime). IEEE, 2016: 1-13.

[4] Ron D, Shamir A. Quantitative analysis of the full bitcoin transaction graph[C]//International Conference on Financial Cryptography and Data Security. Berlin: Springer, 2013: 6-24.

[5] Goldwasser S, Micali S, Rackoff C. The knowledge complexity of interactive proof systems[J]. SIAM Journal on Computing, 1989, 18(1): 186-208.

[6] Sasson E B, Chiesa A, Garman C, et al. Zerocash: Decentralized anonymous payments from bitcoin[C]//2014 IEEE Symposium on Security and Privacy (SP). IEEE, 2014: 459-474.

[7] Rondelet A, Zajac M. Zeth: On integrating zerocash on ethereum[J]. arXiv preprint arXiv:1904.00905, 2019, 4(1).

[8] Guan Z, Wan Z, Yang Y, et al. BlockMaze: An efficient privacy-preserving account-model blockchain based on zk-SNARKs[J]. IEEE Transactions on Dependable and Secure Computing, 2020, 19(3): 1446-1463.

[9] Bowe S, Chiesa A, Green M, et al. Zexe: Enabling decentralized private computation[C]. 2020 IEEE Symposium on Security and Privacy (SP). IEEE, 2020: 947-964.

[10] 韩璇, 袁勇, 王飞跃. 区块链安全问题: 研究现状与展望[J]. 自动化学报, 2019, 45(1): 206-225.

[11] Bünz B, Agrawal S, Zamani M, et al. Zether: Towards privacy in a smart contract world[C]//International Conference on Financial Cryptography and Data Security. Springer, Cham, 2020: 423-443.

[12] Bünz B, Bootle J, Boneh D, et al. Bulletproofs: Short proofs for confidential transactions and more[C]//2018 IEEE Symposium on Security and Privacy (SP). IEEE, 2018: 315-334.

[13] Jivanyan A. Lelantus: Towards Confidentiality and Anonymity of Blockchain Transactions from Standard Assumptions[J]. IACR Cryptol. ePrint Arch., 2019: 373-396.

[14] 姜轶涵, 李勇, 朱岩. ACT: 可审计的机密交易方案[J]. 计算机研究与发展, 2020, 57(10): 2232-2240.

[15] Chen Y, Ma X, Tang C, et al. PGC: decentralized confidential payment system with auditability[C]//European Symposium on Research in Computer Security. Springer, 2020: 591-610.

[16] Yao A C. Protocols for secure computations[C]//23rd Annual Symposium on Foundations of Computer Science (sfcs 1982). IEEE, 1982: 160-164.

[17] Goldreich O, Micali S, Wigderson A. How to play any mental game, or a completeness theorem for protocols with honest majority[M]//Providing Sound Foundations for Cryptography: On the Work of Shafi Goldwasser and Silvio Micali. 2019: 307-328.

[18] MacKenzie P, Reiter M K. Two-party generation of DSA signatures[C]//Annual International Cryptology Conference. Springer, 2001: 137-154.

[19] 尚铭, 马原, 林璟锵, 等. SM2 椭圆曲线门限密码算法[J]. 密码学报, 2014, 1(2): 155-166.

[20] Gennaro R, Goldfeder S, Narayanan A. Threshold-optimal DSA/ECDSA signatures and an application to bitcoin wallet security[C]//International Conference on Applied Cryptography and Network Security. Springer, 2016: 156-174.

[21] Boneh D, Gennaro R, Goldfeder S. Using level-1 homomorphic encryption to improve threshold dsa signatures for bitcoin wallet security[C]//International Conference on Cryptology and Information Security in Latin America. Springer, 2017: 352-377.

[22] Lindell Y. Fast secure two-party ECDSA signing[C]//Annual International Cryptology Conference. Springer, 2017: 613-644.

[23] Gennaro R, Goldfeder S. Fast multiparty threshold ECDSA with fast trustless setup[C]// Proceedings of the 2018 ACM SIGSAC Conference on Computer and Communications Security, 2018: 1179-1194.

[24] Lindell Y, Nof A. Fast secure multiparty ECDSA with practical distributed key generation and applications to cryptocurrency custody[C]//Proceedings of the 2018 ACM SIGSAC Conference on Computer and Communications Security, 2018: 1837-1854.

[25] Doerner J, Kondi Y, Lee E, et al. Secure two-party threshold ECDSA from ECDSA assumptions[C]//2018 IEEE Symposium on Security and Privacy (SP). IEEE, 2018: 980-997.

[26] Zhang Y, He D, Zeadally S, et al. Efficient and provably secure distributed signing protocol for mobile devices in wireless networks[J]. IEEE Internet of Things Journal, 2018, 5(6): 5271-5280.

[27] Doerner J, Kondi Y, Lee E, et al. Threshold ECDSA from ECDSA assumptions: the multiparty case[C]//2019 IEEE Symposium on Security and Privacy (SP). IEEE, 2019: 1051-1066.

[28] Hazay C, Mikkelsen G L, Rabin T, et al. Efficient RSA key generation and threshold paillier in the two-party setting[J]. Journal of Cryptology, 2019, 32(2): 265-323.

[29] Castagnos G, Catalano D, Laguillaumie F, et al. Bandwidth-efficient threshold EC-DSA[C]// IACR International Conference on Public-Key Cryptography. Springer, 2020: 266-296.

[30] Damgård I, Jakobsen T P, Nielsen J B, et al. Fast threshold ECDSA with honest majority[C]// International Conference on Security and Cryptography for Networks. Springer, 2020: 382-400.

[31] Canetti R, Gennaro R, Goldfeder S, et al. UC non-interactive, proactive, threshold ECDSA with identifiable aborts[C]//Proceedings of the 2020 ACM SIGSAC Conference on Computer and Communications Security. 2020: 1769-1787.

[32] Rivest R L, Shamir A, Tauman Y. How to leak a secret[C]//International conference on the theory and application of cryptology and information security. Springer, 2001: 552-565.

[33] Liu J K, Wei V K, Wong D S. Linkable spontaneous anonymous group signature for ad hoc groups[C]//Australasian Conference on Information Security and Privacy. Springer, 2004: 325-335.

[34] Boyen X, Haines T. Forward-secure linkable ring signatures[C]//Australasian Conference on Information Security and Privacy. Springer, 2018: 245-264.

[35] 曹素珍, 孙晗, 戴文洁, 等. 基于 DLP 的可选择链接可转换环签名方案[J]. 计算机工程, 2019, 45(2): 144-147.

[36] Zhang X, Liu J K, Steinfeld R, et al. Revocable and linkable ring signature[C]//International Conference on Information Security and Cryptology. Springer, 2019: 3-27.

[37] Backes M, Döttling N, Hanzlik L, et al. Ring signatures: logarithmic-size, no setup—from standard assumptions[C]//Annual International Conference on the Theory and Applications of Cryptographic Techniques. Springer, 2019: 281-311.

[38] Wang Q, Chen J, Zhuang L. Batch Verification of Linkable Ring Signature in Smart Grid[C]// International Conference on Frontiers in Cyber Security. Springer, 2019: 161-176.

[39] Noether S. Ring Signature Condential Transactions for Monero[J]. Cryptology ePrint Archive, 2015: 1098.

[40] Sun S F, Au M H, Liu J K, et al. Ringct 2.0: A compact accumulator-based (linkable ring signature) protocol for blockchain cryptocurrency monero[C]//European Symposium on Research in Computer Security. Springer, Cham, 2017: 456-474.

[41] Yuen T H, Sun S, Liu J K, et al. Ringct 3.0 for blockchain confidential transaction: Shorter size and stronger security[C]//International Conference on Financial Cryptography and Data Security. Springer, Cham, 2020: 464-483.

[42] Duan J, Gu L, Zheng S. Polymerized RingCT: An Efficient Linkable Ring Signature for Ring Confidential Transactions in Blockchain[C]//Journal of Physics: Conference Series. IOP

Publishing, 2021, 1738(1): 012109.

[43] Chaum D , Van H:Group signatures[C]// The 10th annual international conference on Theory and application of cryptographic techniques .EUROCRYPT, 1991:257–265.

[44] Bootle J, Cerulli A, Chaidos P, et al. Foundations of fully dynamic group signatures[J]. Journal of Cryptology, 2020, 33(4): 1822-1870.

[45] Lu T, Li J, Zhang L, et al. Group signatures with decentralized tracing[C]//International Conference on Information Security and Cryptology. Springer, Cham, 2019: 435-442.

[46] Hwang J Y, Lee S, Chung B H, et al. Group signatures with controllable linkability for dynamic membership[J]. Information Sciences, 2013, 222: 761-778.

[47] Hwang J Y, Chen L, Cho H S, et al. Short dynamic group signature scheme supporting controllable linkability[J]. IEEE Transactions on Information Forensics and Security, 2015, 10(6): 1109-1124.

[48] Garms L, Lehmann A. Group signatures with selective linkability[C]//IACR International Workshop on Public Key Cryptography. Springer, Cham, 2019: 190-220.

[49] Zhang L, Li H, Li Y, et al. An efficient linkable group signature for payer tracing in anonymous cryptocurrencies[J]. Future Generation Computer Systems, 2019, 101: 29-38.

[50] Li H, Li Y, Yu Y, et al. A blockchain-based traceable self-tallying e-voting protocol in ai era[J]. IEEE Transactions on Network Science and Engineering, 2020, 8(2): 1019-1032.

[51] Chaum D. Blind signature system[C]//Advances in cryptology. Springer, Boston, MA, 1984: 153-153.

[52] Zia M, Ali R. Cryptanalysis and improvement of blind signcryption scheme based on elliptic curve[J]. Electronics Letters, 2019, 55(8): 457-459.

[53] James S, Gayathri N B, Reddy P V. Pairing free identity-based blind signature scheme with message recovery[J]. Cryptography, 2018, 2(4): 29.

[54] 左黎明, 夏萍萍, 陈祚松. 一种可证安全的短盲签名方案[J]. 计算机工程, 2019, 45(12): 114-118.

[55] Chande M K, Lee C C, Li C T. Cryptanalysis and improvement of a ECDLP based proxy blind signature scheme[J]. Journal of Discrete Mathematical Sciences and Cryptography, 2018, 21(1): 23-34.

[56] Teng L, Li H. A High-efficiency Discrete Logarithm-based Multi-proxy Blind Signature Scheme via Elliptic Curve and Bilinear Mapping[J]. Int. J. Netw. Secur., 2018, 20(6): 1200-1205.

[57] Zhang J L, Zhang J Z, Xie S C. Improvement of a quantum proxy blind signature scheme[J].

International Journal of Theoretical Physics, 2018, 57(6): 1612-1621.

[58] Papachristoudis D, Hristu-Varsakelis D, Baldimtsi F, et al. Leakage-resilient lattice-based partially blind signatures[J]. IET Information Security, 2019, 13(6): 670-684.

[59] Hauck E, Kiltz E, Loss J, et al. Lattice-based blind signatures, revisited[C]//Annual International Cryptology Conference. Springer, 2020: 500-529.

[60] 张雪锋, 彭华. 一种基于 SM9 算法的盲签名方案研究 [J]. 信息网络安全, 2019 (8): 61-67.

[61] Fiat A, Naor M. Broadcast encryption[C]//Annual International Cryptology Conference. Springer, 1993: 480-491.

[62] Boneh D, Gentry C, Waters B. Collusion resistant broadcast encryption with short ciphertexts and private keys[C]//Annual international cryptology conference. Springer, 2005: 258-275.

[63] Naor D, Naor M, Lotspiech J. Revocation and tracing schemes for stateless receivers[C]// Annual International Cryptology Conference. Springer, 2001: 41-62.

[64] Du X, Wang Y, Ge J, et al. An ID-based broadcast encryption scheme for key distribution[J]. IEEE Transactions on broadcasting, 2005, 51(2): 264-266.

[65] Delerablée C. Identity-based broadcast encryption with constant size ciphertexts and private keys[C]//International Conference on the Theory and Application of Cryptology and Information Security. Springer, 2007: 200-215.

[66] Kim J, Susilo W, Au M H, et al. Adaptively secure identity-based broadcast encryption with a constant-sized ciphertext[J]. IEEE Transactions on Information Forensics and Security, 2015, 10(3): 679-693.

[67] Susilo W, Chen R, Guo F, et al. Recipient revocable identity-based broadcast encryption: How to revoke some recipients in IBBE without knowledge of the plaintext[C]//Proceedings of the 11th ACM on Asia Conference on Computer and Communications Security. 2016: 201-210.

[68] Lai J, Mu Y, Guo F, et al. Anonymous identity-based broadcast encryption with revocation for file sharing[C]//Australasian Conference on Information Security and Privacy. Springer, 2016: 223-239.

[69] Lai J, Mu Y, Guo F, et al. Identity-based broadcast encryption for inner products[J]. The Computer Journal, 2018, 61(8): 1240-1251.

[70] Ge A, Wei P. Identity-based broadcast encryption with efficient revocation[C]//IACR International Workshop on Public Key Cryptography. Springer, 2019: 405-435.

[71] Lubicz D, Sirvent T. Attribute-based broadcast encryption scheme made efficient[C]// International Conference on Cryptology in Africa. Springer, 2008: 325-342.

[72] 胡思路, 陈燕俐. 一种基于属性的固定密文长度广播加密方案 [J]. 计算机应用研究, 2016,

33(6): 1780-1784.

[73] Xiong H, Zhao Y, Peng L, et al. Partially policy-hidden attribute-based broadcast encryption with secure delegation in edge computing[J]. Future Generation Computer Systems, 2019, 97: 453-461.

[74] Agrawal S, Yamada S. Optimal broadcast encryption from pairings and LWE[C]//Annual International Conference on the Theory and Applications of Cryptographic Techniques. Springer, 2020: 13-43.

[75] Chen L, Li J, Lu Y, et al. Adaptively secure certificate-based broadcast encryption and its application to cloud storage service[J]. Information Sciences, 2020, 538: 273-289.

2.2.3 方案设计

2.2.3.1 零知识证明

1. 概述

零知识证明是一个涉及证明者和验证者的两方协议，该协议允许证明者使得验证者确信某一断言的正确性，而无须泄露任何额外的私密信息。就功能性和安全性而言，零知识证明需要满足如下三个性质。

① 完备性（Completeness）：当断言为真时，证明者总是能够成功地令验证者接受该证明。

② 可靠性（Soundness）：当断言为假时，证明者无法欺骗验证者相信断言为真，而验证者最终也总是拒绝该证明。

③ 零知识性（Zero-knowledge）：协议执行结束后，除了被证明断言的正确性外，验证者无法从交互中获取任何额外的信息。

根据协议参与方之间的通信轮数可分为多次交互的零知识证明和无须交互的非交互零知识证明。其中具有离线验证功能的非交互零知识证明更适用于区块链系统。非交互零知识证明主要有以下两种模型。

① 公共参考串（Common Reference String，CRS）模型。在该模型中，假定存在一个可信第三方，用于生成一个证明者和验证者均可以访问的公共字符串。该字符串在某种程度上扮演了诚实验证者对于证明者的问询，并且独立于被证明的断言。该模型下非交互零知识证明包含如下算法。

* 公共参考串生成算法：以安全参数为输入，输出可被公开访问的字符串。
* 证明者算法：以公共参考串、被证明的断言及其相应的证据为输入，输出一个用于验证该断言的证明。

- 验证者算法：以公共参考串、被证明断言及证明者生成的证明为输入，验证该证明有效与否，并相应输出接受或拒绝。

② 随机谕言机（Random Oracle，RO）模型。在这个模型中，假定存在一个或多个随机谕言机，它们对每个问询都输出一个随机值，并且证明者和验证者均可以访问这些随机谕言机。该模型可以将公开抛币的交互式零知识证明（诚实验证者发送给证明者的消息均匀随机，且不依赖于证明者的消息）转化为非交互版本。在实际应用中则利用Fiat–Shamir启发式方法将本应来自于验证者的询问消息替代为安全的密码杂凑函数的输出值。该模型下非交互零知识证明包含以下两个算法。

- 证明者算法：以被证明的断言及其相应的证据为输入，输出一个用于验证该断言的证明。
- 验证者算法：以被证明断言及证明者生成的证明为输入，验证该证明有效与否，并相应输出接受或拒绝。

2.应用场景

应用场景1：数据隐私性保护。区块链作为全局分布式账本，链上的数据可以被系统内任意节点获取，以验证各参与方之间数据交换的合法性。借助零知识证明，可以在数据交换有效性的前提下，达到充分保障参与方数据隐私的目的。

应用场景2：身份匿名性保护。传统区块链系统使用"假名"的方式为系统内参与方提供了部分匿名性保护，但无法应对通过分析数据交换流而造成的身份泄露问题。零知识证明可以在不泄露用户身份的情况下使得验证节点（矿工类全节点或者轻节点）确信其身份有效。区块链+零知识证明可以为系统内各个节点提供充分的身份匿名性保护。

应用场景3：区块链系统扩容。区块链系统的扩容是指围绕如何在"更短的时间实现更多的交易"增强区块链的可扩展性（scalability）。由于区块链系统内每一笔交易需要每个矿工全节点验证其有效性，随着矿工数量的增多，每一个区块验证所需时间也越多。借助零知识证明，可将多笔正确执行交易进行压缩并生成单个证明，之后无须再重复校验每一笔交易，只需验证该证明的有效性。

应用场景4：保护隐私同时提供有效审计监管。区块链系统允许金融机构协调跨组织交易，对该种交易的审计监管需要向受信任的审计机构披露详细的内部细节。通过使用高效零知识证明可以在为区块链系统提供隐私保护的基础上，达成不向审计机构揭露交易内容而完成有效审计的目的。

3.具体方案

在基于国家商用密码标准体系的零知识证明协议研究中，根据区块链对零知识证明协议的实际需求，明确安全目标，刻画安全模型，设计基于SM2/SM9数字签名算法的 Σ – 协议，实现隐私数据批量验证和长度压缩；在此基础上，结合同态加密、同态承诺等密码组件，进一步设计基于SM2/SM9数字签名算法的范围证明协议。最后构造面向余额模型的区块链隐私交易方案，支持区块链交易金额的密态数据计算与合法性验证。

首先，基于区块链对零知识证明的具体需求，明确零知识证明的安全目标，构建基础模型框架。基础零知识证明协议由系统初始化算法（Setup）、证据生成算法（ProofGen）和证据验证算法（Verify）组成。零知识证明协议的核心安全目标是完备性、可靠性和零知识性。完备性要求：如果证明者的陈述是真的，那么诚实证明者能够以绝对的优势使诚实验证者相信某个论断；可靠性要求：如果证明者的陈述为假，证明者能成功欺骗验证者的概率可忽略不计；零知识性要求：验证者在执行算法 Verify 时仅能验证证明者是否拥有某个信息，而无法获得额外的任何信息。因此，零知识证明的安全性能够保证在不泄露区块链用户数据的前提下验证数据的有效性。

其次，根据区块链零知识证明的安全目标，设计基于SM2/SM9数字签名算法的 Σ – 协议（见图 2.2–2 和图 2.2–3）。大多数现有高效零知识证明方案都是基于 Σ – 协议演化而得。Σ – 协议可定义为 $\Sigma = (P_1, P_2, V_\Sigma)$，是一种具有三轮交互的公钥密码协议，其中验证者的（挑战）信息是一个随机字符串 e。与基础零知识证明协议类似，Σ – 协议的基本安全目标是完备性、特殊可靠性和特殊验证者零知识性。完备性要求：诚实证明者的证据 z 能通过算法 V_Σ 的验证；特殊可靠性要求：相同数值的 $a=P_1(x)$ 响应两个不同的挑战信息 e 和 e' 时，多项式敌手可以输出 x 与满足关系 R 的证明信息（Witness）；特殊验证者零知识性要求：在已知一组合法的零知识证据 $\pi=(a, e, z)$ 的情况下，多项式敌手可以生成任意合法的零知识证据 $\pi'=(a', e, z')$，满足 $a \neq a'$，$z \neq z'$。

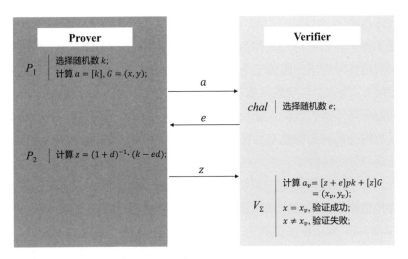

图 2.2-2 基于 SM2 数字签名算法的 Σ-协议设计思路

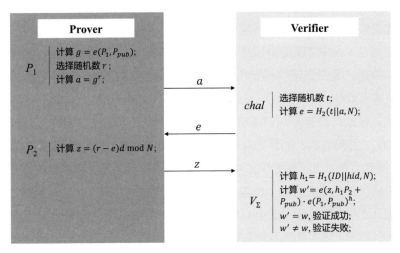

图 2.2-3 基于 SM9 数字签名的 Σ-协议设计思路

最后，考虑到区块链系统的交易余额更新和交易金额合法性验证需求，在基于国家商用密码标准体系的 Σ-协议基础上，借鉴范围证明协议设计的经典思路及零知识证明方面的研究，结合随机数盲化、承诺等技术，设计基于 SM2/SM9 数字签名算法的范围证明协议，支持密态交易金额的合法性验证。

零知识范围证明协议的经典设计思路之一是基于数字签名：首先将待证明的元素 $\sigma \in [0, u^l]$ 表示成 u 进制 $\sigma = \sum_{j=0}^{l-1}(\sigma_i u^j)$，验证者为集合 $\{0, 1, \cdots, u-1\}$ 中各元素生成数字签名，并发送给证明者；然后，证明者通过对 l 个系数 σ_j（$j \in Z_l$）对应的签名进行盲化，并利用 Σ-协议证明承诺的元素值与盲化签名所对应的元素值相等；最后，证明者通过 Σ-协议向验证者以零知识证明的方式证明元素 σ 的承诺值与盲化后的签名是一致的，从而实现范围证明。基于此提出了基于 SM2/SM9 数字签名算法的高效范围证明方案，并充分考虑 SM2/SM9 数字签名算法的特点，避免使用双线性对等计算/通信开销较高的复杂运算，或解决传统范围证明方案面临的证书管理问题。此外，在设计基于 SM2/SM9 数字签名算法的范围证明中，考虑将支持 $\sigma \in [0, u^l)$ 形式的范围证明扩展成一般形式 $\sigma \in [a, b]$ 的范围证明，扩展思路为：若 $u^{l-1} < b < u^l$，则将 $\sigma \in [a, b]$ 等价为 $\Sigma - b + u^l \in [0, u^l] \wedge \Sigma - a \in [0, u^l)$；若 $a + u^{l-1} < b$，则将 $\sigma \in [a, b]$ 等价为 $b - \sigma \in [0, u^{l-1}] \vee \Sigma - a \in [0, u^{l-1})$；通过调用两次 $\sigma \in [0, u^l)$ 形式的范围证明，可以实现一般形式 $\sigma \in [a, b]$ 的范围证明。基于 SM2/SM9 数字签名算法的零知识范围证明设计思路如图 2.2-4 和图 2.2-5 所示。

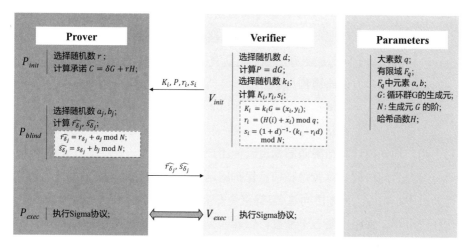

图 2.2-4　基于 SM2 数字签名算法的范围证明协议设计思路

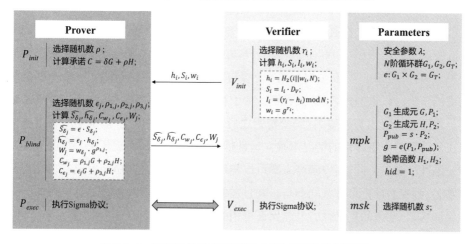

图 2.2-5　基于 SM9 数字签名算法的范围证明协议设计思路

最后，考虑到区块链系统的密态交易金额转移与一致性校验问题，本方案在零知识范围证明中进一步引入同态加密和同态承诺技术，实现安全高效的账户交易金额的密态计算与验证。设计思路是将区块链的账户形式定义为"公钥地址—密态余额"，考虑到涉及交易发送者和接收者的具体场景，交易数据密态计算与一致性验证方案可以抽象为 5 个算法。① 系统初始化算法 Setup：生成零知识证明所需的公开参数 crs；② 参与方初始化算法 PartyInit：基于同态加密算法生成用户的公私钥对 (sk, pk)，加密用户的账户余额 $C=Enc_{pk}(v)$，其中公钥亦作为用户的账户地址；③ 交易执行算法 Execute：发送方生成对金额 t 的转账断言 $x=(pk_s, pk_r, C'_s, C_s, C_r)$，运行基于 SM2/SM9 数字签名算法的零知识证明协议生成证据 $\pi=ZK.Gen(crs, x, w)$，证明 C_s、C_r 对应的明文相等且金额 t 在 C'_s 对应的明文余额范围内；④ 交易验证算法 Verify：执行基于 SM2/SM9 数字签名算法的零知识证明验证算法 $ZK.V_\Sigma(crs, x, w)$ 验证证据 π 的正确性；⑤ 交易金额更新算法 Update：当 $ZK.V_\Sigma(crs, x, w)$ 输出 true 时执行该算法，基于同态加密算法分别更新交易发送方和接收方的金额。

2.2.3.2 多方协同签名/解密

1. 概述

安全多方计算是指 n 个用户共同完成一个计算任务，每个用户独立输入，使得每个用户均知道计算结果而不知道其他用户的独立输入。安全多方计算理论主要研究参与者间协同计算及隐私信息保护问题，其特点包括输入隐私性、计算正确性及去中心化等。多方协同签名/解密是安全多方计算的一种具体应用，主要是利用秘密分享、混淆电路、不经意传输和同态加密等技术实现分布式密钥存储和使用，提高签名、解密等密码方案在分布式场景中的适用性、安全性和健壮性。

为了降低签名/解密权利集中或签名/解密密钥丢失带来的风险，一些特殊的文档，如高机密的文件通常需要多人协同才能完成签名/解密。针对这类问题，常见的解决方法是采用 (n, t) Shamir 秘密分享方案。在这种方法中，签名/解密密钥被分割成 n 个子密钥，并安全地分给 n 个参与者掌管，这些参与者中的 t 个及以上所构成的子集可以重构签名/解密密钥，少于 t 个参与者则无法获得完整签名/解密密钥。然而，恢复出完整签名/解密密钥之后，持有完整签名/解密密钥的一方就可以在其他参与方不知情的情况下独立地进行签名/解密，从而破坏了系统的安全性和公平性。多方协同签名/解密方案可以实现多个参与方之间协同完成签名/解密，该签名/解密必须由多方共同参与，并且在签名/解密过程中没有恢复完整的密钥，既保证签名/解密的正确性，又能保证密钥的安全性。

2. 应用场景

应用场景 1：基于安全多方计算的协同签名解决区块链中的密钥管理问题。通过协同签名协议，主密钥被隐式地拆分为若干子密钥，分别存放在不同的设备端。在需要用主私钥进行签名时，各设备端利用各自的子私钥，通过分布式签名的方式创建一个标准的数字签名。在主密钥的全生命周期里，真实的主私钥可以实现从未展现或留存。

应用场景 2：基于安全多方计算的协同签名实现拜占庭容错共识算法。相对传统中心化网络，联盟链网络关系更加复杂、位置分散以及网络传输的不可靠性，导致"双 $2f+1$"条件难以保证。基于协同签名的拜占庭容错共识算法弱化"双 $2f+1$"条件，保证只要存在任意一个状态良好的节点能够合成并传达代表法定人数投票意愿的协同签名，系统状态即可达成一致。所有诚实副本按照一致次序处理请求，如果存在一个诚实副本在高度 h 提交了区块 Block，那么至少 $f+1$ 个诚实副本都将在高度 h 提交区块 Block，保证系统账本状态高度一致。协同签名作为各副本验证系统账本状态是否达成一致的标准，当门限值 t 设为 $2f+1$ 时，则在达成一致的结果中，可保证诚实副本数量大于非诚实副本数量，满足系统安全性要求。

3. 具体方案

在面向国家商用密码标准体系的多方协同签名/解密研究中，根据协同签名和协同解密的需求，定义安全模型，明确安全目标，提出面向 SM2/SM9 数字签名算法的协同签名、面向 SM2/SM9 公钥加密算法的协同解密方案和面向 SM4 加密算法的协同解密方案，实现密钥保护的功能。

首先，基于密钥安全管理的需求，明确协同签名和协同解密的模型框架和安全目标。协同签名算法由密钥生成算法（KeyGen）、协同签名算法（CoSign）、验证算法（Verify）组成，算法的核心安全目标是参与方无须恢复完整私钥即可联合计算消息的签名。协同解密算法由密钥生成算法（KeyGen）、协同解密算法（CoDec）组成，算法的核心安全目标是参与方无须恢复完整私钥即可联合解密得到明文，且计算过程中保证不泄露部分私钥的任何信息。

其次，根据协同签名和协同解密的安全目标，设计面向商用密码标准的协同签名与协同解密方案，具体分为以下 5 个方面。

第一，面向 SM2 数字签名算法的协同签名方案（见图 2.2-6），具体流程分为 3 步。① 密钥生成算法 KeyGen：由用户随机选取两个数 u_i 和 p_i 作为部分私钥，并以此计算公钥 $Q=(u^{-1}-1)G$，这里 $u= \sum_{i=1}^{\tau} u_i$；② 协同签名算法 CoSign：该算法由用户携部分密钥参与，用户 U_i 和 U_j 以随机数 k_i 和部分私钥 u_j 为输入执行同态加密或 OT

协议，输出 μ_{ij} 和 v_{ij}，其中 $\mu_{ij}+v_{ij}=k_iu_j$；然后，用户利用 μ_{ij} 和 v_{ij} 生成乘法 uk 的门限加法秘密分享份额，其中 $uk=\sum_{i\in[\tau]}\sum_{j\in[\tau]}k_iu_j\bmod n$；最后，用户借助承诺协议，计算签名的第一部分 r 和第二部分 s；③ 验证算法 Verify：用户本地执行算法，验证签名合法性。

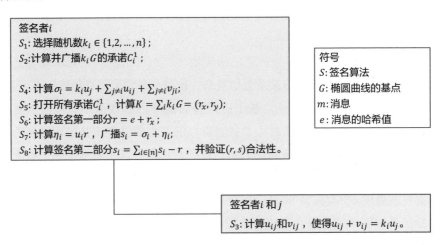

图 2.2-6　面向 SM2 数字签名算法的协同签名设计思路

第二，面向 SM2 公钥加密算法的协同解密方案（见图 2.2-7），具体流程分为 2 步。① 密钥生成算法（KeyGen）：用户 U_i 选择一个随机数 x_i，计算 $Q_i=x_iG$（G 是椭圆曲线的一个基点），生成其零知识证明并广播。用户 U_i 收到其他 $\tau-1$ 个用户的零知识证明并通过验证后，计算并保存公钥 $Q=\sum_{i=1}^{\tau}Q_i$，私钥 x_i；② 协同解密算法（CoDec）：该算法由用户携部分密钥参与，SM2 公钥加密算法的密文 $C=C_1\|C_2\|C_3$，用户 $U_i(i\neq 1)$ 利用 x_i 私钥计算 $S_i=x_iC_1$，生成其零知识证明并发送给用户 U_1。用户

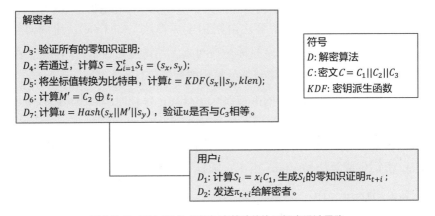

图 2.2-7　面向 SM2 公钥加密算法的协同解密设计思路

U_1 验证通过后，计算 $S=\sum_{i=1}^{\tau} S_i$。然后，用户 U_1 使用SM2 公钥加密算法的原始解密步骤，解密得到明文。

第三，面向SM4 对称算法的协同加/解密方案（见图 2.2-8），具体流程分为 4 步。① 密钥生成算法（KeyGen）：由密钥生成中心（Key Generation Center, KGC）生成密钥 key，将其分成 τ 份并分发给 τ 个用户，使得 $key = key^1 \oplus key^2 \oplus\cdots\oplus key^{\tau}$；② S盒协同计算（CoSbox）：每个用户与其他 $\tau-1$ 个用户两两交互，利用安全两方计算的乘加转换器 π_{mul}^{priv} 共同计算各自的S盒输出。以 P_α 和 P_β 为例，P_α 输入 $((n_i^\alpha)_j, (b_i^\alpha)_j)$，$P_\beta$ 输入 $((n_i^\beta)_j, (b_i^\beta)_j)$，$\pi_{mul}^{priv}$ 输出 $(d_i^{\alpha\beta})_j$ 给 P_α，输出 $(d_i^{\beta\alpha})_j$ 给 P_β，使得 $(d_i^{\alpha\beta})j+(d_i^{\beta\alpha})_j=(n_i^\alpha)_j(b_i^\beta)_j+(n_i^\beta)_j(b_i^\alpha)_j$；③ 轮密钥协同生成算法（CoRkey）：$\tau$ 个用户协同计算出各自的轮密钥。以 P_α 为例，首先计算 $a_i^\alpha = k_{i+1}^\alpha\oplus k_{i+2}^\alpha\oplus k_{i+3}^\alpha\oplus CK_i^\alpha$ 并将其作为S盒的输入；其次，P_α 与其他 $\tau-1$ 个参与方进行S盒协同计算，得到 l_i^α；最后计算 $rk_i^\alpha=k_{i+4}^\alpha=k_i^\alpha\oplus L(l_i^\alpha)$；④ 协同加/解密算法（CoDec）：$\tau$ 个用户协同加/解密，最终得到明文 $M = M^1\oplus M^2\oplus\cdots\oplus M^\tau$。以 P_α 为例，首先计算 $a'_i{}^\alpha = X_{i+1}^\alpha\oplus X_{i+2}^\alpha\oplus X_{i+3}^\alpha\oplus rk_i^\alpha$ 并将其作为S盒的输入；其次 P_α 与其他 $\tau-1$ 个用户进行S盒协同计算，P_α 得到 $l'_i{}^\alpha$；最后计算 $X_{i+4}^\alpha=X_i^\alpha\oplus L'(l'_i{}^\alpha)$ 得到部分明文 $M^\alpha=(X_{35}^\alpha, X_{34}^\alpha, X_{33}^\alpha, X_{32}^\alpha)$。

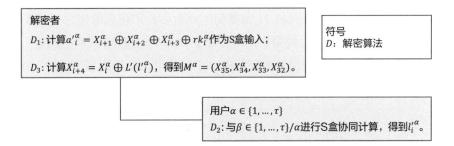

图 2.2-8　面向SM4 对称算法的协同解密设计思路

第四，面向SM9 数字签名算法的协同签名（见图 2.2-9）。在面向 SM9 数字签名算法的协同签名设计中，考虑对称和非对称两种场景，其中对称场景指的是参与方承担的角色相同，非对称场景指的是参与方中有一方为签名主导者，其余均为参与者。对称场景下多方联合生成数字签名的具体流程分为 3 步。① 密钥生成算法（KeyGen）：由密钥生成中心KGC根据给定用户的身份 ID 和主私钥 ks、主公钥 P_{pub-s} 生成用户基于身份的私钥 D_{ID}，并基于此计算部分私钥 D_{ID}^i，使得 $\sum_{i\in[\tau]} D_{ID}^i=D_{ID}$。同时，KGC 为每个用户生成用于乘法交互的公私钥对；② 协同签名算法

（CoSign）：该算法由 τ 个用户携部分密钥协同参与，先后计算签名的第一部分 h 和第二部分 S，其中第二部分 S 的计算涉及多个用户私钥之间的交叉相乘项，因此设计了一个针对椭圆曲线加法循环群运算的交叉相乘协议，通过调用此协议完成签名第二部分 S 的计算，过程中需要用到 KeyGen 阶段生成的公私钥对；③ 验证算法 Verify：用户本地执行该算法，验证 $Sig = (h, S)$ 是否合法。

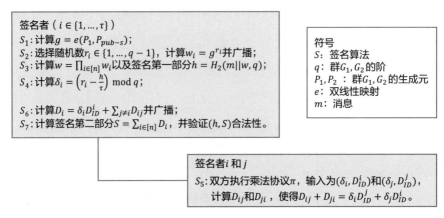

图 2.2-9 对称场景下面向 SM9 数字签名算法的协同签名设计思路

非对称场景下多方联合生成 SM9 数字签名（见图 2.2-10）的具体流程也分为 3 步。① 密钥生成算法（KeyGen）：由密钥生成中心 KGC 根据给定用户的身份 ID 和主私钥 ke、主公钥 $P_{pub\text{-}s}$ 生成用户的部分私钥 D_{ID}^i。与对称场景不同的是，该算法不需要借助"用户基于身份的私钥"这一中间结果；② 协同签名算法 CoSign：

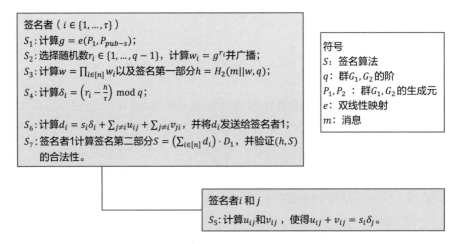

图 2.2-10 非对称场景下面向 SM9 数字签名算法的协同签名设计思路

该算法由 τ 个用户携部分密钥协同参与，先后计算签名的第一部分 h 和第二部分 S，其中第二部分 S 需要不同用户两两之间以部分私钥为输入，调用一般整数域下的 π 计算得到；然后，所有用户将计算得到的中间结果发送给签名主导者（假设为用户 U_1）；最后由用户 U_1 计算得到签名的第二部分 S；③ 验证算法 Verify：用户 U_1 利用 SM9 的数字签名验证算法验证 $Sig=(h, S)$ 是否合法。

第五，面向 SM9 公钥加密算法的协同解密（见图 2.2-11），具体流程分为 2 步。① 密钥生成算法（KeyGen）：由密钥生成中心 KGC 根据用户的身份 ID 和主私钥 ke、主公钥 $P_{pub\text{-}s}$ 生成用户的部分私钥。具体的，KGC 随机选择 $r_2, r_3, \cdots, r_n \in \{1, \cdots, q-1\}$，计算 $r_1=(r_2 r_3 \cdots r_n)^{-1} t_2 \bmod q$，其中 $t_2=ke \cdot t_1^{-1} \bmod q$, $t_1=H_1(ID\|hid, q)+ke \bmod q$；KGC 设置用户 U_1 的部分私钥 $D_{ID}^1=r_1 \cdot P_1$，用户 $i \in \{2, \cdots, n\}$ 的部分私钥 $D_{ID}^i=r_i$；② 协同解密算法 CoDec：该算法由用户携部分密钥参与。SM9 公钥加密算法的密文为 $C=C_1\|C_2\|C_3$，用户 n 提取比特串 C_1，利用部分私钥计算与 C_1 的乘积并将结果发送给用户 U_{n-1}，用户 U_{n-1} 同样利用部分私钥计算与接收到的中间结果的乘积，然后发送给用户 U_{n-2}，依此类推。最后，用户 U_1 根据加密算法是基于密钥派生函数的序列密码算法还是分组密码算法，使用 SM9 公钥加密算法的原始解密步骤，解密得到明文。

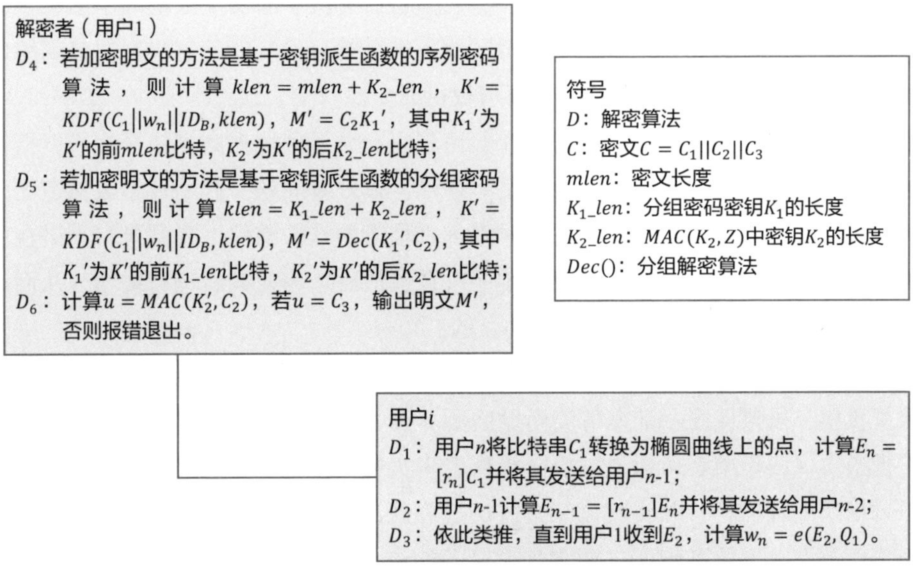

解密者（用户1）

D_4：若加密明文的方法是基于密钥派生函数的序列密码算法，则计算 $klen = mlen + K_2\_len$，$K' = KDF(C_1\|w_n\|ID_B, klen)$，$M' = C_2 K_1'$，其中 K_1' 为 K' 的前 $mlen$ 比特，K_2' 为 K' 的后 K_2_len 比特；

D_5：若加密明文的方法是基于密钥派生函数的分组密码算法，则计算 $klen = K_1\_len + K_2\_len$，$K' = KDF(C_1\|w_n\|ID_B, klen)$，$M' = Dec(K_1', C_2)$，其中 K_1' 为 K' 的前 K_1_len 比特，K_2' 为 K' 的后 K_2_len 比特；

D_6：计算 $u = MAC(K_2', C_2)$，若 $u = C_3$，输出明文 M'，否则报错退出。

符号
D：解密算法
C：密文 $C = C_1\|C_2\|C_3$
$mlen$：密文长度
K_1_len：分组密码密钥 K_1 的长度
K_2_len：$MAC(K_2, Z)$ 中密钥 K_2 的长度
$Dec()$：分组解密算法

用户 i
D_1：用户 n 将比特串 C_1 转换为椭圆曲线上的点，计算 $E_n = [r_n]C_1$ 并将其发送给用户 n-1；
D_2：用户 n-1 计算 $E_{n-1} = [r_{n-1}]E_n$ 并将其发送给用户 n-2；
D_3：依此类推，直到用户 1 收到 E_2，计算 $w_n = e(E_2, Q_1)$。

图 2.2-11 面向 SM9 公钥加密算法的协同解密设计思路

2.2.3.3 环签名

1. 概述

环签名是一种由 Rivest 等人提出实现匿名性的签名机制。它是一个面向群组的签名，但并不需要群建立过程，也没有群管理员。签名者只需要自发选取一部分成员公钥，再通过自己的私钥来产生一个签名。签名者以及被选取公钥的用户组成了环签名的群组。验证者可以验证签名来自环中某个用户，任何用户都无法知道签名者的真实身份。环签名最大的特点是具有完全匿名性，因此在基于区块链的密码货币中，可以用环签名签署交易单，实现付款人的隐私，但是普通的环签名无法抵抗双重花费问题，需要在环签名中增加链接性，即可链接环签名。

2. 应用场景

应用场景 1：区块链身份隐私保护。环签名允许一个团队中的成员以团队名字对消息进行数字签名，并且保护自身身份隐私不泄露。采用环签名技术对区块链交易输入进行签名，交易发起者选择多个相同输出金额的资产，构造合法的环签名，隐藏真实的交易发起者。同时，为了防止双花攻击，在环签名的基础上实现了"一次性环签名"，避免同一资产被花费多次。

应用场景 2：基于环签名的 POS 共识算法。现有 POS 共识机制存在容易分叉和无法抵抗自适应腐化等问题。利用环签名为 POS 共识中的每个区块选举出唯一的区块生成者，并能在选举过程中隐藏区块生成者的身份。能够解决区块链网络容易分叉的问题，在自适应腐化模型下可提供安全性。

应用场景 3：基于环签名的 PBFT 共识算法。大部分拜占庭容错算法难以抵抗自适应攻击，并且存在可扩展性不足、鲁棒性较差等问题。利用环签名构造无条件匿名的公开承诺，每个副本在不泄露各自承诺内容的前提下得到各自承诺在所有公开承诺中的排序位置，并根据排序位置被依次选为提案者进行提案，从而达到隐匿提案者身份、保障系统活性的目的。

应用场景 4：基于环签名的区块链匿名电子投票。针对电子投票中胁迫选票、重复投票、投票人隐私泄露等安全性问题。利用环签名构建基于区块链的匿名电子投票协议，投票者可以通过可链接环签名实现对自己身份的隐私，在投票过程中对投票内容加密，并将其提交给区块链节点，由节点验证签名后，将传播交易至其他节点，投票系统通过智能合约完成自动计票并公布投票结果。能够满足合法性、选票保密性、不可重用性、抗胁迫性等特点。

3. 具体方案

根据区块链对可链接环签名的具体需求，明确可链接环签名的系统模型和安全目标。可链接环签名方案由系统初始化算法（Setup）、密钥生成算法（KeyGen）、签名算法（Sign）、验证算法（Verify）和关联算法（Link）组成。在系统初始化算法中，输入为系统安全参数，输出为可公开的系统公共参数。密钥生成算法的输入为系统公共参数，输出为环成员的公私钥对。签名算法的输入为所有环成员的公钥、实际签名者的私钥和消息，输出为产生的环签名。验证算法的输入为所有环成员公钥、环签名和消息，输出为验证结果accept/reject。关联算法的输入为两个不同环签名，输出为关联结果linked/unlinked。可链接环签名的安全目标为不可伪造性、匿名性和可链接性。签名的不可伪造性要求：敌手能够访问随机谕言机、签名谕言机和私钥谕言机（仅在基于身份密码体系中考虑），但敌手最终产生一个合法的环签名的概率是可忽略的。匿名性要求：在由 n 个成员构成的环中，给定代表环的一个有效签名 δ，攻击者能够确定实际签名者公钥的概率不大于 $\frac{1}{2}$。可链接性要求：在由 n 个成员构成的环中，给定代表环的两个不同的环签名 δ 和 δ'，攻击者能分辨出两个签名是否为同一私钥产生的概率是可忽略的。本方案设计的可链接环签名的系统模型如图 2.2-12 所示。

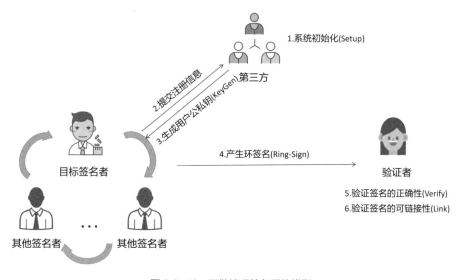

图 2.2-12　可链接环签名系统模型

依据面向区块链系统的可链接环签名的安全目标，在对 SM2 数字签名算法的研究基础上，提出基于 SM2 数字签名算法的可链接环签名方案（见图 2.2-13）。首先构建基于 SM2 数字签名算法的环签名方案，而闭环是实现环签名的核心步骤。闭环构建过程具体如下：① 目标签名者选择一个随机值 k_π，并将所有环成员的公钥集合L、消息M和k_π作为输入计算哈希值$c_{\pi+1}$；② 对于环中其他签名者$i \in \pi+1, ..., n, 1, ..., \pi-1$，目标签名者构建闭环的策略为计算$Z_i$和$c_{i+1}$，且$Z_i$由前一个签名者对应的$c_i$和随机值$r_i$计算得来，而$c_{i+1}=H(L, M, Z_i)$；③ 目标签名者利用SM2数字签名算法并将$k_\pi$、$c_\pi$作为签名中的随机值生成部分签名$r_\pi$，形成闭环。最终的环签名为：$\delta=(c_1, r_1, ..., r_n)$。在此基础上加入可链接标签。目标签名者将所有环成员的公钥作为输入计算哈希值R，并利用R和私钥d_π计算得到自己的签名标签T_π。之后，目标签名者在计算闭环的初始条件值和其他环成员对应的闭环条件值的时候把签名标签T_π作为计算输入的一部分，得到最后的签名值$(c_1, r_1, \cdots, r_n, T_\pi)$。

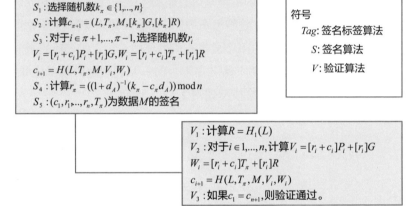

图 2.2-13　基于SM2数字签名算法的可链接环签名设计思路

采用类似的设计思想，在对 SM9 数字签名算法的研究基础上，提出了基于SM9 数字签名算法的可链接环签名方案构造思路（见图 2.2-14）。首先，提出基于 SM9 数字签名算法的环签名的闭环过程，具体过程如下：① 目标签名者随机选择一个数r并计算$R_\pi=[r]P_1$，P_1是双线性对$e: G_1 \times G_2 \to G_T$中$G_1$的生成元，$G_2$的生成元为$P_2$；② 目标签名者利用$R_\pi$计算闭环的初始条件值$W_{\pi+1}$和$h_{\pi+1}$；③ 对于环中其他签名者$i \in \pi+1, ..., n, 1, ..., \pi-1$，目标签名者选择随机数$r_i$并计算对应的$R_i$，然后计算哈希值$v_i= H_1(ID_i, N)$和$Q_i=[v_i]P_2+P_{pub}$以及双线性对$u_i=e(R_i, Q_i)$；④ 目标签名者利用$u_i$和$h_i$计算下一个环成员的闭环条件值$w_{i+1}$，再将$w_{i+1}$作为输入计算哈希值$h_{i+1}$；⑤ 当条件$h_\pi \neq r$满足时，目标签名者利用 SM9 算法计算部分签名 $R_\pi=[r-h_\pi]SK_\pi$，其中 SK_π为目标签名者的私钥；最终的环签名为$\delta=(h_1, R_1, ..., R_n)$。在此基础上，目标签名者将所有环成员的公钥作为输入计算哈希值t，并利用t和私钥SK_π

计算得到自己的签名标签 T_π。随后，目标签名者在计算闭环的初始条件值和其他
环成员对应的闭环条件值的时候把签名标签 T_π 作为计算输入的一部分，得到最后
的签名值 $(h_1, R_1, \cdots, R_n, T_\pi)$。

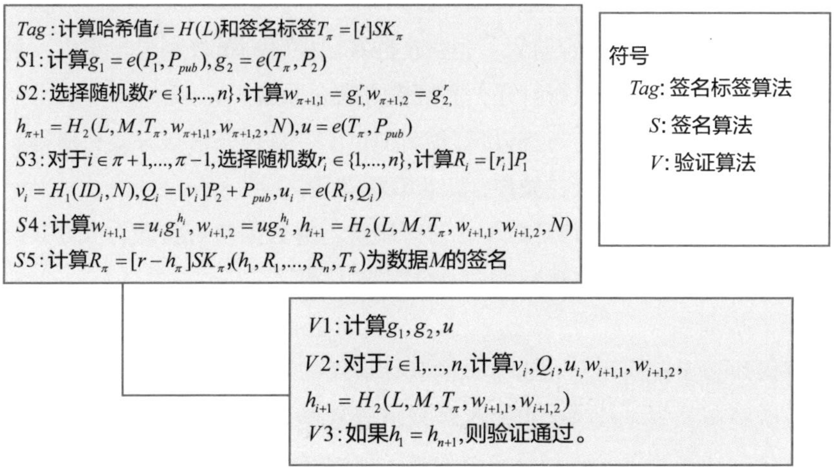

Tag：计算哈希值 $t = H(L)$ 和签名标签 $T_\pi = [t]SK_\pi$
$S1$：计算 $g_1 = e(P_1, P_{pub}), g_2 = e(T_\pi, P_2)$
$S2$：选择随机数 $r \in \{1,...,n\}$，计算 $w_{\pi+1,1} = g_1^r, w_{\pi+1,2} = g_2^r$，
$h_{\pi+1} = H_2(L, M, T_\pi, w_{\pi+1,1}, w_{\pi+1,2}, N), u = e(T_\pi, P_{pub})$
$S3$：对于 $i \in \pi+1,...,\pi-1$，选择随机数 $r_i \in \{1,...,n\}$，计算 $R_i = [r_i]P_1$
$v_i = H_1(ID_i, N), Q_i = [v_i]P_2 + P_{pub}, u_i = e(R_i, Q_i)$
$S4$：计算 $w_{i+1,1} = u_i g_1^{h_i}, w_{i+1,2} = u g_2^{h_i}, h_{i+1} = H_2(L, M, T_\pi, w_{i+1,1}, w_{i+1,2}, N)$
$S5$：计算 $R_\pi = [r - h_\pi]SK_\pi, (h_1, R_1,..., R_n, T_\pi)$ 为数据 M 的签名

符号
Tag: 签名标签算法
S: 签名算法
V: 验证算法

$V1$：计算 g_1, g_2, u
$V2$：对于 $i \in 1,...,n$，计算 $v_i, Q_i, u_i, w_{i+1,1}, w_{i+1,2}$，
$h_{i+1} = H_2(L, M, T_\pi, w_{i+1,1}, w_{i+1,2})$
$V3$：如果 $h_1 = h_{n+1}$，则验证通过。

图 2.2-14　SM9 数字签名算法的可链接环签名设计思路

2.2.3.4　群签名

1. 概述

目前区块链系统匿名化主要利用混币等密码技术实现。现有方案虽然能够提供较好的匿名效果，但是未能在匿名、监管、性能三者之间达到有效平衡。群签名（Group Signature）作为一种具有隐私保护性质的数字签名对区块链交易用户身份提供隐私保护特性，其具备的群管理员这一角色，功能强大，可有效实现对滥用匿名性的用户行为实现有效监管，适用于联盟链环境下部署和使用。群签名中每个用户可以代表群组进行签名，验证者验证签名是来自群用户，但不知道具体用户身份标识，其中存在群管理员这一角色，可以执行打开操作，追踪/揭露用户身份。群签名可以进一步进行功能扩展，包括可链接操作，即判断两个群签名是否为相同用户的签名，这一链接过程通过定义链接者这一角色来实现，可控可链接群签名（隐式链接），或采用公开可验证的方式链接的可链接群签名（显式链接）。

2. 应用场景

应用场景 1：交易用户身份隐私保护。群签名执行区块链中用户交易单签名，在区块链交易单上链的过程中，矿工验证用户的群签名，但不会知道具体的用户

身份，实现交易发起者的匿名。

应用场景 2：交易单监管和审计。群签名中管理员执行打开操作，揭露交易用户身份，追踪用户身份标识，群管理员对用户交易单进行监管和审计，防止非法交易。

应用场景 3：多用户联合监管。为防止群签名中管理员权利过于集中，易出现单点失败问题，多方联合执行打开，实现多方联合监管。

应用场景 4：防止双花。可链接群签名提供了一种公开链接方式，使得矿工可以有效验证用户是否执行双花操作，防止双重花费。

应用场景 5：多方联合认证数据。对区块链上链数据执行验证，多方共同签署交易单，保护数据完整性和认证性。

3. 具体方案

根据区块链系统对可链接群签名的具体应用需求，给出可链接群签名方案的形式化系统模型和安全模型。群签名涉及群管理员、签名者和验证者等实体，其中群管理员的功能可进一步划分给签发者、追踪者等不同角色承担，以避免权限过于集中。可链接群签名方案由以下 7 个算法组成：① 系统初始化算法（Setup）：生成系统公共参数；② 密钥生成算法（KeyGen）：生成群初始公钥和管理员私钥，根据不同的应用场景和管理员角色划分，管理员私钥可能包含签发私钥（用于生成用户签名密钥）、链接私钥（用于实现可控链接性）和追踪私钥（用于追踪用户身份）；③ 用户加入算法（UserJoin）：用户向签发者提交注册申请和公钥，签发者验证用户身份并为其生成签名私钥，同时向追踪者发送更新用户列表；④ 签名算法（GSign）：输入群公钥、用户签名私钥和待签名消息，输出群签名（含知识签名）；⑤ 验证算法（GVerify）：输入群公钥、消息–签名对，输出验证结果 accept/reject；⑥ 链接算法（Link）：输入两个消息–签名对，输出可链接性 linked/unlinked；⑦ 追踪算法（Trace）：输入监管者私钥和消息–签名对，输出签名用户公钥或身份信息。本方案设计的可链接群签名的系统模型如图 2.2–15 所示。

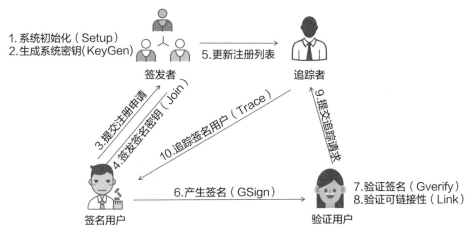

图 2.2-15　可链接群签名系统模型

可链接群签名的核心安全目标是不可伪造性、匿名性、可链接性、可追踪性和防陷害性。不可伪造性是指敌手 A 无法以不可忽略的概率冒充某个特定的群用户产生有效的群签名；匿名性是指给定两个消息–签名对 (m_1, σ_1)、(m_2, σ_2)，以及其中一个消息的签名者 U，敌手 A 无法以不可忽略的概率确定这两个签名中的哪一个是由 U 签署的。可链接性是指敌手 A 以相同的签名密钥对相同的消息产生两个不同的签名而不被其他用户发现的概率是可忽略的。可追踪性是指敌手 A 与其他成员合谋（这些成员甚至可能持有追踪密钥）产生一个群签名而不被追踪者追踪到某个特定签名者的概率是可忽略的。防陷害性是指即使其他所有用户合谋（包括签发者与追踪者），也无法通过伪造签名来陷害一个诚实的群成员。上述安全目标对应的安全模型可分别通过一个概率多项式时间的敌手 A 与挑战者 C 之间的游戏来形式化地定义，敌手 A 的攻击能力通过对应的谕言机访问如 Hash 谕言机、Join 谕言机、Sign 谕言机、Trace 谕言机、Challenge 谕言机来模拟。此外，还有一些增强的安全性定义，如可控链接性、可选择链接性等，可实现更细粒度的匿名性与可追踪性控制。

在定义的系统模型和安全模型框架下，借鉴现有的设计思路，构建基于 SM2/SM9 数字签名算法的可链接群签名方案。可链接群签名方案的关键在于其匿名性与可追踪性，对现有群签名方案进行深入研究，拟采用"线性加密 + 知识签名"来保障其匿名性与可追踪性，通过加入链接标签实现其可链接性。

基于 SM2 数字签名算法的结构，可链接群签名的设计思路为（见图 2.2-16）：
① 系统初始化（Setup）：G 为 E/F_q 上阶为 n 的椭圆曲线群，P 为 G 的生成元，H_1，H_v

为 Hash 函数。② 密钥生成（KeyGen）：随机选取 $s \in Z_n^*$，签发者的公/私钥对为 $(PK_M, SK_M)=(sP, s)$，随机选取生成元 $Q_1, Q_2 \in G$，选择 x_1, x_2 满足 $x_1Q_1=x_2Q_2=Q$，追踪者的公/私钥对为 $(PK_t, SK_t)=(Q, (x_1, x_2))$。③ 用户加入（Join）：用户 U_i 选择 $y_i \in Z_n^*$，计算 $Y_i=y_iP$ 及知识证明 $PK\{(y_i): Y_i=y_iP\}$ 发送给签发者，签发者随机选择 $x_i \in Z_n^*$，计算 $e_i=H_v(Y_i)$, $(z_0, z_1)=k_iP$, $r_i=e_i+z_0 \bmod n$, $d_i=(1+s)^{-1}(k_i-r_i s) \bmod n$, $D_i=d_iY_i$，将 (r_i, D_i) 发送给用户 U_i。用户 U_i 的公私钥对为 $(PK_i, SK_i)=(Y_i, (D_i, r_i))$。④ 签名算法（GSign）：对输入消息 m，和群公钥 U_i 选择 $l_1, l_2 \in Z_n^*$，计算：$\alpha=l_1Q_1$，$\beta=l_2Q_2$，$\gamma=D_i+(l_1+l_2)Q$，$\delta_1=l_1r_i$, $\delta_2=l_2r_i$, $\tau=r_i H_1(L)$, $\pi=SoK_{sm2}\{\cdots\}(m)$，输出的签名为 $\sigma=(\alpha, \beta, \gamma, \tau, \pi)$，其中 L 为群公钥，τ 为链接标签，π 为基于 SM2 数字签名算法构造的知识签名。⑤ 验证算法（Gverify）：验证签名的过程即是验证知识签名的过程。⑥ 链接算法（Link）：给定两个数字签名 (m_1, σ_1) 和 (m_2, σ_2)，若 $\tau_1=\tau_2$，则返回 linked，否则，返回 unlinked。⑦ 追踪算法（Trace）：计算 $D_i=\gamma-(k_1\alpha+k_2\beta)$，并在用户列表中查询 D_i 对应的用户身份信息。

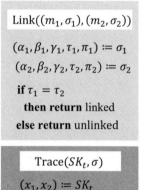

图 2.2-16　基于 SM2 数字签名算法的可链接群签名设计思路

在对 SM9 数字签名算法和群签名研究的基础上，提出了基于 SM9 数字签名算法的可链接群签名设计思路，具体流程为（见图 2.2-17）：① 系统初始化（Setup）：G_1, G_2 是阶为 n 的椭圆曲线群，G_T 是阶为 n 的乘法群，$e: G_1 \times G_2 \rightarrow G_T$ 是双线性映射，P_1, P_2 分别为 G_1, G_2 的生成元，H_1, H_v 为 Hash 函数。② 密钥生成（KeyGen）：随机选取 $s \in Z_n^*$，签发者的公/私钥对为 $(PK_M, SK_M)=(sP_2, s)$；随机选取两个生成元 $Q_1, Q_2 \in G$，并选择两个随机数 k_1, k_2 满足 $k_1Q_1=k_2Q_2=Q$，追踪者的公/

私钥对为 $(PK_t, SK_t)=(Q, (k_1, k_2))$。③ 用户加入（Join）：用户 U_i 选择 $y_i \in Z_n^*$，计算 $Y_i=y_iP_1$，将 $ID_i, Y_i, PK\{(y_i): Y_i=y_iP_1\}$ 发送给签发者，签发者计算 $d_i=(H_1(ID_i\|hid, n)+s)^{-1}s$ $\mathrm{mod}\ n, D_i=d_iY_i$。用户 U_i 的公私钥对为 $(PK_i, SK_i)=(Y_i, (D_i, d_i))$。④ 签名算法（GSign）：对输入消息 m，和群公钥 U_i 选择 $l_1, l_2 \in Z_n^*$，计算 $\alpha=l_1Q_1, \beta=l_2Q_2, \gamma=D_i+(l_1+l_2)Q, \tau=r_i$ $H_1(L), \delta_1=l_1x_i, \delta_2=l_2x_i, \pi=SoK_{sm9}\{\cdots\}(m)$，输出的签名为 $\sigma=(\alpha, \beta, \gamma, \pi)$，其中 L 为群公钥，τ 为链接标签，π 为基于 SM9 数字签名算法的知识签名。⑤ 验证算法（Gverify）验证签名有效性。验证签名的过程即是验证知识签名的过程。⑥ 链接算法（Link）：给定两个数字签名 (m_1, σ_1) 和 (m_2, σ_2)，若 $\tau_1=\tau_2$，则返回 linked，否则，返回 unlinked。⑦ 追踪算法（Trace）：计算 $D_i=\gamma-(x_1\alpha+x_2\beta)$，并在用户列表中查询 D_i 对应的用户身份信息。

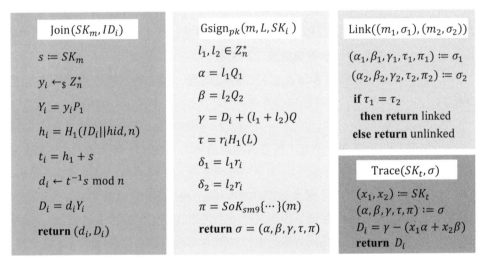

图 2.2–17　基于 SM9 数字签名算法的可链接群签名设计思路

2.2.3.5　盲签名

1. 概述

盲签名（Blind Signature）是一种可以保护用户隐私的特殊数字签名交互协议。与一般签名协议不同的是，在盲签名体制中，用户可以在不让签名者知道所签消息以及与所签消息相关的任何信息的情况下得到一个有效的签名。并且，签名者后来得到了该签名，也无法将该签名与相应的签名过程联系起来。盲签名通常的过程如下：

① 当用户需要签名者对消息 m 进行签名时，其会先引入盲化因子对消息 m 进行盲化而得到盲化消息 m^*，然后将该消息发送给签名者。

② 当签名者收到盲化消息 $m*$ 后，会对 $m*$ 进行签名并将产生的盲化签名 $\delta*$ 返回给用户。

③ 当用户获得签名者发送的盲化签名 $\delta*$ 后，会利用盲化因子对签名 $\delta*$ 进行去盲操作，进而得到消息 m 对应的签名 δ。

根据盲签名协议所要达到的功能，盲签名可以分为以下五类：

① 完全盲签名：实现了签名的完全匿名性，即任何人无法准确地追踪到签名。

② 限制性盲签名：可以解决电子现金的二次花费问题，通过用户的身份信息嵌入到签名中，当用户二次花费时可以准确地追踪到该用户的身份信息。

③ 公平盲签名：相对于一般盲签名，公平盲签名引入一个可信的第三方，以便在需要对签名进行追踪的情况下，为签名者准确地追踪到签名。

④ 部分盲签名：在盲签名的基础上增加一个公共信息，该公共信息由签名者和用户共同在签名之前商议得到，由签名者在签名过程中把这些公共信息嵌入到签名中，且该公共信息不能被删除或非法修改。

⑤ 群盲签名：为群签名和盲签名的有机结合，同时具备群签名和盲签名的特性。

2. 应用场景

应用场景 1：电子现金中基于盲签名的混币技术。在区块链网络中，一笔交易的输入肯定是某一笔交易的输出，为了消除交易间的关联关系，混币技术被提出。通过盲签名实现混币可以隐藏参与者的输入/输出地址映射，实现了对混合服务的匿名性。例如，Blindcoin 保证了没有被动敌手可以在特定的混币中链接输入/输出地址对。因此，Blindcoin 在同时参与混币的所有非恶意用户集合内实现了匿名性。除了混币服务器的资源外，对可以同时参与混币的用户数没有任何限制，故参与者越多，匿名集就越大。

应用场景 2：基于盲签名技术的智能合约模型。将部分盲签名算法融入智能合约执行的流程中，能够达到使得区块链节点无法知晓合约方的身份、所签署合约等关键信息的目的。同时通过引入管理节点的方案能够实现更强的匿名性。

3. 具体方案

在基于国家商用密码标准体系的盲签名研究中，根据区块链对盲签名的需求，定义安全模型，明确安全目标，提出基于国家商用密码标准体系的盲签名设计，实现匿名、不可追踪等隐私保护功能，更好地为区块链应用服务。

首先，基于区块链对盲签名的具体需求，明确盲签名的模型框架和安全目标。基础盲签名由密钥生成算法（KeyGen）、盲签名算法（BlindSign）、盲签名验证算法（BlindVrf）组成。在保留传统数字签名算法要求的不可伪造性（Unforgeability）的基础上，盲签名的主要安全目标是盲性（Blindness），即概率多项式时间（Probabilistic Polynomial Time，PPT）敌手 A 扮演签名者与用户开展一个游戏，并以可忽略的概率 ϵ 赢得该游戏。具体游戏流程是：① 敌手 A 选择两个不同的消息 m_0 和 m_1 并将它们发送给用户；② 用户随机选择一个 $b \in \{0, 1\}$ 并执行盲签名算法获得 σ_b 和 σ_{1-b}，随后将 σ_0 和 σ_1 发送给敌手 A；③ 敌手 A 输出 $b' \in \{0, 1\}$，即猜测 $m_{b'}$ 是第一个被签名的消息；④ 若 $b'=b$，则敌手 A 赢得该游戏。签名的不可伪造性（Unforgeability）要求：在询问哈希谕言机（Hash-Query）、生成密钥谕言机（Key-Query）和签名谕言机（Sign-Query）后，攻击者能成功输出一个有效盲签名的概率 ϵ 是可忽略的。

其次，根据面向区块链的盲签名的安全目标，借鉴经典思路，设计基于 SM2/SM9 数字签名算法的盲签名方案。盲签名的经典设计思路是：签名者生成一个承诺发送给用户；用户收到承诺后对签名的消息 m 进行盲化，生成盲化消息 m' 发送给签名者；签名者产生并返回盲签名 σ' 给用户；用户对 σ' 解盲得到原始消息 m 对应的签名 σ。设计盲签名方案时，将签名与验证算法与 SM2/SM9 算法保持一致，增加了承诺、盲化过程，并引入了签名者、用户与验证者三种身份，最大程度保证 SM2/SM9 数字签名算法的可适配性。SM2/SM9 数字签名算法与盲签名结合的基本思路如图 2.2-18 所示，具体设计流程分为以下两个方面。

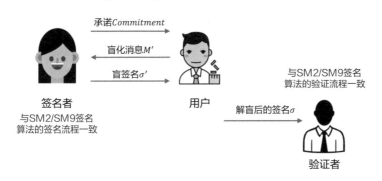

图 2.2-18　SM2/SM9 数字签名算法与盲签名结合的基本思路

在对 SM2 数字签名算法的研究基础上，完成基于 SM2 数字签名算法的盲签名设计（见图 2.2-19），具体流程为：① 初始化算法（Setup），由系统执行生成公开参数；② 密钥生成算法（KeyGen），由用户执行生成签名公私钥对 (sk, pk)；③ 盲签名算法（BlindSign），由签名者与用户进行交互，用户盲化消息并发送给签名者，签名者用自己的私钥对 sk 盲化后的消息进行签名，随后用户解盲获得真实签名。④ 验证算法（BlindVrf），由验证者执行，验证盲签名的有效性。该设计主要思路是用户在收到承诺 K 后，利用两个盲化因子 α 和 β 对承诺 K 和 n 阶随机发生器 G 进行盲化，生成盲化消息 $r'=\alpha^{-1}(r+\beta)$ 发送给签名者；签名者利用 SM2 数字签名算法计算并返回部分盲签名 s'；最后用户计算 $s=\alpha s'+\beta$ 并生成签名 (r, s)；该签名的验证方法与 SM2 数字签名算法的验证方法一致。

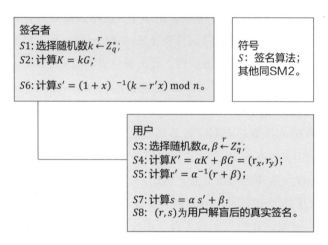

图 2.2-19　基于 SM2 数字签名算法的盲签名设计思路

在对 SM9 数字签名算法的研究基础上，完成基于 SM9 数字签名算法的盲签名设计（见图 2.2-20），具体流程为：① 初始化算法（Setup），由系统执行生成公开参数；② 密钥提取算法（KeyExtract），由密钥生成中心 KGC 根据给定用户的身份 ID，生成用户私钥 usk 并返回给用户；③ 盲签名算法（BlindSign），签名者与用户进行交互，用户盲化消息并发送给签名者，签名者用自己的私钥 usk 对盲化后的消息进行签名，随后用户解盲获得真实签名。④ 验证算法（BlindVrf），由验证者执行，验证盲签名的有效性。该设计的主要思路是用户收到承诺 R 后，利用两个盲化因子 α, β 对承诺 R 和 G_T 中的元素 $g=e(P_1, P_{pub})$ 进行盲化，生成盲化消息 $h'=\alpha^{-1}h-\beta$ 发送给签名者；签名者利用 SM9 算法计算并返回部分盲签名 S'；最后用户计算 $S=\alpha S'+\beta P_1$ 并生成签名 (h, S)；该签名的验证方法与 SM9 数字签名算法的验证方法一致。

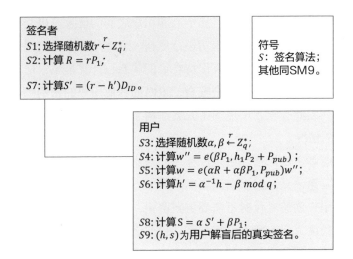

图 2.2-20　基于 SM9 数字签名算法的盲签名设计思路

2.2.3.6　广播加密

1. 概述

广播加密（broadcast encryption）是一种广播者可以通过公用网路广播被加密的消息区块给接收者，只有被授权的接收者才能解出正确消息的机制。

广播加密是一种在不安全信道中向多个用户广播加密信息的密码技术，实现了加密数据以"一对多"形式的安全高效传输。它允许发送者为一组指定的用户同时加密数据，并通过公开信道传输密态数据，只有加密时指定的授权用户才能正确解密，非授权用户即使合谋也无法获得明文数据。相比于分别给每个接收者单独加密数据的方法，广播加密能够极大地提高系统效率，显著地降低了通信开销。由于区块链本身是一种多接收者的架构设计，因此广播加密可以成为提供交易数据安全和隐私的非常适合的解决方案之一。此外，广播加密广泛用在云计算、物联网等应用中，实现多用户数据共享和秘密分享。当接收者是应用场景中的绝大多数用户时，广播加密系统也称为用户撤销系统。

根据广播者的类型，广播加密可以分为对称的广播加密方案与基于公钥的广播加密方案。在对称的广播加密系统中，广播者必须是可信的广播中心，也就是说，只有广播中心才能够加密和广播消息。如果任何人都能够利用系统公钥进行加密和广播，这样的系统被称为基于公钥的广播加密系统。显然基于公钥的广播加密系统的灵活性更好，也更加符合在区块链场景下实际的应用需求。

广播加密的对象划分为有状态接收者和无状态接收者。

有状态接收者下的广播加密广播中心和用户之间的信息可以交互，用户可以根据接收到的广播信息对存储的密钥进行更新。密文是由当前组用户共享的组密钥进行加密的，要求所有用户一直保持在线的状态，计算量小，但是当组用户发生动态变化时，为了保证广播加密安全，组内的其他用户的密钥都必须更新，此时通信量较大。因此有状态广播加密方案适用于用户一直处于在线状态，授权用户集基本固定的情况。

无状态接受者下的广播加密是广播中心与用户之间的信道单向存在，广播中心可以向用户发送消息，但用户无法向广播中心发送消息且不能更改初始设置的密钥，所以当用户动态变化时不需要更新密钥，不需要用户一直在线。无状态广播加密的密文长度大于有状态广播加密。目前诸如数字媒体信息版权保护、文件系统保护、付费电视等典型应用场景是基于广播中心面向用户的单向信道，应用接受用户无法也无须向广播中心发送消息，所以目前广播加密的研究主要是基于无状态接受者下的。

基于身份广播加密方案的密文大小和私钥大小都是固定的，而且每一个用户都可以进行广播，用户的总数量可以动态变化，但授权的用户数量是有限制的，用户数量不能超过公钥的长度。当授权用户不变时，广播时的计算量较小。为了降低密钥分发中心的压力，方便管理用户，利用用户权限的不同，提出了分层的基于身份的广播加密方案。将接受方的身份用户呈树状分层，上层用户可以给下层用户分发密钥，提高了密钥管理中心的效率。引入一次性签名的基于身份广播加密系统可以实现选择密文安全，分为基于密码学哈希函数安全性的一次性签名系统和基于数论假设的一次性签名系统，但是会导致较高的存储开销或计算开销。

基于属性的广播加密研究较多，根据密文关联属性集或者访问结构的不同，分为密文策略的基于属性的广播加密和密钥策略的基于属性的广播加密。前者密文和访问结构关联，私钥和用户属性关联，当且仅当用户属性集合满足密文的访问结构时用户才能解密；后者私钥与访问结构相关联，当且仅当用户属性结合满足密文的访问结构时用户才能解密。基于属性的广播加密方案授权用户对广播消息的访问更加灵活，效率也有一定的提高，有时为了提高效率会牺牲用户的存储开销作为妥协。

可撤销的广播加密系统是广播加密的另一种类型，该系统允许广播者选取撤销的用户集合，而非传统的广播加密系统中的授权用户子集，只有没有被撤销的用户才能够解密获得广播消息，可以有效解决叛逆者追踪问题。可撤销的广播加密系统适用于撤销用户数量比较少的群组加密环境中。带有认证性质的广播加密方案可以解决恶意广播者问题。

2. 应用场景

广播加密协议可应用于区块链数字资产、交易内容、数据交换和加密数据监管等场景。协议应用场景具有以下特点:

① 信息传播采用广播方式,一方广播多方接收;

② 信息保护采用加密方式,单用户加密,多用户授权解密,非授权用户无法解密。

应用场景 1: 基于区块链的数据访问控制与共享。区块链具有"一致账本"的特点,即任意一个合法节点都可以同步到一致的账本数据,如果数据以明文上链,则所有上链数据对其他节点都透明可见,所以需要采用密码算法和协议来保护其数据机密性。当数据机密性只锁定在局部节点,即数据需要区块链网络中部分节点(通常大于 1 个节点)可见,但让网络中其他节点不可见时,广播加密协议是非常合适的选择方案之一。

应用场景 2: 基于区块链的文件收费场景。基于区块链的文件收费场景也非常适合采用广播加密协议,广播加密组可由全体用户或全体会员用户组成,文件所有者或出售者使用密钥对文件进行加密,并广播给全体用户或会员用户,只有已付费的用户和特定 VIP 用户才可以使用自己的私钥解密密文文件得到明文文件,而未付费且不在 VIP 范围内的用户无法使用自己的私钥解密出明文文件。

应用场景 3: 基于区块链的付费电视或视频会议。在基于区块链的付费电视或视频会议场景下,广播加密组可由全体电视或视频会议用户组成,电视直播方、视频会议所有者或出售者使用密钥对视频数据进行加密,并广播给全体在线用户,只有已付费的用户和特定 VIP 用户才可以使用自己的私钥解密加密过的视频数据,从而可以通过本地播放器进行播放,而未付费且不在 VIP 范围内的用户无法使用自己的私钥解密加密的视频数据。

应用场景 4: 基于区块链的固件更新。基于区块链的固件更新可采用广播加密协议,广播加密组可由全体用户或全体会员用户组成。固件需定期更新以修复漏洞,制造商使用广播加密对固件更新核心程序进行加密,并广播给全体用户或者会员用户,只有已付费的用户和特定 VIP 用户才可以使用自己的私钥解密密态文件得到更新文件,而未付费且不在 VIP 范围内的用户无法使用自己的私钥解密出更新文件。

应用场景 5: 区块链中的密钥共享。当需要和多个选定的节点或者设备共享密钥时,主节点可以通过广播加密将共享密钥隐藏在封装密文中。收到封装密文后,各个节点或者设备通过各自的私钥解密密文并恢复出共享密钥，为下一步通信提前打好基础。而不在选定范围内的节点或设备无法恢复出共享密钥。

3. 具体方案

在基于国家商用密码标准体系的广播加密研究中，首先分析区块链系统在广播加密方面的安全需求，根据安全需求刻画广播加密方案的安全模型。在此基础上，借鉴现有广播加密方案设计思路，提出适用于区块链系统的基于 SM2/SM9 公钥加密算法的广播加密方案，实现身份匿名保护、用户可撤销等扩展功能，推动区块链技术落地应用。

第一，根据区块链系统在广播加密方面的安全需求，刻画广播加密的形式化定义和安全模型。广播加密方案一般由如下四个多项式时间算法组成：系统初始化算法（Setup）、密钥生成算法（KeyGen）、加密算法（Encrypt）和解密算法（Decrypt）。在广播加密方案的安全模型中，一个基本的安全目标是选择密文攻击下的密文不可区分性（Indistinguishability under Chosen Ciphertext Attack, IND–CCA）。本项目将利用攻击者和挑战者之间的游戏来给出此功能目标的定义。在游戏过程中，攻击者可以适应性地向挑战者提出私钥生成询问和密文解密询问。

第二，根据区块链系统中广播加密方案的安全目标，构建与 SM2/SM9 公钥加密算法相匹配的广播加密所需密码部件。密码部件的质量将直接决定系统性能的优劣。环签名是一种可以实现签名者无条件匿名的签名方案，不仅可以隐藏发送者的交易地址，同时还可以保护签名者的身份信息。一次性签名和 FO 转化技术可以实现 IND–CCA 安全性。秘密分享可达到分散风险和容忍入侵的目的，能够有效增强区块链中信息的隐私性。利用公钥聚合方法，可以构造出具有固定密文长度和密钥长度的广播加密方案，节约系统存储空间代价。通过内积加密技术，能够有效隐藏原始信息的内容，实现交易数据的隐私保护功能。零知识证明能够实现证明者在不向验证者泄露任何关于被证明消息的信息的情况下，使验证者相信自己知道或拥有某一消息，可用于保证密态账本数据的可审计性。在现有经典密码功能模块的基础上，根据 SM2/SM9 公钥加密算法的特点，并结合区块链系统中广播加密的安全需求，构建与之相匹配的密码功能模块，为后续方案设计提供技术支持。

第三，借鉴现有广播加密的设计思路，构造基于 SM2/SM9 公钥加密算法的广播加密方案。算法构造在很大程度上将直接影响系统的整体性能，好的算法有助于系统性能的提升。SM2/SM9 公钥加密算法的结构与传统广播加密方案相类似，借鉴现有广播加密的设计方法，提炼核心技术，同时利用一次签名、环签名、公钥聚合、零知识证明等密码组件，设计适用于区块链系统的基于 SM2/ SM9 公钥加密算法的广播加密方案，在所定义安全模型下证明方案的安全性。

基于SM2/SM9公钥加密算法的广播加密方案。关于基于SM2公钥加密算法的广播加密方案的设计思路如图2.2-21所示，假设有个 n 接收者，其公钥分别为 $PK_1, \cdots, PK_n$，这 n 个接收者中的任何一个都可以正确解密密文并得到消息 m，而其他人则无法正确解密。通过调用SM2密钥产生算法生成用户公私钥对。基于SM9公钥加密算法广播加密方案的设计思路如图2.2-22所示，假设 n 个接收者对应身份为 $ID_1, \cdots, ID_n$，只有群成员中的用户才能正确解密密文。调用SM9公钥加密算法的系统初始化算法产生系统主私钥 $msk=s$ 和系统主公钥 $MPK=sP_1$。调用SM9公钥加密算法的密钥产生算法生成用户私钥 $sk_i = \dfrac{s}{H(ID_i)+s} P_2$。

> A1: 选择临时群私钥 $gsk = a$;
> A2: 计算临时群公钥 $GPK = aP$;
> A3: 计算 $\begin{bmatrix} w_0 \\ \cdots \\ w_{n-1} \end{bmatrix} = \begin{bmatrix} 1 & h_1(aPK_1) & \cdots & h_1(aPK_1)^{n-1} \\ & & \cdots & \\ 1 & h_1(aPK_n) & \cdots & h_1(aPK_n)^{n-1} \end{bmatrix}^{-1} \begin{bmatrix} a \\ \cdots \\ a \end{bmatrix}$;
> A4: 计算多项式 $\phi(x) = w_0 + w_1 x + \cdots + w_{n-1} x^{n-1}$;
> A5: 计算 $(C_1, C_2, C_3) \leftarrow SM2.Enc(M, GPK)$;
> A6: 输出 $(C_1, C_2, C_3, w_0, \cdots, w_{n-1}, GPK)$.

图 2.2-21　基于SM2公钥加密算法的广播加密设计思路

> A1: 随机选择 $r_0 \in [1, N-1]$;
> A2: 计算 $C_1 = r_1(H(r_0)+s)P_1$;
> A3: 计算 $w = e(P_1, P_2)^{r_1 s}$;
> A4: 计算 $C_{id_i} = r_1(H_1(ID_i) - H_1(r_0))P_1$;
> A5: 输出 $(C_1, w, C_{id_1}, \cdots, C_{id_n})$.

图 2.2-22　基于SM9公钥加密算法的广播加密设计思路

2.2.4　未来研究方向

密码技术是区块链的关键底层技术之一，是大数据时代信息安全的核心技术和基础支撑，关系到数据的机密性、完整性和可用性。密码技术为区块链提供了诸多数据安全与隐私保护的特性，如哈希函数、数字签名保证了区块链技术的不可篡改性和不可伪造性，环签名、群签名和零知识证明等在不同程度上保证了数据的隐私性。在密码技术保证区块链数据安全的同时，区块链技术也促进了密码学理论与技术的发展，区块链激起了对密钥管理技术、安全多方计算、零知识证明等密码技术的研究热潮。区块链密码技术的研究与创新对夯实筑牢区块链的安全基石和扎紧信任纽带具有重要意义。

隐私保护。随着区块链技术不断发展和广泛应用，其面临的隐私泄露问题越来越突出，必须得到研究人员和工业界开发人员的充分重视。相对于传统的中心化存储架构，区块链机制不依赖特定中心节点处理和存储数据，因此能够避免集中式服务器单点崩溃和数据泄露的风险。但是为了在分布式系统中的各节点之间达成共识，区块链中所有的交易记录必须公开给所有节点，这将显著增加隐私泄露的风险。然而，区块链本身分布式的特点与传统IT架构存在显著区别，很多传统的隐私保护方案在区块链应用中不适用，因此分析区块链隐私泄露缺陷、研究针对隐私保护的密码技术具有重要意义。

可监管性。当前以数字货币为首的各类区块链应用发展迅速，与此同时，区块链中潜在的监管问题也逐渐显现。一方面，区块链数字货币为洗钱、勒索病毒等犯罪活动提供了一条安全稳定的资金渠道，促进了地下黑市的运行。以比特币为例，著名的勒索病毒WannaCry通过比特币来实现对用户资产的勒索，地下黑市网站"丝绸之路"利用比特币进行非法买卖，很快受到了地下人群的追捧。另一方面，区块链数字货币使跨国境的资金转移变得更为简单，将有可能损害各国的金融主权，影响金融市场的稳定。与此同时，由于区块链去中心化、不可篡改等特性，使得区块链常被用于敏感信息的存储与传播。有些人将敏感有害信息保存在比特币和以太坊区块链的交易中，而这些信息并不能从区块链中删除。同时，由于区块链的匿名性，监管方也不能通过这些敏感信息和涉及违法犯罪的交易的发送方地址找到发送方的真实身份。此类事件严重危害国家安全和稳定，给网络监管机构带来了极大的挑战和威胁。

供稿： 武汉大学 何德彪

2.3 博弈论

博弈论广泛应用于经济生活的方方面面，同时也是区块链系统中保证去中心化、可信性、安全性的重要概念。课题组针对区块链的共识与激励机制设计，PoW工作量证明机制，PoS权益证明机制中的博弈问题进行分析，应用博弈论对区块链网络运行过程进行建模，更加深入地理解区块链系统的机制设计，为区块链系统机制优化提出理论性指导。

2.3.1 共识机制与激励机制

共识机制是区块链系统运行的基础,而共识机制的实现,本质上就是在多方博弈过程中保证信息的一致性。一个典型的区块链系统可以被看作是分布式的账本,用户通过将交易打包成块,并使用哈希索引串联成链的形式,得到共享的账本,同时在去中心化的场景下,使用投票的方式来决定对账本的共识。显然,在这样的设计下,区块链系统的可信性和安全性是完全依赖于用户的诚信的,而在去中心化的场景下验证用户的成本极高难以实现,从而衍生出了用户对于合作与攻击选择的博弈。女巫攻击就是一种通过低成本地伪造大量用户信息的攻击方式,也是对于区块链系统的共识机制设计的首要挑战。

为了实现合作共识,区块链中的共识机制需要提供明确合理的规则设计,保证博弈过程有序进行。一个共识机制需要保证已经确认的信息在所有节点中相同,新区块在所有节点中同步更新以及所有交易信息均可追溯确认。但由于网络延迟或恶意攻击等行为,在复杂的分布式系统中,信息不可避免地会出现差异,导致部分节点所维护的链不满足整体共识。为了使用户在这个博弈过程中更倾向于选择合作而非攻击,提高区块链网络的可信性与稳定性,区块链共识机制需要提高用户合作的收益与攻击的成本,引入激励相容,使博弈的纳什均衡点稳定处于合作共赢的情况。例如,区块链网络规定主链长度最长,而长度小于主链的分支均属于无效分支,用户在这些无效分支上只会浪费时间与资源,从而保证用户为了追求利益会选择维护主链而非无效分支。在激励相容的情况下,拥有记账权、投票权的用户由于帕累托最优原则,会倾向于维护整个区块链网络的稳定,而用户进行攻击等恶意行为的成功率低,在赌徒破产问题的博弈情况下只有极端用户才会选择攻击,这些都会显著提升区块链系统的稳定性。从博弈的角度来看,无论是 PoW 工作量证明,PoS 权益证明还是其他共识机制,都是通过一系列规则约束来控制博弈过程,使多方博弈的纳什均衡点有利于区块链的运行。

尽管现有的 PoW、PoS、Steller 等共识算法在各个区块链系统中实现了良好的结果,但由于系统处于动态的多方博弈,不确定性极强,这些共识算法依然各自存在着或多或少的缺陷。例如在投票权分配问题上,PoW 通过解决复杂的大素数分解问题来分配投票权,但这不可避免地会导致大量的算力资源浪费与最长链原则导致的分支问题,PoS 采用资金量的方式来分配投票权,但会加剧资本的聚集,不利于去中心化。为了设计更加合理高效的共识机制,目前已有相当多的研究工作专注于动态多方博弈问题的求解。例如,以太坊逐步采用 PoW+PoS 的混合共识的方式来进行优势互补,DPoS 采用委托代理的方式降低了 PoS 应用的门槛等。然而，PoW+PoS混合共识无法很好平衡效率与安全性，DPoS依然存在马太效应，针对区块链共识机制中博弈的研究依然有着重要的意义与价值。

在区块链系统中，共识机制与激励机制是相辅相成的，缺少任意一个都会使得整个系统无法持续。从博弈论的角度来看，共识机制决定了博弈树的结构与形状，激励机制则决定了每个节点在博弈过程中的收益，因此每个节点在博弈过程中的策略可以被看作是一个行为与收益的函数映射。为了使大规模的博弈更加稳定，整个系统的效益达到最高，对共识机制与激励机制进行优化是十分必要且有价值的。针对共识机制与激励机制，本课题组拟从博弈论的角度进行研究，对给定的共识机制与激励机制下用户策略进行分析，优化博弈过程，设计更加合理高效的共识与激励机制。

2.3.2 PoW矿工博弈

PoW（Proof of Work）工作量证明是包括比特币、以太坊在内的许多虚拟货币实现去中心化的共识机制。PoW通过引入求解复杂但验证简单的数学问题的竞争性计算来保证数据的一致性，求解问题的过程也是产生区块的过程，被称为挖矿，挖矿的参与者被称为矿工。在挖矿过程中，当矿工得到新区块时，会打包交易到区块上，并向整个区块链网络广播自己得到的新区块，当该区块得到共识认证后就可以得到挖矿的收益。

2.3.2.1 区块截留攻击

通常来说，PoW的计算都相当复杂，如比特币的平均出块时间就达到了10分钟，而当一个区块被计算出时，其余所有计算该区块的矿工的工作均变为无效工作，只能依此区块重新开始挖矿，这会导致收益极度不稳定。为了得到相对稳定的收入，矿工通常会选择加入矿池进行合作挖矿，通过提交部分工作量证明（PPoW）来依据算力占比均分矿池内完整工作量证明（FPoW）得到的收益。由于得到的区块，即完整工作量证明（FPoW）是由矿工自主进行广播的，因此矿工也可以选择只提交PPoW而抛弃FPoW，分享矿池内其他诚实矿工的收益而自身并不产生有效收益，这种攻击方式被称为区块截留攻击（BWH）。马尔可夫决策过程可以有效地分析矿工与矿池的策略选择，从而在复杂的环境下使自身的利益最大化，但忽略了不同矿工与矿池之间的博弈，因此博弈论对于分析与解决PoW中的安全问题至关重要。如图2.3-1所示，当矿工不只在单一的矿池内挖矿时，为了尽可能提高自身的预期收益，需要考虑算力划分的博弈。具体来说，对于每一部分划分的算力，矿工都可以选择进行区块截留攻击或是诚实挖矿，而矿工之间的博弈就在于算力的分布以及发动区块截留攻击的占比。由于区块链挖矿的整体收益是固定的，矿工博弈属于零和博弈，因此对于任意的其他矿工的策略，都存在一个策略对算力进行合理分配，可以得到自身算力超额的收益而损害其他矿工的收益。

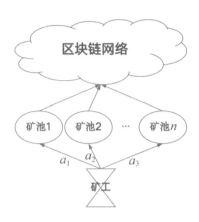

图 2.3-1　矿工多池挖矿算力划分

从每个矿工的角度出发，无论其他矿工选择什么，自己选择攻击其他矿工都是最优策略，即此问题不存在纯策略纳什均衡解。然而，如图 2.3-2 所示，如果所有矿工都通过这样的方式发动区块截留攻击，纳什均衡点的结果就会是所有人都得到不到额外的收益且因为其他人的攻击遭受损失，这种矛盾的现象就是PoW共识中的矿工困境，即博弈论中经典的囚徒困境。根据博弈论，矿工为了避免矿工困境，有两种策略可以进行选择：加入不存在区块截留攻击的私有矿池和零行列式（Zero-Determinant，ZD）策略。第一种策略是理想的隔离状态，会使得大的公开矿池被划分为小的私有矿池，最终使整个区块链系统的挖矿环境得到改善，但这样难免退化到基础的个人挖矿，不利于区块链系统的激励机制。第二种策略是博弈论中用于解决随机迭代博弈的经典策略，可以有效地打破传统的纳什均衡理论，提高整个系统的收益。然而ZD策略不考虑个人的收益，诚实无私的矿工会遭受损失而缺少动机去使用ZD策略，在实际应用时依然无法有效地解决矿工困境。

因此，如何设计合理的激励与惩罚机制优化博弈过程，使得矿工不会陷入矿工困境，改善PoW的挖矿环境，提高系统的收益与稳定性，是十分重要且有价值的研究方向。本课题组拟应用博弈论对矿工博弈进行理论分析，剖析区块截留攻击可行性与动机，对不同环境条件下的矿工策略进行建模，根据PoW特性优化激励机制，使矿工策略实现全局最优化的纳什均衡。

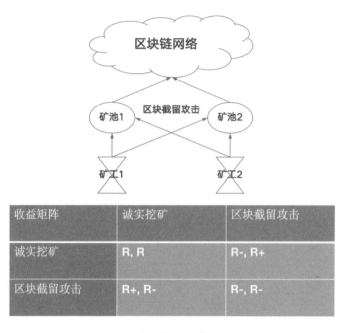

收益矩阵	诚实挖矿	区块截留攻击
诚实挖矿	R, R	R-, R+
区块截留攻击	R+, R-	R-, R-

图 2.3-2　区块截留攻击导致的矿工困境

2.3.2.2　自私挖矿攻击

相比于在多个矿池中分配算力进行区块截留攻击，损害其他矿工利益而提高自身收益的行为来说，利用区块截留发动的自私挖矿攻击会给整个区块链系统带来更严肃的后果，严重危害到区块链的安全与稳定。自私挖矿攻击是通过延迟提交已发现的区块并在区块链上进行硬分支实现对主链的替换的一种攻击方式（见图 2.3-3）。由于区块链网络遵循最长链原则，只有最长的分支会被认证为主链，而在其他分支上进行的工作均属于无效挖矿。自私挖矿攻击利用了这个约束规则，扣留自身计算出的新区块而不公开，利用高算力在此区块继续进行挖矿，从而使得在一段时间内该分支的长度超过主链，当无法维持分支的长度优势时再将该分支所有区块统一公开，替换掉诚实矿工们在主链上挖出的区块，获取超额收益。这种攻击方式本质上就是在短时间内使用算力优势压制其他矿工进行超额获利，且不会影响到区块链网络的运行。自私挖矿攻击理论上依然需要庞大算力的支持，难以实现，然而在实际的区块链网络中却很容易实施。在 PoW 共识机制中，区块链中新挖掘出的区块会在全网进行广播，矿工据此继续计算下一个区块，然而在庞大复杂的区块链网络中，由于网络延迟等问题，难免产生信息的传播时延，新区块的信息会经过一段时间才能得到全网的共识。自私挖矿攻击者利用这个时延，可以使得自己的分支区块信息比主链新区块信息更先传达给部分诚实矿工，从而欺骗诚实矿工为其挖矿，使自身处于相当有利的地位。在这样的情景下，仅需要全网 $\frac{1}{3}$ 的算力就可以保持分支的长度优势，实现对主链的替换，获取超额收益。

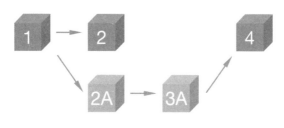

图 2.3-3　自私挖矿攻击分支结构

在现实的区块链系统中，由于网络延迟等情况，分支不可避免地存在，每个矿工都需要在诚实挖矿与自私挖矿攻击中进行博弈，是选择在收益低风险低的主链上挖矿还是收益高风险高的分支上挖矿。考虑整个系统内的所有矿工，这个博弈过程可以被看作是不完全信息博弈。由于其他矿工的策略无法获取，各个分支的情况也未知，在这种缺失信息的博弈条件下，自身算力占比与风险偏好就成为了策略选择的关键。对于算力占比相对较高的矿工来说，在不完全信息博弈下，通过算力优势实现一到两个区块的暂时领先，自私挖矿几乎始终可以获取到超额的收益。自私挖矿攻击不仅存在理论分析的可能性与实际操作的可行性，其巨额的回报收益也使得矿工有足够的动机发动自私挖矿攻击，这种攻击会使诚实矿工的积极性遭到巨大打击，严重危害到区块链系统的安全性。

针对 PoW 共识机制中的自私挖矿攻击行为，本课题组拟运用博弈论理论知识进行建模分析，确定自私挖矿攻击在实际环境下实现的必要条件，设计约束与惩罚机制避免自私挖矿攻击的实施，保障 PoW 共识机制下的区块链系统的安全性与稳定性。

2.3.2.3　PPLNS 激励机制

按最后 N 个部分解付费（Pay-Per-Last-N-Share，PPLNS）是 PoW 共识机制常用的一种挖矿激励机制。在 PPLNS 中，挖矿收益不会在每一轮挖矿结束时分发给各个矿工，而是依据矿工在最新的 PPLNS 窗口中提交的工作量证明进行收益分配。每一个 PPLNS 窗口都包含着持续提交的工作量证明，即最新的提交结果为完整的 PoW 解，具体来说，PPLNS 窗口中的工作量证明被认为是有效贡献，而矿工会依据有效贡献在窗口中的占比获取收益。显然，在这样的激励机制下，矿工有足够的动机发动延迟攻击。在延迟攻击中，矿工截留下已经发现的部分解而不进行提交，当得到PoW的完整解时，一次性提交所有延迟的解，这样就可以使自己提交的有效贡献在当前窗口中占比尽可能大，从而获取尽可能高的收益。

考虑到PPLNS的特性，对于在矿池中工作的每个矿工，其挖矿的过程都可以被分为两个阶段。第一个阶段中，矿工仅仅进行挖矿，而不提交获取到的部分解。第二个阶段中，矿工立即提交获取到的所有解，即诚实挖矿。为了使自身获取的利益最大化，每个矿工都需要根据其他矿工的策略选择合适的时间节点来切换不同的挖矿阶段，否则将会由于其他矿工的延迟攻击而失去自身收益。因此，在应用PPLNS激励机制的同一矿池中进行挖矿的矿工之间的博弈可以被视为是非合作博弈。在这个博弈过程中，当算力最大的矿工的算力达到一定的阈值时，就可以实现纳什均衡，其中算力阈值与PPLNS的窗口大小和PoW问题求解的复杂度有关。在纳什均衡中，每个矿工都处于两个阶段的转换点，延迟攻击并不会带来额外的收益，因此矿工也失去了发动延迟攻击的动机，从而保证矿池内挖矿的稳定，这种实现了纳什均衡的矿池也被称为激励相容的矿池。仿真实验的结果表明，即使通过调整PPLNS的窗口大小与PoW问题求解的复杂度，降低发动延迟攻击的矿工占比，无论算力分布情况如何，无法实现激励相容的矿池都无法实现纳什均衡，即该博弈问题存在唯一的纳什均衡。

针对PPLNS激励机制，本课题组拟进行双方与多方博弈下部分解提交混合策略的研究，对于微观上矿工提高收益，宏观上避免矿工相互攻击，实现激励相容的矿池均有着重要的意义与价值。

2.3.2.4 手续费激励机制

在实际的PoW系统中，除了挖矿收益，为了激励矿工对交易信息打包，每笔交易都会收取一定的手续费作为矿工的经济激励。然而，为了最大化得到收益，拥有记账权的矿工会根据其他矿工的策略选择性地伪造身份信息或直接传递下去，这种矿工间的交互作用可以被理解为是非合作博弈。如图2.3-4所示，只有与最终解决PoW的矿工同属于同一个传递链的其他矿工才可以获得收益，这种行为被称为自私传播攻击。在多轮博弈的情况下，只有所有矿工都诚实地进行交易传递才可以实现纳什均衡，因而在足够大且复杂的区块链系统中，矿工间相互制衡的博弈会避免自私传播攻击的发生。

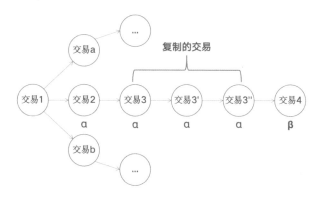

图 2.3-4　自私传播攻击交易传递链

考虑另一种极端的情况，当挖矿收益为零，矿工完全依赖于创建区块打包交易信息获取收益时，为了获取尽可能高的收益，矿工会更倾向于扩展可交易费用更多的区块而非最长的主链。如图 2.3-5 所示，在这种情况下，攻击者对主链进行分支并选择性地打包交易来提高自身的收益。根据 PoW 的最长链原则，如果攻击者的分支不是最长链则其在此分支上获得的所有收益均为无效收益，因此攻击者会以更高的交易手续费吸引其他矿工加入到自己的分支中来，而其他矿工则需要考虑是加入到该分支中挖矿还是放弃更高的收益。因此，在挖矿的每一个阶段，矿工都要对诚实挖矿和分支攻击进行选择，这种矿工之间的复杂交互可以被视为重复的多方博弈。博弈论分析表明，如果一个矿工的策略遵循一定的规则使得自身的利益最大化，则此策略也适用于其他所有矿工，因此该博弈问题的纳什均衡为所有矿工都采用相同的分支策略。在 PoW 的最长链竞争中，只要整个区块链网络超过 $\frac{1}{3}$ 的算力进行分支攻击，就会使主链无法保持长度优势，攻击者收获超额的收益。由于分支攻击的特性，一旦发生，会使得大量的交易无法被打包确认，对区块链网络造成巨大的破坏，严重影响区块链网络的可信性与安全性。

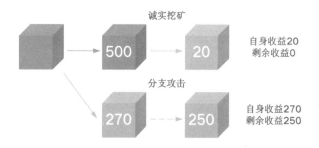

图 2.3-5　分支攻击原理与收益分配

应用博弈论对PoW共识机制的激励相容进行分析，可以确定，挖矿收益与信息传递收益都是不可或缺的，同时要保证两者的大小关系处于合理的范围，否则会由于博弈的失衡危害到区块链系统的运行。然而，随着PoW问题求解难度的增加，比特币等应用PoW共识机制的挖矿收益会越来越小，系统运行不可避免地依赖于交易手续费的信息传递收益，挖矿收益缺失导致的博弈失衡给PoW共识机制带来了严肃的挑战。如何在仅依赖交易手续费的条件下调整博弈过程，如何引入新的激励机制来替代挖矿收益，如何设计新的问题求解避免博弈失衡，都是在后PoW时代迫切需要解决的博弈问题，也是未来区块链机制设计的重要研究方向。

针对手续费激励机制，本课题组拟通过对不同手续费条件下矿工博弈的理论进行分析，对手续费定价策略进行研究，同时考虑设计额外的激励机制，在挖矿收益降低，手续费激励主导博弈的预期环境下，保证区块链系统的稳定性、可信性，使PoW共识的区块链系统可以持续运行。

2.3.3　PoS节点博弈

PoW共识机制实现了区块链系统的去中心化等特性，但其依赖于求解复杂数学问题的原理会造成大量的算力浪费，同时PoW的原理及约束会使得整个系统存在显著的共识确认时延，极大地限制了区块链系统的实际应用与扩展。为了解决PoW的问题，区块链研究人员提出了权益证明（Proof of Stake，PoS）的共识机制。PoS用权益证明来代替工作量证明，是一种由系统权益代替算力决定区块记账权的共识机制，拥有的权益越大则成为下一个区块生产者的概率也越大。PoW的安全性是基于数学问题的复杂性与算力的价值，而PoS的安全性则完全依赖于博弈关系。在PoS共识机制的系统中，拥有的权益量与在系统中的话语权成正相关，因此拥有更多权益的参与者会更乐于维护系统的安全。

PoS机制通过流动性质押，有效地降低了挖矿的门槛，避免了资源浪费。然而PoS要求参与者在线才可以参与记账，使得同一时间内进行记账的货币量较低，很容易遭受攻击。为了使参与者不在线时依然可以通过流动性质押参与记账，提高系统的安全性与稳定性，委托的概念应运而生。委托即是指不自己运行节点而将货币质押给信任的节点，委托其代理记账，应用委托概念的PoS也被称为DPoS，即委托权益证明共识机制。DPoS通过参与者投票选出一定数量的超级节点，由这些超级节点进行系统维护，而这些超级节点也会因此获得可观的收益。由于DPoS的超级节点是投票选举的，会产生轮换，这些超级节点都会努力提高自身表现来维持地位，从而使得这些超级节点不会为了一己私利而作弊。DPoS中节点间的这种博弈，解决了区块链系统中的信任问题，有效地保证了系统的安全性与稳定性。

2.3.3.1　无利害攻击

早期的 PoS 共识机制存在着"理性分支"的问题，在区块链网络中，当出现两个高度相同的区块，即存在两个长度相同的分支时，区块链中的节点都面临着两个选择，一个是依据区块链约束，以其中一个分支作为主链，在此基础上生成新区块；另一个则是同时在两个分支上生成新区块。显然，无限制地产生分支会破坏整个系统的一致性，进而影响系统的稳定性与安全性。

在 PoW 共识机制中，由于网络延迟等问题，在整个区块链网络中会有短暂的时间同时存在多个分支，然而矿工间的博弈会使得这样的分支难以为继。如图2.3-6 所示，在 PoW 共识机制中，矿工的算力是一定的，因此分配算力在分支链上存在无效挖矿的风险，会损失部分收益。而如果此分支链具有一定的价值，其他理性矿工就会加入到分支上挖矿，最终实现对主链的替换，矿工依然无法获取超额收益。在这种情况下，一个理性的矿工会选择在最有可能成为主链的分支上挖矿而非同时在不同的分支上挖矿，这会形成纳什均衡，使系统内存在唯一共识的主链。

自己\其他节点	挖分支链	不挖分支链
挖分支链	分支链可能成为主链，收益不变	分支链可能无效，损失主链收益
不挖分支链	主链算力占比增加，收益增加	维持现状，收益不变

图 2.3-6　PoW 共识分支博弈

而在 PoS 共识下，分支链在分支高度之前的区块与主链完全一致，拥有的权益量也是完全相同的，因而有足够的权益可以在分支链上继续产生区块，不同分支上的挖矿互不影响。如图 2.3-7 所示，在这样的博弈下，节点的最优策略是同时在不同的分支上挖矿，理性的节点会默许分支的存在，因而出现"理性分支"的问题。虽然从长远来看，这种分支的存在会破坏区块链系统的稳定与安全，但对于个体而言，短视地选择最大化自身利益才是常态，因此如果没有其他规则约束加以限制，PoS 共识区块链很容易遭受这种无利害攻击（Nothing at Stake）。

自己\其他节点	挖分支链	不挖分支链
挖分支链	获得两条分支上的收益，但网络总效益降低	获得两条分支上的收益
不挖分支链	只获得主链上的收益	维持现状，收益不变

图 2.3-7　PoS 共识分支博弈

解决无利害攻击最简单的方式就是引入惩罚机制。如以太坊 Casper 共识应用了执剑人（Slasher）机制，要求节点质押保证金来参与挖矿，并对在多个分支上挖矿等恶意行为进行惩罚，没收保证金。通过引入惩罚机制，可以对节点的分支博弈进行调整，使攻击行为的收益低于惩罚的保证金，从而强迫节点选择诚实的策略。针对 PoS 中的无利害攻击，本课题组拟应用博弈论对 PoS 分支博弈进行分析，对惩罚机制进行定性与定量分析，为惩罚机制的设计提供理论性指导。

2.3.3.2　长程攻击

在主流的 PoS 共识机制中，大多采用质押保证金的方式来认证投票权，而这一过程并非静态的，整个区块链系统中每个节点都处于动态的变化中。由于 PoS 不以累计工作量作为衡量分支合法性的标准，在节点可以自由加入退出的动态网络中，节点需要获取最新的其他的节点信息才能够判断哪些区块是真实有效的。这种系统级的动态变化使得 PoS 共识很容易受到"长程攻击"的威胁，当一个节点收回了质押的保证金时，虽然不再拥有对新区块的投票权，但依然拥有对已投票的区块的投票权，并且不再受到保证金惩罚的制约。因此攻击者可以通过贿赂这些节点，对这些节点曾经投票过的区块进行替换，如图 2.3-8 所示，收集足够多的"幽灵"保证金（已被收回的保证金）来构成一条足够长的攻击链。

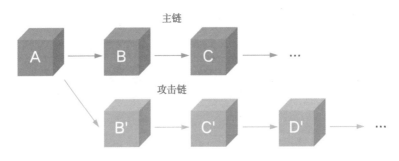

图 2.3-8　长程攻击分支结构

长程攻击的可能性使得基于链结构的 PoS 共识在如何确定共识的最终性上变得更加复杂。PoS 通过质押保证金来控制博弈，维持系统平衡，但其质押保证金来确定投票权的特性又使得保证金处于动态，无法保持权益与投票权的一致性。在这种情况下，由于在系统内作恶不需要成本且获利较多，博弈完全失衡，区块链系统的安全性受到严重威胁。为了使博弈达到系统稳定的纳什均衡，可以从提高长程攻击的成本与降低长程攻击的收益两个方向对 PoS 共识机制进行优化。在提高成本方面，上下文感知交易策略通过在交易中记录前面区块的哈希值将交易与特定的区块分支绑定，使得在分支链上伪造交易信息的难度显著增加。在降低收益方面，移动检查点策略通过每隔一定区块间隔设置检查点，且只有检查点之后的区块会被重组，限制检查点间隔小于最短保证金质押时间来确保区块都是被质押保证金的节点投票验证的，显著降低了长程攻击的收益。

针对 PoS 中的长程攻击，本课题组拟提出新的策略，通过激励与惩罚机制，优化博弈，使节点参与长程攻击的收益低于成本。

2.3.3.3 贿赂攻击者模型

贿赂攻击者模型也被称为 P+Epsilon 攻击模型，是通过贿赂区块链网络的参与者，从而达到特定目的的一类攻击方式。由于在 PoS 共识机制中，投票权与记账权往往是分离的，且投票权无法直接产生利益，攻击者可以很容易地通过贿赂节点来操控投票的结果。相比于直接贿赂节点，贿赂攻击者模型仅仅需要少量的资金就可以实现对投票结果的操控，而实现这一结果的核心就在于被贿赂节点间的博弈。

如图 2.3-9 所示，分析在贿赂行为中节点间的博弈，可以考虑一个简化的收益矩阵，其中节点与其他节点行为相同的情况下会得到收益 P，而行为不同时收益为 0。通常来说，考虑到经济收益，一个理性的节点是不会选择与其他节点不同的行为的，但在攻击者进行贿赂的情况下，节点往往会根据风险与收益进行博弈决策。假设攻击者进行贿赂的承诺收益为 P+Epsilon，则需要保证 Epsilon 的收益足够大来让诚实节点接受信用风险。显然，如果直接对区块链网络中的大部分节点进行贿赂，则攻击者需要支付相当大的金额，甚至超过其进行攻击获取的收益。然而，在贿赂攻击者模型下，当足够多的节点接受了贿赂时，博弈的纳什均衡就发生了变化，所有节点都会自发地选择攻击者期望的行为。在这种情况下，攻击者甚至不需要实际支付任何贿赂费用，只依靠承诺就可以调整博弈的纳什均衡，从而实现有效的攻击。贿赂攻击者模型给出了发动低成本贿赂攻击的理论可行性，尽管沟通贿赂规模庞大的区块链网络节点的难度较大，但在应用DPoS机制等验证节点数量少的网络，或拥有较好沟通渠道的情况下，这种攻击方式依然具有相当的威胁，会使得区块链网络的可信性完全无法保障。

自己\其他节点	投票1	投票2
投票1	P	0 / P + ε (贿赂攻击)
投票2	0	P

图 2.3-9　贿赂攻击者模型权益矩阵

针对PoS网络中的贿赂攻击者模型，本课题组拟对不完全信息多方博弈环境下节点策略进行定性与定量分析，确定区块链网络抵御贿赂攻击的必要条件，提出稳定可行的信用机制调整节点博弈策略，避免贿赂攻击对区块链网络的危害。

供稿：　清华大学　　　　　　徐恪、姚苏
　　　　中钞区块链研究院　　张一锋

2.4　分布式共识机制

分布式共识是指在一个分布式环境中各个主体就某个状态达成一致。目前区块链的共识机制发展相对不成熟，其安全性是否足以支撑安全可信的网络体系结构并没有很好的理论支撑。此外，面对网络用户的持续增长以及网络应用的复杂多样化，共识机制是否足以支撑灵活多样的网络应用服务、满足持续增长的用户需求，依然有待研究。为有效构建新一代网络体系结构，并有效支撑大规模开放网络环境中的不同应用需求，课题组拟从安全性、灵活性和高效可扩展三方面对共识机制进行研究，如图 2.4-1 所示。在安全性方面，分别针对联盟链和公链共识的安全性进行研究，联盟链共识由于能够确保强一致性，因此主要研究其抗网络攻击的能力；公链共识安全性与其激励机制息息相关，因此主要研究共识激励及公平性等问题。在灵活性方面，考虑到固定共识机制无法支撑灵活多样的网络应用服务，因此主要研究可插拔的共识机制框架，确保可以根据不同网络应用服务的部署环境和安全需求灵活定制共识并进行替换。在高效可扩展性方面，主要是研究大规模、高并发的共识机制，并针对异构链之间的交互这一问题研究跨链机制。

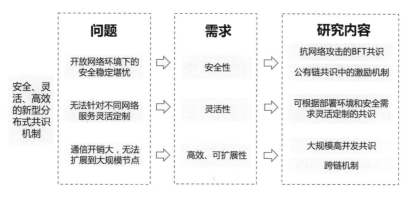

图 2.4-1　分布式共识机制任务分解

2.4.1　抗网络攻击的稳定拜占庭容错共识

2.4.1.1　研究背景

近年来，随着区块链技术的蓬勃发展，高吞吐量、低延迟、低能耗等特性使得拜占庭容错（Byzantine Fault Tolerance, BFT）共识被广泛应用于数据共享、网络安全等领域。区别于工作量证明（Proof of Work, PoW）等"挖矿共识"，BFT 共识基于法定人数（Quorum）机制，通过收集节点对区块的投票来确保一致性，因此不存在计算资源浪费等问题。但是，BFT 共识要求节点间互相发送对区块的投票信息，这些交互信息的数量会随着节点规模的扩大而持续增长。因此，BFT 共识协议主要被应用于节点数量较少的联盟链，或者和委员会选举、分片、分层等机制相结合后再应用于公有链。

BFT 共识的研究起源于 1982 年莱斯利·兰伯特（Leslie Lamport）所提出的拜占庭将军问题，提出口头消息等协议用于解决存在拜占庭节点作恶场景下分布式系统的一致性问题，从而开启了 BFT 共识的理论研究时代。1999 年，实用拜占庭容错（Practical Byzantine Fault tolerance，PBFT）被提出，该协议中包含的三阶段共识、视图变更等子协议，为之后一系列实用化拜占庭容错共识协议的出现奠定了基础。2014 年，联盟链的出现使得区块链被广泛应用于各个领域，共识机制的研究也因此被推到了顶峰。然而，研究者们一直致力于提升 BFT 共识的性能，却相对忽视了 BFT 共识在网络攻击环境下的稳定性。现阶段实用化 BFT 共识协议所采用的安全理论模型早在区块链出现之前就已被提出，当时的共识协议主要部署在局域网范围，因此无法有效支撑区块链应用在网络攻击环境下的稳定运行。我们将从错误模型和网络模型两方面阐述实用化BFT共识在抵抗网络攻击时的局限性。

1.拜占庭错误模型的局限性

区块链系统可以看作是由多个节点组成的复制服务，该服务接收来自客户端的请求指令，并基于共识机制确保所有正确节点按一致顺序执行这些指令，实现各节点状态的一致性。BFT共识在设计实现过程中需要确保安全性（Safety）和活性（Liveness），其中安全性要求所有正确节点以相同的顺序执行命令，而活性则要求来自客户端的请求指令最终将获得正确的输出结果。拜占庭错误模型的局限性在于仅考虑拜占庭错误类型，从而限制了BFT共识对网络攻击的抵抗能力。拜占庭错误的影响力过于强大，出现拜占庭错误的节点会产生任意行为，不仅能影响共识活性，还能影响共识的安全性。因此，现阶段实用化BFT共识对拜占庭错误的最大容忍能力为$\frac{1}{3}$，即容忍少于$\frac{1}{3}$的拜占庭节点。然而，常见的网络攻击只会影响与受害节点相关的网络流量，所以只能影响共识活性，对于这些攻击所造成的节点错误，实用化BFT共识的最大容忍能力为$\frac{1}{2}$。因此，在联盟链等拜占庭错误出现概率较低的场景中，只考虑拜占庭错误将导致BFT共识的容错能力下降。

2.拜占庭网络模型的局限性

为了使共识节点间能够实现高效交互，实用化 BFT 共识都假设正确节点间存在全连接网络拓扑，即任意两个正确节点间都存在稳定通信链路。此时，只要一轮交互即可确保节点投票信息被所有其他正确节点收到。然而，在广域网中，通信链路随时可能出现拥塞或遭受攻击，因此通常情况下，部分共识节点只能与少数其他节点通信，基于全连接拓扑假设所设计的 BFT 共识则会将这些节点视为错误节点，导致实际容错能力出现损失。尤其是当领导节点受到攻击，与其相关的部分通信链路出现错误时，传统实用化 BFT 共识会触发视图变更协议进行领导节点的更换，导致服务质量下降。例如，假设存在一个由 7 个节点组成的复制服务，该服务最多能容忍 2 个错误节点，且正确节点收集到来自 5 个不同节点对同一区块的投票时才会接受该区块。如图 2.4–2 中的第一个拓扑所示，当领导节点 r_0 的任意两条通信链路出现错误时，r_0 都将无法收集到足够多的投票信息，从而无法引导共识的顺利进行，共识将会触发视图变更并推选 r 为新领导节点；如图 2.4–2 中的第二个拓扑所示，当系统中已经存在两个错误节点时，任意一条链路错误都将导致相应的两个节点被当作错误节点，从而导致系统中正确节点的个数少于 5，共识将停止运行。

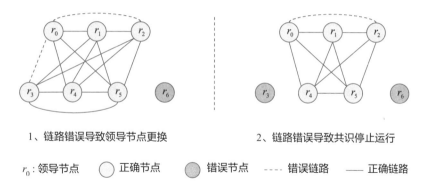

1、链路错误导致领导节点更换   2、链路错误导致共识停止运行

r_0：领导节点　　○ 正确节点　　● 错误节点　　---- 错误链路　　── 正确链路

图2.4-2　错误链路示意图

针对共识机制在网络攻击环境下的安全稳定问题，本方案针对拜占庭共识在常见的网络攻击下受到的影响进行分析、建模，将常见网络攻击可能造成的影响纳入安全理论模型的设计，发掘拜占庭共识对常见网络攻击的抵抗能力，推导出新的安全边界用于指导拜占庭共识的设计，并在该理论模型的基础上设计能有效抵抗网络攻击的拜占庭共识机制。

2.4.1.2　广义拜占庭错误模型

广义拜占庭错误模型的目标是建模复杂网络攻击对节点造成的影响，并支持根据实际部署环境需求，通过牺牲对拜占庭错误的容忍能力，来提升系统对网络攻击的容忍能力。

1. 错误类型的定义

共识协议对错误的容忍能力不同关键在于错误节点是否能攻击协议的安全性，当错误既影响安全性又影响活性时，部分同步的容错协议对其最大容忍能力不超过 $\frac{1}{3}$；而当错误节点只影响活性时，部分同步的容错协议对其最大容忍能力不超过 $\frac{1}{2}$。针对这一特性，我们定义两种错误类型，其一是只影响活性的非拜占庭错误，其二是既影响活性也影响安全性的拜占庭错误。为了确保广义拜占庭错误能尽可能覆盖到所有常见的复杂网络攻击组合，首先我们定义"包含"这样一个关系：

包含关系：当错误类型A包含错误类型B，则错误A具备比错误B更强的影响力，错误A造成的节点能够做出具备错误B节点的所有行为。此时，当容错协议能够容忍t个错误A时，其同样也能容忍t个错误B，反之则不一定成立。

基于包含关系，我们在保证非拜占庭错误只影响活性的情况下，赋予两种错误类型尽可能大的影响力。因此我们给出非拜占庭错误的定义：

非拜占庭错误：如果一个节点具备非拜占庭错误，那么其所有通信链路都由攻击者控制，攻击者可以决定与其相关所有消息的发送延迟，甚至丢包。但是具备非拜占庭错误的节点本身会严格遵守协议运行，攻击者也无法破解数字签名、哈希等密码学工具从而达到伪造、篡改消息的目的。

基于非拜占庭错误的定义，我们可以了解到，其不仅包含了所有针对系统交互网络的攻击行为所造成的影响，还包含了节点本身部分故障行为（例如死机、重启等）所产生的影响。具备非拜占庭错误的节点不会去主动攻击协议的运行，但会因为外界攻击或自身稳定性等问题导致通信信息的遗漏，因此我们将非拜占庭错误的节点和正确节点统称为良性节点。为了让拜占庭错误包含非拜占庭错误，我们对拜占庭错误的定义进行了扩展，给出广义拜占庭错误：如果一个节点具备广义拜占庭错误，那么其所有通信链路都由攻击者控制，攻击者可以决定与其相关所有消息的发送延迟，甚至丢包。此外，攻击者可以控制节点发送任意消息，从而攻击协议的一致性。但是攻击者无法破解数字签名、哈希等密码学工具从而达到伪造、篡改其他节点消息的目的。

为了体现两种错误的包含关系，我们定义系统的节点总数为 N，能容忍的最大错误总数为 u，这些错误包括拜占庭错误和非拜占庭错误，其中拜占庭错误的数量不超过 t。基于这样一种表示方法，系统对网络攻击造成的节点错误的最大容忍能力为 u，对拜占庭这类会使节点产生恶意行为的错误的最大容忍能力为 t，且任意时刻，两种错误的总数依然不能超过 u。

2. 安全目标

对于一个稳定运行的系统来说，安全性和活性是需要保证的两个重要属性。安全性意味着所有正确的节点之间状态一致，就像是一个节点的运行，而活跃性意味着系统可以持续接收客户端的请求并最终给出答复。

传统拜占庭容错协议由于只考虑拜占庭错误，其对安全性和活性的定义如下：

① 安全性：任意两个正确节点都按照相同的指令序列执行指令。

② 活性：所有正确的学习者最终都会提交并执行新的指令。

在广义拜占庭故障模型中，具备非拜占庭错误的节点不会攻击安全性，并且当攻击行为停止后可以立刻恢复并重新参与共识协议的运行。因此，我们应该确保非拜占庭错误节点状态的一致性，但允许这些节点丢失最新的消息，并在攻击故障恢复并同步最新消息后重新参与共识。但在考虑活性时，由于攻击者可以任意丢弃非拜占庭错误节点相关的数据包，因此我们无法依赖这些节点来保证活性。

因此，在广义拜占庭错误模型中，安全性和活性的定义如下：

① 安全性：对于任意两个良性节点 A 和 B，对于任意一个相同的指令序号，A 和 B 执行的指令分别为 v 和 v'，则 $v=v'$，或 v 和 v' 其中之一为空。

② 活性：所有正确的学习者最终都会提交并执行新的指令。

3. Quorum 设计

Quorum 机制是实现安全性和活性的主要技术，其规定了一个提案被接受所需要的最小票数，即法定人数。在复制服务运行过程中，提议者的提案可以看作是一次投票，共识协议通常会限制每个提议者为同一提议编号仅提议一个值；因此，为了确保安全性和活性，传统部分同步拜占庭容错协议中法定人数 q 的设计需要遵循以下两个标准。

① 安全性准则：任何两个法定人数的交集必须包括一个正确的副本节点。

② 活性准则：法定人数不得超过正确副本节点的数量。

安全性准则可确保同一提案编号不会存在两个不同的值被接受，因为正确的副本对于同一提案编号只会进行一次提案，因此整个系统产生的总票数无法使两个不同的提案值被接受；活性准则则是确保整个系统中能够产生足够多的票数，从而确保存在提案最终能被接受。

当假设系统节点总数为 N，拜占庭错误的数量不超过 t 时，由于拜占庭副本节点可以针对同一提案号进行提议两个不同的提案值，因此基于两个基本准则对法定人数值 q 设计时，可以得到 $2q \geqslant N+t+1$ 以及 $q \leqslant N-t$。然后最小化总副本节点数，可以得到最佳的法定人数值 $q=2t+1$，和副本节点总数 $N=3t+1$。

与传统拜占庭容错协议不同，广义拜占庭错误模型考虑了非拜占庭、和拜占庭两种错误类型，其中非拜占庭错误为良性错误，产生该类型错误的副本节点不会去主动攻击共识协议，即不会针对同一提案号提议两个不同的提案值，但是可能会无法进行提案。因此，在广义拜占庭错误模型中，安全性的保障只需要考虑拜占庭错误，活性的保障则要同时考虑拜占庭和非拜占庭错误，广义拜占庭错误模型中的安全性和活性准则如下所示。

① 安全性准则：任何两个法定人数提议者的交集必须包括一个正确的或非拜占庭错误的副本节点。

② 活性准则：法定人数的具体值不得超过正确副本节点的数量。

此时假设副本节点总数为 N，错误总数不超过 u，其中拜占庭错误的数量不超过 t，则可以得到不等式：$2q \geqslant N+t+1$；$q \leqslant N-u$。然后，最小化副本节点总数，可得最佳的法定人数值 $q=u+t+1$ 和副本节点总数 $N=2u+t+1$。

在广义拜占庭错误模型的Quorum中，当要求容忍的所有错误均为拜占庭时，则$u=t$，此时节点综述N以及法定人数值q与传统拜占庭容错模型一致。因此，基于广义拜占庭错误模型，协议使用者可以调整参数，通过牺牲对拜占庭错误的容忍能力，来动态提高对网络攻击的容忍能力。

2.4.1.3　支持高效交互的动态网络拓扑

在这一部分中，我们对动态网络拓扑进行建模，以覆盖攻击对链路的影响，并设计基于仲裁的高效交互协议。分析了这些协议的通信复杂度和容错性，并在网络拓扑完整的前提下与传统协议进行了比较。为了对动态网络拓扑进行建模，我们首先考虑了一个传统的简化交互协议，它包括预提议、提议、接受三个步骤。

① 预提议阶段：领导者节点向所有其他节点发送一个预提议信息，其中包括一个具体提案和领导者对该提案的签名。

② 提议阶段：当提议者从领导者节点处接收到有效的预提议消息后，向所有接受者发送提议消息，其中包括相同的提案以及提议者对该提案的签名。

③ 接受阶段：接受者在收到来自q个不同节点对相同提案的有效提议消息时，接受该提案。

上述简化的交互协议是现阶段实用化拜占庭容错协议的核心部分，其通信复杂度为$O(n^2)$，被认为是高效的交互协议。在交互协议中，只有成功接受一个提案时，节点才会执行下一步或对下一个提案进行提议。因此，我们给出了活性节点的定义。

活性节点：活性节点是在交互协议中可以成功接受提案的正确节点。

基于Quorum机制，一个稳定运行的复制服务至少需要q个活性节点，因为只有当q个节点对提案进行提议时，才能确保接受者接受该提案。而在传统的简化交互协议中，节点必须至少与包括自己在内的q个活性节点稳定通信，才能够收集到q个对提案的有效提议信息，从而成功接受提案并成为活性节点。我们将这些能够通过接收q个对提案的有效提议信息来完成接受提案的节点称为锚节点，其定义如下：

锚节点：锚节点是可以与包括其自身在内的q个活性节点稳定通信的节点。

在传统的交互协议中，锚节点和活性节点的条件等价，这也是为什么传统拜占庭容错协议假设完全连接，对链路故障的容忍度有限的原因。因此，建立动态拓扑模型的关键是重新设计交互协议，减少活性节点的连通性需求。

1. q锚节点拓扑

我们首先考虑q锚节点拓扑，即至少q个节点是锚节点，并减少锚节点的连通性要求。在简化的交互协议中，只有在接收到来自领导节点对提案的预提议消息时，节点才会对该提案进行提议。因此，当一个节点无法与领导者节点通信时，它自己本身无法产生提议信息，因此必须与其他 q 个活性节点通信，才能够接收到足够多的提议信息从而接受提案。这也导致领导者节点必须具备高连通性，从而限制了动态网络拓扑的构建，因此，我们试图消除领导者节点引入的差异性，降低锚节点的连通性要求，并引入 q 锚节点交互协议。

考虑到图 2.4-3 中的第二个拓扑，假设一个由 7 个节点所组成的复制服务，该服务能够容忍不超过 2 个拜占庭错误，那么 $q=5$。当 r_0 是领导者节点时，r_5 无法接收来自领导节点的预提议消息，此时尽管它可以接收来自 r_1，r_2，r_3，r_4 的提议信息，但依然不能接受该提案。在第一个拓扑中，r_5 则因为接收到的提议信息中包含来自领导者节点的预提议信息，因此可以自己产生一个提议信息，从而保证收集到 5 个有效提议信息以接受提案。为了消除领导节点带来的差异，我们给出了领导传递性的定义。

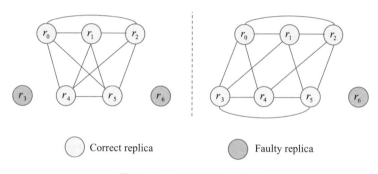

图 2.4-3　q 锚节点拓扑示意图

Correct replica　　　Faulty replica

领导传递性：任何节点的有效提议信息，与领导者的预提议信息一样，能触发其他节点对提案进行提议。

在实现领导者传递性时，我们应该避免拜占庭节点提议一个未经过领导节点预提议的提案。一种简单的实现方法是确保所有有效的提议消息都必须包含领导节点的签名。因此，我们给出了交互协议中提议这一步骤进行了修改。

提议阶段：当提议者从领导者节点处接收到有效的预提议消息后，向所有接受者发送提议消息，其中包括相同的提案以及提议者和领导节点对该提案的签名。

在 q 锚节点交互协议中，当接收到有效的提议信息时，领导节点的签名意味着领导者已经对该提案进行了预提议。因此，任何有效的提议消息都能触发其他提议者对相同提案的提议。当运行 q 锚节点交互协议时，图 2.4-3 中第二个拓扑的所有节点都将成为锚节点，从而确保复制服务的稳定运行。

2. $t+1$ 锚节点拓扑

当网络状况恶化，并且锚节点数目小于 q 时，复制服务将停止运行。此时我们试图降低活性节点的要求，并引入了 $t+1$ 锚节点交互协议，该协议在至少有 $t+1$ 个锚节点的情况下稳定运行。

基于广义拜占庭错误模型，只有拜占庭节点才会说谎。因此，当 $t+1$ 个节点宣称接受了一个提案时，其中至少有一个节点没有说谎，并且确实收到了对该提案的 q 个有效提议信息。基于这个特性，我们对接受阶段的步骤进行了修改。

接受阶段：接受者在收到来自 q 个不同节点对相同提案的有效提议消息时，或者收到来自 $t+1$ 个不同节点对相同提案的有效接受信息时接受该提案，并向所有其他节点发送包含自己签名的接受信息。

在 $t+1$ 锚节点交互协议中，当节点接受提案后它们将发送包含签名的接受消息以说服其他节点接受该提案。因此，活性节点只需要与至少 $t+1$ 个其他活性节点稳定通信。

3. 锚节点拓扑

当网络状况恶化，并且锚节点数目小于 $t+1$ 时，复制服务将停止运行。此时我们试图进一步降低活性节点的要求，并引入 1 锚节点交互协议，该协议在至少有 1 个锚节点的情况下稳定运行。

由于锚节点数量少于 $t+1$，我们不能让它们仅仅通过发送接受消息来说服其他节点接受提案。因此，当接受提案后，锚节点应构造一个证据，来证明确实已有 q 个节点对该提案进行了有效提议。基于这个特性，我们对交互协议的接受步骤进行了修改，得到 1 锚节点交互协议。

接受阶段：当接受者针对同一个提案收集到 q 个有效签名时，或者收到一个能够证明提案被接受的证据时，它将接受该提案，并向所有接受者发送接受该提案的证明。

在 1 锚节点交互协议中，只需要一个证明消息就足以让其他节点接受一个提案，因此，活性节点只需要与至少 1 个其他活性节点稳定通信。

2.4.1.4　稳定拜占庭容错协议

基于所研究的新型共识安全理论模型，为确保高共识效率，本项目采用基于领导节点的共识设计模式，即在系统中选取一个节点担任领导节点，协调所有节点快速完成共识，当领导节点出现故障时，共识将执行视图变更完成领导节点的更换。因此本项目将分常态协议设计、视图变更协议设计两个步骤对抗网络攻击的稳定拜占庭容错共识机制进行设计。

1. 常态协议设计

假设整个系统由 $N=2u+t+1$ 副本节点 r 组成，节点编号为 $0, 1, \cdots, N-1$；视图号为 v，领导节点的编号则通过公式 $L=v \bmod N$ 确定。

常态协议在领导节点 L 的协调下稳定运行，即首先由领导节点进行预提案，再由所有提议者进行提案，提议者提案的内容与领导节点的预提案内容一致，其格式为 $B_k:=(b, k, H(B_{k-1}))$。其中 b 为提案的值，即客户的请求指令；k 为提案号，即为该请求指令分配的序号；$H(B_{k-1})$ 则是前一提案的哈希值。

根据对拓扑的选择不同，可以得到两个抗网络攻击的稳定拜占庭容错共识，其中一个可以在 $t+1$ 锚节点拓扑下稳定运行，另一个则是可以在 1 锚节点拓扑下稳定运行。对于 $t+1$ 锚节点稳定拜占庭容错共识的常态协议，其步骤如下：

① 请求阶段：客户端发送请求指令给学习者节点，学习者将接收到的请求指令转发给领导节点 L。

② 预提议阶段：L 在收到未排序的请求指令后，构造一个预提议信息 $<pre\text{-}propose, B_k, v>L$，并将该预提议信息广播给所有提议者。其中 $<m>_i:=(m, \sigma_i(H(m)))$，即对消息 m 哈希并用 i 的私钥进行签名后与消息 m 所组成的新信息，用于表示该消息用节点 i 发出。

③ 提议阶段：提议者 r_i 在接收到来自 L 的预提议信息并验证签名成功后，或者接收到其他提议者处收到领导对预提案的签名后，判断预提议中提案内容里的哈希值和本地的 $H(B_{locked})$ 是否相同，若相同，则构造提议信息 $<propose, B_k, v>i$，然后将该信息以及预提案中领导节点的签名广播给所有其他节点。该阶段所涉及的 B_{locked} 为每个节点都保存的一个本地参数，其为本地接受的最新提案信息，并用于判断提议一个新提案是否会造成不一致。

④ 接受阶段：接受者在收到来自 q 个不同副本节点对相同提案的有效提议时，或者接收到 $t+1$ 个不同副本节点所提议的提案内容链接在某相同提案之后，此时接受该提案，并将 B_{locked} 的值设置为该新接受的提案；由于每个提案中包含前一提案的哈希值，所有被接受的提案形成了一条链。

⑤ 学习阶段：学习者从接受者获取被接受提案，并按照一定的提交规则提交并执行提案；目前主要存在的提交规则有两种，其一是对于被接受的提案 B_k，若存在被接受提案 B_{k+1}，提案中的哈希值与 $H(B_k)$ 相同，则提交并执行 B_k 中的指令；其二是，若存在被接受提案 $B_{k+1}, B_{k+2}, B_{k+2}$ 中的哈希值与 $H(B_{k+1})$ 相同，且 B_{k+1} 中的哈希值与 $H(B_k)$ 相同，则提交并执行 B_k 中的指令；执行完指令后对客户端进行回复。

对于 1 锚节点稳定拜占庭容错共识的常态协议, 其步骤如下:

① 请求阶段: 客户端发送请求指令给学习者节点, 学习者将接收到的请求指令转发给领导节点 L。

② 预提议阶段: L 在收到未排序的请求指令后, 构造一个预提议信息 $<pre$-$propose, B_k, v>L$, 并将该预提议信息广播给所有提议者。其中 $<m>_i:=(m, \sigma_i (H(m)))$, 即对消息 m 哈希并用 i 的私钥进行签名后与消息 m 所组成的新信息, 用于表示该消息用节点 i 发出。

③ 提议阶段: 提议者 r_i 在接收到来自 L 的预提议信息并验证签名成功后, 或者接收到其他提议者处收到领导对预提案的签名后, 判断预提议中提案内容里的哈希值和本地的 $H(B_{locked})$ 是否相同, 若相同, 则构造提议信息 $<propose, B_k, v>i$, 然后将该信息以及预提案中领导节点的签名广播给所有其他节点。该阶段所涉及的 B_{locked} 为每个节点都保存的一个本地参数, 其为本地接受的最新提案信息, 并用于判断提议一个新提案是否会造成不一致。

④ 接受阶段: 接受者在收到来自 q 个不同副本节点对相同提案的有效提议时, 或者收到某接受者对于所接受提案的证据时, 此时接受该提案, 并生成接受该提案的证据广播给其他所有接受者, 然后将 B_{locked} 的值设置为该新接受的提案; 由于每个提案中包含前一提案的哈希值, 所有被接受的提案形成了一条链。

⑤ 学习阶段: 学习者从接受者获取被接受提案, 并按照一定的提交规则提交并执行提案; 目前主要存在的提交规则有两种, 其一是对于被接受的提案 B_k, 若存在被接受提案 B_{k+1}, 提案中的哈希值与 $H(B_k)$ 相同, 则提交并执行 B_k 中的指令; 其二是, 若存在被接受提案 B_{k+1}, B_{k+2}, B_{k+2} 中的哈希值与 $H(B_{k+1})$ 相同, 且 B_{k+1} 中的哈希值与 $H(B_k)$ 相同, 则提交并执行 B_k 中的指令; 执行完指令后对客户端进行回复。

2. 视图变更协议设计

视图变更协议主要是在发现领导节点出现问题或者网络出现状况时进行, 目的是更换领导节点并对最大网络延迟进行重新预估, 以使其接近实际最大网络延迟。在领导节点更换后, 需要确定最新的安全提案, 后续提案则链接在该提案之后, 从而确保所有节点状态的一致性。

基于常态协议中学习者提交并执行提案的规则不同, 试图变更协议的设计也有所不同, 若提交并执行某提案的规则是其后链接有一个被接受的提案, 则视图变更过程中安全区块的确定需要基于其他接受者接受的最新区块信息; 若提交并执行某提案的规则是其后链接有两个被接受的提案, 则视图变更过程中安全区块的确定只需要基于本地接受者接受的最新区块信息。由于稳定拜占庭容错协议采用的是动态网络拓扑，在该拓扑下，所有交换者交换最新被接受提案信息的效率较低，会影响共识通信复杂度，因此该协议采用第二种规则用于确定被提交的提案，即对于被接受的提案B_k，若存在被接受提案B_{k+1}，B_{k+2}，B_{k+2}中的哈希值与$H(B_{k+1})$相同，且B_{k+1}中的哈希值与$H(B_k)$相同，则提交并执行B_k中的指令。此时视图变更协议中，只需要新领导节点单独收集所有接受者最新接受的提案信息，然后进行新提案即可。

2.4.2 分布式共识中的激励机制

共识机制和激励机制是区块链系统的核心驱动力。区块链系统通过设计适度的经济激励机制并与分布式节点的共识过程相集成，从而汇聚大规模的节点参与并形成了对区块链数据的稳定共识。因此，共识机制与激励机制是紧密耦合、不可分割的整体，同时二者互有侧重点：共识机制规定了矿工为维护区块链账本安全性、一致性和活性而必须遵守的行为规范和行动次序，通常包括账本一致性协议、难度调整机制、主链判别标准等；激励机制则规定了在共识过程中为鼓励矿工忠实、高效地验证区块链账本数据而发行的经济权益，通常包括代币发行机制、代币分配机制、交易费定价机制等。从学术研究的角度来看，如果我们将区块链系统运作过程建模为共识节点的大群体博弈过程的话，那么共识机制将决定其博弈树的结构和形状、激励机制将决定共识节点在博弈树中每个叶子结点的收益。相应地，共识节点的策略性行为则是在给定博弈树结构和收益函数时的最优或者均衡策略。因此，目前区块链主流的共识机制和激励机制尽管均存在独立优化的必要性，但更为重要的是共识机制和激励机制存在着联合优化的必要性。

因此，本课题针对区块链系统中共识机制与激励机制展开研究，从激励机制设计的角度重点分析了区块链共识系统的公平性，针对区块链共识机制和激励机制的联合优化以及由此衍生出的若干策略性行为进行了分析，针对现有主流共识算法提出了解决方案，并设计和提出了新型的共识算法。

2.4.2.1 区块链共识算法的公平性问题

公平性是评价共识算法的重要指标。现阶段，学术界和产业界重点针对共识过程的性能、效率和去中心化程度等指标实现优化，而忽略了共识过程的公平性的重要性。为此，本课题设计并提出了称为信用证明（Proof of Credit，PoC）的更为公平的新型共识算法。PoC共识是一类特殊的权益证明（Proof of Stake，PoS）共识协议，其中信用（Credit）是一种量化评价共识节点的活动是否有利于整体共识系统的指标参数。任何共识节点都具有且不能随意更改其信用值。研究表明，PoC

共识协议具有更好的公平性、安全性和稳定性，具有自我审计机制和混合激励机制，且可以抵抗常见的双重支付攻击和自私挖矿攻击。

现阶段，主流共识算法实际上均有兼顾公平性的设计理念，例如广泛用于加密货币型无许可区块链的工作量证明（Proof of Work, PoW），即将共识过程抽象为在去中心化的区块链系统中选择记账节点的随机过程，实现"一个CPU一票"的公平共识的愿景。然而，随着区块链的发展和共识过程的演进，以PoW为代表的主流共识算法逐渐凸显出若干问题和局限性。首先，PoW共识难度的不断提升使得大量小型节点逐渐退出市场，而大型共识节点则通过购买更多高性能设备进一步垄断共识过程中的记账权，从而加剧了区块链系统的中心化程度，违背了"一个CPU一票"的公平愿景；其次，PoW共识算法具有明显的高耗能特点，例如比特币矿工们需要大量的计算操作来解决共识中的随机数搜索问题。显然，过多毫无意义的哈希操作浪费了大量算力和电力能源。最后是扩展性差，PoW共识导致区块链系统存在严重的从区块生成到达成共识的交易确认时间延迟，使得比特币这类典型的PoW区块链每秒只能处理3～7笔交易，这极大地限制了区块链的落地应用。

为解决这些问题，研究者们相继提出了PoS共识、二跳（2-hop）共识、Algorand以及Ouroboros共识等新型共识算法。其中，PoS共识算法被认为是区块链2.0时代的代表性共识算法。PoS共识协议的目标是根据共识节点拥有的Stake数量确定一个公开且不可更改的节点序列，来获得区块链系统的记账权。这里的权益通常与节点账户或者交易相关联，因此权益越多的节点越倾向于维护区块链系统的安全。然而，这种简单的PoS共识设计存在严重的安全隐患，即在达成共识的过程中可能会出现数量众多的分叉。因此，二跳共识算法试图将PoS和PoW相结合，这样既可以在PoS阶段控制区块生成的速度，也可以在PoW阶段降低51%攻击的概率。然而，二跳共识仍然存在PoW的高耗能缺陷。Algorand共识试图通过利用权益分布来选举出区块委员会和投票委员会并解决分叉问题，这种共识算法将PoS和BA*算法相结合，其中BA*是一种改进的、可扩展到百万级节点数量的拜占庭协定共识协议，通过投票委员会的投票来从候选区块中选出每一轮的唯一获胜区块。最后，Ouroboros是一种可证明安全的、具有严格安全性分析的PoS共识协议，采用基于掷币协议的安全多方计算方法来选出每一轮的记账节点。

为实现共识算法的公平性，上述共识算法仍然存在三个重要问题：首先，PoW和PoS共识算法中，最根本的问题是如何设计一种公平和随机的领导人选举过程，使得任意敌手都无法事先预测哪位候选人会被选中或者哪位候选人将会影响选举过程。这种公平的领导人选举过程要求任何背离选举协议的行为都将会受到惩罚；其次，第二个关键问题是采用何种变量来衡量共识算法中的公平性，或者更为确切地说，是衡量共识算法中的公平权益。适当的公平权益设计有助于防止敌手采取非法策略来改进其在领导人选举过程中获胜的概率，从而提高安全性；最后，第三个关键问题是如何设计合理的激励机制来维护共识协议的稳定性。

针对现有共识算法存在的这些问题，本课题基于安全多方计算协议设计了面向公平性和安全性的 PoC 共识协议，这是一种可证明安全的类 PoS 型共识协议，其中权益是衡量共识节点的行为是否有益于系统的参数，只依赖于节点行为而与共识节点的账户余额无关。传统的 PoS 协议中，权益取决于节点的账户余额，因而敌手可以通过变更账户余额来损害共识协议的公平性，而 PoC 协议中任意节点都不能随意增加其权益（或信用 Credit）。增加信用的唯一途径就是遵循共识协议并做出积极的行为。如果一个节点披露了一个恶意行为并提供有效的证据，那么它就会获得一些信用奖励，而恶意节点将得到相应的惩罚。PoC 共识协议也增强了安全性，并通过激励机制设计来实现协议的公平性。

PoC 共识协议分为两个阶段，即候选人选举阶段和领导选举阶段。首先，在候选人选举阶段，每个共识节点验证它是否可以被选择为候选对象。如果可以，则提交一个承诺事务以及一定数量的定金，然后成为某轮共识的候选人。其次，在领导选举阶段，所有候选人均执行公平的安全多方计算协议来选举领导。本课题采用带有惩罚的安全掷币协议来构建基于区块链的、公平的安全多方计算协议。在协议的初始阶段，因为每个候选人都有提交其承诺交易和定金，因而所有参与者都可以确定协议中有哪些参与者。如果任何候选人偏离协议，则将受到损失定金的惩罚。协议执行完成后，诚实的候选人将会赎回其定金。在大多数参与者是诚实的这一假设条件下，可以证明 PoC 共识协议是安全的，并可以在同步网络通信模型中实现持久性和活性。

具体说来，两阶段 PoC 共识协议的算法流程如下：

（1）在候选人选举阶段，所有利益相关者按如下方式进行。

① 每个节点基于区块选择策略从其接收到的所有候选区块链中选择最长有效区块链。

② 根据最长有效区块链及其拥有的信用值，每个节点利用 PoC 验证机制来验证其是否可以在未来某个特定的共识轮次成为候选人。

③ 如果某共识节点通过 PoC 验证，则可以保证该节点将被选为未来某一轮次的候选节点。该节点将采样一个秘密字符串并执行承诺，然后广播承诺消息以及承诺交易。

（2）在领导人选举阶段，所有的利益相关者按照如下方式进行。

① 在收到足够的有效承诺后，每个候选人通过计算承诺交易和承诺消息的数量来确保候选人的数量都已经显示在最长有效区块链上。

② 每个候选人打包所有有效的交易到新区块中。

③ 每个候选人都打开其承诺并广播新区块。

④ 每个候选人都验证打开消息和新区块。

⑤ 收到足够的有效打开消息和新区块之后，所有利益相关者都可以采用标准掷币协议来计算一个共同的随机字符串，并找到相应的具有共同随机字符串的领导节点。

⑥ 每个节点连接领导节点的新区块到最长有效区块链上，并广播新的区块链。

PoC共识协议从激励机制设计的角度，提出了共识过程的自我审计机制，以实现共识过程的公平性。自我审计机制是PoC特有的自我保护机制。如果共识节点在PoC协议中披露其他节点的恶意行为，将会获得额外的信用作为奖励，同时恶意节点的信用值将会清零。因此，获得更多信用值的唯一途径是实时监控和评估其他共识节点的行为。这种自我审计机制有助于提高区块链的自检能力，提高安全性。

2.4.2.2　区块链共识中的交易费定价问题

区块链的交易费定价本质上是指对节点在共识过程中提供的交易确认服务进行定价，其主要通过用户与共识节点参与多重群体性的交易费竞价博弈来实现，而不是固定费用定价方式。例如，加密数字货币型区块链系统中，用户通过提供交易费以期实现点对点的交易，共识节点（个人或团体的形式）通过提供算力帮助用户进行交易确认并记录进区块链，以赚取相应的交易费。

区块链共识过程中，共识节点首先需要从"内存池"（即待确认交易池）中抽取一定数量的"待确认交易"进行排序和封装，而交易的选择策略不仅影响其共识竞争的成功率，同时也会影响其交易费收益。目前，影响共识节点交易封装策略的主要因素为交易大小以及手续费。由于每个区块的大小一般有严格的上限，每个区块能够记录的交易笔数也因此受限，而且每个区块的产生具有时间间隔（比特币为10分钟左右），这就使得单位时间内能够验证的交易数量十分有限。因此，共识节点普遍采取贪婪交易封装策略，即优先选择手续费高的交易。随着大量新用户的涌入，使得区块链系统"内存池"中待确认交易数量急剧增加。这种贪婪交易封装策略势必会导致低手续费交易的延迟确认甚至交易拥堵的现象不断上演。这一现象直接影响到区块链系统的可用性。随着共识难度的增加，共识节点可以获得的新区块奖励逐步降低，交易费用将会成为未来区块链生态系统的重要经济激励；然而，贪婪交易封装策略导致的过高交易费用却削弱了用户的参与积极性，影响了区块链生态系统的活性。因此，长远来看，必须重视和研究这种贪婪交易封装策略与手续费定价机制的设计问题。

因此，本课题重点研究区块链系统的手续费定价机制对于共识过程的影响机理。典型的区块链系统交易手续费定价流程如图 2.4-4 所示：首先，当区块链用户向系统提交交易时会附上其愿意支付的交易费。一般交易费越高，交易排序越靠前，交易确认优先级就越高，用户的等候时间则越短。目前，该费用一般是非强制性的。待确认的交易被共识节点收集，并存入各自的内存池。他们依赖交易费等指标对这些交易进行排序，并根据收益优化目标选取一定数量的交易填充区块体后开始共识竞争。成功赢得共识竞争的节点将获得记账权，确认并记录其填充的交易，同时获得该区块的基础奖励以及被确认交易的交易费。那些已确认的交易将从内存池中移除，而未被确认的交易会继续留在其中，并参与下一轮博弈，直至被确认并记录进某个区块中。

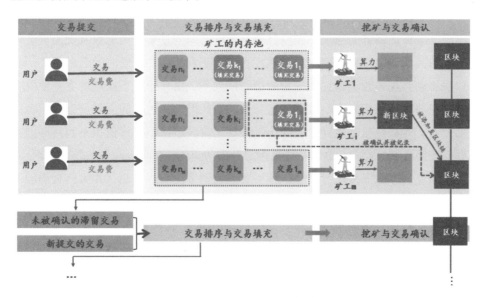

图 2.4-4 区块链共识过程中的交易排序与定价问题

由上述流程可以看出，共识节点通过持续性的算力投入在保护区块链账本一致性的同时为用户提供交易确认服务；用户通过持久活跃的交易参与，为共识节点提供区块奖励收益之外的交易费激励。共识节点的算力投入在一定程度上取决于用户的交易费激励，而用户的交易费决策则在一定程度上依赖于共识节点所能提供的交易确认效率。由此可见，区块链系统的顺利运转需要合理的交易费来保障，而这又需要通过良好的交易定价机制（交易费竞价机制）设计来实现。

从共识节点的角度来说，交易费在区块链系统中作为重要经济激励，促进它们填充、确认并记录用户的交易。一般地，共识节点的收益由区块基础奖励及交易费两部分构成。尽管目前交易费在总收益中占比极少，但随着基础奖励的逐步减少和共识难度的攀升，可以预见，未来交易费将逐渐取代区块基础奖励成为最主要的经济激励。因此，具有收益优化目标的共识节点会有选择性地优先填充交易费较高的交易。如果待确认交易的交易费整体偏低，那么共识节点还有可能采用策略性的挖空块行为，通过放弃填充交易及其附带的低额交易费，减少填充交易造成的工作时间和电力成本浪费，并抢占新区块挖掘的先机。该策略性行为会对用户及整个系统造成不利，因为其浪费了有限的区块资源、人为降低了交易确认率，导致内存池的输出率变低、滞留交易变多。因此，需要依靠良好的交易定价机制设计来保障共识节点获取足够的经济激励以促使诚实的矿工确认并记录交易，使得内存池维持必要的交易确认率，保障系统的高效安全运行。

从区块链用户角度来说，交易费属于用户的交易成本，并作为交易排序的基础参考，发挥着调节交易优先级以及用户等候时间的重要作用。只有交易被确认并记录到区块链中，其对用户的价值才得以真正发挥。在等候时间成本较高、交易价值波动性较大或者内存池较为拥堵的情况下，用户倾向于通过提交更多的交易费来竞争更高的优先级，以期缩短等候时间。但是，过高的交易费也会损害用户的利益，尤其是面临预算限制的小额交易用户，不得不因为负担不起高额的交易费而经历漫长的等待，这将会降低用户的参与意愿并削弱区块链系统的活跃度。因此，需要良好的交易定价机制设计来有效地调节交易优先级，并维持合理的交易费成本支出以促进用户的有效参与，保障系统的持久活跃运行。

从区块链系统角度来说，除了发挥激励作用与调节作用，交易费还在一定程度上作为安全机制，遏制参与者的某些有损系统安全的非诚实性策略行为，包括用户提交大量低值交易、共识节点的空块攻击行为、分布式拒绝服务攻击等。另外，交易费还在一定程度上关乎区块链技术及其驱动的数字货币的应用实现，例如：如果交易费过高或者交易费波动过于频繁，势必会阻碍基于区块链的数字货币发展成为有效的支付工具，不利于其在经济与社会领域的广泛应用；如果交易费采用固定收费方式也并不可取，因为它将使得交易确认服务提供方在面临不同交易请求量时难以通过合理的交易优先级调节保证系统的运行效率。因此，需要良好的交易定价机制设计来解决影响系统安全性以及应用性的问题。

综上所述，区块链的交易定价机制设计不仅从微观层面调节用户的交易优先级及等候时间，激励诚实的共识节点确认与记录交易，还从宏观层面保障系统运行的安全性、活跃性与持续性，并影响区块链及其驱动的数字货币的实践应用。

然而，现阶段基于区块链的共识过程普遍采用的广义一价（Generalized First Price，简称 GFP）拍卖机制存在着均衡不稳定、交易费通胀、交易效率不高的问题，亟需新的机制设计来进行改良或替代。目前，清华大学教授、图灵奖得主姚期智院士团队，麻省理工 Or Sattath 团队，康奈尔大学区块链团队都十分关注该研究问题，并开展了相关研究。因此，研究基于区块链的交易定价机制设计具有重要意义。

本课题重点针对主流区块链系统的交易费定价机制展开研究。现阶段，大多数区块链（特别是公有链系统）的共识过程均采用 GFP 机制，即采用"按交易费排序"（rank-by-fee）以及"按出价支付"（pay-its-bid）的竞价规则。这种机制在实际运用中存在着诸多问题：首先，用户为维持期望的交易确认优先级支付了不必要的高价，尤其当内存池面临拥挤时，用户更是需要支付额外的高价。其次，GFP 机制已经被证明在动态场景中是不稳定的并且鼓励无效率的策略性行为。在一定的条件下，用户会进行周期性的策略调整，使得均衡交易费表现出价格上升阶段和价格崩溃阶段交错显现的剧烈波动现象，削弱区块链系统共识过程的效率和安全性。此外，由于每个区块的交易费收益极有可能属于不同共识节点，导致 GFP 机制下共识节点的收益不稳定且不公平，进而使得交易费的激励作用无法有效发挥。最后，主流公有链系统的共识过程一般采用双通道机制将付费与非付费交易分别排队，并在分开的区块空间中进行共识确认。这种模式设计需要耗费更多的资源，带来额外的效率损失。因此，需要针对基于区块链系统交易确认博弈的独有特性，根据机制设计的优化目标，设计更为优良的交易费竞价机制。

为此，Lavi et al.（2017）提出了两种替代性竞价机制：垄断价格机制以及随机抽样最优价格机制。他们的研究表明垄断价格机制能够更好地帮助共识节点从用户获取收益，而且是近乎激励相容的，因此不再需要交易费预测机制，也不需要诉诸于出价隐匿策略，且当内存池增长时也无须调整交易费。清华大学姚期智院士（Yao，2018）在 Lavi et al.（2017）工作的基础上进一步证明了随着用户规模的增大，垄断价格机制是激励相容的，这一特性在双花攻击下也依旧能够保持。Huberman et al.（2017）则认为区块链系统的用户交易费竞价具有 Vickrey-Clark-Groves（VCG）性质，即用户根据他们施加的外生性进行出价。在此基础上，他们还证明了用户的均衡交易费与 VCG 机制下售卖交易确认优先级的均衡结果保持一致。Iyidogan（2018）构建包含外生给定的挖矿难度的区块链经济模型来研究交易费结构，并采用一个双边激励机制来决定最优交易费与最优挖矿成本。

本课题借鉴计算经济学研究与实践，融合区块链交易费拍卖的独有特性，设计了一种全新的广义二价（Generalized Second Price，简称 GSP）拍卖机制，从排序规则与支付规则两方面对现行 GFP 机制的缺陷进行改进，提高了区块链系统的性能和效率。其中，本课题将区块链交易（或数据）的排序规则由"按交易费排序（rank-by-fee）"改进为"按成本排序（rank-by-cost）"，引入质量得分与虚拟费用计算用户的交易成本，其中质量得分根据历史交易频率与历史费用支出计算，虚拟费用则根据交易等候时间计算；同时，将区块链交易（或数据）的支付规则由"按提交的手续费支付（pay-at-submitted fee）"改进为"按第二高价支付（pay-at-second highest fee）"，并通过计算实验方法证明了 GSP 机制确实能够有效地帮助用户减少交易费支出，并能提高交易确认的效率。

在此基础上，课题组建立了静态完全信息博弈模型，证明了 GSP 机制存在唯一的纯策略纳什均衡。另外，质量得分显著改变用户的均衡排序，提升获胜用户的收益；虚拟费用的引进改善了优先交易与付费交易双通道博弈的效率损失问题，使得在统一通道处理这两类交易时也能兼顾二者的收益。同时，这两个因素的引入不会对均衡分配结果产生较大扰动，有利于维护区块链生态系统的稳定。在动态不完全信息博弈中，创新性地提出了即时平衡（Instant Balanced Strategy，简称 IB）策略，并证明该机制存在唯一的 IB 均衡。实证分析与计算实验结果均证明 GSP 机制能够显著降低用户的交易费，并为矿工带来稳定的收益，有助于提升交易确认的效率。

2.4.2.3 区块链共识中的策略性行为

对于大多数区块链系统来说，安全性、稳定性和可用性是评价其性能的主要标准。然而，区块链学术文献和产业报道都显示，区块链系统（特别是公有链系统）的共识过程中存在着大量的策略性行为，现阶段最为显著的是扣块攻击、跨链/跨矿池套利等。这些策略性行为的实施主体均是区块链生态系统中的共识节点，这些行为虽然会极大地影响区块链共识过程乃至于整体生态系统的安全性、稳定性和可用性，但其本身却均是共识节点的理性行为，是其为最大化自身收益而采取的最优或者均衡策略、而非恶意或非理性攻击。由此可见，这些实践问题和现象的背后，根本原因是区块链生态系统的激励机制设计（包括代币发行和奖励机制、矿池分配机制以及交易手续费市场的定价机制等）层面出现问题，进而影响到区块链系统的共识过程（包括选主、造块、验证和上链等）的公平性、安全性和稳定性。

课题组首先研究了区块链共识过程中常见的扣块攻击问题。扣块攻击的具体实施方式是在某一时间段内扣留新挖到的区块暂不公开，即所谓的"扣块"，并等待合适的时机广播其全部区块。这种策略性行为的目的不是破坏区块链网络，而是获得更大利润。这种攻击的前提是对于算力（即挖矿速度）的比拼。从本质上讲，它没有破坏区块链网络原本的共识机制，因此不会导致整个区块链网络信用受到影响。然而，扣块攻击行为还是会对区块链的安全性造成一定程度的损害。首先，根据已有的数学模型推导，进行扣块攻击（例如自私挖矿）的攻击者只需要拥有全网三分之一的算力，就可以保证获取更多的收益。因而相比 51% 攻击更容易、更有吸引力。其次，扣块攻击会导致诚实矿工的收益受损以及算力资源的浪费。由于大多数共识机制认定区块链分叉情况下，当前最长链视为合法链。如果扣块挖矿攻击者能够迅速让原本的长链变成短链，即在短时间内发布自己挖到的多个区块，让自己所在的区块链分叉变成最长链，即可成功实施扣块攻击。除算力差异外，区块链网络节点和共识节点广播最新区块状况时存在时延，可能导致诚实节点的区块广播较慢，也可能被视作不符合区块链共识规则的区块而不被采纳。由此可见，理论分析的可能性与实际操作的可行性都证实了区块链中自私挖矿行为的存在，它将对诚实挖矿行为造成极大的损害，降低矿工诚实挖矿的积极性。因此，需要从共识机制的设计上提高扣块攻击行为发生的难度和成本，以维护区块链生态系统的安全性。针对这种问题，课题组研究了扣块攻击行为的形成机理和内在激励，并设计了最优化的扣块攻击行为。课题组重点考察了系统中存在两个矿池的情况，其中只有一个可以攻击另一个，我们提出了一个优化模型来优化矿池的扣块攻击策略。通过所提出的模型，研究显示扣块攻击并不总是最优策略。因此，我们提出了实施扣块攻击的先决条件，设计实验验证了所提出的策略。这项工作有助于保障区块链共识过程的安全和稳定性。

针对公有链系统中日益严峻的跨链/跨矿池套利问题，课题组研究了行业实践中常见的 Pool Hopping 问题。随着区块链技术的普及和加密货币行业的繁荣，基于 PoW 机制的共识挖矿吸引了越来越多的关注。受限于个体算力和规模，共识节点通常选择加入特定的矿池。现阶段，大多数矿池都采用不同的激励机制，因而如何选择合适的矿池以及如何根据共识算力的变化动态选择最优的矿池已经成为共识节点面临的重要决策。在行业实践中，矿池在共识节点之间分配奖励的常用激励机制包括按比例付费机制、按部分解付费机制以及按最后 N 个部分解付费机制（Pay-Per-Last-N-Share，PPLNS）。课题组研究了共识节点在面临不同共识和激励机制时的矿池选择问题，将其建模为风险决策问题，建立了基于最大似然准则的矿池选择模型，并研究了参数 N 对于共识节点的最优矿池选择决策的影响机理，为共识节点设计了基于实时算力调整的最优矿池选择策略。这项工作可望提高共识节点的收益，同时抑制日益严峻的跨链/跨矿池套利等策略性行为，保障区块链共识过程的稳定性和有效性。

课题组还研究了区块链共识过程中由于激励机制导致的策略性行为问题。在区块链共识过程中，按最后 N 个部分解付费（Pay-Per-Last-N-Share，PPLNS）是PoW类型共识算法最常用的一种激励机制，即共识节点按照其提交的最后 N 个部分解在整个共识过程中的贡献来获得收益。在PPLNS激励机制中，共识节点的部分解提交的策略性行为可能会对其个体收益产生影响，进而对共识过程乃至整体区块链生态系统产生重大影响。因此，如何策略性地提交其在PoW共识计算中获得的部分解已经成为共识节点面临的重要决策。课题组针对PoW共识的PPLNS激励机制约束下，共识节点的最优部分解提交策略展开研究，建立了一个部分解提交策略的优化模型，分析了共识节点最优部分解提交策略的影响因素及影响机理，并设计了一种新的混合部分解提交策略。研究结果表明，这种混合策略优于实践中常用的两种基准部分解提交策略，可以有效提高共识节点的收益。这项工作为共识节点在PoW型共识系统中的策略性行为提供了重要的参考和借鉴。

2.4.3 可插拔共识机制框架

作为区块链系统的核心引擎，大多数主流共识算法的适应性是现阶段制约区块链技术发展和应用落地的关键瓶颈。特别是在规模庞大、业务场景复杂的互联网环境中，区块链共识算法的适应性面临着更加严峻的威胁和挑战。一般来说，区块链系统的适应性主要体现在针对特定业务场景的可插拔性和灵捷适配性，即支持多种主流共识算法以及面向不同业务场景自适应地切换和调度共识算法的能力。

现阶段，共识算法是"固化"在区块链体系架构中的核心组件，因而缺乏针对业务环境的适应性。自比特币和以太坊等公有链伊始，共识算法就作为硬编码于底层区块链系统的核心组件，即"一链一共识"。当业务场景发生变化，需要切换或升级共识算法时，目前的主要方式是采用"摸着石头过河"的渐进式实验方式。例如以太坊 2.0 计划采用的"PoW + PoS"混合共识即是典型案例：由于PoW共识直接切换为PoS共识可能为以太坊生态系统带来难以估量的潜在风险，因而不得不采用相对安全的混合机制，即99%的绝大多数交易采用传统的PoW共识，而仅有1%的区块采用Casper式PoS共识。在此基础上，根据实验效果决定后续的共识切换策略。这种共识算法的适应性无疑是非常差的，难以灵活适配各种动态变化的业务场景。因此，将共识算法从区块链底层架构中剥离出来，形成面向业务场景、灵活可插拔的共识组件或者共识中间件，是提高共识算法灵捷适配性的关键。

共识算法的适应性缺失问题已经在区块链的产业应用中产生重要的影响。例如，就区块链+金融领域而言，近年来快速发展的开放式金融（也称为去中心化金融，Decentralized Finance, DeFi）是传统金融市场在加密数字经济体系中的"映射"，已经催生出借贷、保险、衍生品、稳定币、无风险利率、资产证券化发行等基于区块链的加密资产商业模式。DeFi项目具有强相关性和场景依赖性，通常多个DeFi项目集成即可形成较大规模的金融市场，被业内称为"金融乐高"。因此，底层区块链共识算法的可插拔和灵捷适配性是影响和制约DeFi市场发展最重要的关键因素。这种约束一方面体现在DeFi底层区块链共识针对不同业务场景的松耦合、灵活切换，另一方面也体现在不同DeFi平台之间针对异质/异构共识的适配性。现阶段，绝大多数DeFi平台不具备共识算法的灵捷适配性，当业务场景变化时，除了"硬分叉"或者另起炉灶重新建设之外，别无他法。同时，正是由于DeFi平台的强相关性，如果多个DeFi协议被攻击或者失败，将会通过DeFi平台的级联效应迅速放大、进而传导至传统金融市场，因而存在发生系统性金融风险的内生基础。

针对现有共识算法相对僵化、固化，缺乏面向业务场景的自适应配置和切换能力的问题，学术界和产业界已经针对若干解决方案展开探索：例如，超级账本使用模块化的体系结构，开发者可按需求在平台上自由组合可插拔的会员服务、共识算法、加密算法等组件并组成目标网络。纳世链（NULS）遵循热插拔、模块化原则，开发可升级共识、网络、账本、账户、区块管理、链管理、交易管理、事件总线等功能模块供开发者定制化区块链。需要注意的是，这些项目都还处于讨论或实验阶段，并未真正大规模落地。

针对这一问题，本课题提出了基于"共识组件"来提高区块链系统的适应性的新型技术框架，致力于实现针对复杂、动态和多样化的业务场景的可插拔和灵捷适配的共识算法。本课题试图基于区块链共识算法和智能合约技术重新定义并给出实现共识组件的一种可行思路，这种思路在一定程度上受中国人民大学和中国科学院自动化研究所联合提出的基于区块链的智能组件研究范式启发。

具体来说，区块链系统是由若干核心要素（数据结构、通信网络、共识算法、激励机制、加密算法等）构成的，不同的应用场景对区块链效能、去中心化程度和安全性的要求不同，不存在单一或者一劳永逸的要素配置方案。因此，有必要将区块链核心要素以共识组件的方式封装起来，形成可插拔和灵捷适配的共识组件库。一方面，可以充分发挥运行于区块链上的共识组件在安全透明、激励驱动和去中心化方面的优势；另一方面，通过将深度学习、对抗学习和强化学习等新型人工智能算法融入到共识组件中，可以构建出高效能的新型区块链系统。

基于这种研究思路，本课题提出的面向区块链的共识组件是一种将共识算法与智能合约相结合、可插拔的、去中心化自主执行的区块链系统核心功能模块。共识组件以运行于区块链上的共识算法和智能合约为主要载体和表现形式，通过共识过程中涉及到的算法、机制、策略等要素内嵌到智能合约中，由区块链系统所有参与者验证且分布式存储，即可形成针对特定业务场景和目标任务的标准化、规范化的共识组件。因此，我们认为，区块链系统发展的高级形态就是由一系列不依赖第三方、自主自治的通用或专用共识组件相互搭配而形成的可配置系统，该系统可以针对特定场景和计算任务自动选择和配置最优共识组件的组合，以实现自适应学习与优化适配的区块链系统。

本课题设计的可插拔自适应共识技术体系如图 2.4-5 所示，其技术路线如下：研究现有主流共识算法的统一标准与接口规范，构建区块链共识算法的底层模型库、机制库、策略库和算法库等，形成标准化和规范化的底层共识领域本体（Ontology），并建立共识领域本体与业务场景的高层映射关系。该共识领域本体即可作为灵捷适配共识技术的"积木块（Building Blocks）"。在此基础上，针对动态变化的特定业务场景与需求，基于共识领域本体自下而上地选择和"实例化"

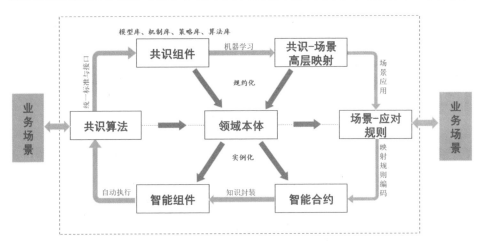

图 2.4-5　可插拔的自适应共识技术体系

与业务场景相适配的共识要素（模型、机制、策略、算法等），即可实现面向多样化业务需求的松耦合、灵捷适配的、可插拔的共识组件。

在此基础上，业务场景的复杂化不仅要求单一区块链内部共识的可插拔和灵活切换，同时要求公有链和联盟链等多种模态、不同共识算法的区块链之间协同工作与互操作。本课题针对同构与异构区块链之间的跨链共识及其一致性问题，重点研究了跨模态区块链共识接口与互操作机制，跨模态异构区块链的跨链协同共识机制，以支持多种模态区块链之间的资产流通与合约调用，实现安全高效的跨链数据传输与共识验证机制，以保障数据在异构区块链之间的可信传递，并通过大规模异构区块链的链间协同与共识协作突破区块链的性能瓶颈，实现横纵贯通、覆盖各类应用场景的高速跨链共识网络。

基于该技术体系，本课题设计了共识算法的八个要素库，即模型库、本体库、机制库、策略库、场景库、算法库、合约库和知识库。其中，模型库存储区块链的各类显性模型，例如区块链数据结构模型（Merkle 树、Patricia 树等）、网络结构模型（P2P 网络、MeshNet 网络等）；本体库存储潜在应用领域的领域本体（如金融领域本体、交通领域本体等），以增强平台内部交互的语义互操作性；机制库存储交互协议和各类共识机制；策略库存储挖矿、交易等过程中呈现出的典型策略和行为模式；场景库存储平台预定义、可配置的实验场景与参数；算法库存储区块链系统内生的算法（如难度调整算法）和外部的算法（如驱动实验进行的协同进化算法、深度学习算法等）；合约库存储区块链的各类智能合约；知识库则存储系统优化后获得的管控决策和情境+应对规则。通过八个要素库中各类要素的实例化和合理组装，即可针对特定业务场景形成体系完备的、最优化适配的区块链共识系统。

该技术体系的重点工作是通过抽取和规约区块链领域知识，实现区块链底层算法、机制和协议的学习与推理，形成区块链共识过程的领域知识库。基于知识库设计一系列模块化、可插拔的区块链底层算法、机制和协议，例如共识选举算法、数据传播协议、经济激励机制、挖矿策略和策略性行为等。进而，以智能合约的形式来设计、转化、封装、构建相应的共识组件，并形成功能丰富、接口标准、不可篡改的动态或静态共识组件库，以便后续共识组件的筛选和组合。这种设计的关键难点在于目前智能合约计算能力有限，不支持复杂运算，不支持随机性，协议中复杂数学模型需要转化和简化实现并最小化转化和简化误差。潜在解决方案包括：主流智能合约平台正在升级，随着平台本身功能的扩展和运行费用的下调，智能合约的计算能力会有提升；分布式计算领域的数据舍入保持一致性算法可以为智能合约中数据的舍入提供参考；复杂的数学模型有望转化和简化，如指数函数可以转化为多项式函数，前馈神经网络可以转化为多项式拟合，AdderNet 等加法神经网络有望转化为智能合约形式，预言机可提供一定的随机性等。

共识组件设计与实现之后，需要一套针对特定业务场景和任务目标的评估、筛选与组合方案。现阶段，区块链共识算法和智能合约的评估方案尚不完善，区块链系统通常用吞吐量作为性能指标进行评估，智能合约则通常用消耗计算资源的大小作为性能指标进行评估。这些单一维度、不完备的指标无法全方位地评估兼具工程复杂性和社会复杂性的区块链系统，更无法适用于共识组件评估。因此，本课题根据所实现的共识组件功能特性，设计了一套专用的量化评估指标作为后续组件组合和筛选的参考。例如，对于封装了共识算法的共识组件来说，可能的量化评估指标就包括经济学能耗、出块速度、最大可容纳恶意节点数、去中心化程度评级等。这些数字化指标可作为共识组件的性能说明参数，作为自动化或智能化筛选组合算法的依据。共识组件筛选和融合算法实现的基础是复杂计算任务的量化、分解、分配及共识组件性能参数量化。在这些量化数据的基础上，共识组件筛选和融合算法可转化为在有限个可行解的集合中找出最优解的一类组合优化问题。组合优化问题是运筹学中最优化问题的一个重要分支，已有坚实的理论和算法基础，遗传算法、启发式算法和基于神经网络、深度学习的优化算法都可以应用于共识组件的筛选和组合。

综上所述，主流区块链系统中的核心共识组件（如选举机制、造块机制、传播机制、验证机制、上链机制和激励机制等），均是在系统建立之初就人为设定的，一旦上链运行便无法更改。如何面向特定的计算任务和应用场景，设计可插拔的区块链共识组件，从而实现针对特定任务需求自动选择和配置最优的共识组件组合，是区块链技术迈向成熟的一个关键问题。为此，本课题提出基于区块链共识的领域本体技术实现可插拔、灵捷适配的自适应共识组件思路，通过共识技术的要素分解、业务场景的映射关联、共识要素的最优化配置与实例化等技术，实现"业务场景–共识算法"的自适应优化配置。这种方式可以极大提高共识过程的适应性，为现有研究提供了新思路。

2.4.4　大规模高并发区块链共识机制

针对现有共识性能无法满足开放网络应用需求的问题，本方案拟结合密码学、运筹学等理论方法，重点研究大规模区块链共识节点的信任评价体系、动态共识调度协议和基于信任证明的新型共识技术，致力于提出兼顾安全性和效率的新型共识理论与技术，建立区块链节点的信任评估体系和高可靠、高并发的动态共识分片机制，结合安全多方计算等密码学组件构建面向开放网络环境的新型区块链信任证明共识技术。

现阶段，主流区块链共识算法面临着严重的效率问题，难以适应大规模高并发环境下的产业应用。效率问题的具体表现是吞吐量低、资源利用率低、扩展性差、能耗高等，其中扩展性是指区块链系统支持节点规模增大、数据量增加的能力，是衡量区块链共识效率方面的重要指标。虽然 PoW 及其变种共识算法在一定程度上支持节点数量的扩展，然而由于安全性和区块容量的双重制约，使得区块的生成速率缓慢、效率低下；以吞吐量指标为例，目前以比特币和以太坊为典型代表的公有区块链每秒处理事务数量（TPS）仅约为 7 笔和 25 笔，而支付宝等中心化系统的峰值处理能力则超过 50 万笔交易，差距悬殊。因此，虽然区块链已在金融、能源、交通、教育以及数字货币等领域取得了一定的应用进展，然而性能和效率方面的技术缺陷已俨然成为阻碍区块链技术实现更大规模应用的瓶颈问题。

为了解决这一问题，业界先后召开了多次关于区块链扩展性的研讨会，针对如何利用大规模高并发区块链技术解决区块链的性能扩容提出了多种极具创新性的方案。与此同时，学术界也密切关注区块链扩容问题，从共识算法、网络负载、系统安全等角度提出了改进的方案。这些方案有些已经投入应用，有些处于测试或实验阶段。总体而言，区块链的性能扩容问题目前尚未得到有效解决，并将在未来的一段较长的时间内持续得到关注。

为了更全面地探讨与研究区块链扩容问题，通过对现有文献资料的分析提炼，本课题提出了一个区块链系统性能扩容问题的技术框架，如图 2.4-6 所示。具体而言，该技术框架分为关键技术、制约因素和衍生问题三个部分。其中，关键技术是指致力于解决区块链性能扩容问题的重要方案；制约因素是指限制区块链扩容关键技术实施与推广的指标与条件，从宏观层面上来说为网络负载，从微观层面来说为节点瓶颈；衍生问题是由区块链系统扩容演变而产生的相关问题，主要涉及安全问题与经济问题两方面。本课题主要关注该技术框架的关键技术部分，并对各种致力于提高区块链性能的大规模高并发技术展开叙述。

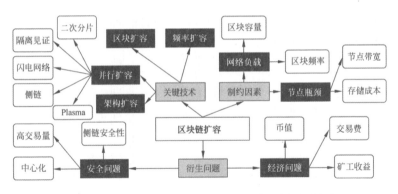

图 2.4-6　区块链性能扩容的关键技术、制约因素与衍生问题

目前，针对区块链性能扩容的大规模高并发技术通常由两种方式加以实现，按照是否需要对原区块链系统进行硬分叉，分为链上扩容方案（On-chain Scaling）与链下扩容（Off-chain Scaling）方案。前者一般是对原区块链共识规则的直接修改，实施这类方案后，可能会因为未升级的节点将新区块识别为无效而导致永久分歧，这种升级方式称为硬分叉。后者则是保留原共识规则，避免区块链的永久分叉，这种升级方式称为软分叉。事实上，这两种方案并无绝对的优劣，而且只以是否硬分叉来区分方案，也不够全面。

因此，本课题从技术特点出发，将大规模高并发区块链扩容关键技术分为区块扩容、频率扩容、架构扩容、并行扩容等四类。其中，区块链TPS受区块大小与区块时间间隔约束，因此一种直观的扩容思路是提高区块的容量和生成频率，使得区块链系统单位时间和空间内可以容纳更大的交易量，实现大规模高并发交易，这就是区块扩容和频率扩容的基本思路。架构扩容则一般指通过改变区块链的底层数据结构，例如压缩交易大小、改变链式结构，以达到扩容的目的。并行扩容是时下最热门的一类扩容方案，它是通过增设子网、子链等手段，使部分交易可以转移到并行的网络中完成。

以下详细阐述每一种区块链扩容的大规模高并发技术：

1. 区块扩容技术

区块扩容方案是指通过提高区块大小上限，从而增加可以被"写入"单个区块的交易或者事务的数量，达到大规模高并发的目的。这类方案常见于加密货币型公有链中。例如，在比特币生态系统中，与区块扩容相关的主要比特币改进提议（Bitcoin Improvement Proposals, BIPs）基本上可以分为三类，即：①以算力为中心的扩容方案，其共同特点是由矿工的算力投票决定区块容量的调整方案；②以交易量为中心的扩容方案，其共同特点是基于某个阶段的交易量和实际区块大小调整区块容量；③ 随时间递增的扩容方案，其共同特点是预估交易需求量，并按年度调整区块容量。

2. 频率扩容技术

频率扩容方案通过提高区块生成频率，缩短区块生成间隔，从而增加单位时间内被"写入"区块链的区块数量。在采用PoW共识机制的区块链系统中，可以很容易地通过降低难度来提高区块生成频率。在这些系统中，难度更多地用于控制区块生成间隔保持在一个相对稳定的水平。虽然通过降低难度，可以很容易地缩短区块生成间隔，但是轻易改变难度可能会对系统的稳定性造成影响，因而单纯降低难度并不是一个很好的扩容方案。

康奈尔大学的伊泰·艾依尔等提出一种新的共识协议Bitcoin-NG。该协议将时间切分为不同的时间段。在每一个时间段上，由一个领导者负责生成区块，打包交易。该协议引入了两种不同的区块：用于选举领导的关键区块和包含交易数据的微区块。在生成关键区块之后，领导者被允许以小于预设阈值的速率（如10秒）生成微区块。Bitcoin-NG可以在不改变区块容量的基础上，通过选举领导者生成更多的区块，解决比特币的扩容问题。关键区块的生成间隔依然为10分钟，因而无须降低难度。此外，由于存储交易的微区块的生成不需要节点寻找工作量证明，因此不会额外增加共识过程的工作量。

3. 架构扩容技术

架构扩容方案主要包括隔离见证、基于DAG（Directed Acyclic Graph，有向无环图）的新型区块链架构等。

隔离见证是针对交易延展性的问题而提出的，其扩容效果十分有限，但它是保障闪电网络与侧链安全性的基础；隔离见证的本质不是针对扩容，而是对不合理的原区块交易结构的优化，但它间接达到了扩容的目的。据估计，见证数据占交易数据体积的60%，因此实行隔离见证后，当前区块支持的交易数量可能会增加60%。然而，在正式激活后，人们发现它带来的扩容效果并不显著。

基于区块链底层拓扑结构的创新，研究和设计区块链大规模高并发共识技术，是解决区块链共识算法吞吐量低、响应时间延长、资源利用率低等性能瓶颈的重要思路。现阶段，研究人员已经突破主流区块链的线性链条式拓扑结构限制，采用有向无环图（Directed Acyclic Graph，DAG）或者哈希图（HashGraph）等基于图结构的分布式账本技术，设计新型大规模高并发共识算法。该技术不受出块时间和区块打包时间等因素的约束，可以实现公平和快速的高并发拜占庭容错共识。

基于DAG的区块链系统通过在交易之间直接建立关联，构成交易的有向无环图，颠覆了传统区块链由区块构成的链式数据结构，从而大幅提高了区块链系统效率和并发交易处理能力。例如，2014年推出的IOTA项目基于名为缠结（Tangle）的有向无环图而建立区块之间的联系，无须矿工挖矿来记录交易。因此，IOTA官网自称为"下一代分布式账本技术"。

4. 并行扩容技术

并行扩容技术指在保持原区块链系统架构的同时，通过增设子网、子链等手段，使部分交易可以转移到并行的其他网络中完成，主要包含闪电网络/雷电网络（状态通道）、楔入式侧链技术、二次分片、Plasma等。这类在链下扩展大规模区块链共识节点的第二层网络的Layer-2技术，通过拓展离线交易和数据处理的链下支付网络，实现绝大多数计算任务的链下处理，并将区块链主链作为结算和仲裁平台，进而实现大规模交易和事务的高并发处理。

第一，闪电网络/雷电网络技术的基本思想是建立交易方的微支付渠道（Micropayment Channels）网络，将小额交易带离主链，从而促进主链的交易吞吐量达到每秒百万笔。

第二，侧链被定义为可以验证来自其他区块链数据的区块链，它采用一种叫作"SPV楔入"的方法，允许用户在区块链系统之外的其他区块链使用资产。其中原区块链系统被称为"父链"，而其他区块链被称为"侧链"。侧链技术本是针对比特币系统而提出的，但目前也出现了非比特币甚至非公有链的侧链。侧链虽然依赖于父链，然而侧链的事务处理与父链完全独立。通过采用侧链，用户能用已有的资产来使用新的加密货币系统。人们不必再担忧已有的区块链系统难于采纳创新和适应新需求，只要创造一个侧链，然后对接到该区块链即可解决该问题。由于侧链是一个独立的、隔离的系统，侧链出现的严重问题只会影响侧链本身，而不会影响父链，这极大地降低了创新的风险和成本。

第三，"分片/二次分片"（Sharding/Quadratic Sharding）是以太坊创始人维塔利克·布特林（Vitalik Buterin）为了解决以太坊网络扩容问题而设计的一种技术方案，是一种新型的区块链并行化架构和大规模高并发技术，被业界广泛认为是最有潜力解决区块链性能问题的方案之一。分片原本指一种数据库扩展方案，它把数据库横向扩展到多个物理节点上，其目的是突破单节点数据库服务的I/O能力限制；而区块链的分片方案是将原来的单条区块链进行二次扩展，以突破单个节点的计算能力限制。分片的基本思想是，将状态和历史分为多个分区，称之为"分片"。例如，将所有以0x00开头的地址放入一个分片，所有以0x01开头的地址放入另一个分片，以此类推。每个分片具有自己的交易历史，某些分片中的交易仅限于该分片的状态。一个简单的例子是包含K个分片的多资产区块链，每个分片存储余额并处理与一个特定资产相关联的交易。在更高级的分片中，还包括某种形式的跨分片通信功能，其中一个分片上的交易可以触发其他分片上的事件。现阶段，分片技术是学术界的研究热点，研究人员主要从可扩展分片共识架构、大规模节点动态调度优化、高通量跨分片通信等方面进行区块链共识分片技术研究，重点致力于研究和突破分片共识过程中的同一分片内部节点防共谋机制、面向业务场景的分片协议动态调整机制，以及跨分片交易原子性的保障机制等关键技术等。

第四，Plasma技术是由维塔利克·布特林和闪电网络的共同创始人约瑟夫·庞恩（Joseph Poon）于2017年8月作为一种以太坊的扩容方案而提出的。该方案声称，可以使以太坊能够通过激励和强制实施的智能合约来代表大量分散的金融应用。此外，它还向以太坊引入了PoS共识，有可能为中心化数据存储提供分布式替代方案。Plasma链采用的共识机制称为Plasma Proof-of-Stake。中本聪共识可以减少扣块攻击的原因在于：构建出合法区块的矿工只是有可能是本轮的领导者，但不一定成为真正的领导者，为了提高自己成为领导者的概率，矿工需要尽可能快地将区块广播到网络上的其他节点上。Plasma的设计者认为这是中本聪机制的一大贡献或者说是主要贡献，于是尝试复制此激励。然而，在原始的PoS中，每一轮领导者是被直接选举出来的，那么扣块攻击问题可能会被放大。为了应对这一问题，Plasma链允许权益所有者（Stakeholders）向父链或者根链提交新区块的承诺哈希。Plasma链上的验证者（Validators）只能在自己充分验证过的区块之上创建新的区块，验证者可以并行地创建区块，以最大化信息共享。通过一个激励机制来使得最近100个区块按照当前的权益份额（Stake Ratio）来分配，具体而言：如果在最近的100个区块中，一个验证者所创建的区块比例精确地等于其权益份额（例如，权益份额为0.03，那么是100个区块中的3个区块），则这个验证者会获得奖励。那些表现欠佳的验证者不能获得奖励，这部分资金将进入一个池中，作为下一阶段的酬金。在每个区块中存在一个承诺（Commitment），包含最近的100个区块（和一个Nonce）。正确的链是拥有总加权酬金最高（Summed Weight of The Highest Fees）的链。经过一段时间后，主链就会被最终确定下来。

2.4.5 跨链技术

2.4.5.1 研究背景

区块链跨链允许多个区块链之间完成状态的安全转移和计算，是构建基于信任互联网的基础，是实现区块链作为新型基础设施的重要前提。当前的跨链协议主要集中在解决两个区块链之间的加密货币交换问题，旨在消除对集中式交易所的依赖。

随着智能合约在区块链应用里面的广泛使用，区块链从最初的分布式账本升级为可编程交换机，因此，跨链货币交易仅是区块链跨链互操作中的一个次要方面，根本无法定义区块链跨链互操作领域的全部科学问题。相反，区块链的跨链互操作性应当包含可编程性，允许执行基于分布在多个区块链智能合约的去中心化应用。

团队成员之前设计并实现了HyperService这一系统，首次将区块链互操作提升到智能合约跨链互操作的高度，支持可信跨链计算。HyperService主要在两个大方向上做出了创新成果。一方面，HyperService首次定义了跨链应用的形式化描述，通过对跨链应用的建模和编程语言的设计，实现了统一化的跨链可信计算逻辑描述；另一方面，HyperService首次提出了通用、安全且具有原子性的跨链执行加密协议，该协议可以支持任何具有公共账本的区块链，并且确保跨链应用执行过程的安全性和可追责性。以上研究成果发表相继发表在国际顶级学术会议和期刊ACM CCS 2019和IEEE TDSC 2021上。

当前的区块链跨链研究依然有以下几个重要的科学问题需要解决。

第一，区块链与链下数据源的可验证融合。由于区块链本身无法提供智能合约所需的全部数据，需要从链下数据源获得可信数据，当前大部分研究都采用可信执行环境TEE（如Intel SGX）实现区块链和外部数据源，然而TEE的过度使用会导致信任的中心化，一旦TEE被攻破（例如，Intel SGX作为使用最广泛的TEE，人们已经发现了SGX的多种漏洞），数据隐私和安全计算将完全丧失。同时，TEE本身无法提供足够的计算和存储算力来支持涉及大规模数据的计算。

第二，支持设计隐私数据的跨链互操作。跨链可信互操作需要对参与计算的各项数据进行验证，使得计算结果具有可公开验证化的属性。当涉及到隐私数据时，无法将数据直接公布于链上，导致当前的研究成果无法对涉及隐私数据的跨链计算结果进行验证。

第三，在跨链的同时融合联邦、联盟、中心化的平台。区块链由于本身设计的特殊性，无法承载诸如高性能、隐私敏感、大数据等的计算场景，这意味着只有通过与可验证联邦计算平台或者具有资质的中心化平台的融合，区块链才能赋能更多实际应用，如何实现区块链和传统平台的跨域互操作是一个重要的科学问题。

2.4.5.2　设计方案架构和研究目标

为解决以上几个科学问题，本部分提出区块链跨链体系结构，如图 2.4-7 所示，旨在实现以下四个设计目标：

第一、为区块链跨链应用提供多样化的异构数据源。将来自于链下或者其他区块链的异构数据源（如 IoT，云端，Web，其他区块链，资质部门等）生成可信的托管数据对象，在不依赖可执行环境的前提下，打破现有预言机（Oracle）机制中数据可信性和数据隐私性难以兼顾的挑战。

第二、为区块链跨链应用编程提供统一且可以在智能合约中使用的数据结构。基于支持历史修改的数据结构和键值存储抽象层，支持跨链应用对存在于各区块链智能合约状态变量的可信操作。

第三、为区块链跨链应用提供多种实用的可信计算机制。针对区块链本身不支持原生隐私数据计算、大规模复杂计算等问题，提供多种基于密码学的高效可信计算机制，包含涉及隐私数据的零知识证明、跨链多方协同计算、可信执行环境集群等。

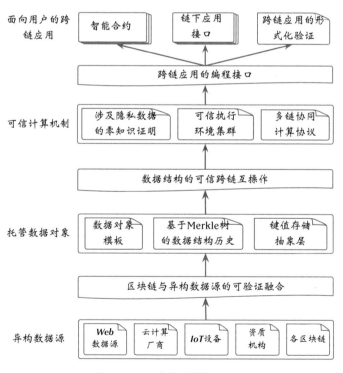

图 2.4-7　区块链跨链体系结构

第四、为区块链跨链应用程序提供形式化验证。跨链应用涉及多种智能合约编程语言，需要通过更高阶的编程语言来统一底层的各种编程语言的特性，需基于对底层编程语言的验证实现跨链应用程序的形式化验证。

供稿：　清华大学　　　徐恪、姚苏

　　　　中国人民大学　　袁勇

2.5　分布式真实存储理论

真实存储与真实计算网络基础设施基于底层区块链分布式共识机制建立，如图2.5-1所示，由于底层区块链能确保区块链数据的一致性、不可篡改性、可验证性，因此基于其构建的真实存储能确保所存储数据的真实、可验证，而在此基础上引入智能合约所构建的真实计算也能确保整个计算流程的真实性。真实存储与真实计算基础设施可以记录身份信息，确保基于分布式共识基础设施建立信任基准；并记录计算逻辑、计算行为、计算结果，确保用户及网络互信要素的"真实、可审计、可追溯"。

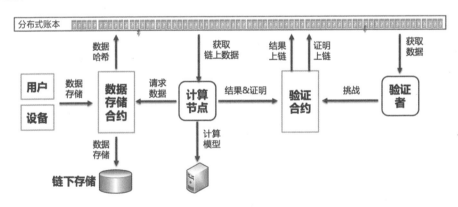

图 2.5-1　真实存储与计算系统设计

针对上链数据真实性存疑、数据量大、高频次数据查询的低下等问题，真实存储网络基础设施满足用户对可信存储、高效存储和高效查询的需求。真实存储所涉及的主要步骤分别为数据验证、数据存储、数据查询。当用户请求向区块链中存入数据时，区块链节点会根据制定的验证规则对数据进行验证，如图 2.5-2所示，当验证通过后将数据进行存储；用户请求数据时，区块链节点则对存储的数据进行检索，并将结果返回给请求用户。

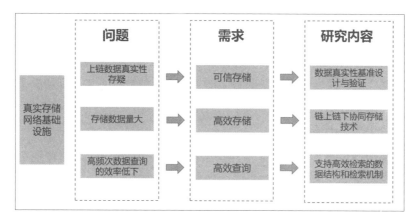

图 2.5-2　真实存储网络基础设施任务分解

2.5.1　数据真实性基准设计与验证

存储数据的真实性依赖存储过程的真实性，首先需要设计数据真实性基准与经过理论证明的验证机制。区块链本身是分布式的、去中心化的，交易公开透明，所以记录上链的数据是不可篡改的。本课题设计了一套基于区块链的链上链下协同存储系统 TrueData，依赖于区块链基础设施的数据真实性基准贯彻在整个存储过程之中，从提交数据存储请求和完成存储证明的每个环节，都要验证数据的真实性。其中，数据真实性基准存储在智能合约中，节点依据智能合约验证数据的真实，并对验证结果进行共识。共识过程建立在 TLS 安全通道的基础之上，保证数据传输的安全性。如图 2.5-3 所示。

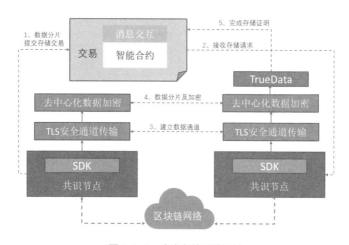

图 2.5-3　真实存储系统设计

保证数据上链的真实性是真实存储的关键问题，同时其也是和具体业务紧密相关的。结合区块链和分布式存储技术，数据存储方通过存储合约提供数据存储服务，并能够周期性地验证数据的真实性，并提供证据，赚取一定的收益。合约规定了双方存储的业务规则，文件的大小以及默克尔树哈希，提供证据的算法和经济效益，从而保证数据上链的真实性，为之后的数据真实性证明提供验证的基础。

2.5.2 链上链下协同存储技术

大规模的网络环境中，上层应用产生的数据，比如AS对应的IP前缀、不同终端设备的源地址、网络流量信息等，其数据量是巨大的。而区块链的数据存储依赖于节点本身的存储能力，面对巨大的数据存储需求，区块链自身存储能力是不足的。针对区块链节点存储开销问题，研究数据的高效存储技术，实现链上链下协同存储。根据业务需求，对于核心数据，比如AS对应的IP前缀信息等，利用数据之间的关联性对数据进行冗余性去除再进行链上存储，降低链上存储压力；对于非核心数据，比如网络流量信息，将其进行链下存储，链上存储链下数据的唯一标识，同时设计对链下数据真实性验证的验证机制，保证链上链下协同过程的真实性。如图2.5-4所示。

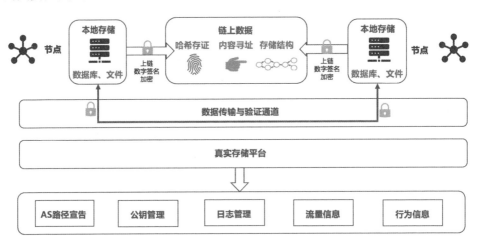

图 2.5-4 链上链下协同存储技术

区块链上实现哈希存证和内容寻址，链下通过多存储节点备份，从而减少了链上存储开销，但能确保数据存储的真实性。

单链的存储已经无法满足日益增长的数据需求了，为了提升区块链存储的性能，本课题提出了一种多链存储的架构，基于父链和子链共存的嵌套链架构，着重解决数据量、交易频率、数据协同等多方面的挑战。首先设计一种父子链体系的多链网络结构，采用一链一合约的架构，在兼容现在已有的主流生态系统基础上实现第三方数据与业务的接入。然后解决嵌套链架构下的子链兼容问题，在父链索引子链的架构下，设计子链通证交易机制，双方只有在确认交易后才能建立父子链关系，最终能达到全局数据的一致性。

为了应对链下应用网络中复杂的数据关系，本课题首先设计一种父链与子链共存的嵌套链架构，利用层级实现海量实时数据的降维降频存储，层级之间的消息互通需要通过双方授权。为确保子链可以被父链正确识别，本研究将引入子链索引机制。父链可以通过索引迅速寻找到子链所有提交过的一致性状态，由此可以快速完成子链状态的合法性检查和回滚。如图 2.5–5 所示。

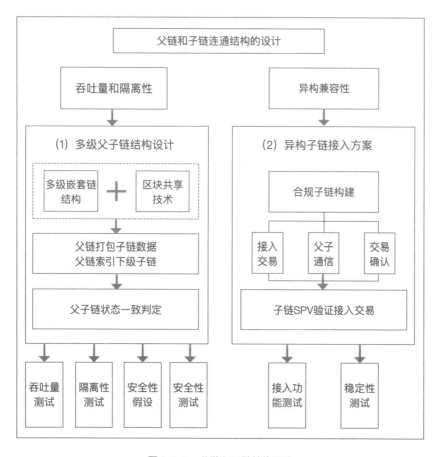

图 2.5-5　父链和子链结构设计

具体地，基于链下应用网络的海量数据规模和业务多样性等特征，本研究设计并实现一种多级父子链体系的多链结构网络，父链作为层级主干可以索引多条子链。根链的下级分一级父链和二级父链，多级父链具体可由不同的服务商来接入，再通过接入业务子链来将所需业务上链。为了增加父链索引子链的实时性，本研究设计不同的索引策略来使索引效果更佳，同时引入区块共享机制，父链可以实时地获取子链中交易数据的更新，并将子链最终状态写入区块中。

针对子链的高频次交易对父链造成巨大负载压力的问题，本课题设计了嵌套区块的结构，对子链中的交易进行压缩打包，在子链中实现 N-transaction → 1-block，在父链中实现 N-block → 1-transaction，这种嵌套区块的结构将大大减少上链过程中的数据传输开销，并保证子链数据的完整性和无损性。

具体地，子链数据上链之前需进行关键信息抽取。接入节点通过 Hash 操作把子链中的多次 transaction 数据映射成一个固定长度的字符，打包成一个 block 并作为一次 transaction 上传至父链。这种嵌套区块的结构能够在保证数据无损的前提下，大大降低子链上链至父链中的数据频次和数据量。其关键技术如图 2.5-6 所示。

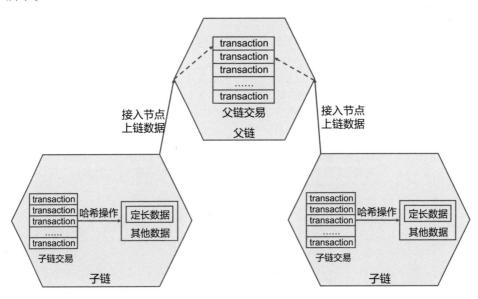

图 2.5-6　嵌套区块的结构示意图

针对网络中数据的不同应用场景，可以设计不同的子链结构，为每一种数据提供存储服务，比如证书子链、AS 号子链、流量子链等，通过多链架构、链上链下协同存储验证机制为网络中的海量数据提供真实可信的存储保障。

2.5.3　支持高效查询的数据结构和检索机制

大规模网络环境中，频繁的网络活动导致节点对区块链数据的检索也十分频繁，同时也要求较高的实时性。此外目前区块链不支持复杂的条件检索，比如检索某个用户在某个时期的所有交易等，而这些复杂检索在网络环境中是必不可少的。因此单独改进区块链的检索机制难以满足大规模网络环境下链上数据查询的需求。针对上述问题，拟研究支持高效检索的新型数据结构，提供完善的数据存储和查询功能，并实现可扩展和高可用等特性，便于保证分布式数据库的存储真实性和数据一致性。针对新型的数据结构，研究高效的数据分片和检索机制，例如分布式检索，建立更加高效的索引结构等，支持用户复杂的数据检索请求，能够快速定位检索数据并返回。

本课题提出了一种多属性的默克尔树检索结构，根据不同的属性值对用户账户进行组织，并以默克尔树的方式生成不同的属性证明树，将属性证明树的树根记录到区块头部中。

当用户根据属性值的范围筛选数据节点时，根据对应的属性证明树定位到数据块，并生成证明返回给用户，从而实现基于属性值的快速索引以及范围数据查询的快速验证。

如图 2.5-7 所示，当查询 KeyValue<80 的所有节点时，返回 DataBlock0-DataBlock7，用户计算数据块哈希值，然后直接根据属性根中的 H01234567 验证返回数据的完整性。当查询 50<KeyValue<60 的所有节点时，返回 DataBlock5 和叶子节点 5、6，中间节点 3、4、6，用户构造出根 HLR'，与根节点的 HLR 对比，相同则验证成功。

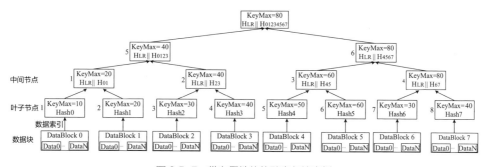

图 2.5-7　带有属性值的默克尔检索树

区块链上的数据是十分庞大的，由于是线性存储，数据搜索就会变得比较单一，一般需要遍历所有区块才能查到对应的数据。为了提高检索效率，可以将区块链的数据导入到传统的链下数据结构，实时同步链上数据，为特定的业务场景设计不同的存储数据结构，可以大大提高检索的效率。

供稿：	清华大学	徐恪、姚苏
	北京理工大学	沈蒙

2.6 分布式真实计算理论

如图 2.6-1 所示，真实计算是在真实存储的基础之上，引入智能合约，进一步构建一个真实计算平台，确保计算流程的公开、透明、可验证，以及计算结果的真实、可信、不可篡改。区块链真实计算中，计算逻辑被编码进智能合约中并部署在区块链上，用户可以通过发布交易来触发智能合约的执行，调用智能合约的交易以及智能合约的执行结果都被真实存储在区块链中。

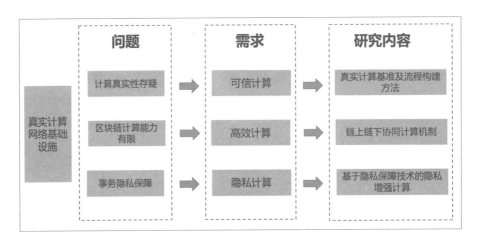

图 2.6-1　真实计算网络基础设施任务分解

2.6.1 真实计算基准及流程构建方法

传统区块链系统中，所有节点都会通过智能合约完成计算任务，从而对计算结果进行验证。而在面对大规模的计算任务时，传统的所有节点都完成同一计算任务带来的开销是不能容忍的，因此需要建立更高效更灵活的计算模式。这些计算模式的建立在带来高效性的同时，也对计算的可信性带来了冲击。针对上述问题，研究面向业务的计算真实性基准，并设计真实计算流程，比如如何选取部分节点进行计算，部分节点如何完成协同验证等，确保整体计算的可信性。

2.6.1.1 传统区块链系统中的真实计算及其局限

传统区块链系统通过智能合约完成计算任务，所有节点都会运行智能合约，并对计算结果进行验证，以同步区块链账本的状态。

智能合约的本质是运行在区块链上的一段代码，代码的逻辑就定义了合约的内容。智能合约的账户里保存了合约当前的运行状态，包括当前余额、交易次数、合约代码和存储，存储的数据结构是一颗MPT（Merkle Patricia Tries）。智能合约的调用，与比特币系统中的转账类似，A发起交易转账给B，如果B是一个普通的账户，那么这是一个普通的转账交易。如果B是一个合约账户，那么这次A发起的交易其实是一次对B这个合约的调用。当然A也可以是一个合约账户，那么这就是一个合约调用另一个合约的交易。既然是一次交易，那么发起账户就需要支付汽油费给打包交易发布到区块链上的矿工，即使这个智能合约的代码逻辑中转账金额是0，也是需要支付一定汽油费的，在以太坊中，简单的指令消耗的汽油费比较少，而复杂的或是需要存储状态的指令消耗的汽油费就比较多。

传统区块链上，若有一笔转账交易发布，需要所有节点都要在本地执行这个交易，以同步状态。智能合约的调用类似于转账，所以智能合约发布之后，也需要全部的节点都执行这个智能合约，以同步状态。

传统区块链的一个缺点是不适合运行计算密集的智能合约，这使得在区块链上进行机器学习算法、零知识证明相关的运算非常困难。

验证者困境是由节点完成智能合约计算任务带来的巨大开销引起的。由于验证计算结果的代价很高，本应该进行验证的节点会通过接受不需要验证的交易来搭便车，并希望不诚实行为被其他验证节点阻止，或其他验证节点也不执行验证，从而不会检验到任何误差，这就导致交易少或不需要验证的合约更容易被接受。即使大部分验证者诚实，矿工可以利用构造耗时计算，在挖掘下一个区块时抢先一步，达到破坏成比例获得下一个区块奖励机会的目的。

2.6.1.2 真实计算研究进展

验证者困境有几种较为直观的改进办法，一是选取部分节点对计算量大的合约进行计算，降低整个系统的计算开销；二是在链外执行智能合约，通过可验证计算在链上验证计算结果，避免验证者困境；三是一种基于安全多方计算的解决思路。

1. 通过选取部分节点降低计算开销

传统区块链系统为了同步分布式账本，所有节点都需要计算智能合约，这是非常浪费计算资源的，特别是面对一些计算量大的合约。一些研究希望通过选取部分节点进行计算，来缓解这个问题，如何选取节点，并确保这些节点的计算结果是真实的，就成了这种解决办法的关键，下面总结几种选取节点的方式。

（1）基于经济激励（TrueBit）

为了解决智能合约扩展性的问题，TrueBit 提出了一种基于参与者游戏的扩展验证方法。TrueBit 是一种机制，旨在激励足够数量但有限的参与者来验证虚拟机的执行结果。

参与者游戏满足以下几个特点：

- n 个玩家，每个玩家可以支付 1 单位参与游戏。
- 参与玩家 i 设置 $S_i(S \geqslant 1)$；未参与玩家设置 $S_i=0$。
- 玩家 i 获得 $S_i \cdot f(\sum_j \cdot S_j)$ 的奖励，$f: N \rightarrow R_+$ 是奖励函数。

TrueBit 发现函数族 $f_c(m)=c \cdot 2^{-m}$ 满足参与者游戏特征，且对于任意的参与玩家 k，取奖励函数 $f(m)=(2^k+0.5) \cdot 2^{-m}$ 时，参与者游戏可以达到纳什均衡。此时无论参与玩家的策略选择如何，都会选择某个确定的策略，即设置 $S_i=\{0, 1\}$，此时对于所有玩家而言，获得的奖励最大。这种奖励函数被称为一次性女巫检验（One-Shot Sybil-Proof）。而这种博弈过程中，当事人的策略组合分别构成各自的支配性策略，该组合被定义为纳什均衡。

然而，这种扩展性机制应用到智能合约上后，却遇到了瓶颈。因为智能合约是一个可重复的参与者游戏，而上述一次性女巫检验的奖励函数只对单次的参与者游戏可以达到纳什均衡，对于可重复的参与者游戏，这种奖励函数无法达到纳什均衡。举例最常见的囚徒困境，两个嫌疑犯如若都不招供则判刑一年，两个嫌疑犯若都招供则判刑五年，若有一个嫌疑犯招供另一个不招供，则招供的嫌疑犯判刑三个月，不招供的将被判刑十年。此时，两位嫌疑犯都会选择招供，这就达到了纳什均衡。但如若这两个嫌疑犯都可以重复做决策，那么就有可能出现"以牙还牙"策略和触发策略。智能合约就类似于可以重复决策的穷途困境，我们称这种困境为参与者困境。

TrueBit 是无状态的，它不是一个独立的系统，而是为以太坊智能合约提供的一种机制，可以将计算外包，并以低于以太坊汽油费的合约成本获得计算结果。在 TrueBit 中，第三方求解执行计算任务，他们的工作由第三方验证者验证。TrueBit 验证者可以对求解结果提出异议，并通过挑战-响应协议来解决争议。

TrueBit 试图通过激励 TrueBit 验证者检查计算并质疑不正确结果来实现全局正确性，要参与计算，TrueBit 验证者需要先支付押金，如果计算结果不正确就会失去这笔押金。为了鼓励验证者参与，TrueBit 协议会故意引入错误，而验证者会因为发现错误而获得奖励。

TrueBit 首次将激励机制引入真实计算，但它也存在很多不足，首先是 TrueBit 不提供隐私保护，允许任何人作为验证者加入系统；其次在 TrueBit 中，计算代价与执行步数成线性关系，对于 TrueBit 中的每一个计算任务，参与者都要支付一笔费用，来解决和验证该任务。这导致虽然 TrueBit 的计算成本低于以太坊，但它的计算成本仍然是线性增长的。

（2）基于信任保证（Arbitrum）

Arbitrum 方案的提出，是为了解决以太坊智能合约在可扩展性和隐私性方面的限制。

Arbitrum 将智能合约实现为一个可以编码合约规则的虚拟机，虚拟机创建者为虚拟机指定一组管理者（Managers），而其他参与共识协议的节点称为验证者（Verifiers）。管理者可以是对虚拟机结果感兴趣的各方自己当选，也可以通过指定信任方的方式当选，Arbitrum 协议提供任意信任保证，所有诚实的管理者都可以强制虚拟机执行虚拟机代码。这样验证者只需要做少量工作，跟踪货币持有和虚拟机状态的散列值，依赖于管理者对各个虚拟机的执行，而不需要所有验证者模拟每个虚拟机的执行。而管理者在带外数据同意虚拟机要做什么，当所有管理者认可时，验证者直接接受虚拟机运行结果。但如果管理者对于虚拟机运行结果存在歧义，那么验证者将运行二分协议，把分歧缩小到一条指令的执行上。再由一位管理者提交一个与该指令相关的，验证者可以快速检验的简单证明，进行验证，犯错的管理者要向验证者支付巨额罚款作为补偿。

Arbitrum 这种设计使得智能合约是可扩展的，同时 Arbitrum 虚拟机是可以私有的，管理者可以不公开虚拟机创建和执行的代码，这并不影响合约的执行与验证，所以合约在隐私性方面也更有保障。

Arbitrum 的优点在于节约了计算资源，它引入了管理者，智能合约的执行只由管理者来完成，其他节点只需要验证签名。但 Arbitrum 无法解决管理者节点合谋的问题，并且每次智能合约的执行依然需要多个节点同时进行。

（3）随机选择然后概率保证真实性（YODA）

YODA 是一种离线智能合约执行策略，是对 Arbitrum 方案的改进，能在公开链上实现有效的大计算量合约的执行，且 YODA 方案允许低于 50% 的节点是拜占庭的。

YODA 的主要实现思路是每个参与节点先质押一笔押金，每次执行交易时，从所有参与节点中随机选取部分节点执行，如果执行结果相同，则该结果被接受；若存在不同，则对计算过程进行验证，并惩罚计算错误的节点。选取节点时考虑两种节点：受到恶意控制的节点可能会随意添加、删除数据，可能会不正确地执行合约；基本可信节点（Quesi-Honest node）会如实完成协议。YODA的思路是将基本可信节点引入，选取一部分节点集合（Execution Set，简称ES），由这些节点来执行计算量大的智能合约，以减轻自己的计算负担。

YODA采用MIRACLE（Multi-Round Adaptive Consensus using Likelihood Estimation）共识机制来保证计算的可靠性。MIRACLE归结为一个优化问题：如何能在给定恶意节点比例f和ES集合规模的条件下，使得某一个结果正确的可能性大于$1-\beta$(β误差率)。此外要求尽可能少的轮数就能够达成共识。这个问题归结为一个n重的并行的假设检验问题。即同时判断第i个解是不是正确的解。如果是，则停止这个过程，并返回结果。

在这个共识机制中，需要进行多轮计算。每一轮由当前的恶意节点的数量估计f和其他信息计算一个值，只有这个值到达某一个门限时候，才采纳计算结果，否则进行下一轮。这个共识机制要求所有基本可信节点能够如实计算正确结果，为了防止基本可信节点直接使用前一轮的结果提交，以减轻自己的工作量，YODA使用RICE（Randomness Inserted Contract Execution）机制。RICE机制每一次不计算完整的合约，而是随机生成两个随机数t_i和t_j表示开始和结束的指令，每次执行都返回部分状态和成功执行的最后指令偏移。

YODA的优势在于有效利用区块链节点的计算资源，能够完成复杂合约的执行，而且每次只需要部分节点参与计算。但被选中的执行节点是否会合谋攻击，这依赖于选举机制设计的安全性，这种选举机制设计的效率也有待检验。

（4）基于可信执行环境（Ekiden）

可信执行环境是指主处理器内的安全区域，它运行在一个独立的环境中且与操作系统并行运行。它确保TEE中加载的代码和数据的机密性和完整性都得到保护，同时通过使用硬件和软件来保护数据核代码，比较流行的实现是Intel SGX。

Ekiden就是一个使用TEE来实现可扩展性和隐私性的智能合约，它对外部各方隐藏了状态，并且允许合约各方彼此隐藏输入。但这种方法对隐私和合同执行的正确性都需要额外的信任，这包括信任硬件正确地和私下地执行，以及信任认证密钥的颁发者。

2. 通过可验证计算将大量计算放在链下

除了通过选取部分节点进行计算，还有一些研究希望通过将计算放在链下，链上只对计算结果进行验证的方式，来缓解验证者困境。下文总结了几种根据该思路设计的真实计算系统。

（1）基于复制状态机（Piperine）

Piperine是一个在复制状态机环境下降低可验证状态机成本的系统，并在不增加验证方成本的情况下确保其活性，将Piperine应用于以太坊区块链后，每笔交易成本降低5.4倍，网络成本降低2.7倍。Piperine应用了一种降低基于拜占庭断层模型的大规模端到端复制系统的新方法，具体来说，就是每笔交易只由一个节点执行，这个节点执行交易后，被视作一个给定的复制状态机。然后将一个给定的复制状态机转换为另一个复制状态机，其中节点通过委托状态机执行而降低成本：不受信任的一方会提供正确状态转换以及状态更改的简洁密码证明，转换后的复制状态机节点会分别对计算结果进行验证和适用。

这种方法可以有效利用区块链节点的计算资源，每个节点只需要完成简单的验证工作，也无须通过经济激励来确保安全性，与传统区块链系统中所有节点都执行计算并验证的方法安全性一致。但这种方法时间开销大，可能会影响交易被最终确认时间的延迟；同时，这种方法受限于可验证计算领域的发展，目前还无法支撑复杂的计算工作。

（2）基于主侧链（Plasma）

Plasma试图通过引入子链的概念来实现对以太坊的扩展，子链使用它们自己的共识机制来选择发布哪些事务。这种共识机制强制编码在以太坊智能合约中，如果子链上的用户认为子链的行为不正确或是恶意的，他们可以向主链上的合同提交欺诈证明，以便带着他们的资金退出子链。

但这种方法存在许多问题。首先，与分片类似，每个Plasma子链都存在于它们自己孤立的网络中，不同子链上的交互非常麻烦。其次，关于如何在Plasma合约中构建复杂的欺诈证明缺乏具体的细节，合约以何种方式指定在新定义的区块链上欺诈证明的所有共识规则和方法，这也尚未解决。最后，将数据移出主区块链会带来数据可用性挑战，为了生成欺诈证明，子链必须访问Plasma块中的数据，而没有访问机制保护这些数据。

（3）零知识证明（Hawk）

零知识证明指证明者能够在不向验证者提供任何有用信息的情况下，使验证者相信某个论断是正确的。Hawk就是一个基于零知识证明的私人智能合约系统，有强大的隐私目标，但它没有提高真实计算的可伸缩性，而且依赖于对第三方管理人员的信任。

（4）状态通道

状态通道是一类提高智能合约在一小部分固定参与者之间的可伸缩性的通用技术，它允许一组各方共同同意的链下消息序列，在处理完所有消息后发布单个聚合事务。但状态通道侧重于在各方都是诚实可信的情况下进行，其他情况下无法顺利有效地工作。

3. 通过安全多方计算

安全多方计算是一种加密技术，允许各方在私有输入上计算，而不需要除输出外的任何东西。通过将安全多方计算整合到区块链上，并将计算结果上附加奖励条件鼓励公平，加强区块链上真实计算的性能。但这种方法需要激活所有参与计算的节点，加密工具也会带来巨大的效率负担。

2.6.2 链上链下协同计算机制

大规模的网络环境中计算任务是复杂的，很多计算任务都是大数据驱动的，产生了计算任务多以及计算任务重的问题。区块链的计算是在智能合约中完成的，而智能合约运行在虚拟机中，其计算能力是有限的，进而导致了区块链的计算能力是有限的，所以仅仅依靠区块链无法完成真实计算。针对上述问题，实现链上链下的计算协同，链下进行大规模复杂运算后，将计算输入、中间结果以及最终结果上传到区块链上，链上节点随机对中间计算步骤进行验证，从而实现对链下计算的确认。对于必须在链上完成的计算任务，基于真实计算基准选取部分节点参与计算，从而有效地利用计算资源，降低传统区块链所有节点参与计算导致的计算开销。

近些年，研究人员提出了将区块链引入大规模计算，为参与计算的节点提供可靠的分布式共识和激励机制，且提出了若干基于区块链的计算资源利用平台。例如，Ali 等人提出了 BlockStack，用代币奖励的方式激励分布式节点贡献它们的存储资源，开发了一个安全可信的去中心化域名解析系统。Andrychowicz 等人和 Kumaresan 等人则提出了基于中本聪共识的多方计算平台（Multiparty Computation，或 MPC），用区块链激励边缘节点贡献闲置计算资源。Xu 等人开发了基于区块链的大数据共享平台，并为参与贡献的计算节点提供更高的资源访问优先级，实现计算与存储资源的利用最大化。Truebit 提出了一种新的验证机制即"验证者博弈"，某一部分参与者可以发起挑战去验证结果正确性，挑战胜利者将得到奖励，失败者则受到惩罚。然而，该机制无法保证结果以一定概率被验证正确。

算力资源是网络的核心，但算力资源的分散性、异构性和动态性使其容易受到数据篡改、身份劫持、资源欺骗等威胁，如何为用户提供可信的计算服务是面临的挑战。本课题提出基于区块链的可信计算资源管理方法，通过分布式共识机制保护计算资源的相关信息不被篡改和仿冒。建立计算资源信任模型，通过运行的智能合约维护统一的计算资源信用数据库，屏蔽恶意节点，维护网络的可信计算环境。

在总体方案设计上，拟采用图 2.6-2 所示的信任机制框架，建立计算节点的信用模型，设计智能合约实现信用模型的自动运行，通过控制器结合节点信用信息实现对资源的访问控制。在接下来的叙述中，首先阐述信任模型的设计思想，然后探讨拟采用的区块链合约系统实现方案。

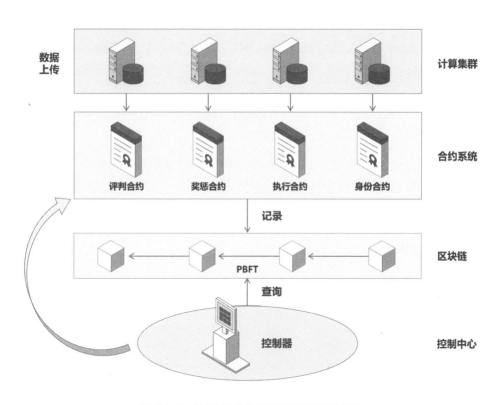

图 2.6-2　基于区块链的可信资源管理系统框架

信任模型的设计：

令 T 为网络中计算任务的数量，N 为网络中集群的数量，t 为任务的索引编号，n 为边缘集群的索引编号。St 表示承担任务 t 的计算集群的集合。当集群 n 完成任务 t 时，我们用 $a_{n,\,t}$ 表示这个任务的完成质量。令 x 表示可信度，$x \in [0, 1]$，c 表示任务的完成质量被判定为合格的概率。每个新加入的集群会由系统设置默认信用分数。当集群的某项计算任务被最终判定为合格时，系统增加其信用分数，增加值为 $r(x)>0$，否则，系统降低其信用分数，降低值为 $p(x)>0$。信用记录的动态调整过程由评判、奖惩和执行三个模块完成，如图 2.6-3 所示。

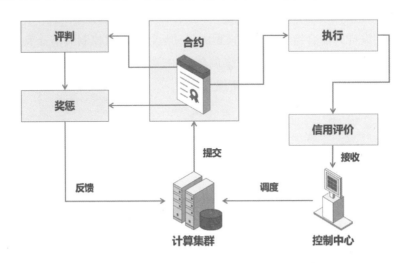

图 2.6-3　智能合约驱动的资源信任模型逻辑图

（1）评判模块

评判模块用以判断一个集群在完成一项任务后是否应该受到奖励或惩罚。我们定义评判指标如下

$$a_t=\mathrm{sgn}(\textstyle\sum_{n\in s_t}a_{n,t})\tag{2.6-1}$$

智能合约将计算 a_t，并将其作为评判的标准。当 $a_{n,t}$ 等于 a_t 时，集群会获得信用奖励，否则受到惩罚。

（2）奖惩模块

奖惩模块用以判断集群信用值的变化程度，即 $r(x)$ 或 $p(x)$ 的具体数值。对于一个集群来说，令 $e(x)$ 表示信用变化的期望值，则：

$$e(x)=c\times r(x)-(1-c)\times p(x)\tag{2.6-2}$$

在此基础上，集群的奖惩模型如下式确定：

$$\begin{cases}\mathrm{argmax}_x e(x)=c\\ r,\ p\geqslant 0\ \ \dfrac{\partial r}{\partial x},\dfrac{\partial p}{\partial x}>0\\ r(0.5)=p(0.5)=0\ \ \ r(1)=1\\ 0.5\leqslant x\leqslant 1\end{cases}\tag{2.6-3}$$

如上式所述，一个集群必须如实向系统提交其真实的服务能力 c，才能够最大化其信誉评价。在每次信誉调整的过程中，x 与 r 或 p 的值正相关，即已有的信誉值会对判定终值产生正向影响。

通过求解上述模型，可以获得如下的一组奖惩函数：

$$\begin{cases} r_k(x) = \dfrac{-(k-1)2^k x^k + 2^k k x^{k-1} - (k+1)}{2^k - k - 1} \\ p_k(x) = \dfrac{(k-1)2^k x^k - (k-1)}{2^k - k - 1} \end{cases} \qquad (2.6\text{-}4)$$

其中，k 可以看作是相应的集群对应的奖惩函数的排序（$k \geq 2$）。通过将（2.6-4）式带入（2.6-2）式，我们进一步获得排在第 k 位置的集群的期望信用函数：

$$e_k(c) = \frac{2^k c^k - 2ck + k - 1}{2^k - k - 1} \qquad (2.6\text{-}5)$$

（3）执行模块

执行模块生成对集群在完成任务过程中信誉值的最终评定。对于任务 t，其对应的信用评定通过下式确定 a_t^*：

$$a_t^* = \mathrm{sgn}(\textstyle\sum_{n \in s_t} e_{n,t}, a_{n,t}) \qquad (2.6\text{-}6)$$

由上式所定义的 a_t^* 类似于众包模式下的加权回归准则，即使在多数集群未能诚实提供自身服务质量的情况下也可以获得准确的判定结论。在课题研究过程中，拟对上述模型的性质进行理论分析，证明其具有激励相容的性质，即集群最大化自身收益的最佳方式是如实声明其真实的服务能力。

2.6.3 基于隐私保障技术的隐私增强计算

区块链系统的计算本身是公开透明的，但是在实际的网络环境中，业务之间的隐私尤为重要，因此在实现计算过程公开透明可审计的同时，要确保计算过程中的用户隐私问题。区块链中可以通过建立通道进行业务隔离，从而达到隐私保护的目的。但是这种隐私保护是粗粒度的，在复杂的业务场景中需要更灵活的隐私保护。针对上述问题，引入隐私保障技术，例如零知识证明、安全多方技术、同态加密等技术对目前的真实计算进行隐私增强，确保用户隐私不被泄露。

基于隐私保障技术的隐私增强计算，旨在解决数据共享及数据协同计算过程中的隐私保护问题，即在数据隐私安全的条件下完成计算的过程，例如机器学习模型的安全训练。机器学习模型训练过程中的隐私保护问题一直是研究重点。当前，隐私保障技术包括零知识证明、安全多方技术、同态加密、差分隐私等技术广泛应用于机器学习过程中的隐私保护。通过安全多方计算，数据在受到保护的条件下依旧能够计算出有效的输出结果。同时基于区块链用于存储数据信息，保证安全多方计算在没有可信第三方的情况下完成对加密数据的计算工作。除此之外，差分隐私和同态加密是最常用的两种隐私保护方案。差分隐私技术在原始数据上添加精心计算的扰动，由此来保证公开数据的隐私。虽然差分隐私是一种高效的隐私保护方法，但是扰动的引入将会给最终模型准确率带来损失。由于全同态加密技术计算复杂，部分同态加密技术的应用更为广泛。然而部分同态加密技术支持的计算操作有限，无法保证模型训练过程中出现的各种计算，因此在多数使用部分同态加密的隐私保护方案中，需可信第三方的协助。在一些方案中，除了数据提供方和模型训练方（应用方），又引入一个认证方协助进行密钥分发，同时完成一些部分同态加密无法实现的操作。第三方的引入带来的安全问题以及部分同态加密在计算上的局限性给基于同态加密的隐私保护方案带来极大的挑战。

　　本课题提出的基于隐私保障技术的隐私增强计算通过引入区块链技术和安全多方计算技术，避免原始数据的直接共享和计算，在联合多方实体基于同态加密后的数据用于协同训练机器学习模型，例如支持向量机、线性回归、逻辑回归等。如图 2.6-4 所示，该机制要求征信数据在共享之前利用同态加密算法完成加密，且在存储和计算期间一直保持加密状态。除此之外，基于联盟链建立数据共享平台，相关机构以该平台为核心完成数据共享和计算。相比于公有链，联盟链更小的开放程度和规模为方案提供了更多的隐私保护，区块链共享账本的不可篡改特性保证任何机构都无法对账本中的征信数据进行修改，进一步保护了在存储状态下的数据。

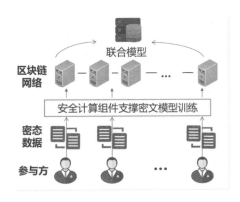

图 2.6-4　基于区块链的隐私增强计算模式

　　首先基于联盟链设计数据安全共享平台，用于共享密态数据和计算的中间值。

每一个实体都需要以区块链节点的形式加入联盟链，区块链能够为数据拥有者做身份认证，绑定机构的角色和密钥从而证明其身份。数据拥有者向区块链发布数据集的信息后，有相同模型需求的多家数据拥有者共同发起多方协作学习；各个实体共享的数据应具备统一的数据格式，因此数据在写入区块链共享账本之前需要进行预处理，修改格式不规范的数据，丢弃内容不完整的数据，对格式标准的数据进行加密。随后，为了避免大量数据的上传读取带给区块链的读写压力，密态征信数据不直接上链。使用密态数据Hash值代替密态数据上链的方案，区块链平台保证密态数据Hash值在存储期间不被修改，通过该Hash值，数据请求方可以验证模型训练前来自数据提供方数据的完整性、正确性；实体通过各自运行的联盟链节点调用联盟链上的智能合约，将预处理后的数据以交易的形式记录到区块链中；记录在公开的共享账本上的数据可以被联盟链内节点查看。通过同步包含交易信息的区块到节点本地，任意实体都可以获取其他实体共享的密态数据。除此之外，各机构也可以调用智能合约查询链上数据；模型训练方利用共享来的密态征信数据，使用安全的机器学习训练方法，与数据提供方协同训练模型。在本地将数据加密后，数据拥有者相互共享密文数据并根据设定的密文计算模式协同区块链进行模型计算。在计算过程中，模型训练的重要步骤由智能合约自动化触发执行，模型的中间结果记录在链上以支撑模型验真功能。由于区块链的不可篡改性和透明性，数据拥有者无法对已发布在链上的数据进行删改，保证数据的可信度。其次，所有参与方可对发布的数据追溯其根本，保证了数据的真实性。智能合约自动检测模型中间结果的正确性，保障模型训练的正确执行。最终训练完成，模型训练方得到模型。

基于隐私保障技术的隐私增强机制的核心是安全的计算组件的设计与实现。为隐私训练任务设计安全计算组件时，需要考虑到机器学习算法的多样性，设计出既能供传统机器学习算法使用，又能满足神经网络训练算法的安全计算组件。以典型的机器学习算法为代表，分析训练过程中的计算逻辑及迭代公式，并将计算步骤和迭代公式逐一分解，识别出基础运算。然后，针对每一个基础运算，基于同态加密为其设计安全计算组件。安全的核心基础运算操作在运算过程中，除了合法的输入和输出，参与运算的各方都不能通过任何中间计算结果或者推测手法得到其他参与方的隐私信息。Paillier是基于复合剩余类的困难问题的公钥加密系统，经过加密后的数据成为密文，除了用对应的私钥解密，密文被认为是安全的，同时，Paillier满足加法同态和数乘同态。基于此设计安全多项式乘法和安全两方比较两个基本组件，基于前者构造出安全的线性回归算法，基于两者构造出安全的 SVM 算法。RSA 基于对极大整数做因数分解的难度问题的公钥加密系统，RSA 是被研究应用得最广泛的公钥算法之一，其满足乘法同态属性。基于 RSA 设计同态乘法和安全幂运算两个基本组件，基于此并结合 Paillier 构造出来的安全多项式乘法组件，构造出安全的逻辑回归算法。

利用安全组件设计多方协作学习机制保障模型训练时的数据隐私，另外设计基于智能合约的密态数据计算，设计链上链下协同的密态数据计算模式，用智能合约代替不可行第三方功能。本项目在原有隐私保护多方协作学习机制的基础上，以区块链作为数据提供方与数据需求方的中介，在区块链中记录各方用户的行为，以实现对不诚实第三方和其他参与方计算结果的验证，保障模型的真实性。除此之外，区块链充当认证中心的角色，为分散数据拥有者提供官方权威的身份注册，加强了外界对参与方行为的监管。区块链通过对节点的授权来控制平台的稳定运行，若发现某个身份的恶意行为，能够及时撤销其在区块链上的背书，用该身份在此之后发送的所有数据交易将失效。

通过结合联盟链、安全多方计算、机器学习等技术，设计的基于隐私保障技术的隐私增强机制能有效解决数据计算过程中面临的隐私泄露问题，实现安全数据共享、可靠数据查询、安全高效计算三个主要功能。为计算参与方提供有效、可靠、安全的数据计算服务。

供稿： 清华大学　　徐恪、姚苏
　　　　深圳大学　　崔来中、杨术

2.7　分布式数字身份

区块链在诞生初期，以公有链为代表，采用了完全匿名的身份管理方式；后来随着许可链技术的发展，有些区块链引入了 CA 数字证书作为链上身份的管理授权方式。但无论是身份匿名的公有链，还是具有身份授权管理的许可链，都缺乏一种具备广泛可扩展性和连接性、能有效管理和验证链上身份，同时又兼顾身份隐私保护的身份管理机制。分布式数字身份技术的出现，正引起业界的高度关注，属于区块链相关的基础理论之一，并将成为重要的基础设施。分布式数字身份可以解决区块链自身的用户身份的认证和管理的问题，可以解决不同区块链之间的用户身份互认、互证的问题，还可以为上层应用提供中间基础设施，解决链内外身份互通的问题。分布式数字身份作为数字身份认证技术的未来发展方向，可实现由用户自主控制和管理数字身份，建立一种扁平化、弹性化的数字身份新模式。本章拟从分布式数字身份技术理论、分布式数字身份标准概述、分布式数字身份发展现状、多链身份互通和分布式数字身份未来展望等多个方面来介绍分布式数字身份理论。

2.7.1　分布式数字身份技术理论

当前网络信息世界，用于为个人以电子方式连接到的每个站点建立身份并授予唯一凭据（口令或证书）的模型是一种有缺陷的方法，尤其是对于个人而言，太多的 ID 和密码不容易记忆。使用联合身份验证，单一登录（SSO），社交登录以及多身份验证和授权方案共享凭据可以部分解决此问题，但不能根本解决以下问题——身份的可移植性和非必要性广泛存储。

物理世界中，人们对实体的身份认证通常是通过验证其身份证明文件来完成的。对于数字身份而言，认证身份的过程是对身份数据的验证过程，验证属性数据是否为真或者是否由可信任的权威机构背书。数字身份也需要建立具有一致性的、整体的、去中心化的身份验证方法，此即分布式身份所要提供的功能——自主建立身份并在该身份所有者的控制下共享数据。

分布式数字身份是一种基于区块链的新型的数字身份技术，能够支持身份所有者以与物理世界相似的方式进行分布式数字身份验证，它不依赖于集中式注册表，权限或身份提供者，而是基于区块链或分布式账本提供一套通用的、具有扩展性的身份认证方案，适用于集团、个人、设备等各种实体的身份识别与认证，并进一步推动可信数据的流转。

分布式数字身份基于三类不同参与者：身份所有者，身份发行者和身份验证者的相互交互及共同作用。

分布式数字身份的工作原理如图 2.7-1 所示：身份发行者（例如当地政府之类的受信方）可以为身份所有者（用户）颁发个人证书。通过颁发证书，身份颁发者可以证明该证书中个人数据的有效性（例如姓氏和出生日期）。身份所有者可以将这些凭据存储在他们的个人身份钱包中，并在以后使用它们向第三方（验证者）证明有关其身份的声明。

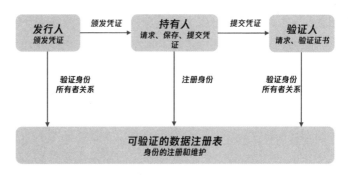

图 2.7-1 分布式数字身份工作原理

分布式数字身份技术对治现有网络身份中存在的问题和需求，其关键核心技术点通过独立或关联运作，得以破解传统身份技术所无法解决的难题。分布式数字身份技术的研究可从分布式标识符、DID 验证、可验证凭证，公钥注册表等方面入手。如图 2.7-2 所示。

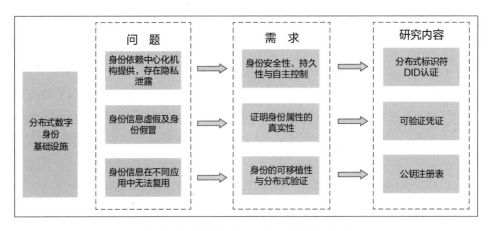

图 2.7-2 分布式数字身份技术研究任务分解

2.7.1.1 分布式标识符

分布式标识符是由加密计算引擎生成的全球唯一字符串，不可重新分配，并具有持久性，相对于中心化标识符（例如 IP 地址或电子邮件地址），降低了身份标识的隐私和安全风险。

分布式标识符是可解析的。每个 DID 解析为一个 DID 文档，该文档包含"启动与所标识实体的可信任交互所必需的公用密钥，身份验证协议和服务端点"（源）。分布式标识符是可加密验证的。通过使用加密密钥，DID 所有者可以证明其对 DID 的所有权。DID 文档中包含的公钥也可以用于证明与凭证关联的发行机构签名的真实性。分布式标识符的保存和解析具有分散性，不必依赖中央机构及集中式注册表等功能。

2.7.1.2 DID 验证

DID 认证的目的是让用户证明自己具有某身份 DID 的控制权 —— 用户只要证明自己拥有跟某个自主权身份公钥匹配的私钥即可。DID Auth 与其他身份验证方法类似，依赖于挑战–响应，身份所有者所构造的响应通过加密签名的方式证明其对特定 DID 的控制。进行 DID 认证后的个体之间将建立可信任且更长久的通信管道，以便在此之上协商交换其他资料，例如可验证凭证。

2.7.1.3 可验证凭证

可验证凭证（Verifiable Credential）数据模型提供了一种支持在互联网上加密安全、隐私保护和机读与验证的标准凭证结构。

可验证凭证由身份发行方颁发，包含一组多个身份属性，以及这些属性数据的有效性签名证明。可验证凭证支持将物理凭证的有效性与可移植性转移至数字设备，其声明的内容、签名、进行密码学验证。凭证的有效性和可靠性取决于发行人的权威性。

2.7.1.4 公钥注册表

公钥注册表基于区块链构造，去中心化环境下的区块链具有防篡改和公示属性，支持网络中的每个人都可以拥有关于公钥信息相同的真实来源。因此，验证方无须检查所提供凭证中实际数据的有效性，就可以借用凭证中的证明字段，和区块链上的公钥信息来检查该声明和声明方（例如政府）的有效性。并获得准确的验证结果。

2.7.2 分布式数字身份标准概述

分布式数字身份技术用以解决可信 IP 治理层以下的问题，它包括公钥注册表基础设施和两层核心协议，三者既相独立又相联系，支持后续层中的交互（见图 2.7-3）：

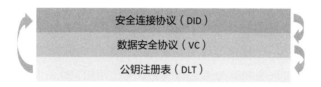

安全连接协议（DID）

数据安全协议（VC）

公钥注册表（DLT）

图 2.7-3 分布式身份协议标准

① 基于 DID 的标准开放连接协议，用于在多方实体之间建立唯一、私有和安

全的连接。

安全连接是由两个或多个对等方创建的，不依赖于第三方。这些对等方创建并交换分散化的身份标识符"DID"，一旦两方交换了DID，他们就可以建立起一条符合DPKI工作机制的专用安全信道。在此之上，DIDComm协议框架则能促进双方进一步实现异步消息通信，其消息符合JSON Web Message的标准格式。这里需要注意，DID仅提供安全的连接，他们本身并不提供基于身份属性的信任。

② 标准的、开放的"数据数字水印"协议，用于发布、保存和验证受保护的数据。

基于可验证的凭证技术，任何人都可以验证他人提供给他们的数据的来源、完整性和有效性，这种验证可靠、易行，可以在网络环境下随时随地进行。数字水印机制是基于行之有效的公钥加密技术对数据进行数字签名来实现的，此外，还考虑了数据托管、加密、安全存储和撤销等行为相关的协议。

③ 用于存储并提供检索支持的数据签发者公钥信息注册表。

基于此，任何人都可以随时查找和检索到数据来源方的公钥信息，以实现对前两层协议上的数据的来源真实性、数据完整性和有效性的验证支持。这些密钥和其他加密数据通常保存在DID文档和凭证定义中。为了使其得以在开放网络范围内使用和受到信任，多数分布式身份系统选择基于分布式账本来实现公钥注册表。

近年来，围绕建立数字身份的开放标准，W3C、RWOT、OASIS、IIW，以及DIF和Hyperledger等多个标准化组织，联盟及开源社区共同努力，推动了一系列分布式身份相关技术标准和协议的制定。这些标准基本上都可归入以上"安全数据"或"安全连接"的范围。以下概述分布式身份中的核心标准：

2.7.2.1 去中心化标识符（W3C）

去中心化标识符（DID）是一种新型标识符，支持开启可验证的分布式数字身份，W3C组织为去中心化身份标识符制定了相应的DID规范，该规范为DID，DID Doc（DID文档）和DID Method（DID方法）明确了通用数据模型，URL格式和相关操作。

DID是将DID主体与DID文档（DID Doc）相关联的URL，一个实体可以具有多个DID，甚至与另一个实体的每个关系可以具有一个或多个DID（成对假名和一次性标识符），通过证明拥有与绑定到该DID的公钥相关联的私钥来建立DID的所有权。

分布式标识符（DID）的用途包括以下两个方面：其一，使用标识符来标识DID主体（人员，组织，设备，密钥，服务和一般事物）的特定实例；其二，在无须任何中心化注册机制的情况下，促进实体之间创建持久加密的专用通道，以用于诸如凭证交换和认证。

2.7.2.2　可验证凭证与可验证描述

可验证凭证（verifiable credential）及可验证描述（verifiable presentation）数据模型规范旨在提供一种标准的方式，可以支持加密安全、隐私保护、可机读与可验证的方式在互联网上表达的凭证结构。

具体地，可验证凭证（verifiable credential）规范定义了可在 DID 之间交换的凭证格式。可验证凭证是由发行人签名加密的防篡改凭证，凭证通常由至少两个信息图组成。第一张图示可验证的凭证本身，其中包含凭证元数据和声明。第二张图示数字证明，包含数据方的数字签名或其他加密证明。

可验证描述（verifiable presentation）用于描述实体在特定场景下的身份角色属性。可验证描述是一种防篡改的表述，它来自一个或多个可验证凭证，并由披露该凭证的主体进行密码签名。

"可验证描述"通常包括至少四个信息图。第一部分是可验证表述本身，其中包含 presentation 元数据；第二部分包括用于构造"可验证描述"的一个或多个可验证凭证（元数据和声明）。第三部分为引用凭证的证明部分（数字签名）。第四部分是 presentation 证明，通常为创建者对上述内容的数字签名。

2.7.2.3　DKMS 规范

身份所有者如何证明自己拥有特定的身份 ID？分布式数字身份技术基于去中心化的 PKI（DPKI）机制运作。去中心化公钥基础设施（DPKI）通过技术使信任分散，令处于不同地缘政治区域的实体可以就共享的公钥数据库的状态达成共识，这可以消除中心化 CA 存在的安全隐患，提高整体基础设施的健壮性。

为了实现身份确权和隐私保护，每个身份端应当管理自己的密钥，以通用的方法建立与对等方的信任，通过安全的方式分发信息。去中心化密钥管理系统（DKMS）通过标准化身份钱包中的密钥管理和使用方式，实现身份所有者自我管理密钥和证书的能力。去中心化密钥管理系统（DKMS）是 DPKI 的核心组件，DKMS 设计确保公钥基础设施的普遍可用性和去中心化全局完整性及安全性，该规范保障 DPKI 的落地实施。DKMS 规范定义了分布式数字身份钱包中的密钥种类、作用和全生命周期使用规则，支持身份所有者自主生成公/私钥对，对其进行注册以方便发现和验证，并根据需要进行密钥轮换和撤销，维护身份的高安全性和私密性。

DKMS 设计必须是基于开放标准和开放系统的，DKMS4.0 已于 2019 年 3 月发布，并提交给 OASIS 推进标准化流程。DKMS4.0 进一步描述了与密钥管理相关的代理策略，细化了边缘代理与云代理之间基于DKMS协议进行各种标准DKMS密钥管理操作的流程，确保在引入云端代理的同时，整体DKMS方案依然具有高安全性和隐私保护特征，支持真正的去中心化PKI。

2.7.2.4　DID通信协议（DIDComm）

DIDComm协议的目标是提供一种建立在DID分布式设计之上的安全、专用的通信方法，推动DID控制者之间以标准化的方式传递经过身份验证的常规消息。

传统Web API所实现的协议基于C/S结构的假设，信息交互和安全角度都依赖于中心化服务器，因此并不适合去中心化的DID对等交互的需求。在DID世界，消息交互是点对点分布式进行的，这意味着该DID通信不依赖中心化机构来预设信息流和强制双方行为以确保一致性，DID通信协议支持双方通过对规则和目标的共同理解和共识达成互动。考虑到移动设备可能缺少稳定的网络连接，DIDComm的基本范式是基于消息，异步和单工方式的。

DIDComm使用DID持有人本人身份钱包所提供的公钥密码技术实现DPKI安全通信，而不是第三方的证书或登记注册在其他方的密码，其安全保证是消息层面的，独立于它所基于的数据传输方式，并支持非会话保持方式。当需要进行身份验证时，所有各方都以相同的方式对等进行。

DIDComm相关规范包括：DID认证规则、DIDComm消息传输加密规则，隐私保护设计规则等。基于DIDComm结构建立的DID交互协议除了实现建立DID连接、凭证请求与签发、身份验证等，还可以针对各种丰富的主题进行自定义扩展。

2.7.3　分布式数字身份发展现状

2.7.3.1　分布式数字身份技术提供方

基于分布式账本技术和可验证声明的新兴身份技术的研究始于三四年前，Microsoft，IBM，以及一些初创企业都在拥抱分布式身份，而许多传统的身份提供者则选择"拭目以待"。评估任何技术进展速度的方法之一是评估主要供应商的投资和发布，分布式身份领域的活动正在加速，以下是值得关注的一些供应商：

微软：微软于2018年10月发表《去中心化身份》白皮书。微软在白皮书介绍了其DID的技术基础框架：由W3C去中心化身份标识（DIDs）、去中心化系统（例如区块链和分布式账本）、DID用户代理、全局DID解析器、身份中心、DID认证、去中心化和服务7个技术模块构成。微软的ION（Identity Overlay Network，身份覆盖网络）系统是一个公共的、无权限的去中心化标识符（DID）网络，其底层的分布式系统不依赖于特定的分布式账本；它依托于Azure云服务，支持将现有身份数据存储与DID和可验证凭证集成在一起；系统对外提供DID操作方法，使用者无须关心写入账本的细节。

微软并非该领域的第一参与者，但微软拥有丰富的其他身份资产（例如 Active Directory（AD），Azure AD甚至LinkedIn），在推动分布式身份技术标准，试验，开发核心技术并进行大量投资。

Evernym：Evernym是Sovrin的原始创建者，也是Hyperledger Indy的主要贡献者。由Sovrin基金会支持的去中心化身份计划针对解决自主权身份(self-sovereign identity, SSI)隐私保护和可验证问题。方案符合GDPR隐私保护要求，通过"使用假名"及"使用隐私代理"，避免实体多DID之间的关联风险；结合零知识证明的凭证验证技术则可以满足实体数据的最小化披露需求。

IBM：IBM是Sovrin基金会的管理者，并支持Hyperledger基金会。IBM与SecureKey Technologies合作，在加拿大与蒙特利尔银行，加拿大帝国商业银行，Desjardins集团，加拿大皇家银行，丰业银行和TD银行等银行建立了去中心化的数字身份网络。IBM与Sovrin，Workday，Evernym，加拿大政府及其员工合作，以提供实时的凭证验证生态系统。

uPort：由ConsenSys支持的uPort，是建立在以太坊和IPFS网络之上的一个"以用户为中心"的开放式身份系统和数据平台，基于去中心化IPFS存储网络为个人和企业提供数据存储和授权分享机制，而不依赖任何中心化系统或机构。它允许个人用户基于以太坊网络自主创建身份、签署和发送身份证明、登录网络服务等，它也支持建立企业数字身份，方便企业与员工和客户建立起安全访问控制环境和合规操作流程。

Blockstack：BS旨在基于分布式身份技术建立一个新型的分布式网络，为个人用户提供生态下的单点登录，支持用户自主管理身份和数据，以授权方式许可向第三方应用共享其信息，将数据所有权归还给用户。Blockstack包括用于登记用户标识符及公钥信息的轻量级区块链，为用户提供私人数据托管的高性能分布式存储系统，以及基于DID进行身份认证的分布式认证协议。基于SDK和开发者工具，Blockstack支持生态应用的开发者快速开发本地应用，在用户许可的情况下通过API访问用户数据，而无须考虑进行用户和用户数据管理。

Civic：Civic是通过区块链技术和生物识别等多方式进行身份认证的数字身份项目，将区块链的分布式架构与移动设备上的生物识别技术相结合，使得该平台用户能够管理自己的身份数据。Civic提供了一个数字身份平台SIP，用户通过SIP在个人移动设备上设置自己的数字身份，对其进行验证后，即可成为公民用户。在此过程中，用户PII保存到Civic App中，Civic实现完整的验证过程，通过验证后，身份数据的证明由 Civic 写入区块链中，此后，该身份数据的接受者能使用它们来验证 PII 的真实性和所有权。

2.7.3.2 分布式数字身份项目

1. ESSIF

欧洲自主权身份框架（ESSIF）是欧洲区块链服务基础架构（EBSI）的一部分。EBSI 是由欧盟委员会和欧洲区块链合作伙伴（EBP）联合发起的一项计划，旨在使用区块链技术提供整个欧盟范围内的跨境公共服务，建立"黄金标准"数字基础设施，以支持欧盟范围内跨境公共服务的启动和运营。

ESSIF 旨在为 EBSI 提供通用的自我主权身份（SSI）功能，允许用户跨边界创建和控制自己的身份，而无须依赖集中的权限。写在区块链上的信息的范围可以从公共法人实体的分布式标识符（DID），已被证明的事实，凭证撤销列表（或指向它的指针）以及诸如受信任大学列表之类的公共信息。ESSIF 允许欧盟实体"获取"可验证的凭证，"注册"可验证的授权/同意，并"获取"验证可验证的声明，然后将其用于识别/认证依赖方，并向依赖方提供要求索赔/证明。

eIDAS（电子身份验证，认证和信任服务）是一项针对欧洲单一市场中电子交易的电子身份识别和信任服务的欧盟法规。它规范了电子签名，电子交易，相关机构及其嵌入过程，为用户提供了一种安全的方式来进行在线业务，如电子资金转账或与公共服务的交易。为了实现对 SSI 的支持，与 ESSIF 的兼容，使 eIDAS 作为 SSI 生态系统中的信任框架可用，欧洲委员会在该项目下开发了 eIDAS 桥。eIDAS 桥可协助发行人签署可验证的凭证，而验证者可在凭证验证过程中协助识别发行人 DID 背后的发行人（该项目范围内的法人）。通过"穿越"eIDAS 桥接器，可验证的凭证被证明是值得信赖的。

2. 美国公共部门

国土安全部小型企业创新研究（SBIR）计划于 2004 年启动，其目标是增加创新和创意的美国小企业对联邦研究与开发计划的参与，计划主题主要面向七个国土安全部运营部门的需求，并鼓励行业将创新的国土安全解决方案变为现实。美国国土安全部科学技术局（S&T）硅谷创新计划（SVIP）进一步扩大了前者的范围，以发现能够增强国家安全的新技术，其目标是重塑政府，企业家和行业如何共同努力以找到最先进的解决方案。迄今为止，相关计划不仅推动和赞助了多项分式国际标准的制定，并投资优秀分布式身份项目（供应商）多达十余家，其中多数厂商的产品和解决方案已应用于实际项目中，取得经济和社会双重效益。

将可验证的凭证用于 covid-19 测试结果和其他医疗记录的 AB 2004

（Calderon，Whittier）法案，在两党支持下通过了两院表决，虽然由于国家预算的限制，该提案最终遭到否决，但是这个概念很快获得重要的立法动力，美国正在积极制定可验证凭证政策策略。

2017年8月，伊利诺伊州区块链计划宣布利用分布式账本技术提供安全的数字身份解决方案。该方案基于W3C的"可验证凭证"，使用Sovrin基金会的分布式身份账本在出生登记过程中为伊利诺伊州公民创建一个安全的"自我主权"身份。2020年，加州在分布式权限，分散式治理，自我主权身份和数据隐私方面投入研究，以探索在进行监管的公共部门和私营企业中应用分布式身份技术。

3.加拿大

验证组织网络"VON"是由不列颠哥伦比亚省政府发起的创建的可信组织数据网络。它允许组织使用称为TheOrgBook组件来声明属于其自身数字身份的凭证。TOB是可公开访问的有关组织的可验证声明的存储库，VON-X使服务能够验证和颁发凭据。VON的创始成员是政府，根据法律，这些政府是有关组织数据的可信任发行者。不列颠哥伦比亚省，安大略省和加拿大政府共同努力，为建立VON提供了所需的初始服务。

加拿大数字身份认证委员会（DIACC）估计，受信任的数字身份每年可能为加拿大经济带来的潜在价值至少占加拿大GDP的1%，即150亿加元。当前，DIACC和参与银行已经确定了通过降低手工处理成本以及减少欺诈所产生的运营效率，每家机构每年潜在的净节省额为1亿加元或以上。来自公共和私营部门的领导者社区共同参与了DIACC，与合作伙伴共同提供了泛加拿大信任框架，以提供规则和工具来加速以隐私和安全为核心原则的数字身份解决方案和服务。

4.澳大利亚

澳大利亚已经在建立数字身份计划方面采取了切实措施。具体来说，澳大利亚政府希望到2025年为每个澳大利亚公民创建一个单一的数字身份证。澳大利亚数字部长迈克尔·基南（Michael Keenan）明确表示，该计划将为澳大利亚"每年节省数百亿美元"。

2.7.4　多链身份互通

2.7.4.1　多链互操作需求

从传统经济和金融领域的发展来看，没有平台能够解决所有行业的所有问题，因此他们必须彼此交互。在中心化的世界里，这方面是比较成功的，去中心化项目应以传统经济领域的生态系统为例，学习如何在不同区块链之间分配价值和功能，同时保持它们之间相互作用的可能性。

区块链技术已经从比特币之类的加密货币平台发展到各种创新项目。这些项目有许多解决了实际问题，并在市场上具有价值，但是，由于目前区块链协议的差异，令许多需要基于不同DApp交互的创新点子无法实现。多链互操作技术旨在通过实现区块链之间的互操作性来解决所有这些问题，使它们易于通信并共享信息。它的原则是：将独立的业务运营放在单独的链上，然后链接信息，交易和交互。同时保持巨大的吞吐量和操作速度，这是集中式模型不可企及的。

2.7.4.2 身份发现与解析

实现"多链互操作性"的基础是多链身份互通。通过为不同区块链系统上的用户提供分布式身份，并为应用提供通用标识符解析服务，分布式身份技术可以解决多链身份互通问题。

标识符是任何身份和通信系统的基础 —— 没有标识符，我们就无法在实体之间建立关系，进行交易，数据共享或消息传递。但是，仅具有标识符是不够的。还需要更进一步的信息，以便知道如何与标识符所代表的实体进行通信。"解析器"的工作是发现并检索进一步的信息。此信息会包括诸如与实体进行通信的服务端点以及与之关联的加密密钥之类的元素。通用标识符解析器可以完成此项任务，构建不同区块链世界互联互通的基础。

通用解析器（Universal Resolver）通过一种由"驱动程序"组成的体系结构来实现这一目标，每种驱动程序都支持特定厂商实现的DID标识符方法（DID Method）。如图2.7-4所示，通过提供用于解析任何种类的分散标识符的统一接口，Java API或远程HTTP访问可以轻松调用不同驱动程序，以实现对特定DID信息的获取。这样，无论使用哪种区块链或其他系统注册标识符，都可以在标识符层的顶部构建更高级别的数据格式（例如，可验证的声明）和协议（例如，DIF的Hub协议）。

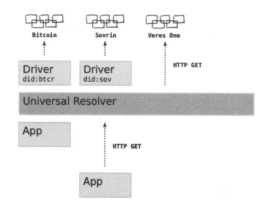

图2.7-4　通用DID解析器结构示意图

驱动程序可以以不同的方式发挥作用 —— 一些驱动程序支持简单地调用远程Web服务，而另外一些驱动程序可以提供对其使用的区块链的整个节点的直接访问。

2.7.4.3 多链身份互通方案

图2.7-5展示了一种基于分布式身份技术的多链身份互通方案，该方案包括以下部分：

1. DID注册表

用户独立于任何组织或政府自行创建、拥有和控制DID。DID是全局唯一的标识符，与分布式公钥基础设施（DPKI）元数据相关联，该元数据是由公钥、身份验证描述和服务端点组成的JSON文档。DID Doc注册在去中心化的分布式账本或区块链上。

2. DID用户代理

用户通过其使用自身分布式身份的应用程序。用户代理应用程序支持用户自主创建DID、管理DID关系，并与其他DID实体建立安全通信，请求、验证凭证数据，以及构造可验证表述信息等。

3. DIF通用解析器

一种服务，它利用一组DID驱动程序来提供跨分布式系统的DID查找和解析的标准方法，针对待检索DID，执行特定的DID方法，返回封装的DID文档对象（DDO），获得其相关的验证密钥信息和访问入口点地址。

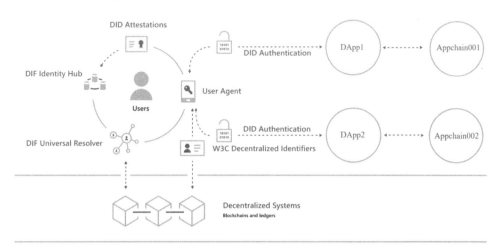

图2.7-5 基于分布式身份技术的多链身份互通方案

4. DIF身份中心

链下分布式数据存储，用于安全加密存储用户身份凭证，并根据数据所有者对请求者的访问授权进行数据分享，将请求数据交付给请求实体。

5. DID证明

DID证明是用DID签名的数字证书，用于验证身份声明。通常将证明视为来自关键信任提供者（例如大学或雇主）的数字认可。DID证明签发后，即支持对身份进行加密验证，并由Identity Hub在跨平台环境中使用。

6. 分布式应用

DApp是在区块链应用平台衍生的各种分布式应用，是区块链世界中的服务提供形式。不同区块链上的DApp可以访问统一的DID用户代理，请求其所需要的实体身份数据，进行身份验证与服务授权；或向其存入DApp下生成的用户行为数据。这就实现了多条应用链的身份互通。

7. 应用链

区块链应用平台，如比特币、以太坊等，基于该平台可以开发各种DApp。

在基于分布式数字身份的多链身份互通方案中，用户代理管理实体不同的DID标识符和DID证明。用户在不同应用链的DApp中拥有不同的DID标识和公私钥对，用户代理通过使用持有的DID私钥向他人证明其特定DID持有者身份，亦可进一步通过基于零知识证明的可验证凭证支持更复杂的数据归属关系。用户通过统一身份代理管理其在不同应用链的DApp中的数字身份，可以实现多链身份互通。

一个简单的多链身份互通方案示例如下：

一方面，用户通过其身份代理创建并注册加密货币链Token1上用户身份DID1：did: Appchain001: address，该身份对应其加密货币钱包地址，持有身份私钥进行钱包加密操作；

另一方面，用户访问区块链2上的DApp2，通过其身份代理创建并注册另一个新用户身份DID2：did: Appchain002: address。用户在通过DID2与DApp2交互过程中，DApp2请求获得用户在Token1链上的代币余额，用户可以使用身份代理将其DID1私钥签名的Token1钱包地址以DID2私钥加密发给DApp2，从而实现跨链身份互通。

更进一步，多链中的DApp1也可以是数据的背书发行方，向其用户签发用户相关的身份、资产等凭证信息，可验证凭证存储在用户代理或托管在身份中心。当用户使用另外的身份与其他区块链上的DApp2交互时，可以授权DApp2访问其之前获得的DApp1签出的身份凭证信息。可验证凭证的验证过程主要是验证可验证凭证内容与签名的一致性，为了实现凭证验证，发布数据的 DApp1 应将其 DID 身份注册在可公开访问的底层区块链注册表上。

可见，用户通过统一身份代理管理其在不同链上的分布式身份，可以实现多链身份互通，推动跨链应用的协同服务。

2.7.5　发展与展望

区块链作为一种分布式账本技术，提供了可信存储和可信计算能力，常用来解决数据溯源、价值确权和转移等。随着分布式数字身份技术的发展与结合，其兼具隐私保护能力和可信身份验证的特性，可以大大完善区块链的可信基础架构，为链与应用之间、链与链之间基于身份的互联互通提供了良好的扩展性，是区块链行业发展的重要新趋势。

区块链上的用户身份，由传统的公钥地址扩展为全球统一格式的分布式数字身份标识符，并可以通过标识符解析器被访问者发现或检索其相关信息，如数字身份用户的通信访问服务地址、关联密钥等；分布式数字身份通信协议，则进一步实现了两个区块链上用户在链外的可信通信通道；基于分布式数字身份标识符的更高级别的数据格式定义（如可验证声明），甚至使得区块链上的智能合约直接具备了验证可扩展的用户身份属性的能力。综上，分布式数字身份在技术上可实现不同区块链的应用与应用间，区块链与区块链间的可信互认互访，进而实现万链互联。

经分布式数字身份技术扩展后的区块链，未来可为应用平台提供更强的安全能力和可扩展性，并可能在数字货币、物联网等领域推动新的技术革新。

2.7.5.1　数字货币领域

区块链从诞生伊始，就是作为比特币等加密货币的底层架构，其对全球数字货币领域的发展起到重要的催化剂作用，同时也是当前中央银行数字货币领域引人关注的重要技术路径之一。

比特币等传统加密货币，因其完全的匿名性，无法满足当前金融监管框架的要求，仍很难进入主流的金融支付市场。而传统的电子支付，因其不友好的用户交易信息的保护能力，也受到越来越多的诟病。央行数字货币的一个重要设计需求，就是构建一种支持监管又能在交易过程中对信息进行匿名化隐私处理的支付能力。

分布式数字身份技术的结合，一方面可以满足身份可验证可追溯的监管要求，同时可以借助区块链实现分布式交易信任，另一方面可使得交易过程信息不被无关方过度使用，真正实现央行数字货币前台匿名后台实名的设计目标。

同时，在分布式数字身份统一框架下的多链之间的互认互访，还可能使得数字货币获得突破单链交易效率、提升交易吞吐量、打破不同资产间交易壁垒的新能力，构建包括数字货币在内的数字金融新技术基础设施。

2.7.5.2 物联网领域

区块链在物联网领域的应用，方兴未艾。区块链的可信数据存储，可信计算等能力，为未来基于可信数据的智能应用场景，提供了重要的基础，也是数据价值挖掘的重要前提，业界甚至已提出价值物联网的名词。

但事实上，区块链可信数据的前提，与数据输入侧身份的可信度密切相关。分布式数字身份，为数据信任同时提供了身份信任，使得数据的安全性得到保障。以供应链为例，设备从硬件生产出厂，软件加载，以及交付给特定的运营商进行部署控制，每一个环节都应该确保设备可安全识别和状态属性的可查询验证。分布式身份技术可实现材料及设备所宣称的属性符合可验证性，供应商真实资质验证，以及在此过程中必要的交易人隐私保护。

加载了分布式数字身份的区块链技术正在加速促进价值物联网相关的技术创新。价值物联网基础设施的形成，能有效促进相关产业和生态的发展，如物联网标识芯片的研发、新型"共享经济"的发展、能源点对点交易、群体智能等。国内外相关基础平台也在积极建设中，如中国信通院工业互联网与物联网研究所设计和开发的星火链网和工业互联网标识解析系统，正积极融合工业互联网、区块链和分布式数字身份技术，向接入的区块链网络和设备提供分布式数字身份基础服务。

供稿： 清华大学 徐恪、姚苏

第 3 章

区块链技术与平台

中 国 区 块 链 发 展 研 究

3.1 内容概述

本章围绕区块链科技创新重大问题,调研区块链核心技术体系与创新平台,总结区块链技术与平台各方面的发展趋势。

在区块链核心技术体系方面,本章将调研区块链体系架构、共识、网络协同、存储、安全、隐私、监管监测、智能合约、链上链下协同、测试评估等关键领域,开展具有完备性、前瞻性和引领性的区块链技术现状调研,把握全球区块链技术发展态势,分析国内区块链技术发展现状,为后续中国区块链发展重点、发展战略及发展途径的规划和决策提供指导,促进区块链技术体系建设,提升整体国家科技竞争力。

在区块链创新平台方面,本章从无许可区块链、国产自主可控联盟链、开源通用联盟链、跨链互联、自主开源社区与平台标准化等发展方向开展应用需求调研与形势预判,分析区块链平台建设发展现状与趋势,总结中国区块链创新平台的建设思路、总体构架,分析平台发展对国家经济社会的影响,为形成国家区块链平台建设指南方针、政策体系及保障措施奠定基础,提升我国区块链平台整体创新能力和国际影响力。

3.2 区块链关键技术

3.2.1 区块链新型体系构架

3.2.1.1 研究背景

区块链体系结构是区块链系统运行的基础,但随着用户数量以及系统规模的不断增加,区块链系统的瓶颈日益凸显。其可扩展性差、吞吐量低、交易确认时间长、共识节点接入速度慢、存储资源浪费等问题愈发突出,严重影响了用户使用。为了使区块链系统能满足实际应用需求,必须解决以上问题,尤其需要提高区块链系统的性能和可扩展性,因此,如何从区块链体系结构设计进行创新,研发新型区块链体系结构,是区块链系统研究的一个重要方向。

作为一种新型信息技术,区块链本质上是一个去中心化的分布式账本数据库,由于本身的技术特性使得它在实际应用过程中面临着性能效率上难以突破的瓶颈,即经典分布式理论中的"不可能三角"难题,也称为"三元悖论"问题。去中心化、高安全和高性能构成了区块链的"不可能三角",在设计中无法将三个特性同时达成,只能符合其中两个。而实际上,区块链的"不可能三角"并不是经过严格论证而得出的结论,它只是对公链实际运行状况做出的总结,随着区块链技术的进步,"不可能三角"同样可以变为可能。

区块链按照节点的规模大小和权限要求分为了公有链、私有链以及联盟链。公有链是完全对外开放的一种区块链系统,任何人都可以任意使用,没有权限、身份认证之类的限定,且发生的所有数据都是完全公开透明的。私有链是与公有链相对的,是指不对外开放,仅仅在组织内部使用的区块链业务系统,比如企业的票据管理、财务审计、供应链管理等。私有链在使用过程中需要身份认证,其具备一套权限管理体系。联盟链的网络范围是在公有链与私有链之间,一般由多个成员角色组成,如银行之间的支付结算、企业之间的物流等。与私有链一样,联盟链系统也具有身份认证和权限许可的特性,且节点的数量往往是确定的,其对于企业或者机构之间的事务处理尤为合适。

公有链、联盟链和私有链有着各自的应用场景。公有链是去中心化程度较高的区块链体系,一般在数字货币领域应用较多,由于公有链的规模较大、去中心化程度较高,其性能一般较低,但整体安全性较高,如比特币网络的吞吐率只有7TPS,除非控制51%以上的算力,否则无法篡改整个比特币账本。私有链牺牲了去中心化的特性,在性能上通常可以达到几万甚至几十万的TPS,但安全性大大降低。联盟链则为多中心模式,性能一般为几千到几万不等的TPS,其相对私有链更为安全。联盟链是多中心共同维护账本的数据,多个参与方相互博弈,从而达到防止单方面篡改数据的效果。

不同体系结构的区块链系统虽然在性能上有所差异,但依然受限于"不可能三角"定理,即随着用户数量、系统规模的不断增加,其吞吐量低、交易确认时间长、共识节点接入速度慢、存储资源浪费等问题愈发突出,严重影响用户的使用与行业应用的拓展。因此,针对上述背景,探索新型区块链体系架构,以突破区块链"不可能三角"难题,是当前解决区块链性能、扩展性瓶颈的有效手段。

3.2.1.2 研究现状

目前,工业界和学术界普遍将区块链的体系结构划分为了以下层次,分别是网络层、数据层、共识层、控制层以及应用层。近几年,为了解决区块链"三元悖论"问题,研究人员打破传统层次化架构,从区块链体系结构设计方面开展了一些相关研究工作,分别是区块链并行化架构、链上链下协同架构。

1.并行化架构

区块链并行化架构中分片的出现,使得节点、账户分布在不同的分片当中,一方面提高了系统的吞吐能力,另一方面也引出了新的问题。如安全问题,在分片后算力分散，当恶意敌手将算力集中在某一分片时有可能导致 51% 算力攻击，同时在每一轮次的重新分片中如何保证节点分配的随机性也是科研难点；在跨片交易方面，分片间的相互通信势必会增加跨片的通信复杂度，增加区块链的复杂性，开发难度变大，需要着重设计跨片交易的验证方式。

目前主流区块链并行化架构分为星型架构（Zilliqa、以太坊 2.0 等）与平行架构（Monoxide、OmniLedger、RapidChain 等）两类。星型架构是一种主链–分片链架构，主链负责交易的最终确认和为系统提供安全保障，分片链需维护并同步主链与本分片的数据。最早提出分片的 Zilliqa 的面向公有链的安全分片协议 Elastico[1]实现的是一种计算分片，首次使区块链通量近似线性增加。以太坊 2.0 的分片方案则通过信标链来管理分片链，交易都独立运行在其中一个分片链，跨片通信通过分片获取在信标链上确认的状态来实现。平行架构是一种无须主链的架构，跨片交易在分片链间直接交互，每个网络节点按需同步分片状态，并保障跨片交易的原子性和分片间一致性。2018 年 Omniledger[2]通过一条身份链将生成的验证者身份分配给不同分片，使用公共随机协议或加密抽签协议选择验证者分组。RapidChain[3]分片方案提出分为启动、共识、重配置等阶段来完成分片过程中对交易的确认。2019 年，Monoxide[4]提出了最终原子性和连弩挖矿来让分片架构可以同时满足区块链的安全，性能和去中心化这三项需求。

在星型架构中中继链负责交易最终确认性并提供安全保障，分片链节点仅需同步中继链与本分片数据，通信与存储开销较小；平行架构中客户端按需同步分片状态，并保障跨片交易的原子性和分片间的一致性，通信存储开销较大且安全性要求更高；现有方案大都依赖底层区块链系统架构，缺乏通用技术方案。分片规则方面，现有区块链并行化方案具有重新划分分片过程能够一定程度上保证随机性，但不能根据账户间的交易频次优化跨片交易数量，同时由于 PBFT 类异步共识规则能够支持的节点数量较少，单个分片的安全难以保证。智能合约方面，目前大多区块链并行化方案基于 UTXO 模型方案设计，缺乏支持账户模型的分片规则和高效、安全的片间智能合约执行机制。

2. 链上链下协同架构

链上链下协同技术是在区块链上参与交易的双方或多方进行链上的状态锁定，然后在链下开辟通道进行通道内的交易或状态交换，从而可以在链下进行低成本与迅速的交易过程。在交易过程中，不进行链上交互操作，区块链仅进行争执交易的处理与决策。在完成通道内的交易后，进行最终状态的链上提交，从而减少了区块链上的交易负担，提升了区块链的交易处理吞吐量。

链上链下协同技术分为支付通道技术、状态通道技术以及通道 Hub 技术。支付通道技术典型方案有闪电网络[5]、雷电网络[6]；状态通道技术有 Counterfactual[7]、Sprites[8] 和 Perun[9]；通道 Hub 技术有 Liquidity[10] 技术方案。

支付通道技术中的闪电网络是最早出现的支付通道技术，2015 年闪电网络白皮书发布，提供了较为完善的支付通道实现方案。闪电网络将大量交易放到比特币区块链之外进行，只把关键环节放到链上进行确认。通过引入合约的思想来完善链下的交易通道。雷电网络技术借鉴了闪电网络的处理思路，应用于以太坊中。将大量小额交易移至链下进行，不过雷电网络是基于以太坊的智能合约模型，并关注于兼容 ERC-20 类的代币，而不仅限于比特币的转账场景。雷电网络对以太坊区块链进行链下扩展，可实时确认，降低交易费。通道双方通过发布合约建立通道，通道间交易隐私性保护好。

状态通道技术中的 Counterfactual 解决方案，实现了一种通用性、标准性的状态通道开发框架，该框架由一个链下应用程序库、一个通用状态通道协议和一组以太坊智能合约组成。Counterfactual 抽象化了状态通道的打开和退出机制，通过通用模块化的实现，允许大家更方便地使用状态通道。Sprites 是由 Enuma 技术公司提出的一种基于以太坊的通用状态通道解决方案，并在 Universal Composability 框架内证明了其状态通道的安全性，同时在项目中提出了从通用状态通道派生而来的 Sprites 支付通道。虚拟通道方案 Perun 在基于智能合约的链下通道的基础上进一步提出了虚拟通道技术。虚拟通道的开放和关闭在正常情况下不再需要在链上进行交易，它使用相对更加复杂的签名机制来保证支付通道安全有效。但出现欺诈时也需要更加复杂的机制来验证欺骗方，并在区块链上进行惩罚。

通道 Hub 技术提出了利用通道枢纽，来减少链下锁定金额数目，方便用户加入链下通道。Liquidity 技术利用链下通道支付枢纽，抛弃了双人通道的概念，转而直接引入了多人间链下交易的枢纽（N-Party_Hub），而且多个枢纽间可以互联组成整个网络。其中主要的交易在同一个支付枢纽内完成，通道的建立是为了方便用户资金在不同的枢纽间流动。整体上像是通道技术与侧链技术的结合体。新用户加入枢纽也被设计成了链下行为，从而跳过了闪电网络那样链上创建交易双方多重签名地址的成本和花销。存入枢纽内的资金可被视作接受统一管理，可以被用于与其他枢纽交易的联系。

但目前，链上链下协同技术发展还有一些问题没有解决。如通道路由方案，在传统方案中，缺乏对整体通道状态的综合考量，会引发通道失衡等问题。同时，链下通道需要资产在链上进行锁定，当链下通道规模较大时，整个网络中的保证金开销较大。链下通道还存在节点离线产生的问题，当一方节点离线后，链下通道的安全性会受到极大的威胁，损害链下通道的公平性。

并行化、链上链下协同等新型架构为解决区块链的性能和资源占用问题提供了新的研究方向，但是这些研究工作目前还处于相对早期的阶段，很多具体的问题如并行化架构的合理分片、跨片通信、链上链下协同的去中心化、可追溯等问题还缺少高效的算法和机制。

对于以上提出的架构，研究人员采用了多种方案对区块链体系架构进行优化，具体从以下两个思路开展了相关工作。

1.层次优化

区块链层次化结构中每层都不同程度地影响安全性、可靠性、扩展性，例如网络时延、并行读写效率、共识速度和效果、链上/链下模型交互机制的安全性等，对区块链的优化应当从整体考虑，而不是单一层次。

网络层主要缺陷在于安全性，可拓展性则有待优化。如何防御以 BGP 劫持为代表的网络攻击将成为区块链底层网络的安全研究方向。信息中心网络将重塑区块链基础传输网络，通过请求聚合数据缓存减少网内冗余流量并加速通信传输。相比于数据层和共识层，区块链网络的关注度较低，但却是影响安全性、可拓展性的基本因素。

数据层的优化空间在于高效性，主要为设计新的数据验证结构与算法。该方向可以借鉴计算机研究领域的多种数据结构理论与复杂度优化方法，寻找适合区块链计算方式的结构，甚至设计新的数据关联结构。实际上相当一部分项目借鉴链式结构的思想开辟新的道路，例如压缩区块空间的隔离见证、有向无环图（DAG）中并行关联的纠缠结构（Tangle），或者 Libra 项目采用的状态树。

共识机制是目前研究的热点，也是同时影响三元特性的最难均衡的层次。PoW 牺牲可扩展性获得完全去中心化和安全性，PoS 高效的出块方式具备可扩展性但产生了分叉问题。以此为切入的 Hybrid 类共识配合奖惩机制的机动调节取得了较好效果，成为共识研究的过渡手段，但是如何做到三元悖论的真正突破还有待研究。

控制层面是目前可扩展性研究的热点，其优势在于不需要改变底层的基础实现，能够在短期内应用，集中在产业界的区块链项目中。侧链具有较好的灵活性但操作复杂度高，分片改进了账本结构但跨分片交互的安全与效率问题始终存在，而链下处理模型在安全方面缺少理论分析的支撑。因此，三元悖论的解决在控制层面具有广泛的研究前景。

2.深度融合

如果将层次优化称为横向优化，那么深度融合即为根据场景需求而进行的纵向优化。一方面，不同场景的三元需求并不相同，例如：接入控制不要求完全去中心化，可扩展性也未遇到瓶颈，因此可采用BFT类算法在小范围内构建联盟链。另一方面，区块链应用研究从简单的数据上链转变为链下存储、链上验证，共识算法从PoW转变为场景结合的服务证明和学习证明，此外，结合5G和边缘计算可将网络和计算功能移至网络边缘，节约终端资源。这意味着在严格的场景建模下，区块链的层次技术选型将与场景特点交叉创新、深度融合，具有较为广阔的研究前景。

3.2.1.3　发展趋势

面对区块链技术目前在性能、可扩展性、安全性、隐私保护等方面亟须解决的问题，将着重在以下三个方向展开相关研究，进而构建新型区块链体系架构，主要包括研究链上分片并行化区块链体系架构，研究链下可扩展性方案，研究区块链节点的身份认证、分级访问控制及隐私保护的核心安全性机制。通过在这些方面的研究，不仅在区块链基础理论方面实现理论支撑，同时能够以此为基础，进行区块链基础平台与示范应用的区块链系统构建与协同发展。

针对区块链系统目前交易吞吐量较低的问题，分析由于区块链系统单链架构导致系统交易的确认必须串行执行，因此大大减慢了交易的处理速度。研究链上分片并行化区块链体系架构，通过对区块链系统进行分片，实现了多分片对交易的并行化处理，从而能够最大化发挥并行化架构的优势，让区块链系统不再受限于单链的性能，通过多分片实现交易吞吐量的大幅提升。根据分片对象的不同，可分为网络分片、交易分片和状态分片。网络分片是最基础的一种分片方式，就是将整个区块链网络划分成多个子网络，也就是一个分片。网络中的所有分片并行处理网络中不同的交易。交易分片在网络分片的基础上，将全网交易划分到不同的网络分片中进行分区域共识，每个分片网络可以同时进行共识、验证交易数据，系统由串行事务处理改为并行事务处理机制，以提升区块链网络的整体性能。状态分片同样建立在网络分片的技术上，区别是每个网络分片不再存储账本的全部信息，只存储特定状态的部分账本信息，减少了系统处理事务时数据调用、传输和存储的开销，以提升系统效率。相比于交易分片只能有限提升区块链性能，状态分片能从本质上解决区块链性能扩展问题。在区块链链上分片方案中，分片内部进行分片内交易的独立共识，在进行跨分片交易的处理时，则需要多个分片共同参与，实现交易的原子性。因此，针对链上分片方案，将设计符合安全要求、满足随机性与敌手攻击的分片方案。同时，在链上并行化架构中，对分片之间的跨分片交易的处理将成为限制区块链并行化架构通量提升的瓶颈，所以将针对跨分片交易，设计能够在分片间达成交易共识的方案，让跨片交易能够高效安全地完成。从而实现高效可扩展的区块链链上并行化架构。

针对目前区块链链上交易数量较大，链上负载过重的问题，研究链下扩容方案，通过将复杂业务逻辑迁移到链下进行完成，实现链上链下协同优化方案。可以通过状态通道和链下计算这两种技术路线进行链下扩容。状态通道的转移方式主要是链下通道交互、链上清算。开辟联通交易双方的通道，锁定区块链部分状态，将交易中间过程和相关的大量数据计算与事务处理放在通道内处理，只把最终的状态提交到链上进行开辟通道前状态记录更新，通道内数据交互不需要经过链上共识，以节省时间达到提高系统效率的目的。使用状态通道的一般流程为：锁定状态、开辟通道、通道内数据交互、关闭通道、提交更新状态、链上清算。在通道内的数据交互与状态更新是不需要进行区块链共识的，因此能够提高区块链系统吞吐量。链下计算扩容方案的主要思想是将原本置于链上处理的各类计算、事务，放到链下处理，而链上仅作数据验证，以此间接提升区块链处理数据的速度。链下计算实现方案主要包括链下可信执行环境（Trusted Execution Environment，TEE）计算、链下安全多方计算、链下激励驱动 3 种方式：链下 TEE 计算。将链下的计算放在 TEE 中进行，TEE 提供基于硬件的计算机密性和安全性，Intel 芯片的 SGX 与 ARM 芯片的 Trust Zone 都可以用于链下 TEE 计算；链下安全多方计算。链下计算通过安全多方计算的方式实现数据可用不可见的应用方式，类似 TEE 提供硬件芯片的加密安全，多方安全计算提供基于软件算法的加密。具体而言，链下安全多方计算首先锁定链上的公共状态，然后将数据分发到链下进行安全多方计算，最后将各计算结果组合并返回链上进行验证；链下激励驱动。激励驱动型链下计算是采用激励机制，用于激励处理计算任务的求解者和检验求解者计算结果正确性的验证者，计算正确的参与者可获得奖励，反之受到惩罚。

针对区块链在实际联盟链应用过程中对加入节点身份认证的需求，以及在不同业务场景下对节点访问权限的分级控制需求，同时也为了满足在区块链业务流转过程中对主体的隐私保护，研究将针对区块链节点的身份认证、分级访问控制及隐私保护的核心安全性机制。通过利用新型密码技术，支撑建立面向区块链的访问控制、链上数据安全计算、安全检索及隐私保护的区块链新型体系架构，从而实现区块链联盟链系统的可管可控，更好地服务于国家发展与社会民生。

通过以上研究，系统化建立新型区块链架构，建立链上链下一体化通用架构，并通过建立节点身份认证、分级控制以及隐私保护机制，实现区块链系统性能优化以及可用性的提升，为区块链体系结构的未来发展做好理论准备和实际建设。

参考文献

[1] Luu L, Narayanan V, Chaodong Z, et al. A secure sharding protocol for open blockchains [C] // CCS'16: Proceedings of the 2016 ACM SIGSAC Conference on Computer and Communications Security. Vienna, 2016: 17-30.

[2] Kokoris-Kogias E, Jovanovic P, Gasser L, et al. OmniLedger: a secure, scale-out, decentralized ledger via sharding [C] // 2018 IEEE Symposium on Security and Privacy (SP). San Francisco, 2018: 583-598.

[3] Zamani M, Movahedi M，Raykova M. RapidChain: scaling blockchain via full sharding [C] // CCS'18: Proceedings of the 2018 ACM SIGSAC Conference on Computer and Communications Security. Toronto, 2018: 931-948.

[4] Wang J, Wang H. Monoxide: scale out blockchain with asynchronized consensus zones [C] // NSDI'19: 16th USENIX Symposium on Networked Systems Design and Implementation. Boston, 2019: 95-112

[5] Poon J, Dryja T. The bitcoin lightning network: Scalable off-chain instant payments[EB/OL]. (2016-06-14)[2022-02-12].https://nakamotoinstitute.org/research/lightning-network/

[6] B.T.AG. Raiden Network[EB/OL]. (2017)[2022-02-12]. https://raiden.network/.

[7] Coleman J, Horne L, Xuanji L. Counterfactual: Generalized state channels[EB/OL]. (2018-04-12))[2022-02-12].https://holbrook.no/share/papers/statechannels.pdf

[8] Miller A, Bentov I, Bakshi S, et al. Sprites and state channels: Payment networks that go faster than lightning[C]//International Conference on Financial Cryptography and Data Security. Springer, 2019: 508-526.

[9] Dziembowski S, Eckey L, Faust S, et al. PERUN: Virtual Payment Channels over Cryptographic Currencies[EB/OL]. (2017)[2022-02-12].https://eprint.iacr.org/2017/635

[10] Khalil R, Gervais A, Felley G. NOCUST-A Non-Custodial 2nd-Layer Financial Intermediary[J]. IACR Cryptol. ePrint Arch., 2018: 642.

供稿：	中国科学院计算技术研究所	孙毅、张珺
	中国信息通信研究院	魏凯、庞伟伟、康宸、程阳
	中国电子技术标准化研究院	张栋、孙琳
	桂林电子科技大学	丁勇、梁海、李春海、韦永状

3.2.2 区块链新型共识关键技术

3.2.2.1 研究背景

共识问题最早在 20 世纪 80 年代由 Marshall Pease、Robert Shostak、Leslie Lamport 等人提出[1]，研究在一组可能存在故障节点、通过点对点消息通信的网络中，非故障节点如何能够针对某一决策达成一致共识。在随后几十年中，逐渐发展出了若干种分布式一致性算法用于保证分布式数据库的安全。传统的分布式一致性算法通常是基于如下一个假设：分布式系统只考虑节点出现宕机、网络故障等问题，但是不考虑节点篡改数据、向不同节点发送不一致的消息等恶意情况。

1982 年，Leslie Lamport 等人正式提出拜占庭将军问题（Byzantine Generals Problem）[2]，这是一个分布式计算领域的经典问题，目的在于建立具有容错性的分布式系统，即在一个存在故障节点和错误信息的分布式系统中，如何保证正常节点达成共识，保持信息传递的一致性。文中提出了基于口头消息和签名消息的两种算法来解决该问题。拜占庭假设是对现实世界的模型化，强调的是由于硬件错误、网络异常以及遭到恶意攻击等异常情况，系统可能出现的不可预料行为。此后，分布式共识算法根据容错机制不同可以分为两类，拜占庭容错（Byzantine Fault Tolerance，BFT）共识和非拜占庭容错类共识（Crash Fault Tolerance，CFT）。传统分布式一致性算法一般为非拜占庭容错算法，例如广泛应用于分布式数据库的 Paxos[3] 和 Raft[4]，此类算法可以应用于联盟链和私有链。

拜占庭容错算法目前有如下两种不同的解决思路：一种是通过设计理论上容忍拜占庭错误的共识算法来解决，例如经典的 PBFT[5] 算法、新型的 BFT 系列算法等；另一种则是通过增加作恶成本来尽可能地避免拜占庭行为的出现，例如工作量证明（Proof of Work, PoW）、股权证明共识机制（Proof of Stake，PoS[6]）等。

1999 年，Miguel Castro 和 Barbara Liskov 提出了实用拜占庭容错算法 PBFT，它在原始拜占庭容错算法的基础上，解决了其理论可行而实际效率低下的问题，真正解决了分布式共识系统中的拜占庭攻击问题。PBFT 是第一个得到广泛应用的 BFT 算法。随后业界还提出了若干改进版的 BFT 共识算法[7-11]。

2008 年 11 月，中本聪在论文《比特币：一种点对点的电子现金系统》[12] 中，描述了如何建立一套全新的、去中心化的点对点交易系统的方法。比特币作为一个去中心的分布式系统，如何保证节点共识、信息一致性便成为重要课题。中本聪借鉴了 Hashcash[13] 中的 PoW 算法，将其改进成为确保比特币节点达成共识的核心技术之一，即共识算法。PoW 算法依赖哈希函数的不可逆特性，达到容易被验证，但很难被破解的效果，并结合激励机制，使得维持系统正常运行所获收益高于作恶收益，从而保证比特币系统的正常运行。

自从比特币问世之后，一系列公链共识算法也相继被提出，其中较为经典的包括PoS、授权股权证明算法（Delegated Proof of Stake，DPoS）[14]、Algorand[15]等。而在联盟链领域内，随着业务复杂度的增加，对系统性能和可扩展性也提出了更高的要求。因此，近年来出现一系列新型BFT算法，如BFT-SMaRt[16]、HotStuff[17]、LibraBFT[18]（现更名为DiemBFT）等等。

从早期的分布式一致性算法的缓慢发展到现如今区块链共识的百花齐放，共识算法的发展已经历四十余年。不同的共识算法侧重点不同，它们解决的问题以及使用场景也各不相同。

3.2.2.2 研究现状

共识算法是区块链核心技术之一，从比特币开始，区块链多种改进都围绕共识算法进行，研究者从不同角度探索更合理的共识流程。关于共识算法，公链与联盟链研究的重心有所不同。公链共识主要探索的方向集中在能耗问题、性能极限以及架构突破上，联盟链共识则主要侧重性能优化、可扩展性、复杂网络下共识可用性研究以及鲁棒性优化等方面。

1.公链共识研究现状

纵观公链共识机制的发展流程，大致可以划分为如下几个阶段：

阶段一：算力密集型共识，2008年11月，中本聪将Hashcash中的PoW算法整理成为比特币系统中的共识机制并一直沿用至今，PoW采用计算资源约束参与者的行为，因此共识过程伴随着高能耗。2009年起，比特币正式投入运营，PoW成为第一个公链共识机制。此后，为了解决PoW算法的能耗、效率等问题，研究人员开始探索其他证明类共识方式。

阶段二：开始转向其他的证明类共识，典型的有PoS、行为证明算法（Proof of Activity，PoA[19]）等，此类共识算法可以大幅减少挖矿带来的能源损耗，但是依旧无法避免全节点共识导致的低性能问题。2011年，一个名为Quantum Mechanic的数字货币爱好者在Bitcointalk论坛提出PoS。2012年，Sunny King在点点币白皮书中首次将PoS应用到实际的区块链项目中。PoS算法作为PoW的替代技术出现，不需要比拼算力挖矿，而是采用参与者的权益关系控制系统的合理运行，余额越多的参与者越容易挖到区块，获得记账权，主要目的就是解决PoW的高耗能问题。2014年，综合PoW与PoS共识算法，Iddo Bentov提出了PoA。PoA算法通过PoS技术扩展PoW算法，降低矿工的运算难度。同年，Daniel Larimer在BitShare白皮书中提出了DPoS，目前，BitShare、EOS、Steemit等区块链系统使用的就是这种算法。

该共识机制引入了"见证人选举"的机制，大幅提升了区块链系统的吞吐量，将单位时间交易吞吐量的数量级从百位级提升到千位级，甚至有扩展到万位级的可能性。DPoS一定程度上削弱了区块链去中心化的特点，但是赋予了区块链系统更高的性能与可扩展性。

阶段三：开始尝试将更多的技术融入到共识过程中。2016 年，图灵奖获得者Micali提出了Algorand共识算法，采用了可验证随机函数（Verifiable Random Function，VRF）随机选取共识节点从而缩小共识节点数量，实现了拜占庭共识算法的大规模场景扩展。2018 年，同样基于VRF的VBFT算法[20]被提出，VBFT可以支持共识群体的规模性扩展，通过VRF保障了共识群体生成的随机性和公平性，同时保证系统快速达到状态终局性。除基于VRF的共识算法以外，还出现了多种新型区块链共识算法，其中对于有向无环图算法（Directed Acyclic Graphs，DAG）的应用占了主要地位。2013 年"Ghost协议"最早在区块链中引入DAG概念，解决比特币的扩容问题。2015 年 9 月，Sergio Demian Lerner发表论文提出了DAG-Chain的概念[21]，首次把DAG网络从区块打包提升到了基于交易的层面。在交易发起后，直接广播全网，跳过打包区块阶段，省去了打包交易出块的时间，从而进一步提升效率。2016 年 7 月，基于DAG共识的项目IOTA出现，标志着DAG链正式形成。在IOTA出现后，同年，基于DAG算法的Hash Graph开发完成，宣称能够达到 25 万交易吞吐量（Transaction per Second，TPS）。2018 年 8 月，来自清华大学、卡内基梅隆大学、多伦多大学的学者，联合提出了Conflux共识算法[22]，它借鉴了Ghost协议，使用DAG数据结构组织区块，保证了区块的安全性和可靠性，又能极大地提升交易吞吐量。

可以发现，公链共识从早期火热地追求完全地去中心化，慢慢演变成了为了追求性能部分牺牲去中心化的代理共识方式。联盟链共识则大都是基于经典的PBFT共识及其改进。PBFT是第一个工业界实用的BFT算法，因此非常适用于早期的联盟链共识，不过，受限于PBFT共识算法效率低下、难维护等缺点，大部分联盟链系统不会选择实现原生的PBFT，而是尝试在基础协议上进行优化之后再行实现。

2.联盟链共识研究现状

学术界对区块链共识的研究聚焦在BFT类共识算法的性能提升以及异步网络下可用的共识算法研究。

共识算法的性能优化可细分为软件/算法层面的优化与硬件辅助的优化。软件层面：由于BFT共识算法的基本要求是点对点的网络连接，因此传统的BFT共识的网络复杂度非常高，需要所有节点向全网广播投票才能达成共识。Yin M等人于2018年提出了HotStuff共识算法，HotStuff是一个建立在部分同步模型上的Leader-based的拜占庭容错协议。HotStuff具有线性视图变更（Linear View Change）的特性，把轮换主节点融入了常规共识流程中，切换主节点无须增加其他协议和代价，且系统在此期间还能继续对外提供服务。此外，通过引入聚合签名将共识流程的通信复杂度降低至O(n)。硬件层面：聚合签名的引入增加了签名聚合与验签的时间消耗，因此后续的研究将共识算法的优化转移到签名算法的优化上，例如FastBFT[23]通过硬件加速的方式来优化验签效率，其通过可信硬件TEE将传统的聚合签名转换成了简单的异或操作，从而大大提升了验签效率，最终优化了共识算法的效率。

随着区块链系统规模的不断增大，联盟链共识也不得不面临广域网环境的挑战。传统的BFT类共识算法通常是建立在部分同步的网络模型下，一旦网络进入异步状态，整个集群易进入一种异常状态，无法推进共识流程。因此，近年来针对于异步BFT共识算法的研究成为一大热点。2016年，Andrew Miller等人提出了第一个接近实用的异步BFT共识算法HoneyBadgerBFT[24]，受限于算法缺陷导致共识时间难以收敛。2020年，中国科学院软件研究所张振峰团队与新泽西理工学院唐强团队共同提出了DumboBFT[25]，该算法基于全新的可证明可靠广播原语，并巧妙利用多值共识算法将随机模块的调用从线性减少到常数，大大降低了运行时间与延迟，并极大地提升了异步共识算法的性能。

工业界针对于BFT类共识的优化主要围绕在如下几个方面：网络复杂度优化、网络带宽优化、鲁棒性优化、自适应切换、大规模共识等。后续，本文将聚焦在趣链、百度、腾讯、京东的区块链共识算法上进行剖析。

目前，趣链科技底层区块链平台使用的正是基于PBFT算法之上进行稳定性优化的RBFT共识算法。相比于传统的PBFT，RBFT主要通过自主失效恢复机制和动态节点准入大大提升系统的鲁棒性，并通过引入专门服务于共识的交易池优化网络带宽消耗。趣链还提出了适用于大规模节点共识的NoxBFT算法，并引入密码学中的聚合签名技术降低带宽消耗，在满足大规模共识节点组网的情况下还能保持良好的共识性能。百度区块链平台XuperChain主要聚焦在可定制的多种共识算法的支持上。XuperChain允许不同的平行链采用不同的共识机制，用户也可以通过API创建自己的区块链，并指定初始的共识机制。另一方面，XuperChain还支持在任意时刻通过投票表决机制实现共识的升级，实现共识机制的热升级。腾讯区块链TrustSQL则强调自适应共识算法调整，当欺诈节点或故障节点超过阈值之后自动切换到更为严格的、具有自主知识产权的"改进的 BFT-Raft"算法,当所有坏节点修复或者拜占庭容错节点解决之后,所有节点数据能全一致的时候,自动切回到高效的非拜占庭容错算法上。京东区块链则注重于大规模共识的设计思路,允许大规模节点的许可接入,有效解决联盟链中随共识节点规模增加,业务数据吞吐量急剧下降的矛盾;创新性地采用两类链状结构,一类用于记录被确认交易的交易记录链,另一类是位于交易记录链底层的、用于对委员会中选举出的领导者行为实施监督的监控链,根据监督结果适时地触发领导者更换;同时采用并行共识方案提供一个在半同步网络下的高效共识。Facebook 推出的 DiemBFT 是基于 HotStuff 共识算法进行改良优化之后的成果,最为主要的改进点之一在于提供了一个更加完备的活性机制——Pacemaker,该机制让共识中每一步骤的处理时间都有一个上限,并提供具体的延时分析;同时,验证节点不仅仅对交易序列签名,还会对整个区块的状态进行签名,使协议更能抵抗非确定性错误;DiemBFT 设计了一种不可预测的领导选举机制,在每个共识轮次中使用 VRF(可验证随机函数)来确定最新的区块提议者,这种机制限制了攻击者针对 Leader 节点发起的 Dos 攻击的时间窗口;最后,DiemBFT 还提供了共识节点投票权力重配置机制,并为共识节点加入了激励和惩罚机制。

总结来看,区块链共识机制主要是突破性能与可扩展性的难点问题,以及融合其他新兴技术开展相关研究。公有链侧重于节点规模与安全性,因此会考虑使用证明类共识算法来提升系统的规模以及经济激励机制来保证系统的安全性,但是这种完全去中心化的大规模系统中,性能问题必然会成为其瓶颈;联盟链/私有链侧重于高性能和低延迟,因此考虑使用确定性共识算法来快速地达成最终一致性,并根据需求选择拜占庭容错或非拜占庭容错算法,但是这种较为集中的系统中,必然面临可扩展性的问题。因此,如何能够设计一个既能保证高性能又能大规模扩展的共识算法将是近些年内学者专家们研究的重点。

3.2.2.3 发展趋势

① 研究基于图、树等复杂区块结构的高并发共识算法。当前突破性能瓶颈最常见的思路是扩容,包括链下支付网络及分片机制等,为了实现并行交易,区块链底层往往采用图、树等复杂的区块结构,当前类似的 DAG 算法往往存在确认时间过长、无法保证强一致等问题,需要设计研究基于图、树等复杂区块结构的高并发共识算法,在不牺牲安全性和去中心化的前提下,突破区块链的性能瓶颈。

② 研究基于博弈论的高并发共识机制。性能突破另一研究思路则是从有效缩小共识决策范围着手,融合密码学和博弈论,提升共识决策者的随机性,研究共

识–激励二元耦合机制的联合优化，在大群体博弈过程中确保区块链系统健康稳定运转，在性能、安全可信、环保等条件约束下，解决潜在的计算资源部署不平衡、取舍矛盾突出的问题，合理权衡安全、效率以及资源浪费代价，突破当前公链共识算法性能低下、算力浪费等问题。

③ 研究基于密码学的多模优化共识算法。当前已有融合密码学解决共识效率问题的多种尝试，但都局限在某一个具体的问题，比如基于聚合签名有效降低共识网络复杂度、基于密码学加密抽签算法保证共识委员会的随机性等，密码学在共识的安全性保障上还有多种研究可能性，需要深入探索基于密码学的多模优化共识机制，在不破坏区块链共识安全性和活性的前提下，进一步提升共识整体效率。

④ 研究融合硬件的共识算法。融合硬件的共识算法往往从两方面开展研究，一是基于可信硬件增强共识安全性，从共识算法流程优化层面提升共识效率，二是基于硬件加速从共识执行效率层面提升共识性能，目前这两方面均未有很好的落地应用，需要进一步进行相关核心技术突破，提升共识整体效率。

⑤ 研究适用于主侧链、平行链等复杂链结构的共识算法。当前区块链形态呈多元化发展，演化出侧链、多链、跨链等复杂区块链结构，区块链共识机制需实现不同节点之间的信任建立，如何在不同链结构、形态的节点之间进行有效共识是未来区块链在多系统间应用落地亟待突破的关键问题，研究适用于主侧链、平行链等复杂链结构的共识算法，突破异构网络结构共识，实现多个区块链系统间的共识建立。

⑥ 研究大规模节点共识算法。随着区块链应用规模扩展，大规模共识协同决策是不可避免会遇到的问题，需要研究超大规模节点共识算法，解决大规模节点共识组网、异步共识等关键问题，在节点大规模扩展的情况下，仍能保证高效共识。

⑦ 研究区块链共识算法性能评估标准。区块链共识算法在经历过一段百花齐放式的探索和创新之后，势必会趋向于收敛到新共识算法的性能提升和标准化等方面的研究。目前，共识算法的评价指标各异，但一般均侧重于社会学角度的公平性和去中心化程度，经济学角度的能耗、成本与参与者的激励相容性以及计算机科学角度的可扩展性（交易吞吐量、节点可扩展等）、容错性和安全性等。区块链共识算法评估标准可以从一致性、安全性、扩展性和资源消耗等维度综合考虑，在测试方法上，可借助网络中间件和交易回放工具对拜占庭节点、复杂网络、可扩展性、压力等方面进行测试，其中压力测试的测试场景可包括常规交易、远程

处理性能、不同网络时延等。共识算法性能评估标准可促进针对特定性能评价目标的共识机制设计与算法优化，将是未来研究的热点之一。

参考文献

[1] Pease M, Shostak R, Lamport L. Reaching agreement in the presence of faults[J]. Journal of the ACM (JACM), 1980, 27(2): 228-234.

[2] Lamport L, Shostak R E, Pease M C, et al. The Byzantine Generals Problem[J]. ACM Transactions on Programming Languages and Systems, 1982, 4(3): 382-401.

[3] Lamport L. The part-time parliament[J]. ACM Transactions on Computer Systems (TOCS), 1998, 16(2): 133-169.

[4] Ongaro D, Ousterhout J. In search of an understandable consensus algorithm[C]//2014 {USENIX} Annual Technical Conference ({USENIX}{ATC} 14). 2014: 305-319.

[5] Castro M, Liskov B. Practical Byzantine fault tolerance[C]//OSDI. 1999, 99(1999): 173-186.

[6] King S, Nadal S. Ppcoin: Peer-to-peer crypto-currency with proof-of-stake. self-published paper[EB/OL].(2012-08-19)[2022-02-12].https://www.cryptoground.com/storage/files/1527488971_peercoin-paper.pdf

[7] Abd-El-Malek M, Ganger G. R, Goodson G. R, Reiter M. K, Wylie J. J. Fault-scalable Byzantine fault-tolerant services[J]. ACM SIGOPS Operating Systems Review, 2005, 39(5): 59-74.

[8] Cowling J, Myers D, Liskov B, Rodrigues R, Shrira L. HQ Replication: A hybrid quorum protocol for Byzantine fault tolerance[C]. Proceedings of the 7th symposium on Operating systems design and implementation. USENIX Association, 2006: 177-190

[9] Kotla R, Dahlin M. High throughput Byzantine fault tolerance[C]. Proceedings of the 2004 International Conference on Dependable Systems and Networks. IEEE Computer Society, 2004: 575

[10] Kotla R, Alvisi L, Dahlin M, Clement A, Wong E. Zyzzyva: speculative byzantine fault tolerance[J]. ACM SIGOPS Operating Systems Review, 2007, 41(6): 45-58

[11] Clement A, Wong E. L, Alvisi L, Dahlin M, Marchetti M. Making Byzantine Fault Tolerant Systems Tolerate Byzantine Faults[J]. NSDI, 2009, 9: 153-168.

[12] Nakamoto S. Bitcoin: A peer-to-peer electronic cash system[EB/OL].[2022-02-12].https://bitcoin.org/bitcoin.pdf?satoshi=nakamoto

[13] Back A. Hashcash - A Denial of Service Counter-Measure[EB/OL].(2002-08-01)[2022-02-12].

https://sites.cs.ucsb.edu/~rich/class/old.cs290/papers/hascash2.pdf

[14] Larimer D. Delegated proof-of-stake (dpos)[J]. Bitshare whitepaper, 2014, 4(3): 81-85.

[15] Gilad Y, Hemo R, Micali S, et al. Algorand: Scaling byzantine agreements for cryptocurrencies[C]. Proceedings of the 26th Symposium on Operating Systems Principles. ACM, 2017: 51-68.

[16] Bessani A, Sousa J, Alchieri EE. State machine replication for the masses with BFT-SMART[C]. 2014 44th Annual IEEE/IFIP International Conference on Dependable Systems and Networks, 2014: 355-362.

[17] Yin M, Malkhi D, Reiter M K, et al. Hotstuff: BFT consensus in the lens of blockchain[C]. the 2019 ACM Symposium, 2018

[18] Baudet M, Ching A, Chursin A, et al. State machine Replication in the Libra Blockchain[EB/OL].[2022-02-12].https://developers.libra-china.org/docs/assets/papers/libra-consensus-state-machine-replication-in-the-libra-blockchain.pdf

[19] Bentov I, Lee C, Mizrahi A, et al. Proof of Activity: Extending Bitcoin's Proof of Work via Proof of Stake[C]. IACR Cryptology ePrint Archive, 2014.

[20] Ontology Developer. VBFT共识 [EB/OL]. [2021-02-12]. https://dev-docs.ont.io/#/docs-cn/introduction/02-VBFT

[21] Lerner S D. DagCoin: a cryptocurrency without blocks[EB/OL].(2015-09-11)[2022-02-12]. https://bitslog.com/2015/09/11/dagcoin/

[22] Li C, Li P, Zhou D, et al. Scaling nakamoto consensus to thousands of transactions per second[EB/PL].(2018-05-10)[2022-02-12].https://arxiv.org/abs/1805.03870v4

[23] Liu J, Li W, Karame G O, et al. Scalable byzantine consensus via hardware-assisted secret sharing[J]. IEEE Transactions on Computers, 2018, 68(1): 139-151.

[24] Miller A, Xia Y, Croman K, et al. The honey badger of BFT protocols[C]. Proceedings of the 2016 ACM SIGSAC Conference on Computer and Communications Security, 2016: 31-42.

[25] Guo B, Lu Z, Tang Q, et al. Dumbo: Faster asynchronous bft protocols[C]. Proceedings of the 2020 ACM SIGSAC Conference on Computer and Communications Security, 2020: 803-818.

供稿： 杭州趣链科技有限公司　　　李伟、邱炜伟、胡麦芳、端豪
　　　 中国科学院信息工程研究所　张潇丹、弭伟
　　　 上海交通大学　　　　　　　谷大武、龙宇

3.2.3　区块链网络协同关键技术

3.2.3.1　研究背景

区块链网络本质是一个 P2P（Peer-to-Peer 点对点）的网络，网络中的资源和服务分散在所有节点上，信息的传输和服务的实现都直接在节点之间进行，而无须中间环节或中心化的服务器介入。每一个节点既接收信息，也产生信息，节点之间通过维护一个共同的区块链来同步信息，当一个节点创造出新的区块后便以广播的形式通知其他节点，其他节点收到信息后对该区块进行验证，并在该区块的基础上去创建新的区块，从而达到全网共同维护一个底层账本的作用。所以网络主要为区块链提供寻址、路由和通信服务，其中包括了组网机制、数据传播机制和数据验证机制，由于区块链网络需要对分布式节点的消息进行多步交叉确认和验证以保证全网数据的可信一致性，所以在网络时延、大规模组网、安全防护、大数据传输等方面存在一定的问题和挑战。

3.2.3.2　研究现状

P2P 网络有不同的网络模型，主要包括四种：集中式、纯分布式、混合式和结构化模型。不同的区块链可能会使用不一样的网络模型，但基本原理是一样的，以下是几种代表性的区块链网络：

1.比特币网络

比特币网络中的节点主要有四大功能：钱包、挖矿、区块链数据库、网络路由。每个节点都是区块链数据库、网络路由、挖矿和钱包服务的功能集合。一般一个节点都会具有路由功能，但根据其角色的不同，可能只包含部分功能。比特币网络中的节点一般可分为 3 类：① 全节点：包含区块链数据库、网络路由、挖矿和钱包的服务；② 矿工：包含区块链数据库、网络路由、挖矿，不包含钱包服务；③ 轻量钱包 (SPV)：仅包含网络路由和钱包的服务。

有些矿工节点同时也是全节点，即也存储了完整的区块链数据库，这种节点一般都是独立矿工 (Solo Miner)。还有一些挖矿节点不是独立挖矿的，而是和其他节点一起连接到矿池，参与集体挖矿，这种节点一般也称为矿池矿工 (Pool Miner)。这会形成一个局部的集中式矿池网络，中心节点是一个矿池服务器，其他挖矿节点全部连接到矿池服务器。矿池矿工和矿池服务器之间的通信也不是采用标准的比特币协议，而是使用矿池挖矿协议，而矿池服务器作为一个全节点再与其他比特币节点使用主网络的比特币协议进行通信。

在整个比特币网络中，除了不同节点间使用比特币协议作为通信协议的主网络，也存在很多扩展网络，包括上面提到的矿池网络。不同的矿池网络可能还会使用不同的矿池挖矿协议，目前主流的具体矿池协议应该是 Stratum 协议，该协议除了支持挖矿节点，也支持瘦客户端钱包。此外，还需要一个专门的传播网络用来加快新区块在矿工之间的同步传播，这个专门网络也叫比特币传播网络或比特币中继网络（Bitcoin Relay Network）。

2. 以太坊网络

和比特币一样，以太坊的节点也具备钱包、挖矿、区块链数据库、网络路由四大功能，也同样存在很多不同类型的节点，除了主网络之外也同样存在很多扩展网络。但与比特币不同的，比特币主网的 P2P 网络是无结构的，但以太坊的 P2P 网络是有结构的。前面我们已经提过，以太坊的 P2P 网络主要采用了 Kademlia（简称 Kad）算法实现，Kad 是一种分布式哈希表(DHT)技术，使用该技术，可以实现在分布式环境下快速而又准确地路由、定位数据的问题。

在以太坊的 Kad 网络中，节点之间的通信是基于 UDP 的，另外设置了 4 个主要的通信协议：① Ping：用于探测一个节点是否在线；② Pong：用于响应 Ping 命令；③ FindNode：用于查找与 Target 节点异或距离最近的其他节点；④ Neighbours：用于响应 FindNode 命令，会返回一或多个节点。通过以上 4 个命令，就可以实现新节点的加入、K-桶的刷新等机制。具体的实现流程就不细讲了，留给大伙自己去思考。

不同结构区块链网络会有不同的优点和缺点。比特币网络的结构明显容易理解，实现起来也相对容易得多，而以太坊网络引入了异或距离、二叉前缀树、K-桶等，结构上复杂不少，但在节点路由上的确会比比特币快很多。另外，不管是比特币还是以太坊，其实都只是一种或多种协议的集合，不同节点其实可以用不同的具体实现，比如，比特币就有用 C++ 实现的 Bitcoin Core，还有用 Java 实现的 BitcoinJ；以太坊也有用 Go 语言实现的 go-ethereum，也有用 C++ 实现的 go-ethereum，还有用 Java 实现的 Ethereum(J)。

3. 超级账本 Fabric

Fabric 的结构是分布式账本技术（DLT）的一种独特实现，它在模块化的区块链结构中提供企业级的网络安全性、可扩展性、机密性和性能。Fabric 提供了身份管理、隐私与保密、高效处理、链码功能与模块化设计等区块链网络能力。Fabric 的网络节点有以下类型：客户端（应用）、Peer 节点、排序服务（Orderer）节点、CA 节点。

① 客户端或者应用程序代表由最终用户操作的实体，它必须连接到某一个 Peer 节点或者排序服务节点上与区块链网络进行通信。客户端向背书节点

（Endorser）提交交易提案（Transaction Proposal），当收集到足够背书后，向排序服务广播交易，进行排序，生成区块。

② Peer 节点都是记账节点（Committer），负责验证排序服务节点区块里的交易，维护状态数据和账本的副本。部分节点会执行交易并对结果进行签名背书，充当背书节点的角色。背书节点是动态的角色，是与具体链码绑定的。

③ 排序服务节点（Ordering Service Node 或者 Orderer）接收包含背书签名的交易，对未打包的交易进行排序生成区块，广播给 Peer 节点。排序服务提供的是原子广播（Atomic Broadcast），保证同一个链上的节点接收到相同的消息，并且有相同的逻辑顺序。

④ CA 节点是 Hyperledger Fabric 1.0 的证书颁发机构（Certificate Authority），是可选的，由服务器和客户端组件组成。CA 节点接收客户端的注册申请，返回注册密码用于用户登录，以便获取身份证书。

Fabric 提供了一种通信机制，将 Peer 和 Orderer 连接在一起，形成一个具有保密性的通讯链路（虚拟）；网络缺省需包含一个账本（称为系统账本）和一个通道；子账本可以被创建，并绑定到一个通道。

与比特币网络进行对比。比特币的网络是全公开的网络，任何人都可以接入。而 Fabric 中，所有的参与者都是得到批准的、实名的。当然这里的实名不是具体的名字，而是指身份可知。

3.2.3.3　发展趋势

基于当前区块链网络技术的发展现状和实际需求，其发展趋势主要是针对区块链网络的扩展及性能优化。

在区块链网络的扩展方面，基于当前各类区块链网络，根据实际需求进行扩展。Bitcoin-NG 基于比特币的网络模型，将领导者选举与交易序列化解耦[1]。Bitcoin-NG 将时间划分为 Epoch，领导者节点可以在其 Epoch 期间单方面向区块链追加多笔交易，直到新领导者节点被选出。Bitcoin-NG 中有两种区块：密钥区块和微区块。密钥区块包含一个难题答案，用于领导者选举。密钥区块还包含一个公钥，用于签署由领导者节点生成的后续微区块。每个区块都包含对前一个微区块和密钥区块的引用。费用会在当前领导者（40%）和下一个领导者（60%）之间分配。Byzcoin[2] 在 Bitcoin-NG 的基础上进一步优化了比特币概率性交易的一致性，以实现高交易吞吐量。ByzCoin 修改了 Bitcoin-NG 的密钥区块生成机制：一组领导者，而不是单个领导者，产生一个密钥区块，然后是微区块。领导者小组由近期时间窗口的矿工动态组成。每个矿工的投票能力与其在当前时间窗口的挖矿区块数量成正比，这是其哈希能力。当一位新矿工解决难题之后，它将成为现任领导小组的一员，更进一步，替换出最老的矿工。

在区块链网络的性能优化方面，主要研究在保持去中心化特性的同时提高区块链的性能。例如FISCO BCOS在区块链同步上针对网络做了很多优化：在负载均衡方面，其节点会将下载区间均匀切分，向不同的节点发起请求，把下载负载分散到不同的节点上，避免单一被请求节点因承载大量的数据访问请求而影响其运行性能；在回调剥离方面，在FISCO BCOS节点中，有多个回调线程处理网络上收到的包。当网络流量很大时，处理网络包的线程处理不过来，会将网络包放到缓冲队列中。网络上的包主要为同步包和共识包，共识包优先级更高，直接影响出块速度。为了不影响共识包的处理，FISCO BCOS将同步包的处理逻辑从网络回调线程中剥离出来，交给另外的独立线程，和共识包的处理解耦和并行了。

此外，利用区块链去中心化、智能合约、不可抵赖等技术特性，可以增加网络构架的安全可控性。传统的网络构架存在零信任、集中式管控、缺乏自主可控等局限性，而区块链有望通过加强网络基础设施的安全认证、资源可信共享、数据可信路由交换、多维度行为可信记录、攻击行为可溯源等手段，解决网络中诸多的安全问题。区块链对网络的安全增强应用主要如下：

① 安全接入控制：一是基于区块链的分布式账本管理机制建立分布式的安全认证方式，一方面提高全网的安全认证效率，另一方面也避免了单点认证带来的认证服务瘫痪风险，提高认证系统的可用性。二是基于智能合约机制设定接入网络实体的授权访问控制，抵御DDoS攻击与恶意攻击；也可以赋能网络切片，为网络基础设施资源提供商制定动态资源租赁机制，实现资源高效利用。

② 可信路由：区块链可为高等级用户建立安全可信的路由。首先，上述安全接入控制也可进一步扩展为对路由节点间的相互认证，对网络中部分或全部网络节点进行认证；其次，从相互认证过的节点中为高等级用户预先规划一条传输路径，并且沿途经过的所有节点在区块链平台共同保留一份日志文件，保障了传输过程中的可信。

③ 可信数据共享：政务网络各职能部门之间的协同工作建立在数据共享基础上。区块链的可信数据共享能力可解决数据信息流出后难以跟踪、部门间敏感信息难以取信的问题。另一方面，在应急、救援、事故处理等紧急情况下，可信的数据共享技术有利于加快处理进度，阻止生命和物资损失的进一步扩大。

④ 安全监管：基于区块链的不可抵赖性与可溯源性，可为专网提供高效的事中安全监管与可靠的事后追溯究责。

供稿：　浙江大学　　　　　　　杨小虎、蔡亮、冯雁、鲍凌峰
　　　　中国电子科学研究院　　李承延、严晓云、王嘉熙、陈菲菲、张云峰

3.2.4　区块链新型存储关键技术

3.2.4.1　研究背景

随着区块链产业应用的蓬勃发展，区块链应用逐步复杂化和多样化，现有的区块链存储技术也暴露出一系列问题。首先，数据读写效率低下。区块链通过冗余存储以及一系列验证机制提供了可信增强能力，由此也提高了区块链数据存储的要求，数据读写IO被进一步放大，导致数据存储效率低下，因此需要针对区块链特有属性设计区块链专用存储模式。其次，区块链数据查询性能与方式多样性受限。当前区块链平台往往采用键值对（Key-Value，简称KV）数据库作为底层存储引擎，技术选型上偏向读写密集型，而实际应用场景往往是读写均衡型，读写效率以及多样化的数据查询机制也亟待进一步突破。第三，可扩展性差。区块链数据递增、不可修改的特性使其必须解决数据存储的可扩展问题，需要解决支撑海量数据所带来的性能瓶颈问题。

目前主流的区块链系统往往将计算和存储完全分离，计算层的主要任务包括虚拟机执行和账本哈希计算。而存储层直接负责将计算层封装好的KV数据写入数据库。这种模式下，所有计算过程如果涉及数据读写的操作就会引入额外的存储层读写开销。针对这类性能问题，早在1990年就有人开始提出了"计算下推"的概念，在2010年以后，相关的研究成果真正地融入了成熟的数据库产品。而区块链系统，也可以采用类似的"计算下推"的方式来将部分计算逻辑（比如账本hash计算等）下推至存储层完成，由此能够有效提高计算层和存储层的整体吞吐能力。同时，随着硬件技术的不断发展，相关研究人员也开始通过硬件技术加速区块链存储引擎的执行效率，解决读写效率低下的问题。

3.2.4.2　研究现状

目前的区块链技术中，数据存储模型主要包括两种：UTXO（Unspent Transaction Output）模型和账户模型。以比特币为代表的UTXO模型，交易和回执构成了其核心存储内容。以太坊为代表的账户模型，将参与平台的用户、智能合约等都抽象为账户，除区块、回执等数据外，还需存储KV形式的账本状态数据。

目前以太坊、Fabric等区块链项目，都开始尝试优化底层存储结构以提升读写性能。传统项目均采用单一的KV型数据库存储所有的数据。在后续的演进中，这些项目都引入了基于文件的顺序型存储引擎来存储连续型数据（区块、回

执、交易日志等数据）。但是对于账本状态数据，则仍存储在通用KV型数据库中。账本计算过程则和存储服务完全分离，由此造成读写IO进一步放大。因此，业界开始提出计算和存储融合的技术方案，将大量数据的计算向存储层推移，这是一种降低区块链系统存储开销的有效方案，值得进一步探索和研究。目前学术界已有针对该方向的专项研究，其中ForkBase存储引擎是一种典型的案例，它通过融合B+Tree与MerkleTree设计了一种适用于区块链场景的存储和计算融合机制，并在Fabric链上做了可行性验证。另一方面，随着硬件领域的发展，越来越多的可加速存储的硬件设备被引入到区块链领域中来。目前业内已有诸如利用OpenChannel-SSD、NVM、MRAM、ReRAM等硬件设备来加速区块链系统的底层存储的研究成果。

在查询多样性方面，由于现有的区块链系统一般采用KV型数据库存储引擎，数据检索只能基于Key值进行粗粒度查询，少有针对Value内容的多样化检索支持。针对区块链系统的数据多样化检索，当前解决方案基本可以归为三类：① 在链外部署关系型数据库实时同步区块链数据，将区块链数据进行结构化存储。这种方案存在数据同步效率较低、实时性不强、增加了额外冗余存储开销等问题，并且从链外数据库进行查询会丢失区块链数据不可篡改的特性。② 使用关系型数据库作为底层区块链系统的存储架构。该方案将区块数据、交易数据结构化，存储到关系型数据库中，对于现有基于KV型的存储架构来说改造成本较高且性能表现不如NoSQL数据库。③ 在现有KV存储模型外，引入额外的查询友好型的存储引擎进行索引数据存储，比如关系型存储引擎、文档型存储引擎等等，索引数据只负责提高查询效率，真正的业务数据仍存在于世界状态中。这种方案可以在保证链上数据的正确、不可篡改的前提下，满足自定义检索、级联检索等副查询需求。

在突破区块链存储容量方面，各区块链系统的研究重点和方向不尽相同。首先，对于公链项目而言，目前的研究重点还在安全性保障和共识加速等方面，存储层尚未成为首要性能瓶颈，因此少有针对存储层的特定优化策略。但是目前很多公链项目用以解决架构可扩展性问题的设计方案可在一定程度上解决存储的横向扩展问题。以太坊、Harmony-One、Trifecta等公链项目提出了基于主从链架构的分片方案，这些分片方案提出了子链单独共识、执行、存储的分片策略，并通过主链与子链的锚定，使主链具有对子链的感知、管理等能力，因此数据得以分散到各个独立运行的子链，从而解决数据横向拓展的问题。而对于联盟链和私有链，往往采用效率更高的共识算法，因此执行和存储成为系统性能的主要瓶颈。针对该问题目前主流的解决思路为在不影响账本数据正确性的前提下，对历史数据进行归档。例如趣链科技、蚂蚁区块链、华为区块链等均提出了链上数据归档的解决方案。

另外，随着区块链应用模式的逐渐丰富，现有区块链平台逐步开始支持多样化的数据存储模式。目前针对非结构化数据在区块链上的存储问题主要有两种解决方案：一、文件内容链下存储，文件摘要链上存证。这种方案可以极大地降低链上数据存储量，同时提供一定的可信存证与校验能力。二、文件内容链上独立存储，并在链上记录相关的索引、摘要等数据。该方案涉及了链上文件流传输、分片存储等技术，既保证链上状态数据量可控，又实现非结构化数据链上可信存储能力。

值得注意的是，目前区块链存储技术在主流区块链项目中尚未成为系统瓶颈，因此工业领域针对存储领域的研究并不丰富，学术领域的成果暂时未进行大规模实践。但是区块链系统的特征决定了存储模块需要具备高效读写、海量存储的能力，仍需针对区块链存储技术进一步开展研究。

3.2.4.3　发展趋势

基于当前区块链存储技术发展现状与实际需求，区块链新型存储技术需要突破的关键问题包括：高效存储、海量数据存储、多样化数据检索及数据格式支持。

在高效存储方面，重点突破区块链混合存储架构、融合计算能力的专用存储引擎以及基于硬件的高效存储设备。区块链数据根据特征可以分为连续型的区块数据，以及具有频繁更新特征的账本状态数据，针对不同类型的数据设计分类适用的定制化存储引擎，进一步构建区块链混合存储架构，有效提高存储效率。另一方面，当前区块链系统计算层和存储层完全独立，计算过程往往引入多余的数据读写操作，通过计算与存储融合实现计算下推，降低读写IO，提高存储效率，提升系统整体吞吐能力。此外，区块链可以借助已有硬件加速技术进一步优化存储性能，例如基于Openchannel-SSD定制文件系统的存储设备，设计适用于区块链存储的文件系统，降低I/O开销，提升存储效率。

在支撑海量数据存储方面，重点研究区块链存储架构与传统分布式存储技术的深度融合、区块链数据可信裁剪与恢复。针对目前区块链交易间无法完全并行执行以及单笔交易执行过程中数据串行读写的情况，深度优化区块链执行与存储模型，降低由于分布式数据远程访问带来的额外时间开销，在保证数据读写效率的前提下实现分布式横向扩展。此外，区块链系统还可以通过冷热数据分离来解决数据存储量膨胀的问题，研究区块链数据可信裁剪与恢复技术，通过融合纠删码技术，在系统运行过程中保证账本数据正确性的前提下实现数据归档及恢复能力。

在支持非结构化数据存储与检索方面，研究方向主要是非结构化数据的高效可信存储及多样化检索。非结构化数据的高效存储技术涉及多类型数据的可信分片存储、可信验证等核心技术，还需研究非结构化文件数据存储模式，包括存储位置、存储形式以及如何在保证数据内容的正确性、不可篡改性的前提下，防止世界状态快速膨胀。在多样化数据高效检索方面，研究非结构化数据（如音、视频文件）的分片检索、自定义结构数据的级联检索、内容检索等方面。

供稿： 杭州趣链科技有限公司 李伟、邱炜伟、黄方蕾、张珂杰、郭威

3.2.5 区块链安全关键技术

3.2.5.1 研究背景

区块链被广泛认为是一种参与方共同维护的分布式账本。该账本使用密码学保证传输和访问安全，并能实现数据一致、难以篡改以及数据可溯源等目的。正由于这些特征，区块链技术被广泛应用于各行各业中，随之而来也不断有各类安全及隐私问题涌现而出。由于区块链技术架构的复杂性，针对区块链的攻击方式层出不穷，逐年增加的安全事件导致了巨大的经济损失，严重影响了区块链技术的发展与应用。据区块链安全公司派盾(Peck Shield)的数据显示：2019 年全年大约发生了 177 起区块链安全事件，给全球造成的经济损失高达 76.79 亿美元，环比增长了 60%。这从侧面反映出来，随着区块链热度增加的同时，安全问题日益突出。

基于区块链的分布式账本集成了非对称加密体系、P2P网络、共识算法、智能合约等多种技术，保证事务记录的一致性和不可篡改性。但是，区块链技术中的账本共享机制也带来了隐私威胁，用户身份、账户地址、交易内容等信息的隐私保护成为区块链应用的关注点。在区块链系统的实际使用中，为了保证区块链上记录数据的可溯源、可验证等特性，所有数据都必须公开给区块链网络中的所有节点。这一特性在保障安全、可验证的同时，导致恶意攻击者可以直接获取区块链账本中记录的数据，并通过分析数据窥探用户隐私。攻击者通过分析区块链账本中记录的交易数据，发掘其中的规律，将用户的不同地址、交易数据关联，并进一步对应到用户的现实身份。此外，区块链的监管与治理也是区块链产业健康有序发展的重要保障，但是兼顾隐私保护的同时满足监管友好的要求也是区块链隐私保护技术的难点。在传统的场景中已经有较成熟的监管经验，但是因为区块链分布式，去中心化等特殊性，这些方案很难直接应用到区块链中。

区块链是比特币底层的核心技术，展示了在自组织模式下实现大规模协作的

巨大潜力,为解决分布式网络中的一致性问题提供了全新的方法。随着比特币的广泛流通和去中心化区块链平台的蓬勃发展,区块链应用也逐渐延伸至金融、物联网等领域,全球掀起了区块链的研究热潮。然而,区块链为无信任的网络环境提供安全保障的同时,也面临安全和隐私方面的严峻挑战。此外,随着区块链技术的成熟与众多区块链系统的广泛使用,以及未来区块链技术将在更多的领域中发挥作用,区块链系统中的用户隐私威胁将会成为更受关注的问题。

3.2.5.2 研究现状

1.区块链安全体系

（1）数据层安全

区块链的安全性主要是由密码学技术保证,主要应用在确定所属权、保护数据隐私两个方面。对于数据的所属权的确定,主要依靠数字签名技术。在中心化系统中,向唯一的中心提交身份认证,即可确认对个人资产的所有权。在区块链中,用户将数字签名的私钥保存在自己手中,将数字签名的公钥分发到网络节点上。当用户使用数字签名的私钥生成签名并广播到网络中时,网络中其他节点可以使用公开的该用户数字签名公钥验证签名的正确性,以此实现不需要冗余交互过程的身份认定。对于保护数字隐私,在区块链构建的过程中使用密码学中的工具,可对交易进行一些匿名化处理。比特币中采用的一个简单方案是将用户的公钥哈希计算映射为地址,将用户信息匿名化。

（2）网络层安全

区块链网络层安全主要是确保节点所产生的交易和区块顺利地到达所有节点。网络层一般由控制平面和数据平面所组成,其中控制平面负责路由策略的协商,从而指导数据平面的流量转发。即网络层安全相应地可分为控制平面安全和数据平面安全,控制平面安全主要是指路由安全,数据平面安全则是指数据转发平面的流量安全。现阶段区块链在网络层数据平面安全应用主要涉及协同式网络入侵检测[11-14]。协同式网络入侵检测系统是指分布在多个区域的网络入侵检测系统互相协作检测大规模的复杂攻击,从而及时做出反应并过滤攻击流量,避免网络遭受更大的损失;在控制平面安全应用则主要涉及建立在资源密钥管理设施基础上的域间路由安全机制[15]。目前针对于网络的攻击,主要包括女巫攻击、日食攻击以及 DDoS 攻击等。

（3）共识层安全

区块链共识安全主要是确保各共识节点本地区块链的一致性,即对核心账本的维护。因此,共识的过程就是网络中各节点验证及更新账本的过程,共识的结果就是区块链系统对外提供一份统一的账本。共识机制的核心指标包括共识协议的强壮性、高效性。针对于双花攻击，Ghassan等人基于比特币网络进行了双花攻击的分析，并提出了相应的攻击模型。合理界定共识算法的安全范围，根据业务场景选择合适的共识算法是防范共识机制风险的有效策略。

（4）合约层安全

区块链合约层安全重点在于智能合约的设计。"智能合约"（smart contract）由多产的跨领域法律学者尼克·萨博提出。随后区块链技术的出现使得智能合约的落地成为可能。2015年，以太坊的创始人维塔利克·布特林将智能合约定义为：根据任意预先定义的规则自动转移数字资产的系统。随后越来越多的区块链支持智能合约的运行，传统金融和互联网巨头纷纷研发支持智能合约的区块链。如摩根大通的Quorum和Facebook的Diem。目前已有一些针对智能合约形式化验证的工具。如2016年，Hirai首次提出利用Isabelle判断逻辑代码是否有漏洞。Oyente提供了一系列针对EVM漏洞检测的启发式引擎驱动。Hevm以一种交互式修复漏洞模式允许智能合约逐步地执行操作码。Nguyen等对合约符号执行分析进行了补充并提出了一种adaptive fuzzer（称为sFuzz）。

（5）应用层安全

在应用层安全方面，由于区块链应用层负责为用户提供服务，用户密钥的管理尤为重要，一旦用户密钥丢失、被盗，账户上的所有资金将全部丢失。因而现阶段区块链对于应用层的研究主要体现在漏洞检测众包和访问控制机制两个领域。

2. 区块链核心安全技术

（1）密码学算法

在密码学算法方面，随着区块链推广发展中面对的不同的应用需求，更新的、更多的密码学算法被引入区块链中。

● 在Hash算法方面：比特币采用的哈希算法是SHA-256算法。由于此算法依赖于计算能力，显卡挖矿和采用ASIC芯片的矿机的出现，使得比特币面临算力中心化的威胁。故此类计算依赖的哈希算法在区块链中的应用逐渐被替代。莱特币、狗狗币等采用SCRYPT算法，以太坊采用Ethash算法，零币采用Equilhash算法，门罗币[16]（Monero）采用CryptoNight算法。达世币（Dash）等采用多种哈希算法串联进行了多轮哈希算法，即前一轮哈希的输出作为下一轮哈希的输入。Heavycoin（HVC）则采用了并联哈希算法，将多种哈希算法得出的结果各取一部分并联成最终结果。

● 在数据组织存储结构方面：比特币中采用的Merkle树结构为传统结构，每笔交易的哈希值作为 Merkle 树的叶子节点，生成的根节点被包含在区块头中。以太坊采用的账户模型，除了交易树外，还有状态树和收据树。状态树包含了以太坊所有账户的状态，以太坊采用的是新型数据结构 Merkle Patricia Tree。超级账本[17]（Hyperledger）提出了 Bucket 树进行数据存储。

• 在数字签名方面：除普通的数字签名外，针对特定的应用需求，密码学组件如环签名、承诺等算法也被用于区块链中。为保护区块链数据隐私，环签名（Ring Signature）被引入，最典型的应用是门罗币在保证交易的隐私性方面应用了环签名技术和一次性地址，具有不可链接和不可追踪两大特性。

• 在其他密码技术方面：承诺（Commitment）也被用于区块链隐私保护上。承诺方将某消息的承诺发给接收方，接收方不能从承诺值中获得被承诺消息的信息（隐蔽性），承诺方不能将承诺值打开为不同的消息（绑定性）。区块链中常用到的为同态承诺。在 Mimble Wimble[18]中，交易的输入输出均以同态承诺的形式出现和处理，在零币和门罗币中，交易金额通过同态承诺来隐藏。

（2）PKI 体系

在计算机网络中，公钥基础设施（PKI）作为保证数据机密性、完整性、不可抵赖性以及身份鉴别的重要方式，被广泛应用在电子邮件、电子商务、网上银行及资源发布等日常网络应用中。

区块链技术在保证用户身份信息存储安全和为用户实体提供信用背书方面具有一定的技术优势。近年来，很多研究人员开始探索将区块链技术应用到身份认证和身份管理领域。当前的主要研究方向包括基于区块链技术实施身份认证、基于区块链技术构建分布式 PKI 和基于区块链技术增强传统 PKI 等。

在 PKI 体系为区块链提供公钥基础设施的同时，区块链也提高了 PKI 体系的安全性能。目前 PKI 体系为中心化结构，即由 CA 来颁布证书，一旦 CA 的私钥被泄露，则面临严重的安全问题。区块链对此的改进主要分为两个方向[20]：加强中心化 PKI 安全和构建去中心化的 PKI。前者是在维持现有 PKI 体系不变的基础上，基于区块链建立安全高效的证书管理平台，以 IKP[21]，Certchain[21]，Certledger[22]为典型代表。后者是使用区块链来构建去中心化的 PKI 平台，代表方案有Certcoin[23]，BlockPGP[24]，Blockstack[25]等。

（3）形式化验证

形式化验证（Formal Verification）是基于形式化方法（Formal Method）相关理论，指的是用数学中的形式化方法对算法的性质进行证明或证伪。方法有两种：一种是模型检验；另一种是演绎验证。在区块链智能合约部署之前，对其代码和文档进行形式化建模，然后通过形式化验证的手段对代码的安全性和功能正确性进行严格的证明，可有效检测出智能合约是否存在安全漏洞和逻辑漏洞。

将形式化验证应用于智能合约，使得合约的生成和执行有了规范性约束，保证了合约的可信性，使人们可以信任智能合约的生产过程和执行效力。另一方面，形式化验证也利于加速智能合约迭代速度，提高工业化生产质量和效率。

在区块链中应用形式化验证，主要用来验证智能合约在源码层和字节码层的功能正确性和运行安全性，并可用于检测编译器的错误。典型的研究包括：Bhargavan等通过将合约源码和字节码转化成函数编程语言F*，实现了对以太坊智能合约运行安全性和功能正确性的分析验证；Park D.等提出了一个以太坊虚拟机字节码的形式化验证工具。

在形式化方法方面，Bhargavan等将合约源代码和字节码转换至F*语言，验证合约在源码层和字节码层的功能正确性和运行安全性。Hirai使用交互式定理证明器对以太坊关键智能合约Deed进行了正确性验证。Hildenbrandt等利用KFramework实现了一个EVM的形式化规约KEVM及归纳验证器、解释器和调试器。Krupp等提出一种自动漏洞利用生成方法。王璞巍等提出了一种面向合同的智能合约的形式化定义方法。胡凯等人将形式化方法应用于智能合约的建模、模型检测和模型验证过程。Kalra等人提出一种面向智能合约的符号化模型检测技术。Permenev等提出自动化的智能合约功能特性验证器VerX。

（4）零知识证明

零知识证明是指证明者能够在不向验证者提供任何有用的信息的情况下，使验证者相信某个论断是正确的。零知识证明首先由20世纪80年代名为《交互式证明系统的知识复杂性》的论文中提出。该论文在NP的证明系统中引入了"交互"和"随机性"，构造了交互式证明系统，并提出了零知识证明的定义和性质。

零知识证明被广泛运用于区块链数据的隐私保护中，其中应用最多是zk-SNARKs[26]技术。然而，zk-SNARKs需要依赖可信第三方执行初始化设置，若此过程中的某些变量被泄露，则会危及系统安全。为解决此问题，zk-STARKs[27]，Fractal[28]，Supersonic[29]，Halo[30]，Marlin[31]，Plonk[32]等方案被提出。此外，Bullet Proof[33]技术被门罗币等项目用于交易金额范围证明上。在零知识证明提供隐私保护的同时，如何有效审计监管这些数据也是重要的研究方向，如PGC[34]在账户模型下既保证了交易的机密性，又实现了数据审查功能。零知识证明也被用于以太坊的链下扩容方案中ZK-Rollup[35]中，用来证明链下状态根据合法交易进行了正确更新，从而以较小的证明验证开销实现对大批量链下交易的证明。

（5）可信执行环境（TEE）

系统级隔离技术主要是通过对硬件进行安全扩展，并配合相应的可信软件从而在系统中构建一个相对安全可靠的可信执行环境（Trusted Execution Environment，TEE）。TEE是一个隔离的执行环境，以保护代码与数据的机密性。通过硬件层面的辅助和远程证明(Remote Attestation，RA)，TEE可以向第三方证明本地执行环境是诚实的，运行代码与结果等未经宿主等恶意篡改。

2012年ARM公司推出了TrustZone安全解决方案，旨在提供独立的安全操作系统及硬件虚拟化技术，为手机安全支付的过程中提供可信的执行环境。2013年，Intel公司提出了SGX (software guard extensions)指令集扩展，旨在提供用户空间的可信执行环境。TrustZone和SGX能够建立一个可信的隔离空间，用来保障用户关键代码和数据的机密性和完整性。2017年，百度团队根据Intel SGX提出了支持Rust编程的Rust SGX。TrustZone、SGX和Rust SGX在区块链等分布式系统中得到了广泛的应用。

一些区块链平台也利用TEE的特性提出了新的设计。Hyperledger Sawtooth中利用TEE实现了时间消逝证明的共识算法（Proof of Elapsed，PoET），每个区块链节点都在SGX中根据预定义的概率生成下一次获得记账权的等待时间，其他节点可以通过SGX完成验证。CCF（原名CocoFramework）、Teechain、Ekiden都是基于TEE进行设计的区块链平台，能够在保证安全性的基础上提高区块链的吞吐量。Brandenburger等将TEE引入Hyperledger Fabric中，提高了区块链的安全性。

3.2.5.3 发展趋势

1.区块链安全体系

目前，区块链的安全技术还处于初级探索阶段，结合区块链的特点，区块链系统构建的基本安全目标是通过密码学和网络安全等技术手段，保护区块链系统中的数据安全、共识安全、隐私保护、智能合约安全和内容安全。

（1）数据安全

数据安全是区块链的基本安全目标。区块链作为一种去中心化的存储系统，需要存储包括交易、用户信息、智能合约代码和执行中间状态等海量数据。区块链上数据的安全性需要从CIA信息安全三元组来研究区块链的数据安全，即保密性、完整性和可用性。

数据保密性研究要求从区块链的认证规则、访问控制和审计机制着手研究。认证规则规定了每个节点加入区块链的方式和有效的身份识别方式。访问控制规定了访问控制的技术方法和每个用户的访问权限。审计监管是指区块链能够提供有效的安全事件监测、追踪、分析、追责等一整套监管方案。

数据完整性研究要求区块链中的任何数据不能被未经过授权的用户或者以不可察觉的方式实施伪造、修改、删除等非法操作。在完整性交易等底层数据层面上往往需要数字签名、哈希函数等密码组件支持。

数据可用性研究要求数据可以在任何时间被有权限的用户访问和使用。区块链中的可用性的研究包括四个方面。首先，可用性要求区块链具备在遭受攻击时仍然能够继续提供可靠服务的能力；其次，可用性要求当区块链受到攻击导致部分功能受损的情况下，具备短时间内修复和重构的能力。可用性还要求区块链可以提供无差别服务；最后，可用性要求用户的访问数据请求可以在有限时间内得到区块链网络响应。

（2）网络安全

网络层的核心是确保区块链节点的合法加入和有效通信，研究内容具体包括区块链的组网模式、节点之间的通信模式、扩展网络以及必要的匿名网络通信技术。因此，区块链网络层需要研究的安全问题主要包括P2P网络的安全问题、网络拓扑被用于攻击以及网络层面的安全性问题。

（3）共识安全

共识机制是区块链的核心，共识安全对区块链的数据安全起到重要的支撑作用。共识层主要规定了区块链的共识机制，确保各节点在网络层提供的网络环境和通信模式中可以共享同一份有效的区块链视图。区块链的最大创新在于共识层支持的共识机制提供了一种剔除可信第三方的可信数据共享机制，为上层应用提供安全的账本支持。共识层研究主要致力于设计高安全性、高效率、低能耗的共识机制。区块链要具备支持大规模网络和数据扩展的能力，对共识机制的扩展性、容错能力和效率能耗等方面提出了更高的要求。

（4）合约安全

区块链支持的智能合约具有可编程性和自动执行性，呈现出一定的智能化特征。研究区块链的安全性，有助于提高智能合约的安全性和模块化，简化开发过程，增强互操作性。安全的区块链架构和自动执行的智能合约可以从技术上强制合约的执行，降低违约风险，构建可信的可编程社会。根据智能合约的整个生命周期运作流程，智能合约安全研究内容包括编写安全和运行安全两部分。

编写安全侧重研究智能合约的文本安全和代码安全两方面。文本安全是实现智能合约稳定运行的第一步。代码安全则要求智能合约开发人员使用安全成熟的语言，严格按照合约文本进行编写，确保合约代码与合约文本的一致性，且代码编译后没有漏洞。

运行安全涉及智能合约在实际运行过程中的安全保护机制，是智能合约在不可信的区块链环境中安全运行的重要目标。运行安全指智能合约在执行过程中一旦出现漏洞甚至被攻击，不会对节点本地系统设备造成影响，也不会使调用该合约的其他合约或程序执行异常，包括模块化和隔离运行两方面。

（5）应用安全

应用层需要反映不同的区块链的业务功能，在设计上略显差异。但是，应用层作为直接与用户交互的区块链层级，在架构设计上还具有一定的共同点。从当前区块链应用发展来看，应用层设计面临跨链操作难、监管技术缺失和应用层攻击等问题。因此，应用安全主要从各区块链应用平台间的跨链核心技术开展研究。其中，现有区块链跨链技术普遍存在效率低、场景局限等问题。跨链技术在设计过程中需要更加注意安全性、执行效率和跨链操作的原子性。

2. 区块链核心安全技术

（1）密码学算法研究及研发

在密码学算法方面，根据区块链的发展和应用需求，主要包括如下研究点。

● 哈希函数的研究。首先是对哈希函数的抗碰撞性的研究，以保证数据的不可篡改性。此外，能否有效阻止 ASIC 专用矿机对算力中心化的威胁成为了哈希算法选择和发展的重要方向。最后，串联哈希算法中采用的哈希种类从 9 种增加至17 种。尽管种类的增加提高了计算量，但是也面临更多安全威胁，如何在发展过程中不断应对新的威胁，是持续的研究课题。

● Merkle 树的研究。Merkle 树用于组织存储区块链的数据，以及实现基于 SPV（Simplified Payment Verification）验证。因此如何以低存储代价、高执行效率地实现数据组织、查找、插入与更新，是 Merkle 树的核心发展方向。

● 数字签名算法。区块链中数字签名算法的研究包括两大类：引入新的密码学算法以满足不同的应用需求，以及有效应对量子计算。环签名、同态承诺等在区块链中的引入属于前者，它们有效地保护了区块链数据的隐私。基于区块链的应用中也运用密码学技术实现其功能，如闪电网络[37]（Lightning Network）中使用了哈希函数，在其后续研究中 Adaptor Signature 被引入。与此同时，量子计算机的出现将对传统的公钥体制形成巨大安全威胁，需将现有密码学方案替换为后量子密码方案。将后量子密码方案应用于区块链的难点在于它们的密钥和签名长度普遍较长，需要消耗较大的计算与存储资源，进而影响区块链的性能。

● 区块链技术国密应用研究。目前各主流区块链几乎都在尝试将国密应用在

157

区块链上，但对于上层的协议如SSL则涉及较少，与区块链相关的硬件设施也很少采用国密标准（如SKF）。此外区块链中比较热门的密码学协议也因为国密中并没有针对性的算法，因此较难以实现国密替换。可能的研究点包括：采用基于双线性对的零知识证明方案并采用SM9默认的BN曲线参数，将基于对称密码的安全多方计算方案中的对称密码算法替换为国密SM3、SM4等；将国密算法集成到区块链系统上；为区块链系统打造支持包含国密的多数密码算法的密码库和国密工具箱（如GMSSL）等。

（2）PKI体系

在基于区块链的PKI体系的研究发展上，使用区块链来加强中心化PKI安全的方案主要是对CA发布的证书进行管理。主要包括如下两个研究思路。

①一种研究思路是将区块链作为第三方监督平台，接收、验证检举者上报的恶意证书，惩罚失职的CA并奖励检举者，以此激励CA提高自身安全性。如何引入激励机制使得现有的CA和检举者加入此系统是其面临的主要挑战和研究方向。

②第二种研究思路是将区块链作为审计平台，记录证书的发布、更新与撤销。如何为用户提供高效的证书检索和验证服务，是其研究的重点。在基于区块链建立去中心化的PKI体系的方案中，证书申请、更新、撤销等操作都以交易的形式打包上链，高效地实现证书检索与验证同样是待研究问题。同时，用户身份和证书若以明文形式存储至区块链会泄露用户的隐私信息，为用户提供必要的隐私性保护也是重要的研究方向。

区块链技术身份认证和PKI可有如下应用：基于区块链技术实施身份认证、基于区块链技术构建分布式PKI、基于区块链技术增强传统PKI、基于区块链的国密SM2证书系统等。

（3）形式化验证

使用形式化验证手段对智能合约进行安全性和功能一致性的验证，可以将合约的功能属性形式化为时序安全属性。进一步地，当属性经过形式化后，将自动从合约代码以及属性中提取原子谓词来推断出抽象谓词，然后通过这组抽象谓词来对交易之间产生的合约状态进行抽象，同时利用符号执行对每一笔交易进行精确分析。通过对智能合约进行功能性验证，将时序安全验证简化为了可达性检查的问题。此外，针对智能合约通过函数调用与外部合约进行交互，产生的任意且无限制回调的情形，可采用拟采用归纳验证的方式。

此外，对自然语言描述的智能合约进行建模，可将合约功能和条款转换为中间代码，结合调用完整性、原子性、可变账户独立性和交易环境独立性等特征，对智能合约进行形式化建模，并通过一致性测试保证合约内容和合约代码的一致性。通过为典型的智能合约设置模版，并且将形式化方法用于智能合约的整个声明周期，通过反馈进一步提高属性的覆盖范围。

（4）零知识证明

零知识证明在区块链上的应用需要进行如下研究。首先，零知识证明的性能有待提升，主要表现在去除可信初始化设置阶段、降低生成的证明的大小以及缩短验证证明所需时间三个方面。可信初始化阶段会给区块链带来安全威胁，而证明的尺寸和验证时间则直接影响到区块链的性能。其次，零知识证明同样面临量子计算机的威胁，需要进行抗量子的零知识证明研究。最后，在平衡数据隐私保护与审计监管方面，如何既能保证用户的隐私信息不被泄露，又能使得数据被特定的监管方通过一定的监管策略进行审计追踪，也是一个重要的研究方向。

（5）可信执行环境（TEE）

● 基于TEE的拜占庭容错协议研究。可信执行环境的出现为拜占庭容错协议带来了新的机遇，利用可信执行环境提供的安全假设，可以显著改进协议总节点数等关键指标。然而，在当前基于可信执行环境的拜占庭容错协议设计中，系统节点数的降低通常以消息复杂度的提高为代价。这严重损害这类协议的可扩展性，使得其难以支持大规模分布式应用场景。为此，需要研究基于可信执行环境的拜占庭容错协议，降低协议运行复杂度，提高协议的可扩展性。

● 基于SGX的国密算法封装。攻击者可以利用恶意应用程序对国密算法实施攻击，甚至还可以利用系统漏洞非法获取超级管理员权限，然后通过动态调试、跟踪程序执行流程找到国密算法运行过程中的敏感数据所在，并能提取算法运行时的内存数据，然后分析内容数据找到密码算法运行时的敏感信息。从威胁模型可以看出，攻击者破坏了程序执行环境的特权级和虚拟内存保护机制。如果国密算法运行在这种环境下，很容易受到攻击。为此，需要研究算法对内核级恶意代码的防御、基于SGX封装保护国密算法运行环境、降低可信基、阻止国密算法密钥等数据在运行时被非法访问和篡改，为其提供保护。

参考文献

[1] Valenta L, Rowan B. Blindcoin: Blinded, accountable mixes for bitcoin[C]//International Conference on Financial Cryptography and Data Security. Springer, 2015: 112-126.

[2] Boneh D, Boyen X, Shacham H. Short group signatures[C]//Annual international cryptology

conference. Springer, 2004: 41-55.

[3] Chaum D. Blind signatures for untraceable payments[C]//Advances in cryptology. Springer, 1983: 199-203.

[4] Ling S, Nguyen K, Wang H, et al. Lattice-based group signatures: Achieving full dynamicity (and deniability) with ease[J]. Theoretical Computer Science, 2019, 783:71-94.

[5] 张国印, 王玲玲, 马春光. 环签名研究进展[J]. 通信学报, 2007, 28(5): 109-117.

[6] Vullers P, Alpár G. Efficient selective disclosure on smart cards using idemix[C]//IFIP Working Conference on Policies and Research in Identity Management. Springer, 2013: 53-67.

[7] Chen X, Feng D. Direct anonymous attestation based on bilinear maps[J]. Journal of Software, 2010, 21(8): 2070-2078.

[8] Brickell E, Li J. Enhanced privacy ID from bilinear pairing for hardware authentication and attestation[J]. International Journal of Information Privacy, Security and Integrity 2, 2011, 1(1): 3-33.

[9] Sene I, Ciss A A, Niang O. I2PA, U-prove, and Idemix: An Evaluation of Memory Usage and Computing Time Efficiency in an IoT Context[C]//International Conference on e-Infrastructure and e-Services for Developing Countries. Springer, 2019: 140-153.

[10] Acar T, Chow S S M, Nguyen L. Accumulators and U-Prove revocation[C]//International Conference on Financial Cryptography and Data Security. Springer, 2013: 189-196.

[11] Alexopoulos N, Vasilomanolakis E, Ivánkó N R, et al. Towards blockchain-based collaborative intrusion detection systems[C]//International Conference on Critical Information Infrastructures Security. Springer, 2017: 107-118.

[12] Alexopoulos N, Vasilomanolakis E, Roux S L, et al. TRIDEnT: Building decentralized incentives for collaborative security[EB/OL].(2019-05-09)[2022-02-12].https://arxiv.org/abs/1905.03571

[13] Li W, Tug S, Meng W, et al. Designing collaborative blockchained signature-based intrusion detection in IoT environments[J]. Future Generation Computer Systems, 2019, 96: 481-489.

[14] Zhang Z, Xu K, Li Q, et al. SecCL: Securing collaborative learning systems via trusted bulletin boards[J]. IEEE Communications Magazine, 2020, 58(1): 47-53.

[15] Lepinski M, Kent S. An infrastructure to support secure internet routing[EB/OL].(2012-02-01) [2022-02-12].https://www.semanticscholar.org/paper/An-Infrastructure-to-Support-Secure-Internet-Lepinski-Kent/8d687bdb2f25de19fb7c7d4e8360a3e5c5ca75b4

[16] Sasson E B, Chiesa A, Garman C, et al. Zerocash: Decentralized anonymous payments from bitcoin[C]. 2014 IEEE symposium on security and privacy. IEEE, 2014: 459-474.

[17] Noether S, Mackenzie A. Ring confidential transactions[J]. Ledger, 2016, 1: 1-18.

[18] Androulaki E, Barger A, Bortnikov V, et al. Hyperledger fabric: a distributed operating system for permissioned blockchains[C]. Proceedings of the thirteenth EuroSys conference, 2018: 1-15.

[19] Tom Elvis Jedusor. Mimblewimble[EB/OL].(2016-07-19)[2022-02-12].https://docs.beam.mw/ Mimblewimble.pdf

[20] 徐恪,凌思通,李琦,吴波,沈蒙,张智超,姚苏,刘昕,李琳.基于区块链的网络安全体系结构与关键技术研究进展[J].计算机学报,2021,44(01):55-83.

[21] Matsumoto S, Reischuk R M. IKP: Turning a PKI around with decentralized automated incentives[C]. 2017 IEEE Symposium on Security and Privacy (SP). IEEE, 2017: 410-426.

[22] Chen J, Yao S, Yuan Q, et al. Certchain: Public and efficient certificate audit based on blockchain for tls connections[C]. IEEE INFOCOM 2018-IEEE Conference on Computer Communications. IEEE, 2018: 2060-2068.

[23] Kubilay M Y, Kiraz M S, Mantar H A. CertLedger: A new PKI model with Certificate Transparency based on blockchain[J]. Computers & Security, 2019, 85: 333-352.

[24] Fromknecht C, Velicanu D, Yakoubov S. A decentralized public key infrastructure with identity retention[EB/OL].(2014-11-11)[2022-02-12].https://eprint.iacr.org/2014/803.pdf

[25] Yakubov A, Shbair W, State R. BlockPGP: A blockchain-based framework for PGP key servers[C]. 2018 Sixth International Symposium on Computing and Networking Workshops (CANDARW). IEEE, 2018: 316-322.

[26] Ali M, Nelson J, Shea R, et al. Blockstack: A global naming and storage system secured by blockchains[C]. 2016 USENIX annual technical conference (USENIX ATC 16). 2016: 181-194.

[27] Ben-Sasson E, Chiesa A, Tromer E, et al. Succinct {Non-Interactive} Zero Knowledge for a von Neumann Architecture[C]. 23rd USENIX Security Symposium (USENIX Security 14). 2014: 781-796.

[28] Ben-Sasson E, Bentov I, Horesh Y, et al. Scalable, transparent, and post-quantum secure computational integrity[EB/OL].(2018-03-06)[2022-02-12].https://eprint.iacr.org/2018/046.pdf

[29] Chiesa A, Ojha D, Spooner N. Fractal: Post-quantum and transparent recursive proofs from holography[C]. Annual International Conference on the Theory and Applications of Cryptographic Techniques. Springer, 2020: 769-793.

[30] Bünz B, Fisch B, Szepieniec A. Transparent SNARKs from DARK compilers[C]. Annual International Conference on the Theory and Applications of Cryptographic Techniques. Springer, 2020: 677-706.

[31] Bowe S, Grigg J, Hopwood D. Recursive proof composition without a trusted setup[EB/OL]. (2019-09-11)[2022-02-12].https://eprint.iacr.org/2019/1021.pdf

[32] Chiesa A, Hu Y, Maller M, et al. Marlin: Preprocessing zksnarks with universal and updatable srs[C]. Annual International Conference on the Theory and Applications of Cryptographic Techniques. Springer, 2020: 738-768.

[33] Gabizon A, Williamson Z J, Ciobotaru O. Plonk: Permutations over lagrange-bases for oecumenical noninteractive arguments of knowledge[EB/OL].[2022-02-12].https://eprint.iacr.org/2019/953.pdf

[34] Bünz B, Bootle J, Boneh D, et al. Bulletproofs: Short proofs for confidential transactions and more[C]. 2018 IEEE Symposium on Security and Privacy (SP). IEEE, 2018: 315-334.

[35] Chen Y, Ma X, Tang C, et al. PGC: decentralized confidential payment system with auditability[C]. European Symposium on Research in Computer Security. Springer, 2020: 591-610.

[36] Gluchowski A. Zk rollup: scaling with zero-knowledge proofs[EB/OL].[2022-02-12].https://pandax-statics.oss-cn-shenzhen.aliyuncs.com/statics/1221233526992813.pdf

[37] Poon J, Dryja T. The bitcoin lightning network: Scalable off-chain instant payments[EB/OL].(2016-01-14)[2022-02-12].https://theblockchaintest.com/uploads/resources/NA%20-%20The%20Bitcoin%20Lightning%20Network-Scalable%20Off-Chain%20Instant%20Payments%20-%202016%20-%20Jan%20-%20Paper.pdf

供稿：　上海交通大学　　谷大武、龙宇
　　　　北京大学　　　　谢安明、高健博

3.2.6　区块链隐私保护关键技术

3.2.6.1　研究背景

区块链的公开透明性使得任一链上节点均可获取账本数据、合约代码等。现有以比特币、以太坊、Hyperledger Fabric为代表的区块链平台仅采用假名机制来保护用户隐私，即每个用户可以选择一个或多个独立于用户身份的假名进行交易。尽管区块链的假名机制和广播机制能在一定程度上保护用户隐私，然而攻击者仍然可以通过对网络通信、账本数据、合约代码等信息分析，结合社会工程攻击方式威胁到区块链用户隐私。总体而言，当前区块链隐私威胁来源主要包括：

●交易内容隐私。攻击者可通过分析交易内容获得用户隐私信息，如发送方地址、接收方地址、交易内容、交易金额、交易规律等。例如，Reid和Harrigan等[1]基于Nakamoto的多输入交易隶属于同一用户假设构建用户网络，进而得到比特币来源、流向、数量等隐私信息。

● 用户身份隐私。区块链地址生成过程独立于用户身份信息,具有一定的匿名性。然而,攻击者可以利用交易特征挖掘、地址聚类分析等手段推断出用户身份,如物理身份、IP 地址等。例如,Androulaki 等[2]利用模拟器产生的比特币交易数据,然后利用行为聚类技术挖掘出 40%的区块链地址对应的用户身份。Monaco 等[3]指出通过提取长期观察到比特币交易的特征信息有助于识别用户真实身份。

● 网络通信隐私。区块链是构建在对等网络基础之上,攻击者通过分析捕获的网络数据包、网络测量、行为分析等威胁节点隐私和通信内容隐私,如节点 IP 地址、节点间拓扑关系、通信流量模式等。例如,Koshy 等[4]基于所收集的 5 个月比特币客户端交易流量数据,通过提取区块链网络中消息的传播模式来推断比特币地址所对应的 IP 地址。Kim 等[5]开发了以太坊网络测量工具 NodeFinder,发现了更多以太坊网络节点并分析其属性特征。

● 智能合约隐私。智能合约本质上是运行在区块链上的一段计算机程序,攻击者可获得链上的合约代码、合约地址、状态参数、计算结果等隐私信息。例如,Kiffer 等[6]分析了以太坊合约拓扑结构,包括溯源合约创建者、分析合约调用关系、检测合约代码相似性等。

3.2.6.2 研究现状

目前区块链隐私保护主要集中于加密货币领域,涉及对交易内容、用户身份、合约代码、网络通信等涉及用户敏感信息的防护。

1. 身份隐私保护研究现状

当前区块链身份隐私保护主要采用混合技术,核心思想是模糊化交易来源和交易去向之间的链接关系,最早由 Chaum 提出并应用于电子邮件系统[7, 8]。现有混合技术可分为中心化混合技术和去中心化混合技术。

中心化混合技术主要通过第三方节点执行混合操作。考虑到第三方节点提供混合操作的可信性,Bonneau 等[8]提出的 Mixcoin 采用数字签名审计机制实现中心化混合,但无法保证第三方节点不泄露混合过程。Valenta 等[9]利用盲签名技术优化 Mixcoin,提出了一种混合过程隐匿并且具有可问责机制的 Blindcoin。Duffield 和 Diaz[10]提出的 Dash 通过设置部分主节点来执行混合过程,其中必须向系统支付一定的押金才能成为主节点,从而增加了主节点作恶代价。Heilman 等[11]提出的 TumbleBit 采用安全两方计算和零知识证明实现用户交易的不可链接性。总体而言,中心化混合技术存在单点失效、混合效率低、需要支付混合服务费等问题。

去中心化混合技术不需要第三方节点执行混合操作。Maxwell 等[12]最早提出的 CoinJoin 技术,通过将多笔交易合并成一笔 CoinJoin 交易实现交易输入和输出之间的不可链接性。Ruffing等[13]提出的CoinShuffle，通过匿名群组通信解决CoinJoin合并过程泄露问题。Ziegeldorf等[14]提出的CoinParty，利用ECDSA门限技术的安全多方计算实现部分失效或恶意节点存在情况下混合技术有效性，但存在较高计算开销。总体而言，去中心化混合技术能解决中心化混合技术所存在的单点失效、需要支付混合费用等问题，但仍然存在混合效率低、混合规模有限等问题。

2. 交易内容隐私保护研究进展

当前研究大都采用密码技术保护交易内容信息。Greg Maxwell最初提出保密交易（Confidential transactions）概念，其主要思想是用Pedersen承诺的方式将未花费交易输出（UTXO）数值替换为加密承诺，该加密承诺与某个用户（私钥）绑定，表示该用户持有加密承诺内包含的余额，但不必显示余额数值为多少，只有保密交易的接收者知道交易金额的具体数值。Pedersen承诺遵循加同态性质，支持验证交易内输入和与输出和相等，因此交易能在不知道交易金额的情况下得到验证。基于保密交易，Andrew Poelstra提出Mimblewimble协议，在MimbleWimble中没有任何明文表示的账户余额，链上只存储了加密承诺以及范围证明，同时它让区块链的历史交易具有更高压缩比率，网络上的历史交易记录更容易被下载、同步与验证。在Mimblewimble中，没有可识别或可重复使用的地址，所有交易都是随机数据，交易数据只有相关的参与者才能看到。Pedersen承诺加同态性质确保系统中货币供应总量可以在不可见的情况下不断被检验。

Saberhagen[15]利用环签名和隐蔽地址技术构造CryptoNote协议，解决交易中输入地址与输出地址的关联问题，但环签名中需加入其他用户公钥，相当于将真实交易隐藏在匿名集合中，当集合中存在恶意用户时，隐私会泄露，当集合较小时存在和账户混淆技术相同的问题。Miers等[16]提出一种基于零知识证明的隐私币Zerocoin，用于解决用户交易地址泄露的问题。零知识证明允许证明者在不向验证者提供任何有用的信息的情况下，使验证者相信某个论断是正确的。用户在获得Zerocoin时同时获得一次性随机序列号S，在支付时采用哈希算法将接收者的公钥与随机数r生成一个承诺C，用户将S和C广播至区块链上，同时通过零知识证明向矿工证明自己的序列号是真实且没有被使用过的。Zerocoin虽然能有效地保护用户匿名性和隐私性，但Zerocoin的零知识证明规模相对较大，需要消耗额外的区块链存储空间及计算资源。Sasson等[17]在Zerocoin的基础上利用简洁非交互零知识证明(zk-SNARK)构造了匿名支付协议Zerocash，实现了对交易双方身份和交易金额的隐私保护，是零币(ZCash)的核心协议。但是zk-SNARK技术需要在可信的环境下生成初始化参数，否则知道初始化参数的一方能随意生成货币，因此，Zcash生成初始化参数的方法受到广泛怀疑。另外，zk-SNARK技术生成证明的时间过长，需要消耗大量计算资源并占用较大内存，影响系统的效率，使交易的吞吐量受到限制。

3. 合约隐私保护研究进展

Kosba等[18]提出Hawk，一个提供隐私保护的智能合约系统，它提供的编译器能够把智能合约代码编译为区块链和用户之间的密码协议，从而保证合约数据的隐私性。Hawk在保证数据隐私的前提下，提供了编程友好的接口，并适用于不同的区块链及智能合约平台。除了密码学方法，可信执行环境（TEE）也是保护智能合约数据隐私的主要方式，Cheng等[19]提出将区块链计算和共识分割的机制：计算节点在线下的TEE环境中完成针对隐私数据的计算，并向区块链提供正确计算的证明；共识节点维护区块链账本，验证计算节点返回结果的正确性，共识节点不需要可信的执行环境，这样既降低了链上的负载和计算的延迟，又保证了计算的隐私性。

4. 网络通信隐私技术研究进展

网络通信隐私保护要求阻止攻击者监听或根据IP地址的方式推测出交易之间、交易与公钥地址之间的关系。洋葱路由（Onion Routing）是较为常见的匿名通信协议，通过对多层加密路由消息使得攻击者难以获得真实发送节点和接收节点的IP信息。为了解决洋葱路由难以抵御流量分析问题，大蒜路由（Garlic Routing）将传输的原始数据拆散为加密数据包，并通过多条隧道交叉疏散传递，抵御攻击者的流量分析攻击。此外，通道隔离机制在网络层面也可以实现一定程度的隐私保护，即从网络层面对数据进行隔离，保护数据只对通道内节点可见。通过对账本进行隔离，每个节点只处理并存储自己所在通道的数据，防止攻击者访问数据，保护用户隐私。

3.2.6.3 发展趋势

● 全方位多层次的链上隐私保护体系架构。区块链的隐私仍然存在诸多问题，如zk-SNARK技术需要可信初始化、保密交易效率低下、可信执行环境容易遭受侧信道攻击等。因此亟须探索新的区块链隐私保护技术，包括零知识证明、安全多方计算、同态加密等密码学理论与技术在区块链领域的应用；除此之外，应建立链上数据安全治理体系，包括敏感数据识别、数据分类分级、访问控制、安全审计；构建链上隐私保护框架，在数据、终端、应用、系统、网络、物理六个层面规划安全技术的应用和工具的部署，突出预警、保护、检测、响应、恢复、反击等六方面的安全策略和安全能力，实现全方位多层次的链上隐私保护。

● 去中心化的监管友好的区块链隐私准入系统。身份认证系统和身份隐私保护是一个问题的两个方面，必须统一地看待，因此需要研究区块链隐私准入系统的设计和实现方案。适用于区块链的准入系统关键需要注意去中心化和监管友好两个核心特征。去中心化是区块链的核心特征之一，适用于区块链的隐私准入系统也必须是去中心化的，即分布式身份准入系统。该方面重点需突破分布式CA构建、节点密钥安全托管、链级别自治方案和链权限控制方案。隐私保护方案应该面向监管，需要研究区块链系统的穿透式监管方案，该方面重点需突破隐私身份披露机制。

●适用于低功耗异构设备的隐私保护算法。目前能够兼顾保护身份隐私和监管需求的隐私保护方案的底层算法往往需要相当的计算和硬件资源。为了拓展区块链应用范围，需要进一步研究具有高效率低能耗的并且能够在各式异构设备上运行的相关算法。低功耗方面需要重点在基础密码算法的原理和工程优化方案两个方面进行研究突破。随着"区块链+"的推进与发展，参与区块链的角色开始涉及到轻量级终端设备、IOT设备等，这些设备往往是嵌入式设备，硬件资源受到较大限制。需要研究如何在硬件资源不足的边缘设备上实现兼顾隐私保护的身份认证机制，并且突破算法本身对随机数源有较高要求和嵌入式设备往往不能提供安全随机数源这一矛盾造成的实际应用上的阻碍。

参考文献

[1] Reid F, Harrigan M. An analysis of anonymity in the bitcoin system[M]. New York: Springer, 2013: 197-223.

[2] Androulaki E, Karame G O, Roeschlin M, et al. Evaluating user privacy in bitcoin[C]. International conference on financial cryptography and data security. Springer, 2013: 34-51.

[3] Monaco J V. Identifying bitcoin users by transaction behavior[C]. Biometric and surveillance technology for human and activity identification XII. International Society for Optics and Photonics, 2015, 9457: 945704.

[4] Koshy P, Koshy D, McDaniel P. An analysis of anonymity in bitcoin using p2p network traffic[C]. International Conference on Financial Cryptography and Data Security. Springer, 2014: 469-485.

[5] Kim S K, Ma Z, Murali S, et al. Measuring ethereum network peers[C]. Proceedings of the Internet Measurement Conference 2018, 2018: 91-104.

[6] Kiffer L, Levin D, Mislove A. Analyzing ethereum's contract topology[C]. Proceedings of the Internet Measurement Conference 2018, 2018: 494-499.

[7] Chaum D L. Untraceable electronic mail, return addresses, and digital pseudonyms[J]. Communications of the ACM, 1981, 24(2): 84-90.

[8] Bonneau J, Narayanan A, Miller A, et al. Mixcoin: Anonymity for bitcoin with accountable mixes[C]. International Conference on Financial Cryptography and Data Security. Springer, 2014: 486-504.

[9] Valenta L, Rowan B. Blindcoin: Blinded, accountable mixes for bitcoin[C]. International Conference on Financial Cryptography and Data Security. Springer, 2015: 112-126.

[10] Duffield E, Diaz D. Dash: A privacycentric cryptocurrency[EB/OL].[2012-02-12].https://www.securities.io/wp-content/uploads/2022/05/Dash.pdf

[11] Heilman E, Baldimtsi F, Alshenibr L, et al. TumbleBit: An Untrusted Tumbler for Bitcoin-Compatible Anonymous Payments[EB/OL].(2016-06-03)[2022-04-13].https://eprint.iacr.org/2016/575

[12] Ruffing T, Moreno-Sanchez P, Kate A. Coinshuffle: Practical decentralized coin mixing for bitcoin[C]. European Symposium on Research in Computer Security. Springer, 2014: 345-364.

[13] Ruffing T, Moreno-Sanchez P, Kate A. Coinshuffle: Practical decentralized coin mixing for bitcoin[C]. European Symposium on Research in Computer Security. Springer, 2014: 345-364.

[14] Ziegeldorf J H, Grossmann F, Henze M, et al. Coinparty: Secure multi-party mixing of bitcoins[C]. Proceedings of the 5th ACM Conference on Data and Application Security and Privacy, 2015: 75-86.

[15] Saberhagen N V. Cryptonote v 2.0 (2013)[J]. Citado, 2019, 2: 24.

[16] Miers I, Garman C, Green M, et al. Zerocoin: Anonymous distributed e-cash from bitcoin[C]. 2013 IEEE Symposium on Security and Privacy. IEEE, 2013: 397-411.

[17] Sasson E B, Chiesa A, Garman C, et al. Zerocash: Decentralized anonymous payments from bitcoin[C]. 2014 IEEE symposium on security and privacy. IEEE, 2014: 459-474.

[18] Kosba A, Miller A, Shi E, et al. Hawk: The blockchain model of cryptography and privacy-preserving smart contracts[C]. 2016 IEEE symposium on security and privacy (SP). IEEE, 2016: 839-858.

[19] Cheng R, Zhang F, Kos J, et al. Ekiden: A platform for confidentiality-preserving, trustworthy, and performant smart contracts[C]. 2019 IEEE European Symposium on Security and Privacy (EuroS&P). IEEE, 2019: 185-200.

供稿： 中央财经大学   朱建明、高胜
        杭州趣链科技有限公司   乔沛杨、胡麦芳

3.2.7 区块链监管监测关键技术

3.2.7.1 研究背景

区块链作为一种构建信任的新兴信息技术，正在演变为一场席卷全球的技术革命，随着区块链技术的广泛应用，产生的价值越来越高，所面临的安全问题也愈发凸显。总体看来，区块链面临四大安全风险：

一是信息内容安全风险。公有链正悄然成为新媒体的传播媒介，具备去中心化、不可篡改、不可删除、低成本的特点，若利用区块链平台传播政治有害信息、网络谣言和煽动性、攻击性信息，会给区块链技术的产业布局和发展带来不利影响。2018 年北大岳昕、疫苗之王、佳士工人维权等事件中，不法分子将不良信息写入以太坊平台交易的附言信息进行存储传播，暴露出其在信息内容安全方面的潜在风险。

二是技术安全风险。当前的区块链技术本身存在设计缺陷，应用生态发展也不够健全，用户使用不当也会导致安全问题。从 2016 年的以太坊"The DAO"事件开始，区块链安全事件层出不穷。根据国家区块链漏洞库的不完全统计显示，仅 2020 年一年区块链领域发生安全事件数量就高达 555 起，造成经济损失高达 179 亿美元，环比 2019 年增长了 130%。

三是货币主权风险。传统的数字货币（如比特币）缺乏内在价值，很难真正发挥货币功能。但 2019 年 6 月 18 日脸书（Facebook）发布天秤币（Libra）的白皮书之后，作为稳定币的 Libra 以主权货币作为基础的价值支持，有可能对各国金融稳定和货币政策产生影响，以及对于主权货币地位产生冲击。

四是经济安全风险。虚拟货币可能被用来进行洗钱和为暗网上的违法犯罪行为提供资金，或是利用 ICO、STO 等进行募资，扰乱国家金融秩序。

面对日益严重的区块链安全态势，区块链监管监测日益成为关注的重点，区块链监管的必要性已成为世界各国的共识。2016 年 8 月，世界经济论坛组织（The World Economic Forum，简称 WEF）发布研究报告《金融基础设施的未来》，认为"区块链将重塑未来金融服务"。该报告详细论述了区块链应用如何颠覆性创新金融服务，提出了"六个重要的发现"和"六个价值的所在"，强调了区块链技术将为金融领域带来颠覆性的变化，应该被看作是形成下一代金融服务基础设施的关键技术之一。该报告认为，区块链技术可以用于建立新的金融服务基础设施和流程，它可以实时监控监管机构和被监管实体之间的金融活动，并且有效提升监管效率。回顾区块链发展之路，与技术的突飞猛进相比，区块链监管监测无论是技术体系、工具平台或是配套机制的发展均相对滞后。首先是现有监管体系与区块链技术的不匹配。区块链去中心化、自我管理、集体维护等特性淡化了监管的影响，并对现行监管模式造成了冲击。区块链的隐私性、不可篡改性等技术特性与当前监管措施有着天然互斥性，区块链技术的弱中心化特性也使得现有法律层面的适用性问题开始凸显。其次，针对性的区块链法律和制度规范制定相对滞后。近年来鼓励区块链产业发展的政策如雨后春笋般涌现，但区块链领域的专业法律和制度规范依旧寥寥。如何制定既能有效监管区块链上的违法行为，又能不阻碍区块链技术创新的法律和制度规范成为各界关注的问题。

由此可见，完善的区块链监管监测体系是保障我国区块链产业良性发展的必备条件之一。加强区块链监管检测技术研究，一是需要完善和突破区块链监管监测技术体系，二是需要建设技术先进、功能完备的区块链监管监测平台。区块链监管监测相关的工具和平台是区块链监管监测技术的集成和直接体现，是区块链监管监测技术应用落地的前提，是我国区块链应用安全合规、可管可控运行的直接保障。当前，全球区块链基础平台和生态竞争加剧，我国亟须构建自主可控的区块链基础平台，同时配备相关区块链监管监测工具平台，发展与监管并重，形成具有国际竞争力的区块链技术生态，保障区块链产业健康发展。

3.2.7.2 研究现状

1. 国外监管监测现状

针对区块链的安全隐患，世界各国出台相关法律来弥补技术上的暂时瓶颈，截至 2020 年 10 月，已有超 130 个国家制定了区块链相关的政策法规。

美国注重区块链安全风险技术的应对。2014 年，《纽约金融服务法律法规》开始实施对比特币的监管，将比特币视为一种财产而非货币。2015 年，纽约金融服务部门（NYDFS）发布密码货币公司监管框架 BitLicence，同年美国商品期货委员会（CFTC）将比特币和其他密码货币合理定义为大宗商品。2016 年，美国货币监理署（OCC）发布其"责任创新框架"以监管正在研究区块链和其他金融技术的创业公司。2017 年，美国政府支持美国国土安全部（DHS）开展的加密货币跟踪、取证和分析工具开发项目。美国国家安全局（NSA）开发了名为MONKEYROCKET的比特币用户追踪和识别工具，监控通信内容并识别加密货币用户。2018 年 12 月，美国国土安全部计划设计一个监控匿名加密货币的新系统，重点监测门罗币以及Zerocash等强匿名性的加密货币。2020 年 3 月美国商品期货交易委员会（CFTC）通过了《数字资产零售商品交易的指引》明确了数字货币作为"实物交割"的情况，进一步确立了数字货币在期货交易中的合法性。此外，加拿大证券管理局（CSA）在 2020 年第一季度也发布了有关加密交易的新指南。

英国对于区块链的监管相对温和，其建立以技术监管为核心，法律监管为辅助的区块链监管新模式。2016 年 1 月，英国政府科学办公室发布了《分布式记账技术：超越区块链》研究报告，指出区块链技术中存在的硬件漏洞和软件缺陷可能带来网络安全和保密风险。2016 年 7 月，英国电信提交了"减轻区块链攻击"的专利申请，旨在建设能防止对区块链进行恶意攻击的安全系统。2018 年，英国政府宣布与金融市场行为监管局（FCA）和英格兰银行合作，探索比特币等加密货币带来的潜在风险。2018 年 7 月，英国金融监管局批准 11 家区块链和分布式账本技术公司接受"沙盒监管"。2019 年 1 月，FCA 发布《加密货币资产指南》文件，进一步明确监管对加密货币的态度，将它们纳入金融市场的监管。

此外，新加坡、俄罗斯、加拿大、韩国、日本等国也相继通过发布政策文件等不同举措，积极开展区块链技术研究，对于区块链的监管监测持有较为谨慎的态度。

2. 国内监管监测现状

2019 年 10 月 24 日，在十九届中央政治局第十八次集体学习时，习近平总书记强调"要加强对区块链技术的引导和规范，加强对区块链安全风险的研究和分析，密切跟踪发展动态，积极探索发展规律。要探索建立适应区块链技术机制的安全保障体系，引导和推动区块链开发者、平台运营者加强行业自律、落实安全责任。要把依法治网落实到区块链管理中，推动区块链安全有序发展"。[①]在这次讲话前后，国家七大部委相继对区块链技术的监管和运用区块链技术进行监管应用纳入了规划工作中。

我国的区块链监管实践主要集中在两个方面：一是面向区块链的信息内容安全风险，对区块链信息服务进行监管；二是面向区块链金融安全风险，对虚拟货币进行监管。

信息内容安全方面，中央网信办于 2019 年 1 月发布《区块链信息服务管理规定》（下称《规定》），从监管体系、监管对象、监管层级与行业规则等方面为区块链信息服务制定了相关规则并提供了法律依据。我国区块链监管的核心思路是实名制、备案制和设置监管节点，也即要求境内使用区块链网络服务的用户必须是实名制的、境内提供区块链网络服务的主体必须取得中央网信办的备案许可、境内运行的区块链网络服务系统必须设置监管节点。

《规定》的出台意味着我国对于区块链信息服务的"监管时代"正式来临，也

---

① 习近平在中央政治局第十八次集体学习时强调把区块链作为核心技术自主创新重要突破口加快推动区块链技术和产业创新发展 [N]. 人民日报，2019−10−26(1).

明确了中央网信办依据职责负责全国区块链信息服务的监督管理工作。截至 2020 年 12 月，网信办已累计收到区块链信息服务备案申请数量近 4000 项，公布四批共 1105 项区块链信息服务备案编号。在对区块链进行有效监管的同时，网信办也在尝试将区块链技术应用于安全风险管理业务，提升相关业务工作效率和安全。

金融安全方面，国家对于虚拟货币一直采取"强禁止"的监管态度。2013 年底中国人民银行会同其他部门发布了《关于防范比特币风险的通知》（银发〔2013〕289 号），明确了比特而是一种特定的虚拟商品，不具有与货币等同的法律地位，并限制金融机构和第三方支付机构对比特币定价、买卖比特币，要求强化对比特币的登记管理。

2016 年 6 月，中国互联网金融协会成立区块链研究工作组，该工作组主要负责深入研究区块链技术在金融领域的应用及影响，并密切关注创新带来的金融风险和监管问题，对区块链在金融领域应用的风险管理等监管问题进行研究。

2017 年 9 月，中国人民银行等七家机构联合发布了《关于防范代币发行融资风险的公告》，中国互联网金融协会发布《关于防范比特币等所谓"虚拟货币"风险的提示》，严格控制防范代币发行融资，降低数字资产市场风险，严格监管区块链在加密货币方面的应用。

2018 年 4 月，禁止央行监管的实体为任何个人和企业实体处理和提供虚拟货币的服务和结算。要求已经提供这类服务的，必须在一定期限内终止，不允许虚拟货币进入该国支付系统。

2019 年 11 月 14 日，中国人民银行上海总部互金整治办和上海市金融秘定联席办联合发布《关于开展虚拟货币交易场所摸排整治的通知》，对开展虚拟货币交易的场所进行摸排整治。主要摸排对象包括三个方面：一是在境内组织虚拟货币交易；二是以为"区块链应用场景落地"等为由，发行"XX 币""XX 链"等形式的虚拟货币，募集资金或比特币、以太币等虚拟货币；三是为注册在境外的 ICO 项目、虚拟货币交易平台等提供宣传、引流、代理买卖等服务。通知明确一旦发现有上述虚拟货币相关活动的互联网企业，立即报送市金融稳定联系办和人民银行上海总部，并督促企业立即整改退出。

3. 监管科技视角下区块链技术的演进

在监管科技的视角下，区块链的体系结构经历了对抗监管、接受监管、主动合规并应用于监管的三代演进。在区块链发展初期，以 Bitcoin 为代表的区块链加密货币利用匿名机制对抗监管。之后，Ethereum 等区块链平台出现，经历了从对抗监管到接受监管的变化。目前，Diem（原名 Libra）等区块链平台从设计之初就将主动合规作为重要的特性，并且越来越多的联盟链平台被应用在针对非区块链的传统金融服务的监管中。

（1）对抗监管

在比特币的设计中，比特币地址生成无须实名认证，并且通过地址不能对应出账户所有者的真实身份；比特币节点也不需要实名认证、没有准入限制，记账权完全由算力决定，并且比特币流转不受控制，监管部门不能对比特币的账户采取冻结账号、限制交易额度等监管强制措施。比特币的匿名机制为非法交易提供了保护，被大量地用于洗钱、恐怖主义融资等，对各国的金融安全造成了冲击。

（2）接受监管

以太坊平台早期也没有对账户身份进行识别，保持了账户的匿名性。为了满足监管部门的要求，提供满足监管要求的金融服务，以太坊社区逐渐从对抗监管转向接受监管。例如为了让企业能够在不违反美国证券交易委员会（U.S. Securities and Exchange Commission，简称 SEC）监管要求的基础上发行证券型代币（STO），以太坊社区提出了 ERC 1400 系列标准，通过智能合约的接口向监管机构提供必要的信息和功能，要求代币在转账之前需要通过指定函数的验证，企业可以通过这些函数实现 KYC、AML 等合规检查。

（3）主动合规并应用于监管

2019 年，Facebook 发起了加密货币项目 Libra，后于 2020 年 12 月更名为 Diem。Libra 一经推出就受到了美国监管部门的重点关注，2019 年 7，美国参议院和众议院先后举行了听证会。Libra 在设计上也充分考虑了合规问题，在项目初期就通过资产储备、独立管理、与瑞士监管机构合作等方式主动合规。在 2020 年 4 月发布的第二版白皮书中，Diem 协会又推出了更多的合规措施以回应监管疑虑。由于监管机构担心多币种代币可能会对货币主权和货币政策造成干扰，Diem 提出在多币种代币的基础上提供单币种稳定币，每一种单币种稳定币均由相应的资产储备作为等值担保。Diem 将建立可靠的合规管理框架，增强支付系统的安全性能，确保在遵从适用法律和规定的前提下，实现开放和普惠金融。

与此同时，各国监管部门也在探索将区块链技术应用在监管科技的场景中，以提高监管效率和效能。各国围绕区块链从监管科技的细分领域开展试验性创新，以局部试点的方式小范围突破，在股权交易管理、跨境支付监管等领域进行了探索应用。

4. 区块链监管监测技术发展现状

区块链涉及网络信息、金融、意识形态等多方面的安全风险，对监管能力提出了挑战。基于新兴信息技术的金融科技发展迅速，已广泛应用于社会经济发展过程中，而相应的监管科技相对滞后，总体而言，区块链监管监测技术仍处于研究的初期阶段。

由于智能合约安全事件和应用层安全事件频发，占比较大，因此当前针对区块链的安全监测技术主要集中在智能合约的漏洞挖掘、现实世界中各类骗局与欺诈的探测与识别，如对旁氏骗局的识别以及杀伤链攻击阶段的确定与发现[6]等。研究者们致力于将数据挖掘等人工智能技术应用于区块链系统，获得一些关于区块链系统中账户或者智能合约的规律，从而达到异常检测的目的，研究手段集中于从公链上获取相应数据后，对已知的恶意行为进行数据化对应，建立数据库并将恶意行为进行建模，最终使用机器学习和深度学习等方法对恶意行为进行训练，从而可以感知区块链上的攻击行为。然而，这些研究多针对于区块链中的某一类攻击进行研究与关注，目前还缺少鲁棒性较强的探测技术与工具。

在公链监管监测方面，研究人员主要针对虚拟货币（大部分为比特币和以太坊）进行监管监测。比特币监管监测方法一般有比特币追踪溯源和比特币交易分析这三个方面，其中比特币追踪溯源的常用方法有三种：网页爬虫技术、交易关联分析和网络层溯源。对于比特币的交易分析，由于比特币的公开透明特性，在大量收集交易信息并使用聚类技术后可对比特币的某些可疑大额交易进行追踪与分析，可防止洗钱的发生。对于以太坊的监管监测，研究人员主要采用人工智能的方法进行，对受众账户和合约代码进行特征提取并使用智能模型来检测异常行为。

我国在联盟链监管领域需求强烈，中央网信办提出"以链治链"思路，组织浙江大学、北京大学等单位开展了联盟链监管技术和系统研发工作。目前，我国在"以链治链"的区块链监管技术积累了部分实践基础，取得了初步成果。但总体上看，基于"以链治链"理念的区块链内容安全、生态安全、互联网信息服务安全等监管技术，其科学方法体系、核心架构体系、关键监管算法等方面总体上还处于起步阶段。以链治链是一个复杂的技术实现过程，还需要深入发展以及诸多关键技术的突破。

3.2.7.3 发展趋势

我国区块链的健康发展离不开对区块链监管监测技术的研究，本节从监管技术体系架构、监管沙盒技术、穿透式监管技术、嵌入式监管技术以及新型监管技术的角度提出对未来的研究方向及研究内容的构想。

1. 监管技术体系架构

依据我国区块链发展现状，我国区块链监管在体系架构方面表现出以下需求：

一是"以链治链"技术体系需要进一步研究和完善，实际部署过程中涉及的问题也需要考虑，包括：监管链的整体架构设计，各级监管部门如何参与链上节点的管理，各级监管链如何协作及数据共享、如何与现有监管系统兼容等；监管链和被监管链的耦合机制，包括监管数据的采集、处理与存储等。此外，"以链治链"不应局限于信息内容监管，如何建设覆盖内容安全、金融安全、系统安全等方面的完善的"以链治链"技术体系与系统平台，满足国家级监管需求，是需要进一步研究的问题。

二是监管对象呈现多样化和异构性，如公有链、联盟链等，同时，链上应用趋于多元化，形成复杂的生态。因此，需要研究覆盖多种区块链类别、技术体系、应用生态的完善的区块链监管监测技术体系，支撑对区块链信息内容安全风险、金融安全风险、货币主权风险及经济安全风险的全面监管和监测。

三是监管监测手段、平台功能性需要全面升级。首先，当前监管对象主动备案接入、定期巡检的监管方式灵活度较差，覆盖面不足，需要结合主动监管与被动监管相结合的方式，研究监管对象自动化发现机制，纳入监管监测范围，防范安全风险。其次，监管监测结果丰富度需要升级，监管监测不应针对区块链技术本身，应着眼于整个区块链生态，将区块链相关的各类主体、要素、相关人物、机构等纳入监管监测范围，形成区块链安全风险全生态、全景化视图，提升监管效能。

基于以上需求，在监管技术体系架构及分类方面提炼出的研究内容如下：

响应"以链治链，全面监管"的方针，继续深入研究"以链治链"体系下的各类科学问题，包括大规模异构监管网络架构设计、跨链协同机制、监管数据采集、处理、接入技术、区块链风险预警与处置等；针对监管对象的异构性、复杂性问题，研究针对公有链和联盟链的监管检测技术。公有链监管监测方面，突破公有链探测发现、公有链溯源及身份识别、公有链异常交易行为监测等关键技术；联盟链监管监测方面，突破联盟链全生态监管监测、穿透式监管监测等关键技术，实现对于监管策略与监管对象数据隐私的双向保护；针对监管监测手段自动化、智能化、精细化的需求，研究区块链生态监管监测技术，构建监管要素知识图谱，实现检测结果全景化、可视化。

2.监管沙盒技术

如何在区块链技术创新和区块链监管之间寻求平衡，是世界各国政府和金融监管者所面临的共同难题，监管沙盒模式给出了一种解决方案。"沙盒"一词取自英国金融行为监管局（FCA）最近制定的一项名为"监管沙盒"的倡议。FCA为在英国市场开展业务的金融科技公司创造了一个安全空间，这些公司可以在一种"柔性监管"的环境下测试新技术，但是一举一动都要受到监管部门的监督，若成功则推广至市场。可见，"沙盒"是一个小范围的技术测试环境，类似"试验区"模式。

沙盒提出的初衷是在国家监管的体系下鼓励创新，用科技来监管科技。现在监管沙盒已经进入了 2.0 阶段，分为制度监管与科技监管两种模式。

对于制度监管，政府在沙盒中应处于主导地位，需制定沙盒业务的流程和各项技术标准，并对测试项目给出评定意见，且制定的制度需要具备可扩展性，能满足随时间推移而不断迭代的需求。同时面对有争议的项目时，沙盒需要准确甄别其技术新颖程度与可行性。

对于科技监管，参与监管的主体仍然应该是政府，但提供监管技术则需要专业的技术公司进行支持。为避免监管评估的主观性，需引入透明化、科学化、系统化和客观化的测试评估工具，可按照区块链安全监测技术框架的各个层级进行评估工具的设计，辅助监管主体形成对被监管项目的评估报告。同时也需要建立完备的、可追溯的项目数据库，使沙盒中项目的测试结果具有准确性与透明性，做到有理有据，监管者可以自证清白，避免利益输送。

国内总体上对区块链技术的监管沙盒较少，在政策制定与技术创新方面力度较弱，故需加速探索区块链沙盒监管的研究，包括：构建区块链测试环境和测试平台，重点突破针对联盟链的封闭式评测技术；建立区块链监管沙盒或试验区，探索构建符合我国国情、与国际接轨的金融科技创新评测与监管工具，面向区块链等前沿技术在金融等热点领域的应用，研究制定监管规则，并在技术架构、安全管理、业务连续性等方面提出管理要求，在控制重要领域风险的前提下，给予创新和试错机会，并设计风险补偿和退出机制，实现监管科技与金融科技同步发展。

3. 穿透式监管技术

近年来，随着我国资产管理业务的快速发展与规模的不断攀升，业务类型开始横跨不同行业、不同市场与不同机构。然而，资管行业中却乱象丛生，诸如多重嵌套、杠杆叠加、明股实债、监管套利、非法从事资管业务等不断涌现，相关监管部门也存在难覆盖、难查核、难追溯等问题。

基于上述背景，"穿透式监管"的概念应运而生，具体是指透过金融产品的表面形态，看清金融业务和行为的实质，将资金来源、中间环节与最终投向穿透连接起来。监管机构可以看穿用户的账户，清楚掌握每一个账户的情况，以应对监管对数据的真实性、准确性和甄别业务性质等方面的要求。

目前，穿透式监管概念已由金融行业引申至通用的区块链监管领域，由于公有链缺乏相关的认证体制，故实现穿透式监管难度较大，而联盟链的接入具有身份强认证等特点，因此穿透式监管主要针对于联盟链。

因此，需要研究针对联盟链的穿透式监管技术，对部署于联盟链上的功能和接入联盟链的用户行为进行监管。研究针对联盟链平台的成员管理、认证、授权、监控、审计等安全管理机制，包括对异常状况的处理机制与跟踪惩罚机制；研究针对于多链联盟链的链间穿透机制，保证跨链的安全；研究穿透式监管技术与多种监管模式的结合，如中心式监管、分布式监管、"以链治链"式监管等。

4. 嵌入式监管技术

嵌入式监管技术是一种新型的区块链监管技术概念，即监管不再只是在后台监管系统上运行，而是融合在交易系统之上。嵌入式监管具备无盲点（每一笔交易都会被监管）、实时监管（实时交易实时发现）、无间隙（长年运行，无漏洞时间）等优势。

一般嵌入式监管的流程为：在进行交易时，交易信息首先达到交易监管系统，监管系统将对该笔交易的风险进行评估（如交易额、交易所风险、交易速度和相关人员信息等），若没有明显风险则该笔交易可以继续直至上链，若发现可能风险，则将触发监管系统的深度风险评估，在进行系统的自动化评估后形成相应评估报告，后决定是否阻止或中断该笔交易。

嵌入式监管的核心功能可以采用智能合约实现，如采用嵌入式监管智能合约来监管交易使用的智能合约，这样交易和交易监管都是由同一智能合约机制（也在同一系统）完成。同时，由于智能合约承载着各种业务与合规逻辑，甚至一个智能合约就代表一个业态，从某种意义上看，监管住智能合约，就把控住了运行在区块链上的业务生态。

嵌入式监管在国外某些机构得到运用，属于机密算法。我国需要研究我国国产的嵌入式监管算法，搭建速度快、精准度高且续航稳定的监管系统，以在数据量庞大的情况下对每笔交易实现实时风险评估与告警，实现嵌入式监管。

5. 新型监管技术

区块链融合了加密算法、点对点网络、共识机制、智能合约等信息技术，各项技术整体发展尚未完全成熟，使得区块链在算法、协议和应用等方面仍存在多种安全威胁，所以在这种大环境下对于区块链的监管，一方面，需要深入认识区块链技术，加强相关领域的政策监管；另一方面，需要引入新的监管技术、机构和机制。从行为、市场以及内容等角度进行全方位的监管，亟须研究具有鲁棒性的系统化区块链监管技术，能从区块链的不同技术角度出发，多维度进行监管，如研究多中心监管机制和分布式治理机制，研究区块链行为的相关性分析并结合网络流量分析，实现区块链的异常识别。

6. 面向监管与合规的编程语言

国外针对监管规则数字化问题的研究起步较早，研究人员通过设计编程语言描述法律文本，进而应用在信息系统和业务数据的合规检查等方面；我国目前针对这一问题的研究尚处于初步阶段，主要是利用语义挖掘、统计分类等方法分析裁判文书等数据，但对监管规则数字化的研究仍在探索。

RegLang 是一种为在区块链上编写基于规则的监管合约而设计的领域特定语言。为了便于监管专家将监管规则数字化，RegLang 在保证对监管规则具有充分的表达能力的基础上，被设计得尽可能简单，并在类型系统、内置函数、逻辑量词的支持方式等方面提高编写监管规则的便利性。RegLang 能够实现监管规则在智能合约中的有效表达，降低监管专家编写合约的复杂度和工作量，提升监管的透明性和穿透性，为区块链上监管规则的数字化以及监管科技的应用落地提供基础技术保障。

7. 监管评估体系

区块链的发展仍处于初级探索阶段，对其共识算法、激励机制、智能合约等的安全性评估尚不成体系，故亟须建立以技术参数为测度的监管评估体系。该体系的构建原则应满足：区块链上行为与数据是否合法合规、体系中的指标选取是否具有代表性与可操作性、区块链项目是否强调了区块链技术，而非只是拿区块链进行了包装、数据是否客观与评估方法是否科学等。在研究监管评估体系时应对评估对象进行合理分类，评估所使用的数据资料来源需客观、科学且透明，根据确定好的评估对象与客观透明的数据资料制定适应于对象数据的具体指标体系，最终形成完整的监管评估体系。

供稿： 中国科学院信息工程研究所 张潇丹、弭伟
北京大学 谢安明、高健博

3.2.8 智能合约与分布式应用软件关键技术

3.2.8.1 研究背景

一般认为，智能合约指能够自动执行合约条款的计算机程序，其概念由尼

克·萨博在 1996 年提出，具有事件驱动、价值转移、自动执行等特性。以常见的自动售货机为例，我们可以将其看作一种智能合约，具有以下特点：① 事件驱动：合约以投币等动作作为输入，触发其动作执行；② 价值转移：外部以钱币为输入，合约输出饮料、食品等商品，完成了价值的交换或转移；③ 自动执行：这一履约行为是完全自动的，不需要人在其中干预（投币动作除外）。

但在区块链技术出现之前，智能合约概念由于缺乏和现实世界进行可信交互的基础，尤其是缺乏和可信货币的交互，所以一直没有得到很大的发展。而自从 Vitalik Buterin 在以太坊中引入智能合约以来，两者特点相结合，使得区块链技术进入了一个新的可编程阶段，并开始成为新一代分布式应用平台；而智能合约也成为区块链技术体系中的核心和必备技术，得到了实践应用。

但是，智能合约的执行需要依赖一定的环境，如售货机这一"智能合约"依赖的就是机器，其执行的可靠性除了合约本身，还依赖于执行环境的可靠性，一旦执行环境出错，则合约的执行也将出错。仍然以售货机为例，如果自动售货机断电或者出现其他机器故障，那么投币后就无法获得商品。并且，可以人为地修改自动售货机的程序，使其免费出售商品等等。同时，一旦售货机程序被篡改，篡改的源头是往往无法追溯的，因为恶意篡改人已经掌握了整个机器的控制权。

因此，从计算机的角度，这是由智能合约执行所依赖的"中心化"环境导致的弊端：容易受到篡改、出错后难以追溯恢复等。区块链是一种能使多方间达成状态一致的有效手段，将智能合约应用到区块链上，能使得智能合约具备更高的可靠性。

例如，以太坊区块链设计中，在多个节点组成的点对点网络中，维护共同的区块链数据，通过区块链上的交易来进行智能合约的创建、调用、结束等操作。由于多个节点所维护的区块链状态是一致的，因此，多个节点上所运行的智能合约的过程和结果也是一致的。可见，相比于中心化的智能合约，基于区块链的智能合约具有去中心化、多方验证、难以篡改等优点，这些优点来自区块链，又解决了智能合约的中心化痛点，使其具有广泛的应用前景。

需要说明的是，区块链智能合约是一个较为宽泛的概念。在比特币中，每一笔交易所附带的脚本，在某种程度上，也可以被认为是智能合约，但其不是图灵完备的。因此，常见的区块链智能合约，一般指以太坊、Fabric 等平台中运行的图灵完备的智能合约。一般认为，区块链 1.0 与 2.0 的重要分界为是否支持图灵完备的智能合约。

基于区块链智能合约，开发者可以构建分布式应用软件（Decentralized

Application，DApp）。公有链中的 DApp 为数众多，多集中在代币发行、去中心化博彩、去中心化金融等领域。联盟链中，以 Hyperledger Fabric 为代表的联盟链平台，节点的加入和退出具有一定的准入机制，这样也保护了联盟中各方的商业秘密、提高了交易效率。联盟链因其监管的可操作性，在各地、各行业均有众多试点。比如，雄安新区通过雄安集团与银行等机构之间的联盟链，解决了基建项目分包商的融资难题。

咨询机构 Gartner 认为，智能合约是区块链技术体系中最不成熟的一部分，智能合约的脚本语言、工具、框架和方法目前都处于开发的早期阶段。因此，智能合约仍将是区块链下一阶段发展的关键技术挑战，其安全性研究也必将是区块链研究的重点方向。

3.2.8.2 研究现状

1. 智能合约编程语言

按照语言的设计目标，智能合约语言可分为智能合约专用编程语言和通用编程语言。其中，智能合约专用编程语言指专为区块链智能合约设计的高级语言；通用编程语言指被设计为各种应用领域服务的编程语言，而也能用于智能合约的编写开发。常见的智能合约语言及分类如表 3.2-1 所示。

表 3.2-1　智能合约语言及分类

分类	语言
智能合约专用编程语言	Solidity
	Vyper
	Yul
	Move
通用编程语言	Golang
	C++
	Java

Solidity 是一种用于实现智能合约的面向对象的高级语言。在设计的时候，Solidity 语法接近于 JavaScript，使得开发人员能快速上手。Solidity 语言是目前较为成熟、流行的智能合约语言。与传统意义上的计算机编程语言不同，Solidity 在初期设计时的目标是为了编写以太坊上的智能合约，因此有部分语法与以太坊的工作原理是高度耦合的。因此，Solidity 中具有一些特殊类型（如 address、event 等），一些特殊的关键字（如 payable、now 等），并需要结合以太坊智能合约的特性在编写过程中对变量进行具体存储位置的定义。

Vyper是一种应用于以太坊虚拟机上的面向合约的python风格的编程语言。Vyper代码编译成字节码后在EVM上运行。Vyper语言最主要的特点是简单和安全。它的出现主要是针对Solidity语言编写合约时难于阅读和安全性较差的问题，从语言层次上作出了一些改进和支持，并抛弃了Solidity中一些复杂的特性。它虽然使用python风格的语法，但其实际上是由Serpent语言升级而来。

Yul（也称为JULIA、IULIA）是一种可以编译到各种不同后端智能合约的中间语言。它已经可以用于Solidity内部的"内联汇编"，并且未来版本的Solidity编译器甚至会将Yul用作中间语言，为Yul构建高级的优化器阶段也将会很容易。Yul的核心组件是函数，代码块，变量，字面量，for循环，if条件语句，switch条件语句，表达式和变量赋值。Yul是强类型的，变量和字面量都需要通过前缀符号来指明类型。Yul本身甚至不提供操作符。

Move是一种新的编程语言，为Libra区块链提供安全、可编程的基础。Libra区块链中的账户作为容器，包含了任意数量的Move资源和Move模块。提交给Libra区块链的每个交易都使用Move编写的交易脚本来实现其逻辑。交易脚本可以通过调用模块声明的过程（procedures）来更新区块链的全局状态。

除了以上智能合约专用语言之外，开发人员还可以通过传统的通用编程语言进行智能合约开发。例如，在Hyperledger Fabric中，提供了通过Golang编写智能合约的方式；在FISCO-BCOS中，可以通过C++编写合约后编译为预编译合约；在Hyperchain中，提供了HVM。

为了提升智能合约的安全性，或便于针对特定的场景进行建模，研究人员也提出了一些面向区块链的智能合约编程语言。

为了解决智能合约的安全问题，研究人员提出了多种智能合约编程语言。Coblenz等提出了Obsidian，通过类型状态机和线性类型检查资产的状态操作，并通过权限系统确保别名（alias）的安全性和灵活性。Sergey等提出了Scilla，Scilla是一种函数式编程语言，通过类型检查保证智能合约内存和运算的安全性。但是Scilla是一种中间表示形式，而非高级语言，因此只能作为其他高级语言的编译目标，而非提供给智能合约开发人员直接使用。Schrans等提出了Flint，与Obsidian类似，Flint也使用了类型状态机来检查资产，并为资产类型提供了原子操作符，确保合约资产数据（合约中变量的值）与真实余额（Ether）的一致性。

针对金融等领域问题，一些研究人员设计了领域特定语言，在区块链上实现金融合约。Digital Asset设计了一种用于描述可组合的分布式业务工作流的智能合约编程语言DAML，并在澳大利亚证券交易所的结算系统中进行了应用。Findel

是一种说明式的DSL，便于将金融衍生品的合同翻译为智能合约，并通过以太坊合约对Findel合约进行管理。Seijas等提出了面向金融合约设计的智能合约编程语言 Marlowe，该语言能够通过Isabelle定理证明器进行形式化验证，确保资金的安全性。Bartoletti 等提出了BitML，用于在比特币平台上编写智能合约，能够在不依赖于可信第三方的情况下保障两方按照合约要求完成转账。另外，Ciatto 等和Idelberger等也提出了在区块链上利用逻辑编程语言编写智能合约的设想，通过逻辑编程语言编写智能合约，能够提高法律文本与智能合约代码的一致性，并提高智能合约代码的可读性和智能合约行为的可控性。

2. 智能合约架构

由于智能合约的研究和应用尚处早期阶段，智能合约在业内尚未形成公认的定义和架构。部分学者尝试提出智能合约架构的理想模型，能够囊括智能合约生命周期的关键技术并对技术体系的关键要素进行划分。

欧阳丽炜等（2019）提出智能合约的基础架构理想模型，如图 3.2-1 所示，模型自底向上由基础设施层、合约层、运维层、智能层、表现层和应用层组成。

图 3.2-1　智能合约的基础架构理想模型

基础设施层封装了支持智能合约及衍生应用实现的所有基础设施，包括分布式账本及其关键技术、开发环境和可信数据源等，该层基础设施的选择某种程度上影响智能合约的设计模式和合约属性。合约层作为智能合约的静态数据库，封装了智能合约的调用、执行和通信规则，包括各方一致的合约条款、代码化后的情景—应对型规则和交互准则等。运维层封装了一系列对合约层中静态合约数据的动态操作，如机制设计、形式化验证、安全性检查、维护更新、自毁等，是保证智能合约能够按照设计者意愿正确、安全、高效运行的关键。智能层封装了各类智能算法，包括感知、推理、学习、决策和社交等，使智能合约实现智能性；表现层封装了智能合约在实际应用中的各类具体表现形式，包括去中心化应用（Dapp）、去中心化自治组织（DAO）、去中心化自治企业（DAC）和去中心化自治社会（DAS）等。应用层：封装了智能合约及其表现形式的具体应用领域。理论上，区块链及智能合约可应用于各行各业，金融、物联网、医疗、供应链等均是典型的应用领域。

此外，部分学者对智能合约的基本架构做出不同的划分。贺海武等（2018）提出区块链智能合约包含数据层、传输层、智能合约主体、验证层、执行层以及合约之上的应用层这6个要素。魏昂等（2020）将区块链智能合约分为基础设施层、传输层、合约层、维护层、执行层以及应用层。基础设施层包括基础数据账本、共识算法、基础运行环境等，它们是智能合约运行的必要基础。传输层则封装了用于支持账本数据通信、传输的协议。合约层包含了合约文件、合约代码、应对准则等内容。维护层主要包含对合约代码进行形式化验证、检测审计、升级维护、运行废止等。执行层主要封装了智能合约运行环境的相关软件。应用层则相对智能合约在各领域应用，它主要是为智能合约与其他计算机应用程序通信服务的。

3. 智能合约执行引擎

下面介绍智能合约执行引擎分类及典型实现，以及常见的智能合约执行引擎优化机制。

（1）执行引擎分类及典型实现

智能合约需要在各个区块链共识节点中进行独立执行，因此，执行引擎需要考虑到底层执行系统、硬件的不同，进而需要屏蔽底层系统平台不同带来的差异，使得智能合约在多个节点的执行结果能够达成一致。因此，许多智能合约，如表3.2-2为智能合约执行引擎分类及典型实现，总体上分为虚拟机类以及系统原生类。

表 3.2-2　智能合约执行引擎分类

分类	执行引擎	代表平台
虚拟机	以太坊虚拟机	以太坊
	Move虚拟机	Diem(Libra)
	WebAssembly	EOSIO
	Java虚拟机	Hyperchain
系统原生	容器	Hyperledger Fabric
	预编译	FISCO-BCOS

以太坊虚拟机（Ethereum Virtual Machine）是以太坊引入的用于自身区块链合约执行的环境。EVM是一个256位的栈虚拟机。其中，256位指的是执行过程中的数据宽度是256位，相比之下普通的x86或者ARM架构通常是32位或者64位；而栈虚拟机的意思是指EVM的执行流程基于一个栈结构，所有的指令都是操作栈顶的数据。通常来说，开发者会使用类似于Solidity或者Vyper这些上层的高级语言来编写智能合约的代码，然后将其编译成EVM能够识别的机器码指令，最后才能够在以太坊的平台上使用EVM执行。

Move虚拟机（MoveVM）是具有静态类型系统的堆栈机。MoveVM从几个方面来约束Move语言规范，包括混合文件格式、验证和运行时的约束。文件格式的结构允许定义模块，类型（资源和非限制类型）和函数。代码通过字节码指令表示，字节码指令可以引用外部函数和类型。文件格式还强加了语言的某些不确定量，例如opaque类型和私有字段。MoveVM是Facebook发起的Libra项目的用于自身区块链平台的执行虚拟机，由Move语言编写源代码编译为MoveIR后在MoveVM中执行。

WebAssembly（又名Wasm）是一个Web标准，为基于堆栈的VM指定二进制指令格式，它可以在现代Web浏览器和其他环境中运行。WebAssembly有一套完整的语义，实际上Wasm是体积小且加载快的二进制格式，其目标就是充分发挥硬件能力以达到原生执行效率。EOSIO智能合约可以用C++编写，然后将其编译为Wasm并在EOS虚拟机（EOS VM）中执行。

Java虚拟机被广泛应用在各类计算机应用软件中。Hyperchain研发了支持Java语言的智能合约执行引擎HVM（HyperVM），在保证智能合约执行的安全性、确定性、可终止性的前提下，提供了一系列灵活应用模式、工具方法集，以满足复杂多样的业务场景需求。为了符合Java软件开发者的习惯，使其无须感知区块链底层KV结构即可编写相应业务逻辑代码，HVM设计了符合Java编写范式的数据结构：HyperMap和HyperList。

以上为主流的智能合约的虚拟机类执行引擎，除此之外，智能合约也可以被编译为系统二进制码，具有更高的执行效率，如容器技术和预编译合约。

容器技术被用于执行Hyperledger Fabric的智能合约。在Fabric中，智能合约也称为链码（chaincode），分为用户链码和系统链码。系统链码用来实现系统层面的功能，包括系统的配置，用户链码的部署、升级，用户交易的签名和验证策略等；用户链码用于实现用户的应用功能，开发者编写链码应用程序并将其部署到区块链网络上，终端用户通过与网络节点交互的客户端应用程序调用链码。

预编译合约指通过编译为机器码的方式部署到区块链上的智能合约。在以太坊区块链的实现中，已经内置了多个预编译智能合约，由客户端开发者编写。而对普通用户而言，FISCO BCOS 2.0提出了一套预编译合约框架，允许用户使用C++来写智能合约。由于不进入虚拟机执行，预编译合约可以获得更高的性能，适用于合约逻辑简单但调用频繁或者合约逻辑固定而计算量大的场景。

（2）执行引擎优化机制

结合可信执行环境。蚂蚁区块链通过结合可信执行环境（TEE的方式优化合约的隐私性。区块链硬件隐私方案的核心由数据加密传输协议、数据加密存储协议、远程认证及密钥协商协议和一个基于TEE的智能合约引擎组成，能够同时处理机密和非机密交易，最大限度保证用户数据隐私需求，同时最小化数据隐私带来的开销。例如，联盟链场景中，参与企业需要保护自己核心数据的同时，还需要不同程度上对企业或者联盟的公开数据进行共享，公开与隐私数据相辅相成构成企业数据的价值流转平台。

并行执行。FISCO-BCOS提供了可并行合约开发框架，开发者按照框架规范编写的合约，能够被FISCO BCOS节点并行地执行。并行合约的优势之一是高吞吐，多笔独立交易同时被执行，能最大限度利用机器的CPU资源，从而拥有较高的TPS。其次，可以通过提高机器的配置来提升交易执行的性能，以支持不断扩大业务规模。

分层调用模式。鉴于智能合约升级代价极高，HVM提供了更为灵活的分层合约调用方式：业务调用层可以灵活地定义丰富的业务逻辑，可以在不更新合约的情况下更新业务逻辑，合约层只实现最核心、最基本的原子操作。以转账场景为例，合约层只有增加余额和减少余额的方法，在调用层定义转账的逻辑：如余额是否充足、减少转让方余额和增加接收方余额。同时，HVM保证了调用层逻辑的原子性，从而保证了业务应用的可用性和可靠性。

安全沙盒和计步器机制。HVM 通过安全沙盒模式和计步器机制保证智能合约的确定性和可终止性。确定性是指一段程序在不同的计算机、或者在同一台计算机上的不同时刻多次运行，最终执行结果都是一致的。可终止性是指一段程序能在有限时间内结束运行。区块链系统需要保证分布式账本的强一致性，因此执行引擎需要有完善的机制保证最终执行结果的可确定性。HVM 采用安全沙盒模式以及计步器机制保证智能合约的确定性和可终止性。很多区块链平台采用计时器也即超时机制保证合约的可终止性，但是在分布式系统中，节点的执行时长受限于每个节点自身性能和负载，因此不同的节点往往超时时间并不一样，导致最终执行结果的不一致性，大大降低系统可用性。

资源隔离。HVM 通过禁用如 IO 访问、系统调用等不确定的系统操作来保障合约执行环境的安全性。同时通过计步器机制，HVM 的每一步执行指令和资源申请都需要消耗相应的 Gas，使得相同的操作集合最终消耗的 Gas 值一致，从而保证了所有的执行不会受到服务器性能的影响，最终执行结果是确定一致的。

4. 智能合约安全

对智能合约的安全研究主要集中在漏洞分类及防范措施、漏洞检测发现两个方面。在漏洞分类及防范措施方面，韩璇等认为智能合约的安全漏洞按照生命周期可分为编写安全和运行安全两类；Nicola Atzei 等从三个层次来展开分析智能合约漏洞：合约代码逻辑漏洞、虚拟机安全性以及区块链运行状态安全性；Luu, L. 和 NCC Group 等将典型的智能合约漏洞分为可重入攻击、整数溢出、交易顺序依赖、未检查返回值、时间戳依赖和短地址攻击等，并针对性地给出防范建议。倪向东等（2020）提出智能合约的安全漏洞主要来自于高级语言、虚拟机和区块链三个层面，常见的漏洞见表 3.2-3。

表 3.2-3　威胁模型与安全漏洞

威胁层面	安全漏洞
高级语言层面	变量覆盖、整数溢出、未校验返回值、任意地址写入、拒绝服务、资产冻结、未初始化变量、影子变量
虚拟机层面	重入、代码注入、短地址攻击、不一致性攻击
区块链层面	时间戳依赖、条件竞争、随机性不足

在漏洞检测发现技术方面，主要有形式化分析、静态分析、模糊测试、符号执行和污点分析等技术。形式化验证通常被用于检测合约是否满足程序设计人员

预定义的安全属性，但目前的研究工作大多自动化程度相对较低，且检测出的漏洞并不一定存在可达的执行路径。典型研究方案有 ZEUS、Securify、VexX、Scavt。模糊测试是一种较为高效的软件分析技术，核心思想是为程序提供大量测试样例，可以被用于有效地挖掘智能合约安全漏洞，但还面临着无法自动化测试无源码或无调用接口信息的合约、调用序列的有效性差、漏洞检测精确度低等挑战。符号执行是一种传统的自动化漏洞挖掘技术，也是目前智能合约漏洞挖掘的主流方案，但分析多层深度的调用序列时状态空间爆炸的问题难以解决。典型工具有 Oyente、Osiris、Mythril、Manticore。

典型的研究包括：Bhargavan 等通过将合约源码和字节码转化成函数编程语言 F*，实现了对以太坊智能合约运行安全性和功能正确性的分析验证；Park D. 等提出了一个以太坊虚拟机字节码的形式化验证工具，并已用于验证包括 ERC20 令牌、Ethereum Casper 和 DappHub MakerDAO 等在内的各种智能合约；P. Tsankov 等设计了静态分析技术工具 Securify 来检测以太坊智能合约的漏洞，该工具通过定义合规模式和违规模式来检测漏洞；Bo Jiang 等提出使用模糊测试技术来检测以太坊上的智能合约，该测试框架 ContractFuzzer 可以检测出 gas 耗尽终止、异常处理混乱、重入、时间戳依赖等漏洞，特别地，该框架可以检测出 The DAO 事件的漏洞；Michael Rodler 等基于动态污点分析技术提出一种以太坊智能合约漏洞检测工具 Sereum，可以在运行时监控到重入攻击，并可阻止交易生效。

3.2.8.3 发展趋势

区块链 2.0 是智能合约时代，可适应未来更复杂的应用场景和更高级的功能需求，在金融和社会系统中将具有广泛的应用前景；同时，基于智能合约的其他高级应用也具备蓬勃的发展潜力。

目前学术界围绕智能合约的理论成果涉及智能合约语言、基础架构模型、运行机制、应用领域、合约漏洞等进行了梳理和完善。但作为一种快速发展的新兴技术，智能合约在基础理论和技术研究方面尚处于起步阶段，在运行机制、模型框架、软件系统等方面尚未形成统一的技术标准与成熟的技术方案，在法律、性能、智能、安全等方面面临诸多挑战。

1. 新型智能合约执行引擎

研究新型智能合约执行以提升智能合约的性能、可靠性、隐私性，包括：

① 扁平化状态。研究采用扁平化的智能合约状态存储，减小智能合约执行对磁盘随机读写次数的需求，提升智能合约执行性能。

② 状态与计算分离。研究将智能合约的状态存储与计算分离到不同的计算单

元或物理机器上，提升智能合约的可扩展性。

③ 高效并行化执行。研究针对热点账户的智能合约并行化执行方法，研究适用于智能合约交易的新型确定性并发控制算法，进一步提升智能合约并行执行的效率。

2. 智能合约安全保障技术

研究新的智能合约安全保障技术，包括：

① 提升智能合约形式化验证技术的自动化程度，提升形式化验证用于智能合约的准确率，拓宽形式化验证适用的智能合约范围。

② 改善智能合约模糊测试方法，采用静态分析与模糊测试相结合的方式，提升模糊测试中测试用例的质量。

③ 提升符号执行的效率，针对符号执行存在的路径爆炸等问题，结合数据流、状态依赖关系等进行路径剪枝，缩短安全检测时间。

④ 结合深度学习模型提升智能合约安全检测的准确率，融合专家规则提升深度学习在检测智能合约安全问题时的可解释性。

3. 区块链应用自动化合规测试

区块链应用自动化合规测试方法的研究目标是提出一种自动化方法自动生成和排序测试用例，使这些测试用例能够更好地对区块链应用代码进行覆盖，以便发现区块链应用的合规性问题。

现有的智能合约测试方法不考虑区块链应用的前端代码，而是直接根据智能合约的 ABI 生成测试用例，对智能合约进行测试。但是，区块链应用是否合规需要将整个区块链应用作为一个整体，而不是只判断业务合约是否合规。特别是在联盟链应用中，用户的行为一般是受限的，不能随意调用全部的智能合约。区块链应用的访问控制等逻辑功能既有可能通过业务合约代码实现，也有可能出现在前端代码中。因此，只对智能合约进行测试不能够满足区块链应用合规测试的需求，自动化合规算法需要分析区块链应用中浏览器与区块链的交互关系，将区块链应用作为一个整体来探索其输入空间。

自动化合规算法应当主要解决区块链应用合规测试中的浏览器与区块链的交互问题，业务合约的单函数覆盖问题，以及业务合约的跨函数覆盖问题。为了解决这些问题，北京大学区块链研究团队提出了一种区块链应用自动化合规测试方法 AutoKaya，通过交互关系探索和测试用例生成两个阶段生成测试用例。在生成测试用例之前，AutoKaya 首先需要对区块链应用前端页面中的浏览器事件进行分析，确定哪些事件是有意义的，能够作为测试用例中浏览器事件的候选项。

AutoKaya 生成的每个测试用例中包含一个由若干个输入相关事件和一个事务相关事件所构成的浏览器事件序列，即确定页面中每个可输入组件的输入内容后，再发起业务合约事务。进一步地，AutoKaya 在测试用例生成算法中使用两种反馈机制解决智能合约中的单函数覆盖问题和跨函数覆盖问题，实验表明相比于其他测试方法，AutoKaya 在区块链应用合规测试中能够对区块链应用代码实现更好的覆盖，并且适用于大部分的区块链应用。

4. 智能合约与法律合约

传统合约向智能合约的转化中存在意思表示真实性不足、存在不可预见情形、难以追责、缺乏事后救济等问题，很长一段时间内，智能合约将会与传统合约互为补充。传统合约需应对智能合约催生的新型法律应用场景，对现行法律进行补充调整；智能合约则需逐步深入对法律法规的理解，逐步减少翻译误差。目前法律合约与智能合约的研究主要涉及：如何由法律合约生成智能合约代码并保证其一致性；如何验证法律合约和智能合约代码的一致性。这两个问题将成为智能合约未来研究热点。

5. 智能合约的性能提升

现行的区块链系统中，智能合约是按顺序串行执行的，每秒可执行的合约数非常有限且不能够兼容流行的多核和集群架构，难以满足广泛虚用的需求。受区块链系统本身性能限制，智能合约无法处理复杂逻辑和高吞吐量数据，执行性能和数据处理能力不高。如何协调去中心化、低能耗、安全三者之间的关系，仍有待进一步的研究。

6. 面向智能合约的隐私与监管

智能合约风险管理和危机应对场景尚不完善。目前智能合约的隐私保护是基于非对称密码学的原理，具有很高的安全性，但随着数学研究和量子计算机技术的进一步发展，未来非对称加密算法存在被破解的可能，在隐私方面仍然存在薄弱环节。随着反匿名身份甄别技术的发展，智能合约用户的匿名性将难以保证。其次，区块链上的数据通常是公开透明的，通过各种数据挖掘技术，可以发现很多地址的互相关系，一旦真实身份泄露，用户的所有信息都将公开。在未来智能合约发展中，如何兼顾隐私保护和监管至关重要，也是需要重点研究的方向。

7. 智能合约的智能性

目前的智能合约并不具备真正意义上的智能性，未来 IF–THEN 的合约模式将会被 WHAT–THEN 模式所取代，随着以深度学习、认知计算为代表的人工智能技术的发展，智能合约技术的主要发展趋势是由自动化向智能化方向演化，将逐步具备感知、学习、推理等传统意义的智能，最终实现可全面观察、可主动控制、可精确预测的可信社会系统。更智能化的合约将会为分布式网络带来更大的负担，如计算资源和存储资源，这些都将是未来智能合约发展面临的难题。

袁勇和王飞跃提出了平行区块链的概念框架、基础理论和研究方法体系，平行区块链致力于通过实际区块链系统与人工区块链系统的平行互动与协同演化，实现描述、预测、引导相结合的区块链系统管理与决策。ACP方法可以自然地与区块链及其智能合约相结合，实现智能合约驱动的平行组织。利用平行智能理论和ACP方法构建的区块链平行安全理论是指导区块链安全决策的新型理论范式，对未来智能合约的发展也有重要的借鉴意义。

供稿：　中山大学　　　　　　　　　　郑子彬
　　　　北京大学　　　　　　　　　　谢安明、高健博
　　　　中国科学院信息工程研究所　　张潇丹、弭伟

3.2.9 链上链下数据协同技术

3.2.9.1 研究背景

为了实现区块链大规模应用，最重要应该解决链上链下协同问题，实现区块链与已有数据平台、技术平台、业务系统快速联通对接。从功能层面来看，区块链是公开透明的全冗余网络架构，链上数据公开透明，隐私性相对较差；从性能层面来看，区块链通过数据冗余存储保证数据的安全可信，数据存储代价较高，更适合小数据量的存储和传输；从安全层面来看，区块链网络内部是高可信环境，但当区块链与外界其他系统数据进行交互时，链外数据如何保证安全可靠与链上交互也是亟待解决的问题。

当区块链需要与链外的数据做交互时，需要对数据的大小、类型、真实性等进行校验，才能够保证系统整体的安全可信。在实际场景中，更多的数据是文本、图片、音视频文件等复杂多样化数据类型，区块链并不适合对这些数据进行有效识别、处理以及存储。链上链下数据协作是一个涉及数据采集、存储、转移和使用完整生命周期的综合性工程。其中首要解决的是数据安全问题，需要从数据采集开始，到数据使用结束，对数据进行全生命周期的安全防护。利用分布式存储和可信存储证明技术，建立链下数据安全存储层，提升数据存储的高可用性；研究基于预言机的链上链下可信交互关键技术，有效协同链下采集的可信数据与链上多方信任数据；除此之外，通过可验证计算技术，将大量复杂数据计算过程移

至链下计算层，链上承担可信计算验证功能，增强区块链数据处理能力。

3.2.9.2 研究现状

链上链下协同平台涵盖面较广，暂未形成完善全面的服务平台，现有平台往往着眼于某一个具体领域或方向开展研究，例如预言机技术、可信存储技术以及可验证计算技术。

预言机（Oracle）技术是链上获取链下数据的核心机制。当区块链上的某个智能合约有数据交互需求时，可通过预言机收集链下数据，经预言机验证后的数据传输回链上智能合约。预言机提供一种可信获取外部数据的方式，实现区块链智能合约和外部系统可信互联。中心化的预言机存在单一信任主体导致的安全风险，针对这一问题业界提出了去中心化预言机技术方案，例如适用于以太坊的去中心化预言机平台Chainlink，通过奖惩机制和聚合模型的方式，链接链上智能合约和链下的数据节点。Chainlink提供分布式数据源（Distributing Sources）、分布式预言机（Distributing Oracles）、使用可信硬件（Use of Trusted Hardware）三种技术方案。目前预言机技术解决了链上获取链下可信数据源的问题，但是功能单一，性能较差，采用可信硬件的方式虽然解决了性能瓶颈，但也附带了硬件强依赖问题。

可信存储技术将数据存储在链下，同时提供可信的存储证明，解决链上存储容量有限、存储代价高的问题。例如Filecoin提供数据文件存储服务，为了保证存储文件不被恶意篡改、删除，存储服务需要提供文件的PoS存储证明（Proof of Storage），其中PoS存储证明包括PoSpace空间证明（Proof of Space）、对于特定文件的PoRet可检索证明（Proof-of-Retrievability）和PDP持有证明（Provable Data PoSession）、对于特定备份的PoRep复制证明（Proof of Replication）、连续时间持有的PoSt时空证明（Proof of Spacetime）。可信存储技术有效地解决了链下数据存储的真实性问题，但是存储证明算法需要传输大量的存储证明，存在带宽消耗大的问题，同时对存储证明进行计算验证，会导致CPU消耗过高，因此需要研究高效可信存储证明技术。

可验证计算（Verifiable Computation，VC）是一套以链下计算–链上验证为核心思想，并通过零知识证明或可信计算环境等技术手段保证链下计算正确性的链上链下协同方案。智能合约拓展了区块链的应用场景，同时也引入了链上链下数据隔离、单节点计算性能瓶颈和合约数据隐私等问题。传统智能合约计算部分在链上进行，并通过比对各节点计算结果保证正确性，而通过可验证计算，可以实现链上计算结果快速验证，从而解决上述问题。目前业界已有区块链平台进行

VC技术方案的验证。以ZoKrates、Circom为代表的方案旨在解决链下隐私数据在链上的应用问题，该方案依托于零知识证明技术，让隐私数据仅在链下参与计算并将计算结果和正确性证明上链，从而达到了数据可用不可见的效果，保护了数据的同时共享了数据的价值。另外，以ZkSync为代表的项目已形成一套较为完整的Layer2 ZkRollup的区块链扩展方案，主要解决区块链的计算和存储扩展性问题。其原理是将同一批次的交易在链下压缩为一份零知识证明，链上快速验证通过该证明即可接受整个批次内的所有交易，通过该种链上链下协同技术可以使区块链吞吐量得到数量级的提升。但是目前VC的发展仍然面临不少问题，例如业界对基于可信计算环境的技术方案研究实现较少；扩容方案中的链下节点作为交易汇总的角色，面临单点故障风险和中心化问题等，这些问题都需要进一步的研究和探索。

整体来看，链上链下协同平台是区块链实现落地的重要研究方向之一，作为区块链技术生态研究重点，通过区块链预言机、可信存储、可验证计算等技术相结合，实现链上链下信息安全交互，当前未有全面完善的链上链下协同平台，亟待进一步研究及推广。

3.2.9.3 发展趋势

研究链上链下协同平台关键在于研究链上智能合约和链下可信服务的协同，以区块链智能合约为核心，赋予智能合约与链下可信服务交互能力，全面增强区块链智能合约业务处理能力，其中链下可信服务需突破链下可信存储、链下可验证计算等难点问题。研究链下可信存储解决区块链链上存储容量有限、存储代价高的问题，通过结合链下可验证计算，有效地解决区块链上数据多样性、可扩展性和隐私安全的问题，扩大区块链的应用范围。

研究高性能可编程计算引擎，增强区块链智能合约与链下可信服务交互能力，突破区块链上数据有限、智能合约对复杂业务的处理能力弱的瓶颈。通过智能合约与链下可信服务高效协同，增强链上智能合约处理能力，充分发挥链下存储及计算的优势，结合区块链公开、透明、不可篡改的特点，优势互补，有效地解决区块链数据多样性和可扩展性的问题。同时，研究高性能的计算引擎解决链上智能合约执行效率低的问题，为区块链智能合约开发复杂的业务应用提供保证。

为了解决区块链存储容量有限、存储代价高的问题，重点研究链下大规模的分布式可信存储系统，突破区块链存储容量上限，区块链存储核心数据，并锚定链上存储和链下存储的数据，保证链下存储数据难以篡改，同时提升区块链性能。研究高效的数据存储证明技术保证链下数据存储可信，重点突破CPU低负载、带宽低占用情况下的高效存储证明技术。

研究国产自主可控的可信执行环境，通过可信硬件的方式保障链上链下交互过程的安全，基于可信执行环境提供链下的可信服务，保障链上链下交互的安全。同时可信执行环境也可以作为实现链下可验证计算的技术手段，该技术手段相比基于密码学的隐私计算技术在执行效率上有大幅度提升，且支持的计算类型更加丰富。研究全面国产化的可信执行环境可以打破国外在该领域的技术壁垒。

重点研究高效率的可验证计算技术，保障链下计算的真实性与隐私性，在计算结果产生的同时，提供数据计算证明，并在链上快速验证。另外，结合链下可信存储和链下可验证计算打通链上链下数据，增强区块链智能合约链上链下协同能力，支撑链上智能合约处理复杂数据与业务逻辑，构建可信数据基础设施。

供稿：　杭州趣链科技有限公司　　李伟、邱炜伟、姚文豪、张珂杰、刘欣

3.2.10　区块链测试评估

3.2.10.1　研究背景

随着区块链产业的发展，诸多问题也逐渐显露：区块链技术成熟度低、技术平台复杂性高、应用场景单一、服务模式不清晰和生态不完善等情况严重制约了区块链产业的发展。将技术和产业、场景相融合，推进在各个场景中落地实现是新兴技术产业发展的主要目标。一方面需要找到适合区块链的应用场景，为产业生产端找到突破点，另一方面也需要在实施过程中形成一定的评价基准。目前区块链技术发展处于早期的探索阶段，制定过于严苛的评价标准会对行业整体的发展起到不利的影响。

认知方面，各方对区块链的理解、定义不一，部分企业借"区块链"的概念进行虚假宣传和违规运营，诱导投资者进行盲目投资，造成财产损失。技术方面，区块链技术目前仍处在快速迭代阶段，其底层技术在系统效率、应用安全和可拓展性等方面仍存在不足。应用方面，多数企业局限于存证和溯源领域，未发挥区块链技术的核心价值，基于区块链应用系统的主要特性无法完全适用于不同复杂的场景。服务方面，更多是基于区块链技术提供软件开发和系统集成的服务，没有利用区块链的技术特性形成服务模式。生态方面，存在部分生态相关方利用自媒体夸大宣传，产业信任成本增高的问题，人才培养、测评和认证体系初具形态，但尚未构成完善的保障体系。

目前，区块链产业尚缺乏技术测评服务的理论框架和统一标准，并且区块链

的去中心化和不可篡改特性在用户层难以感知，用户在选择区块链产品时无法鉴别其功能、性能、可靠性和安全性等方面的适用程度。另一方面，区块链技术由多种技术组成，可适用于不同的垂直领域和场景，评价区块链系统需要对不同的技术指标进行考量，并且应针对多种应用场景进行可行性分析。因此，区块链产业迫切需要多维度、多场景的系统评测规范以及具备专业知识储备的人才，以此为区块链系统科学、客观和公平的评测工作提供坚实的基础。

3.2.10.2 研究现状

1.区块链测试存在的问题

系统边界模糊。传统软件，无论是独立的应用程序或客户端/服务器模式的应用程序，都有明显的系统边界，可通过UI用户界面或者客户端去进行测试。但区块链底层是一个多中心化的分布式网络，这个网络有可能跨越多个子网、多个数据中心、多个运营商、甚至多个国家，其边界是模糊的。对于区块链底层的测试，不仅仅是前端API与某个区块链节点之间的测试，还涉及大量区块链节点与节点之间的测试。

故障类型复杂。一般软件故障包括三类：宕机故障（Crash Failure），宕机-恢复故障（Crash-Recovery Failures）；拜占庭故障（Byzantine Failures）。所谓拜占庭故障，来自一个著名的"拜占庭将军问题"，指系统存在某些恶意节点，用一个形象的比喻就是"叛变的Byzantine将军"。从不同观察者角度看这类节点，表现出不一致的症状，这在需要共识的系统中，往往会导致系统服务失效。一般软件最多只需要解决前两种故障，而区块链系统需要同时处理所有的故障，才能确保系统的可靠运行。

区块链系统类型不同。区块链根据准入机制不同分为公有链、私有链、联盟链等多种类型，不同类型在管理、用户身份、最大节点数等平台自身特征方面均有不同，测评需要考虑所有的模式，导致测试方案更加复杂。

2.区块链测试体系及要点

从测试对象的维度分析，区块链技术偏向于底层支撑环境，依据GB/T 250000.10《系统与软件质量要求和评价 第10部分：系统与软件质量模型》标准结合区块链系统的质量特性，针对区块链的测试应包括功能、性能、可靠性、安全性、可维护性和可移植性共6个层面的评价，以此构成区块链的测试评价体系。如图3.2-2所示。

图 3.2-2　区块链系统测试体系

在对区块链系统进行测试评价的过程中，测试方应根据测试体系对不同测试内容和要点进行梳理。

①功能。根据T/CESA 6001-2016《区块链参考架构》标准，区块链系统测评可以从基础设施、核心技术、服务和应用四个层次来考虑。基础设施层主要测试系统整体网络、存储和计算资源。区块链系统运行的底层网络结构应使用点对点通信方式构建对等网络。存储方面区块链技术采用分布式的多点备份存储，主要针对不同类型的数据账本和交易信息进行存储。计算方面基础层应提供区块链计

算能力，包括容器技术、云计算技术等，且各节点的计算能力应满足节点内部处理数据的要求。核心技术层主要测试共识机制、账本记录、加密算法、智能合约和时序服务等方面的区块链核心功能。服务层主要测试接入管理、用户功能管理和账本管理等功能。应用层主要测试业务管理、用户管理和系统管理等功能。

②性能。在性能测试评估时，应主要对系统资源的利用效率、时间效率和吞吐量三方面进行考量。结合业务类型、潜在业务增长规模，针对系统在进行交易事务和查询事务时的CPU占用程度、内存使用率、传输带宽满足度和I/O设备读写速率进行评估。同时，在系统正常运行和负载运行条件下，针对事务的处理时间、响应时间、数据存量、区块容量以及出块时间等参数进行评估。

③可靠性。在可靠性测试评估时，首先应通过对系统缺陷排除率、平均故障间隔时间、故障频度的计算，结合区块链系统实际提供的服务时间与需提供的服务时间之比、非正常条件下的宕机频率和时间、发生误操作的概率整体对系统的可靠性进行评估。其次，也要测试运行规定的业务时，区块链系统的可靠程度和稳定程度，包括在出现故障、违反接口规定、节点失效或作恶情况下，具备可维持基本功能和性能并可正常执行业务的能力。同时，还要考量系统某些功能点在发生中断或失效的情况下，恢复受损数据并重建正常软件状态的能力。

④安全性。在对区块链系统安全性进行测试评估时，应对系统的保密性、完整性、防篡改性、可追溯性和真实性进行考量。区块链系统应确保其数据和访问权限的可控性、数据加密的正确性及完整性、密码算法的强度等，在此基础上结合具体业务场景，对数据敏感性、数据安全性、数据可靠性等进行评估。同时，系统应具备防止篡改程序或数据的能力，在事务执行后可被证实、不可被篡改或删除执行过程和结果，对执行的事务具备可追溯的能力。真实性方面，系统需具备对目标或资源的身份标识能力，在遭受攻击（如DDoS、P2P攻击、共识攻击等）时系统需具备确保数据正确且服务可用的能力。

⑤可维护性。在对区块链系统的可维护性进行测试评估时，应对系统的模块化程度、可重用性、易分析性、易修改性和易测试性进行考量。模块化程度主要参考不同技术模块之间的耦合程度和依赖关系，包括技术模块设计的合理性、系统的规范性和整体架构的可扩展性。可重用性方面需要关注代码层面的注释、编写、结构和文档等规范性，为代码复用打下良好的基础。在评估区块链系统可维护性时需考虑系统搭建过程中各功能模块的易用程度，系统中的各个模块配置的灵活程度，系统对不同网络、架构的支持程度、访问权限的控制粒度，同时对数据及账务审计的透明度、监控指标的完整程度和链上数据的可视化程度也需要重点关注。

⑥可移植性。在对区块链系统的可移植性进行测试评估时，应对系统的适应性、易安装性和易替换性等方面进行考量。区块链系统在不同的软硬件支撑环境、不同类型的数据库、架构和通信环境下的适应程度是决定区块链系统适应性的关键参考指标。易安装性主要考察系统在部署到新环境的过程中可否正确、简单、不受其他组件影响并且灵活可扩展，同时在特定环境中能够高效地进行安装部署、调试，以达到快速可用的程度。根据区块链系统各个组件模块在组件升级和系统升级等过程中软件被更新、升级或替换后，系统中的数据是否留存完整、功能是否正常等综合评估系统的可移植性。

3. 区块链测试平台

目前，国内还没有权威的区块链测试平台，中国电子技术标准化研究院承担的国家重点项目"2020年工业互联网创新发展工程——区块链公共服务平台项目"构建了一套从测试申请到测试结果发布的首个区块链测评平台。测试评价系统中包括测试沙箱环境、测试工具库、测试资源库、测试调度中心和测试服务管理等模块。测试评价系统充分考虑与外部平台对接、测试工具管理、资源库调配等实际需求，通过测试评价管理模块受理测试需求，根据测试需求下发测试任务至测试管理调度中心，合理调配测试工具、测试资源，同时为测试服务提供全流程管理。首先，测试评价系统可为区块链企业提供测试申请、测试需求分析、测试任务管理等功能。测试用户可通过测试管理系统提交测试需求，系统将对测试需求进行任务划分，匹配测试用例和测试数据，整体对测试流程进行标准化的管理，确保测试的合规性。其次，测试评价系统中的测试调度模块具有可调度、自动化、可配置等特点和优势，可根据测试任务合理分配测试资源，选择对应需求的测试工具，降低人工测试过程中资源调配的时间成本，提升测试效率。

另一方面，针对区块链应用区块链测试系统可提供区块链存证及溯源、电子证明技术、服务能力、数据共享等方面的专用测试工具，以及功能、性能和可靠性方面的通用测试工具，通过集成专用和通用工具为测试评价提供针对性和普适性兼备的测试能力。

4. 区块链测试技术

由于不同的区块链系统测试的领域和维度均不相同，目前没有统一且标准的测试方法，以下为部分调研评估企业通用的测试方法和使用黑盒与白盒方法时的建议。

首先明确测试目标和范围，依据区块链的种类（有准入机制或无准入机制）、特点、技术特性和场景应用需求，充分了解系统提供的业务和服务，明确系统测评的目标、测试范围和测试边界。其次，定义能力要素和评价要素，依据测评需求进行适度筛选，选择适宜的能力要素和评价要素。

采用黑盒测试方法时，应设计覆盖区块链系统功能实现的测试用例，从功能实现的正确性、完整性、安全性等方面对区块链系统整体功能进行质量测试，并将功能性检测结果与功能需求对比，评价该区块链系统功能是否符合要求。

采用白盒测试方法时，优先选用自动化测试工具来进行静态结构分析，以静态分析的结果作为依据，合理使用代码检查和动态测试的方式对静态分析结果进行核对，提高测试效率及准确性，并使用多种覆盖率标准衡量代码的覆盖率。

3.2.10.3 发展趋势

1. 构建区块链测试标准体系

目前区块链的检测还处于摸索阶段，新兴技术的发展迅速，没有完善的性能，功能衡量标准，国际上还未出现统一或者公认的权威型区块链测试方法及指标。大部分区块链项目局限于代码漏洞测试，功能及性能测试。这主要是由于区块链的代码具有开源属性，更新迭代速度不可控，行业标准不统一并且区块链的测试方法及关注点与传统测试有很大不同。

在测试评估方面，应建立完善的测试标准体系以指导测试工作。研究不同类型区块链系统的技术模块和评估维度，根据多种应用场景和业务需求构建垂直领域的评价标准和测评指标，研究功能性与非功能性评价体系，应包括功能、性能、安全性、合规性、可移植性等多维度、多层级的全面评价框架。根据区块链特性，研判不同技术组成模块的共性和差异性要素，提出测试技术理论模型、评价方法与评价权重计算公式，形成完整的区块链系统测评方法论，为测评工作提供科学的理论依据。

2. 完善区块链安全测评工具

伴随着区块链的发展，加密技术作为区块链技术中必不可少的组成部分格外亮眼，由于其专业性极强，技术门槛高，所以非专科研人员少有接触机会。相关的加密技术有环签名、多重签名、非对称加密、零知识证明和同态加密等。目前部分区块链应用与银行合作，遇到的问题是银行的加密方式遵循国密标准，许多新兴加密方式未通过审核，因此实际使用情况并不乐观。在实际应用中需要找到适合商业场景的隐私保护算法，与实体经济结合。隐私保护方向与区块链技术契合度较高，但隐私保护和商业机密保护实际上是公有链推广的一个阻碍，隐私保护的难点主要聚焦在非许可链，在非许可链中任何个体无须权限均可介入，同时拥有统一且透明的账本数据，如何来保护各方隐私成为了一个重点问题。

围绕区块链安全问题，针对区块链系统安全漏洞、恶意攻击涉及密码、用户隐私等方面的安全问题，研究支持国密的区块链系统测评方法，研究区块链密码技术、密码模块和密码应用，包括可跨平台、多协议、多算法的区块链系统脆弱性测评机制、方法和工具。研究异构系统的密码算法、协议、模块及应用安全评测技术、方法和工具，建立全方位、高精度的安全防护评测机制，形成组件化的安全性评测技术方案及评测工具。

3. 建立区块链自动化测试平台

随着应用场景日趋复杂，尤其是跟现实世界结合越来越紧密，链接协同操作越发强烈，跨链技术能否突破挑战成为其发展的关键因素之一。跨链和侧链技术成为实现价值网络传递的关键，区块链向外拓展和连接的桥梁，目前已经出现了一些跨链的技术，包括公证人机制、侧链、中继、分布式私钥和混合机制等，与此同时，机遇与挑战并存。机遇存在于区块链价值网从实体经济向数字经济的转向，从线上线下交互到链上链下交互的大发展。延迟性问题、母链分叉、还有网络结构如何设计等问题，则带来了一系列挑战。

针对多种区块链典型应用场景，综合考虑基于不同场景的区块链系统性能、功能、真伪性、安全性、可靠性、合规性等测试维度的共性和差异性，深度融合区块链评测技术、方法、验证机制、自动化工具及评测策略，提出典型场景下多层级、多维度、差异化评测模板自动生成技术，整体构建区块链系统自动化测试平台。

供稿：　中国电子技术标准化研究院　　张栋、孙琳

3.2.11 区块链与前沿技术的融合

依托分布式、防篡改、可追溯、安全透明、可编程等原生优势，区块链技术的集成应用在新的技术革新和产业变革中发挥着愈发重要的作用，区块链驱动的产业应用已经延伸到数字金融、物联网、智能制造、供应链管理、微小企业融资等多个领域并取得了显著成果。目前，全球主要国家都在加快布局区块链技术，为了更好更快地推动区块链技术和产业发展创新，需要研究区块链技术与物联网、人工智能、大数据等互联网前沿技术的深度融合，以促成集成创新和融合应用，解决现有行业痛点、构建更加智能、更加便捷、更加优质的应用服务。

本报告从区块链与物联网、人工智能、大数据、云计算四种典型前沿技术的融合视角分别从背景、国内外现状、研究方向三个方面展开深入研究。

3.2.11.1　区块链与物联网的融合

当前，物联网技术的应用规模呈现爆发式增长，但是物联网技术虽然可构建前端感知网络的开放性、连通性、包容性，但在实际应用层面同样面临着安全性、可信性、匿名隐私性等问题和隐患，在物联网可信安全方面，设备间缺乏可靠的跨域互信机制，多主体间的设备互信困难，难以构建整体感知体系；在数据隐私保护层面，数据利用过程中的数据泄露时有发生，中心化的物联网数据平台难以自证清白；在可扩展性层面，随着设备数量的进一步增长，单一中心化的管理模式导致运维成本快速攀升。为了进一步安全高效地应用物联网技术，必须解决以上瓶颈问题。

当前国内外研究学者对区块链与物联网融合的研究热点聚焦于区块链新架构设计以及区块链与物联网的融合应用[1]。

为了确保区块链技术与物联网架构的有效融合，使其更好地适用于物联网应用环境，学术界和工业界提出了许多新的区块链架构。已经投入商业运营的拥有新型区块链架构的项目包括 IOTA、IoTeX 等。除此之外，文献[2]提出了一种轻量级的区块链架构，可以有效平衡区块链系统资源消耗巨大与物联网设备资源受限这两个约束条件。文献[3]设计了一种可扩展的区块链架构用于完成物联网上去中心化的节点访问控制，并宣称该架构可以支持任意的角色访问许可规则。

将区块链用于保障物联网场景的可信问题是主要的融合研究之一，包括物联网应用中的数据访问控制、可靠的数据存储与传输、安全的数据交易与共享、系统安全、系统更新、信任与协作等。文献[4]结合 Hyperledger Fabric 与基于属性的访问控制方法在物联网中实现了一个简单的节点数据访问控制系统，可以对每个物联网节点产生的数据进行分布式、细粒度、动态的访问控制管理。文献[5]研究了如何利用区块链构造空–地异构物联网的可靠数据传输与分布式存储技术。

根据上述研究背景诞生了以下三点值得深入探讨的研究内容。

1. 构建"云–边–端"协同下的信任体系

在 5G 等新技术的加持下，分散在不同区域的多类型设备可通过物联网进行高效地连接互通，形成统一的计算基础设施，构建"云–边–端"的协同计算模式，但是海量终端星罗棋布般地散落在数据生成的各个角落，其地域分散性以及加入和退出的动态性，决定了难以通过中心化的指挥和控制中心调度和监控这些设施。另一方面，物联网中的各类设备分属于不同的机构或者个人，多方之间存在信任问题，难以保障计算和数据的安全性。基于区块链，可构建主体平等互信的去中心化信任机制，并利用智能合约技术，将物联网中的设备信息、身份、数据交易信息、程序执行状态等信息固化在区块链账本中，形成不可篡改的数据记录，并且可通过黑白名单等控制手段，构建自动执行的安全访问控制协议，构建安全可信的多方间物联网环境信任机制。

2. 管控物联网数据平台的数据安全风险

除去信任构建的难题，物联网数据平台中的数据安全问题也是物联网技术在应用层面亟待解决的重要问题。物联网数据平台在物联网大数据的传输、运算层面发挥着集散地和中转站的作用，平台的数据安全性决定了数据在存储、传输和计算层面的安全性，当前物联网信息平台面临着数据存储完整性和容灾性不足，数据的使用可溯追踪性差以及数据使用的安全审计困难等问题，区块链技术依托强一致性算法和分布式存储机制，以及块链式数据结构，一方面能够有效地保障数据存储的安全性，另一方面数据的使用、流转均在链上留存不可篡改、可追溯至源头的记录，为数据的安全使用和审计提供了有效的技术保障。

3. 信息孤岛间的数据共享

由于缺乏设备间的跨域互信机制，接入物联网的各类设备均需要通过与中心数据进行认证方可进行接入，使得信息流动的时效性大大降低。通过应用区块链的分布式架构，可构建参与多方平台的可信网络，有利于打破各方之间的信任隔阂，以算法和程序可信促进多方间的信息横向流动和协作共享。

3.2.11.2 区块链与人工智能的融合

人工智能跨越理性与智性的鸿沟，从最初只能进行计算的机器演变成如今能够理解、思考、决策的智能机器。传统的人工智能技术在极大程度上依赖大规模的真实数据。区别于物联网中设备身份的可信度问题，在人工智能领域，数据本身的可信度和质量直接决定了模型的质量。受此困扰，2017 年，有研究者提出将区块链和人工智能技术相结合的观念，以期利用这两种技术自身的特点，解决彼此的痛点问题，相互促进，使彼此得到更好的发展和应用。

区块链在人工智能中的研究现状主要分为两类，一类是为人工智能提供去中心化的数据存储和管理，另一方面是为人工智能构建分布式、可监管的共享架构。文献[6]基于区块链提出了一种新型去中心化模型，用于评估在人工智能驱动的医疗数据交换平台上的个人数据价值。文献[7]指出基于区块链智能合约能够对人工智能进行高效监管，依据提前部署在链上的合约规则对参与决策、生成和访问数据的参与者之间的交互数据进行管理。

区块链与人工智能的融合具有以下三点值得深入探讨的研究内容。

1. 数据可信提高人工智能的可解释性

区块链技术和人工智能的融合为追溯机器学习的决策过程、决策路径和数据血缘提供了清晰、可信的路径。人工智能通过大量的样本数据进行训练，可用于进行识别和预测。用于训练的数据量是否充足、分布是否均匀、来源是否可信都会影响最后的计算结果。值得反思的是，人工智能相关的算法之所以存在计算上的偏差以及预测结果的不准确，追究其根本原因并不是算法本身存在问题，而是在训练过程中引入了低质量的、带有偏差的数据。需要注意的是，任何技术都不是万能的，如果数据在上链的时候就不是真实数据，那么区块链技术反而固化了无效甚至是有害数据。但区块链的可追溯性和不可篡改性至少可以追踪到此类数据在上链前就造假的情况，这就为人工智能预测结果和识别结果的可解释性提供了技术上的额外保障。

2. 分散式架构降低智能决策失误风险

到目前为止，大多数机器学习和深度学习的训练都依赖于集中式的模型，即用一组服务器运行指定的模型来训练或检验数据集[8]。但是，人工智能采用的中心化模型训练特性，有可能会引入训练用样本数据被篡改的风险。而且，也无法得到明晰的数据来源和可靠的真实数据，存在一定概率导致人工智能应用在做出最终预测和决策时出现错误和失准。在此背景下，区块链天然的泛中心分布式特征为人工智能技术的发展带来了新思路。分布式人工智能概念的兴起为大量数据的存储创造了一个可靠平台。区块链技术的融入还能帮助原本依赖集中式模型进行训练的人工智能技术实现去中心化的转型。去中心化的人工智能可以通过分布式结构处理并执行带有数字签名的共享数据，从而进行分析和决策。

3. 机器学习提高智能合约安全性

人工智能的介入可以有效降低智能合约的安全漏洞。首先，智能合约的本质是针对特定场景编写的可编译代码，故可以采用形式化验证的手段对智能合约代码进行缺陷检测、安全漏洞扫描、恶意代码检测等代码层面的安全性检测。基于机器学习，可增强形式化验证的整体效果，有利于更为快速和精确地发现合约中存在的安全问题和代码缺陷。其次，动态安全性验证方面，当前正在探索将智能合约的攻防形成一体化的框架，利用自生成网络构建该框架并依据攻防结果对智能合约的代码进行全方位优化。最后，静态安全性验证方面，除了目前主流的形式验证工具，基于深度神经网络的机器学习方法为源代码或字节码的直接分析提供了另一种全新的途径[9]。

3.2.11.3　区块链与大数据的融合

当前，随着互联网和移动互联网的广泛应用，衍生出各类垂直领域应用，如金融、社交、媒介、电商等，这些应用都在不断产生数据，各种设备接入到互联网流量就在生产数据，使得各类应用领域数据体量庞大，据有关数据显示 2012 年以来，全球每年度的数据总量年增长率维持在 50% 左右，这为大数据的分析应用提供大量可用的资源。然而这些数据分散在不同的中心化节点上，也缺乏成熟有效的技术手段来实现数据的安全流通，以上问题严重限制了大数据的价值进一步发挥。区块链去中心化、可信任、不可篡改、加密共享的技术特性能为大数据应用中存在的一些问题提供技术解决方案。

国内外研究人员广泛地将区块链技术应用于大数据的可信管理和安全隐私保护，现有研究工作主要可以分为大数据可靠采集、大数据安全共享、大数据可靠存储、大数据可信分析、大数据隐私保护五个方面。文献[10]针对群智感知场景提出了一种基于区块链的安全大数据采集方案，解决了群智感知场景下感知设备的资源受限、覆盖范围有限和数据传输不可靠的问题和瓶颈。文献[11]提出了一种利用边缘节点进行可靠数据共享的区块链模型，作者引入了一种基于区块链的无效事务过滤算法，该算法从缓存层而不是存储层访问数据，进而降低大数据响应时间和存储开销。

区块链与大数据的融合具有以下三点值得深入探讨的研究内容。

1. 大数据技术帮助挖掘区块链数据价值

目前区块链的应用形式以提供分布式存储服务、确保账本完整性为主，并不具备对数据的加工、建模和分析能力，存储的大量数据仍然存在巨大的价值挖掘潜力。而大数据则具备对海量数据进行高效的加工、分析和建模的技术，能够有效地提升区块链中链上数据的使用价值和应用空间。

2. 规范化提高大数据的数据质量与可用性

大数据的形成涉及到多类型的参与主体，使得数据难以保持较高的可信性和真实性，各类数据的数据格式与类型、数据采集的规则、数据的分类方法因为来源各异而有所不同，这些因素都将影响对数据质量的度量，并将进一步影响到对数据进行如何处理时的数据决策方式、方法和结果。区块链可以利用智能合约统一数据格式，利用共识机制提高数据质量。在对数据进行上链时，区块链可以依托智能合约对数据格式提出明确的规范和要求，从而使该链上的数据得到标准化和规范化，结合跨链技术的应用，还能从单条链的数据标准统一延伸到多源数据融合的数据标准和规范统一。

3. 可靠密码学技术提高数据安全性

密码学技术为区块链中的数据安全提供了有效保证。数据可经由散列算法的处理后，以加密的形态存储在区块链上，数字签名技术则可保证仅有获得授权的用户方可访问数据，使得在能够保证数据的隐私性的前提下，又可以精准地共享给被授权对象，实现了对数据的精准访问控制。同时，可利用区块链融合安全多方计算和联邦学习等技术，在多方间实现不访问原始数据、数据不出库的前提下进行数据联合建模和联合分析。在加密手段的保护下，即使攻击方截取了数据也无法破解数据的真实内容，更无法篡改或删除数据，为大数据发展打下更好的安全基础。

3.2.11.4　区块链与云计算的融合

云计算通过近十五年的发展，为了适应各类应用场景的具体应用，衍生出三种常见的部署模式和模型：即公有云、私有云和混合云。用户可以依据具体场景特点以及对安全性、隐私性等的要求选择不同的模式进行部署。

国内外的研究人员将区块链技术引入云计算架构以解决云计算中面临的单点攻击、隐私泄露、可扩展性、数据治理、资源分配、访问控制等问题，此外，云计算同时被用于解决区块链的计算任务卸载和数据存储问题。文献[12]提出了一种使用智能合约来优化智能电网中任务分配的新方法，通过使用智能合约对能源供应进行动态和自动管理。基础设施服务提供是云计算的核心应用场景之一，现有云解决方案中的资源分配大多采用的是中央代理模式。因此，支持区块链的资源分配模式被认为是建立安全透明且值得信赖的云计算联盟的合适选择[13]。文献[14]在"FlopCoin"的帮助下实现了移动设备和云服务器之间的高效计算卸载，"FlopCoin"旨在创建一个激励机制来鼓励用户执行可卸载的任务。

区块链与云计算的融合具有以下两点值得深入探讨的研究内容。

1. 区块链分布式冗余存储保障云数据安全

云计算的用户一般将数据进行上云后，不会在本地保留数据副本，一旦云计算服务提供商所提供的存储服务出现问题，用户将面临高价值的数据丢失损毁的风险。因此，如何在海量数据和应用上云的背景下，实现对云上数据的安全保护、完整性校验提供有效的技术保障成为了业内研究的焦点。

区块链作为一种分布式的、去中心化的数据存储技术，利用数据冗余存储和块链式数据结构，可以实现对数据完整性的快速校验以及对数据安全性的有效支撑。区块链系统中可以默克尔树的形式组织非结构化大文件等数据，仅将唯一的默克尔根在链上实时记录并及时同步，将链下数据与链上哈希铆定，减少区块链上的容量需求和存储成本，数据流转全过程可基于区块链记录追溯审计。进一步提供一套时间空间上的存储证明机制保障文件的完整性与正确性，及时发现文件丢失或者文件被篡改，使文件存储做到可信任、可监测、高性能。

2. 云计算为区块链提供开箱即用的用户体验

从区块链应用研发方面来说，区块链作为新兴行业，人才稀缺且培养成本过高；应用安装部署复杂，费时费力，成本极高；缺乏高可用集成开发工具，导致区块链应用开发效率低。从运维方面来讲，区块链底层系统的安全稳定性难以保证；管理运维困难，缺乏有效的工具；针对系统故障，难以迅速排查，并即时找到有效的解决方案；大型机构不同部门各自建链，重复投入，且难以统一纳管。这些痛点，使得各大机构在区块链领域的探索难上加难。

为了有效解决以上痛点问题，可将区块链与云计算技术进行有机融合，充分利用云服务计算资源动态弹性扩容、统一可视化运维等能力，为区块链的快速部署、动态扩容、应用开发提供有力支撑，将区块链打造为"开箱即用"的服务形式，即 BaaS（Blockchain as a service）。对于个人开发者而言，BaaS 提供了机会使其基于区块链技术的创意想法成为现实，省去了后端开发的顾虑。对于创业团队而言，BaaS 加速了开发流程，节约了开发成本，省去了后端开发和运维工作，节省了大量时间和精力。对于企业而言，BaaS 成熟的服务为其提供了安全可靠的数据环境，私有化的定制服务为其满足了各类特殊需求。

参考文献

[1] 姚中原,潘恒,祝卫华,斯雪明.区块链物联网融合：研究现状与展望[J].应用科学学报,2021,39(01):174-184.

[2] Liu Y, Wang K, Lin Y, et al. LightChain: a lightweight blockchain system for industrial Internet of things [J]. IEEE Transactions on Industrial Informatics, 2019, 15(6): 3571-3581.

[3] Novo O. Blockchain meets IoT: an architecture for scalable access management in IoT [J]. IEEE Internet of Things Journal, 2018, 5(2): 1184-1195.

[4] Liu H. Fabric-IoT: a blockchain-based access control system in IoT [J]. IEEE Access, 2020, 45(8): 18207-18218.

[5] Zhu Y, Zheng G, Wong K. Blockchain empowered decentralized storage in air-to-ground industrial networks [J]. IEEE Transactions on Industrial Informatics, 2019, 15(6): 346-358.

[6] Mamoshina P, Ojomoko L, Yanovich Y, et al. Converging blockchain and next-generation

artificial intelligence technologies to decentralize and accelerate biomedical research and healthcare[J]. Oncotarget, 2018, 9(5): 5665.

[7] McMahan B, Moore E, Ramage D, et al. Communication-efficient learning of deep networks from decentralized data[C]. Artificial intelligence and statistics. PMLR, 2017: 1273-1282.

[8] IBM. IBM AI参考架构及其在金融行业的应用[EB/OL].(2019-07-06)[2022-02-12].https://max.book118.com/html/2019/0701/8104035137002032.shtm.

[9] 方俊杰, 雷凯. 面向边缘人工智能计算的区块链技术综述[J]. 应用科学学报, 2020, 38(1): 1-21.

[10] Bodkhe U, Tanwar S, Parekh K, et al. Blockchain for industry 4.0: A comprehensive review[J]. IEEE Access, 2020, 8: 79764-79800.

[11] Xu C, Wang K, Li P, et al. Making big data open in edges: A resource-efficient blockchain-based approach[J]. IEEE Transactions on Parallel and Distributed Systems, 2018, 30(4): 870-882.

[12] Gai K, Wu Y, Zhu L, et al. Permissioned blockchain and edge computing empowered privacy-preserving smart grid networks[J]. IEEE Internet of Things Journal, 2019, 6(5): 7992-8004.

[13] Yang M, Margheri A, Hu R, et al. Differentially private data sharing in a cloud federation with blockchain[J]. IEEE Cloud Computing, 2018, 5(6): 69-79.

[14 Chatzopoulos D, Ahmadi M, Kosta S, et al. Flopcoin: A cryptocurrency for computation offloading[J]. IEEE transactions on Mobile Computing, 2017, 17(5): 1062-1075.

供稿： 浙江大学　　杨小虎、蔡亮、冯雁、鲍凌峰

3.3 区块链技术平台

3.3.1 公有区块链平台

3.3.1.1 研究背景

公有链是指任何人都可以发起交易以及参与共识的区块链，是完全意义上的去中心化区块链。它借助密码学中的加密算法保证链上交易的安全，主要采取工作量证明机制（Proof of Work，PoW）[1]或权益证明机制（Proof of Stake，PoS）[2]等共识算法，将经济奖励和密码学验证结合，达到去中心化和全网共识的目的。每个节点都可以参与共识过程争夺记账权，一般称之为"挖矿"，以获取一定的经济奖励，也即系统中发行的数字代币（Token）。

作为一类重要的区块链基础平台，公有链不仅为许多商业应用创造了一个全球化共用共享的基础设施，更为组织管控和治理带来了新的理念和范式变革。其所有权和布设权所带来巨大的政治影响和可观的经济效益，将加剧未来各国在公有链技术领域和平台建设上的竞争。当前，受我国政策影响，国内缺乏开放度高且具备较高世界认可度的公有链平台。同时现有的公有链平台局限性较大，难以满足复杂的功能需求，赋能实体经济，创造更高的价值。因此，国内亟待建立开放高效的公有链平台，加强我国在公有链方向的底层创新能力，与国外的创新技术形成互锁局面，提升我国在区块链行业的国际竞争力。

3.3.1.2　研究现状

自 2009 年以来，全球已逐步形成了围绕比特币(Bitcoin)[1]、以太坊（Ethereum）[5]等多个核心平台的公有链开源社区。但与此同时，现有的区块链技术尚无法支撑大规模商业应用的搭建，主流的区块链平台存在延迟高、性能低、可扩展性差等问题，更多的开发者开始探寻区块链技术边界及新型技术方案。

以太坊发展至今已有 7 个年头，在整个区块链生态体系中，拥有最多的核心协议开发者，分布式应用程序（Decentralized App,DApp）占有率第一，是业内公认的公链之王[4]。目前聚集在以太坊主网的问题主要有以下几类：① POW 共识算法有着较大的自然资源消耗；② 系统不具备较好的可扩展性；③ 状态空间爆炸问题。因此以太坊今后几年的技术发展路线也主要围绕着解决以上几个问题开展。

以太坊于 2020 年 12 月 1 日正式启动了以太坊信标链 Beacon chain[5]。Beacon chain 是一条由 PoS 算法进行共识保障的区块链，这也意味着以太坊已经正式地进入了 PoS 时代。目前以太坊首当其冲的一个任务是将主网（即 Eth1.0）与 Beacon chain（即 Eth 2.0）进行合并，正式替换 PoW 算法，即 The-merge[6]。

在 The-merge 之后，以太坊将会开始着手下一阶段的开发，即数据分片。Vitalik 于 2020 年 10 月发布了 Rollup-centric roadmap[7]，即在今后的几年内，Rollup 将会是解决以太坊可扩展性的一个重要技术。随着以太币价格的不断攀升以及交易发送的平均手续费爆发增长，使用以太坊主网的经济成本已经十分高昂。究其本质是以太坊目前交易处理能力较差，系统整体吞吐量较低，在供需关系侧有严重的不平衡现象。而各种链下扩展（Layer2）技术是当前最简单有效的解决以太坊可扩展性问题的技术。Layer2 技术中最具有代表性的即 Rollup 技术，Rollup 技术可以分为两大类：ZK-Rollup 以及 Optimism-Rollup。ZK-Rollup 使用零知识证明技术在 Layer2 进行交易执行，并生成一个压缩后的证明供链（Layer1）进行验证。Optimism-Rollup 是将一批交易在 Layer2 完成执行后在 Layer1 进行执行的结果的乐观提交，同时借助欺诈证明来保证所提交的数据的正确性。在经济激励机制的作用下任意用户都可以提交欺诈证明，以质疑乐观提交的执行结果，确保Layer1提交的错误数据可以最快速度被检测及回滚。前者的代表项目有ZKSync、Loopring、Deversifi，后者的代表项目有Optimism、Arbitrum。Rollup技术的落地很大程度地解决了以太坊的扩展性问题，降低经济使用成本，提高系统吞吐量。

此外目前困扰以太坊主网最大的问题是状态空间爆炸。以太坊上的数据存储，用户只需进行一次付费，但整个网络的所有节点需要永久存储该数据。当前以太坊主网的节点数据规模已经超过了300GB，而状态数据依然以较快的速度在增长，因此解决状态空间爆炸问题迫在眉睫。现阶段解决该问题的主要技术方案主要有：State Expiry 及 Stateless Client。前者由Vitalik主导研究，提出状态数据具有时效性，当某些数据长期未被访问时可以将其从状态数据集合中摘除转移至过期数据集合，以限制整个活跃状态集合的数据规模。被移除的过期数据可以通过正确性证明方式进行恢复，保证应用数据的可用性。Stateless Client 则是另一种思路，试图将执行一笔交易所需要用到的所有状态数据以及其正确性证明都放置在交易体中，这样大部分以太坊网络内的节点在不维护庞大的数据集合的前提下依然能够验证交易的正确性。该技术路线的主要实现方式是基于多项式证明（Kate Commitment)的 Verkle Tree。

最后以太坊仍然有一些较为高阶的研究正在进行中，包括：使用VDF[8]算法生成随机数，提高PoS攻击难度；SNARK[9]/STARK[10]等零知识友好的虚拟机实现，原生支持ZK-Rollup；抗量子的密码学算法；更好的POS算法Casper CBC[11]等。

EOS（Enterprise Operation System）是由Block.one公司主导开发的一种全新的基于区块链智能合约平台，也即为商用分布式应用设计的一款区块链操作系统[12]。EOS通过并行链和DPOS的方式解决了延迟和交易吞吐量的难题，可达到每秒上千级别交易的处理效率。同时，EOS引入一种新的区块链架构，其设计思路是将区块链的P2P网络、智能合约、状态存储等通用概念看作是传统操作系统（如Windows、Linux等）的网络通信、存储等概念，在此基础上设计出一套EOS代币的去中心化生态模型，是一套服务于代币生态的资源量化方案。EOS中的CPU、NET、RAM是从计算机词汇中引入的概念：CPU代表中央处理单元，NET表示网络带宽，RAM是指程序运行时需要的内存。CPU、NET、RAM都是可再生的资源，用户可以通过抵押自己持有的EOS代币来获取，用完以后也可以释放资源换回等额的EOS代币。在EOS中，CPU是一种以时间计价的资源，用来衡量出块节点为交易所付出的时间；NET是一种以空间计价的资源，用于衡量交易在

P2P层传输过程中消耗的网络份额。RAM与CPU和NET相比具有明显的稀缺性，往往伴随着抵押价格波动。在EOS上开发DApp，无须手续费，但需要用到网络和计算资源，这些资源按照开发者拥有的EOS的比例分配。用户也可将自身持有的EOS租赁给别人使用，并从中获取一定的收益。

EOS引入了新的生态建设与治理模式，使用DPoS共识机制极大提升了系统性能，但是超级节点见证人的机制实际上构成了逻辑上的中心化构架，牺牲一定的去中心化。

Conflux 是由清华姚班领衔研发的可扩展、去中心化的区块链底层平台，融合DAG技术和POW，采用基于树图结构的共识算法，具有高吞吐量和快速确认等特性[13]。其核心理论是可以容许不同区块同时生成，并运用基于有向无环图（Directed Acyclic Graph，DAG）概念的排序算法来避免分叉的问题，并将交易的执行和打包相分离，打破现有系统吞吐量瓶颈。

Conflux 将账本中的区块组织为树图结构，该结构跟踪区块之间的事前发生关系。基于此账本，Conflux 允许网络中的所有节点产生一致的出块顺序。这个出块顺序从账本中的枢纽链（主链）导出，该主链通过应用最大子树规则选择，因此可以避免在快速区块生成速率下受到双花攻击。Conflux 采用了独创的 GHAST 共识协议。GHAST 协议可以乐观地处理并发区块，无须丢弃任何分叉，所以可以充分利用网络带宽以获得更高的吞吐量。GHAST 协议还可根据树图结构动态地确定每个区块权重，从而在获得高吞吐量的同时保证共识系统的确认速度和活性。与传统的链结构以及DAG不同的是，Conflux可以将同一时间段内产生的所有彼此竞争的区块都加入到主链中来，达成全网共识，那么为这些竞争区块所消耗的全网算力和带宽都能被有效利用，同时也能充分利用服务器的多核处理器，将区块链底层技术从单核处理器带入多核并发处理时代。

尽管性能秒杀以太坊，但 Conflux 在应用生态构建方面才刚刚起步。根据其官网数据，目前Conflux生态仅有 8 款产品，与以太坊成千上万的DAPP相比，Conflux的生态建设任重道远。

另外，在行业应用中，用户往往希望自己的身份、资产状况、交易历史等信息只能在有限范围内公开。公有链作为一个公开透明、全网可验证的系统，在设计之初就应该考虑隐私性的需求。目前主流的隐私保护方案通过假名、混币、环签名、Mimblewimble、零知识证明和可信硬件等机制保证系统隐私性。比特币是一个使用"假名"的支付系统，通过比特币钱包地址识别用户，从而隐藏用户真实身份信息。但该方案存在的问题是可以通过分析交易之间的关联性和使用模式识别出地址对应的用户身份[14]。混币服务，就是通过混合互不相关的交易，从而保证交易发起者和接受者的匿名性和隐私性，使其更难追踪加密货币的用途以及其归属[15]。混币方案最大的缺陷在于当参与人数不够多的时候能提供的隐私性保护非常有限。环签名是一种简化的群签名，环签名中只有环成员没有管理者，不需要环成员间的合作，签名者利用自己的私钥和集合中其他成员的公钥就能独立地进行签名。环签名的代表项目是门罗币，其优势除了能够对签名者进行无条件匿名外，环中的其他成员也不能伪造真实的签名者签名，但环签名的缺陷在于增加了审计监管的难度。Mimblewimble 方案采用了区块级别的混币技术和交易裁剪技术，但该方案对脚本和合约的支持较差[16]。零知识证明目前存在性能问题，可信执行环境存在着硬件强依赖的问题，灵活性较差。

2020 年是区块链行业创纪录的一年，DApp 的交易额超过 2,700 亿美元，其中 95％来自以太坊的去中心化金融 (DeFi) 生态系统[17]。同时 DApp 行业在 2021 年前五个月也迎来指数级增长，用户和交易增长背后的主要驱动因素是不断发展的 DeFi 和非同质化代币 (NFT) 生态系统[18]。虽然以太坊是第一个发展成熟的区块链生态系统，但随着 DeFi 的爆炸式增长，很多竞争平台也在迎头追赶，其中代表性平台包括 EOS、Flow[19] 以及 TRON（波场）[20] 和币安智能链（BSC）[21]。关于分布式应用生态的构建和发展也是构建公有链平台的关键一环。

3.3.1.3　发展趋势

根据对区块链行业发展现状的综合分析得出，当前公有区块链平台需要解决以下关键性问题：可扩展性、隐私性及安全性、分布式应用生态管理，相应地，需要研究高可扩展体系架构、健全可靠的安全体系、安全合规的分布式应用生态管理技术。

高可扩展体系架构设计：研究高可扩展的分布式共识算法，满足去中心化特性的同时，提供高性能、低能耗的共识服务；研究链下分层扩展架构，设计合理高效的可验证证明模型；研究新型存储结构与模型，提供经济可行的存储方案，突破公有链存储瓶颈；结合区块链性能优化技术的研究成果，设计高可扩展的体系架构，使其能够支撑数亿级的用户，具备极高的交易吞吐量和较低的延迟。

健全可靠的安全体系：结合密码学技术与分布式理论、博弈论，研究设计安全可信的去中心化体系架构，通过技术手段以及合理有效的激励机制，保障系统在公共网络下的安全运转；研究身份隐私、数据隐私相关技术，结合盲签名、环签名、零知识证明等密码学技术，以及可信硬件技术，保证数据可审计性的同时，满足特定场景下的隐私保护需求。

安全合规的分布式应用生态管理技术：研究分布式应用模式，抽象通用的应用协议，形成相应的基础应用协议以及智能合约模板；研究智能合约安全审计技术，包括合约漏洞检测、形式化验证等，保证平台上智能合约的安全性；研究分布式应用辅助开发工具和组件，比如合约智能生成、密钥管理、可信数据源、安全认证等，提供统一的基础服务能力，促进应用生态关键服务标准化，便于应用市场的合规管理和生态发展。

参考文献

[1] Nakamoto S. Bitcoin: A peer-to-peer electronic cash system[EB/OL].[2022-02-12].https://bitcoin.org/bitcoin.pdf?satoshi=nakamoto

[2] King S, Nadal S. Ppcoin: Peer-to-peer crypto-currency with proof-of-stake. self-published paper[EB/OL].(2012-08-19)[2022-02-12].https://www.cryptoground.com/storage/files/1527488971_peercoin-paper.pdf

[3] Buterin V. A next-generation smart contract and decentralized application platform[J]. white paper, 2014, 3(37): 2-1.

[4] Electric Capital. Developer Report[EB/OL].[2022-02-12].https://zdb.pedaily.cn/enterprise/show80089/.

[5] Ethereum. The Beacon Chain[EB/OL].[2022-02-12].https://ethereum.org/en/eth2/beacon-chain/

[6] Ethereum. The Merge[EB/OL].(2022-02-15)[2022-04-12].https://ethereum.org/en/eth2/merge/.

[7] roadmap. A rollup-centric Ethereum[EB/OL].(2020-10-02)[2022-02-12].https://ethereum-magicians.org/t/a-rollup-centric-ethereum-roadmap/4698

[8] Boneh D, Bonneau J, Bünz B, et al. Verifiable delay functions[C]. Annual international cryptology conference. Springer, 2018: 757-788.

[9] Ben-Sasson E, Chiesa A, Tromer E, et al. Succinct non-interactive zero knowledge for a von Neumann architecture[C]. 23rd {USENIX} Security Symposium ({USENIX} Security 14). 2014: 781-796.

[10] Ben-Sasson E, Bentov I, Horesh Y, et al. Scalable, transparent, and post-quantum secure computational integrity[EB/OL].(2018-01-10)[2022-04-12].https://eprint.iacr.org/2018/046

[11] ethereum. cbc-Casper[EB/OL].(2018-7-18)[2022-2-12].https://github.com/ethereum/cbc-casper

[12] EOSIO. eosio[EB/OL][2022-02-12].https://eos.io/

[13] Li C, Li P, Zhou D, et al. Scaling nakamoto consensus to thousands of transactions per

second[EB/OL].(2018-05-10)[2022-04-12].https://arxiv.org/abs/1805.03870.

[14] Meiklejohn S, Pomarole M, Jordan G, et al. A fistful of bitcoins: characterizing payments among men with no names[C]. Proceedings of the 2013 conference on Internet measurement conference, 2013: 127-140.

[15] Wu L, Hu Y, Zhou Y, et al. Towards Understanding and Demystifying Bitcoin Mixing Services[C]. Proceedings of the Web Conference 2021, 2021: 33-44.

[16] Dutta A, Vijayakumaran S. Revelio: A MimbleWimble proof of reserves protocol[C]. 2019 Crypto Valley Conference on Blockchain Technology (CVCBT). IEEE, 2019: 7-11.

[17] DAppRadar.2020 Industry Report[R/OL].(2020-12-23)[2022-02-12].https://www.baidu.com/link?url=cY3m1WNso50oeA9xt8MKyZtFxStpItgcFLuWaoyQ50OIvGYJ56dyAWsGTEb-tRJ52nEneolTgpQ6UJTPp0OveK&wd=&eqid=b6192697000c50c6000000066211e455

[18] DAppRadar.May Industry Report[R/OL].(2021-03-02)[2022-02-12].https://www.baidu.com/link?url= ij2PA7bdXckduJLoHtCq-mpiv59mfb9h0L4_FI-tZmAtHlLSM4Kb1sJKgKQc9R0OqYdA5-xNRUk_s7Gk2N4ye0Fnhnsja3D-AhQ1wbMJ95_&wd=&eqid=eefef06e0009f2e5000000066211e857

[19] Flow. Flow Developer[EB\OL].[2022-02-12]. https://www.onflow.org/

[20] TRON. TRON Developer[EN/OL].[2022-02-12]. https://tron.network/

[21] bnb-chain. 币安智能链白皮书 [EB/OL]. (2020-12-03)[2022-02-12].https://github.com/binance-chain/whitepaper/blob/master/%E5%B8%81%E5%AE%89%E6%99%BA%E8%83%BD%E9%93%BE.md

供稿：　杭州趣链科技有限公司　　邱炜伟、胡麦芳、尚璇

3.3.2　国产非开源联盟链平台

3.3.2.1　研究背景

区块链作为新一代互联网可信基础设施技术，2020 年 4 月已被纳入国家新基建范畴。在"加快数字发展 建设数字中国"篇章中，区块链被列为"十四五"七大数字经济重点产业之一，迎来创新发展新机遇。区块链首次被纳入国家五年规划当中，成为发展数字经济和建设数字中国的重要载体，这标志着区块链技术的集成应用将在数字产业化和产业数字化过程中发挥愈发关键的作用，并将促进数字技术与实体经济深度融合，赋能传统产业转型升级，催生新产业、新业态、新模式，壮大经济发展新引擎。在金融方面，区块链将成为金融信息基础设施，将对我国的金融稳定起到至关重要的作用。在社会治理上，区块链将对我国治理体

系和治理能力现代化有重要的基础性推动作用。

我国区块链发展主要面临以下方面的挑战：一是体系架构亟须创新突破，从根本上解决区块链的性能、安全性、可扩展性等问题，需要新型区块链体系架构以应对不同的应用场景和需求；二是安全与隐私保护亟待加强，区块链中所有的交易记录公开，显著增加隐私泄露风险，严重威胁用户的隐私；三是治理与监管能力亟待建立，需要加强对区块链应用风险的研判，创新区块链监管技术，为"依法治链"提供支撑。但我国面临两个重要机遇：一是区块链技术处于萌芽期，存在大量的"技术无人区"，大量的理论和技术难题亟待突破；二是我国的区块链应用场景十分丰富，应用促进理论和技术创新。

与国外区块链技术研究发展热点集中在公有链技术体系和基于公有链的金融创新应用不同，我国区块链则聚焦联盟链的关键技术及应用、区块链标准制定、区块链监管技术以及区块链安全架构等领域。为保障国家安全，防止区块链成为新的"卡脖子"技术，必须发展和采用国产自主可控的区块链技术和平台，掌握核心技术。

3.3.2.2　研究现状

国内在区块链技术平台方面，涌现了以趣链、蚂蚁和腾讯为代表的国产联盟链底层技术平台，推进区块链技术持续演进发展，并支撑政务、金融、供应链、医疗、能源、商品溯源、公益等领域的多个代表性应用。以下是几个代表性的国产联盟链底层技术平台：

1. Hyperchain

Hyperchain是一个国产的联盟链服务平台，面向企业、政府机构和产业联盟的区块链技术需求，提供企业级的区块链网络解决方案。Hyperchain支持企业基于现有云平台快速部署、扩展和配置管理区块链网络，对区块链网络的运行状态进行实时可视化监控，符合ChinaLedger技术规范，是第一批通过工信部标准院与信通院区块链标准测试的平台。

Hyperchain具有验证节点授权机制、多级加密机制、共识机制、图灵完备的高性能智能合约执行引擎等核心特性，是一个功能完善、性能高效的联盟链基础技术平台。在面向企业和产业联盟需求的应用场景中，平台能够为资产数字化、数据存证、供应链金融、数字票据、支付清算等多中心应用提供优质的底层区块链支撑技术平台和便捷可靠的一体化解决方案。Hyperchain的整体系统架构如图3.3-1所示，平台的核心架构集中在P2P网络，共识模块，账本模块和智能合约引擎。平台提供了一系列技术特性保证了Hyperchain的安全性，而消息订阅机制，数据管理体系，多语言智能合约执行引擎保证了 Hyperchain 的易用性，另外 Hyperchain 提供的 BaaS 平台、开发者平台、监控平台以及运维管理工具等，为用户创建了完备可定制的区块链生态系统。

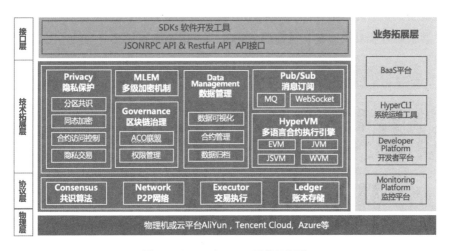

图 3.3-1　Hyperchain 系统架构图

2. TrustSQL

TrustSQL 是腾讯自主研发的基于区块链的新一代产品，旨在打造数字经济时代的信任基石，在银行、保险、证券、供应链、商业积分等等领域都有其应用，提出了数字票据、数字黄金、机构清结算、网络互助以及知识产权保护等行业解决方案。通过 SQL 和 API 的接口为上层应用场景提供区块链基础服务的功能。核心定位于打造领先的企业级区块链基础平台。

其基础框架如图 3.3-2 所示：

图 3.3-2　TrustSQL 系统架构图

3. 蚂蚁区块链

蚂蚁区块链是蚂蚁金服打造的有自主产权的金融级及经济级区块链底层平台，作为信任链接器在公益、保险领域带来温暖而可信的改变，以一种新的协作方式打造透明共享的开放平台，定位为生产级的联盟链进行应用落地。

其基础框架如图 3.3-3 所示：

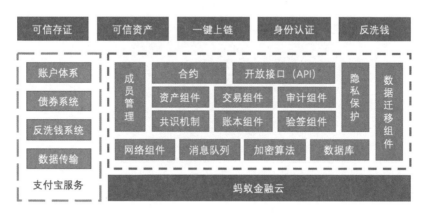

图 3.3-3　蚂蚁区块链系统架构图

蚂蚁区块链分为三个系列：入门版、基础版和企业版。

入门版适用于入门场景，功能快速验证或轻量级应用；基础版适用于企业普通业务场景；企业版适用于企业高性能业务场景。

4. 特性分析对比

表 3.3-1 从功能性和非功能性多个方面对 Hyperchain、TrustSQL 以及蚂蚁区块链进行了分析对比，整体来看，三个平台提供的功能特性都十分完备。

表 3.3-1　整体对比分析表

	Hyperchain	TrustSQL	蚂蚁区块链
吞吐量	5000-10000+特定场景优化：46000	平均峰值 10000 左右	基础版<10000 企业版 25000
交易延迟	毫秒级	毫秒级	秒级内
共识算法	RBFT RAFT	PBFT BFT- raft	优化的 PBFT
智能合约语言	Solidity, java, js	js	
合约生命周期管理机制	提供完整合约生命周期管理	包括合约的注册、触发、执行及注销	无

	Hyperchain	TrustSQL	蚂蚁区块链
数据库支持	LevelDB Mysql	Mysql Percona MariaDB	
数据管理	基于快照进行数据归档	无	无
身份认证	自建CA体系并集成CFCA	自建CA体系并集成CFCA	自建CA
权限管理	分级权限管理、合约访问控制	分级访问权限、合约访问控制	单一管理方式
联盟治理	ACO：系统升级、合约升级、节点准入	无	无
密码算法	SHA3，ECDSA，ECDH，AES，3DES，加法同态加密，国密	SHA3，ECDSA，AES，3DES	SHA-256，ECDSA，KDF，AES，国密
隐私保护	Namespace 隐私交易 换签名	哈希上链 交易地址匿名	加密上链 隐私分享 一次一密
运维管理	支持可视化数据监控；支持合约可视化管理；有报警系统	支持可视化数据监控；支持合约可视化管理；有报警系统	支持可视化数据监控；无合约可视化管理；

总体而言，Hyperchain在合约管理、数据归档、联盟治理、交易延迟方面有一定的优势，同时在运维便捷性、易用性、兼容性等方面也比较完备，是经过实际投产认可的可商用的区块链技术平台；TrustSQL支持的数据库丰富，且有自适应的共识算法；蚂蚁区块链企业版性能指标优良，加密体系较丰富。

3.3.2.3 发展趋势

区块链的主要理论和技术创新、主流技术平台起源于国外，我国在区块链体系结构、安全与隐私保护等关键领域原始创新少。但是当前区块链技术处于萌芽期，存在大量的"技术无人区"，大量的理论和技术难题亟待突破。基于我国的区块链应用场景十分丰富，为构建国产自主可控的联盟链平台，需要从以下几方面进行研究：

构建自主可控的区块链核心技术体系，重点研究区块链新型体系架构、面向区块链的计算机体系架构、基于区块链的价值互联网体系架构等方向，以解决区块链高性能、高安全、可扩展协同优化和基于区块链的计算和网络基础设施可信化的科学问题，实现基础性、原始性、全局性的创新，从而防止区块链成为我国新的"卡脖子"技术。

营造良好的区块链产业生态，确保区块链产业健康发展。一方面，要构建我国区块链监管安全能力，针对如何对区块链平台进行监管与审计、如何利用区块链技术赋能监管与审计等科学问题，重点研究基于区块链的监管与审计的基础理论、面向监管的可信智能合约技术、面向新型数字资产交易的监管与审计、区块链监管一体化行业示范应用等方向。另一方面，依托自主可控的联盟链平台，引领原生技术生态发展，制定统一的技术标准，从而培育壮大我国的原生技术生态。

建设区块链重大应用，满足我国在金融、社会治理、军事等领域的重大战略需求。基于我国丰富的应用场景，探索区块链技术在各个领域的巨大潜力，挖掘区块链应用的广度与深度，深化产业创新，提升经济发展水平，促进社会治理与服务能力的再提升，同时为区块链理论与技术提供正向反馈。

供稿：　浙江大学　　杨小虎、蔡亮、冯雁、鲍凌峰

3.3.3　开源通用联盟链平台

3.3.3.1　研究背景

根据区块链节点准入机制的不同可将区块链平台分为公有链和联盟链两大类。在公有链中，任意节点可自由地加入和退出，并参与链上数据的读写、共识、验证等过程；而在联盟链中，只有符合准入规则的节点才能加入网络中，且链上数据的读写、共识、验证等环节均需权限管控。而相比完全开放的公有链，具有完备权限管理的联盟链更适合于企业、政府机构等实体进行多方参与合作的场景。联盟链是区块链技术的一个子集。通过适当限制网络准入以及降低去中心化程度，联盟链系统比公链系统具有更高的性能、更强的隐私保护能力以及更能满足监管需求，能够更有效的承接现实业务。因此，联盟链成为区块链技术产业应用领域的研究重点。

相比区块链公链技术，联盟链在性能、扩展性和安全性上有先天优势，但是和传统技术架构相比仍有显著差距，还不能满足实际业务需要。此外，实际应用过程中存在技术受限以及安全可信的问题，国内区块链底层技术平台发展较晚，目前大量的国内区块链底层平台都基于国外开源平台架构做了适应性调整，但在企业、政府机构等实体合作的场景下，其对安全可控的要求十分严格，当前的通用联盟链平台的性能与安全性难以满足需求。具体而言，随着联盟链产业的精细化发展以及国内外技术产业核心知识产权的白热化竞争，当前联盟链发展的瓶颈逐渐显露，主要存在以下问题：缺乏场景精细化服务、缺乏核心技术自主知识产权、缺乏软件硬件深度融合一体的平台。

要解决上述问题，需要从软件和硬件两方面着手，打造安全可信的软硬一体通用基础联盟链平台。其中软件包括区块链平台本身网络结构、通信方式、共识机制、加密算法等底层关键技术与协议，硬件则指区块链专用硬件，如 GPU、存储芯片、虚拟机硬件处理器等，而各个方面的研究正在如火如荼进行中。

3.3.3.2　研究现状

近年来，随着区块链在实体经济领域的逐步深化应用，国内外已涌现出一批各具特色的可通用的基础联盟链底层平台。国外区块链平台发展起步较早，由 IBM 孵化并贡献至 Linux 基金会旗下的 Hyperledger Fabric 是当前最主流的底层联盟链平台，此外还有由以太坊演化而来的企业以太坊 Quorum，以及百余家国际知名金融机构联合支持的 R3 Corda 等。国内则主要以百度研发的百度超级链 XuperUnion 以及微众银行牵头发起的金链盟所开源的 FISCO BCOS 为代表。

Hyperledger Fabric 是由 Linux 基金会于 2015 年发起的一个全球开源协作项目，从 IBM 贡献给开源社区的区块链项目 OpenBlockchain 演化而来，是企业级分布式账本技术的开创者。Hyperledger Fabric 是目前国内外区块链落地项目的首选平台方案，约有 59% 以上的行业解决方案项目直接使用 Hyperledge Fabric 或基于 Fabric 做适应性改造。Hyperledger Fabric 是一个开源企业级许可分布式账本技术（DLT）平台，它被设计用于企业环境，与其他流行的分布式账本或区块链平台相比，它提供了一些与众不同的关键能力。具体来说，Fabric 具有高度模块化和可配置的架构，能够为银行、金融、保险、医疗保健、人力资源、供应链甚至数字音乐交付等广泛的行业用例提供创新、多功能性和优化。Fabric 是第一个支持以通用编程语言（如 Java、GO 和 NoDE.JS）编写智能合约，而不是受约束的特定领域的语言（DSL）的分布式区块链平台，Fabric 最关键的不同点是它支持可插拔的共识协议使平台能够更有效地定制以适应特定的用例和信任模型。Fabric 可以使用不需要代币的共识协议来产生区块或推动智能合约的执行。避免使用加密货币可以减少一些重要的风险/攻击问题，并且没有挖矿意味着可以与任何其他分布式系统大致相同的操作成本部署平台。这些与众不同的设计功能的结合使 Fabric 成为当今在事务处理和事务确认延迟方面性能较好的平台之一，它支持事务的隐私和机密性以及实现它们的智能合约（Fabric 称之为"链码"）。Hyperledge Fabric 联盟链系统通过使用多链多通道技术实现在业务上对数据进行分片，在解决数据隐私的同时提高系统 TPS 指标（系统每秒钟能够处理的业务数量），能够将性能从几十 TPS 提高到几千 TPS。但是 Fabric 联盟链系统采用的 PBFT 共识机制存在扩展性差的问题，系统性能将随着节点数量的增加显著下滑，难以支持较多的共识节点。

企业以太坊联盟（Enterprise Ethereum Alliance，EEA）于 2017 年由摩根大通、微软等成立，旨在促进并广泛支持基于以太坊的企业技术实践、标准以及参考架构，是一个由联盟成员推动的一个标准组织。企业以太坊联盟中开源的区块链平台为摩根大通主导的 Quorum。Quorum 主体技术取自公链项目以太坊，并在此基础上增加准入机制，并改进共识协议，使以太坊可以为企业场景所用。Quorum 主体技术取自公链项目以太坊，基于以太坊协议官方 Go 方案开发而成，支持私有链和联盟许可链，它使用基于投票的共识算法，改进了共识协议，以使以太坊可以为企业场景所用。Quorum，可看作企业版的以太坊，Quorum 通过一套区块链架构，提供私有智能合约执行方案，设计一个新的私有交易识别器来实现数据隐私，并满足企业级的性能要求，适用于任何需要高速和高吞吐量处理联盟许可进行私有交易的应用程序。Quorum 的设计目标之一，就是尽可能复用更多的已有技术，最大限度地减少对现有以太网的改造，以减少与以太坊未来版本保持代码一致性所需要的工作量。

Quorum R3 是在 2015 年由 9 家金融机构在美国成立的一个金融区块链联盟，旨在借鉴区块链技术解决金融行业实际问题，联盟拥有花旗银行、美国银行、高盛集团在内的数百家金融机构，R3 联盟目前已转型为一家区块链技术公司。Corda 是由 R3 于 2016 年推出的一款分布式账本平台，其借鉴了区块链的部分特性，例如 UTXO 模型以及智能合约，但它在本质上又不同于区块链，是面向银行间或银行与其商业用户之间的互操作场景而专门设计的产品。在 Corda 中，交易单独存在，没有区块的概念。每个参与方无须知晓所有交易，而只拥有与本参与方相关的交易。参与方之间的交易需要至少一个见证人（Notary）进行见证，来验证交易的有效性。此联盟链平台主要针对金融行业设计，在应用场景方面具有局限性。

国外的区块链平台发展较早，至今已相对成熟，并形成了生态体系。而国内区块链底层技术平台发展较晚，目前大量的国内区块链底层平台都基于国外开源平台架构做适应性调整，使用国外开源平台存在安全可控方面的问题。以 Hyperledger Fabric 为例，一方面项目主导权存在问题，该平台由 Linux 基金会和 IBM 等国外公司主导，平台未来技术发展路线的控制权都由国外公司控制，存在"卡脖子"风险；另一方面，密码学安全方面可能存在问题，Fabric 采用的签名算法为 NIST（美国国家标准与技术研究院）-P256 椭圆曲线，存在可能被操纵的后门，安全性存疑。而国内联盟链平台大多应用于政府机构、企业，需要国密支持。因此，实现技术的自主创新、安全可控是我国区块链发展的重要保障。国内自主研发的开源区块链底层技术平台主要有百度的超级链、微众银行主导的金链盟旗下的FISCO BCOS、北京微芯与腾讯云联合打造的长安链等。

百度超级链由百度自主研发的一系列区块链解决方案组成，并于2019年5月28日宣布开源。XuperUion是超级链体系下的第一个开源项目，是构建超级联盟网络的底层方案，支持DPOS、POW、POS和BFT四种共识算法，以适用不同的使用场景，同时提供了共识基础接口，与核心模块交互；支持Nist P256+ECDSA/Schnorr以及国密等密码学插件，实现不同的密码学算法的封装，支持创建指定类型的密码学对象。在智能合约方面，XuperUnion使用WASM构建虚拟运行环境，以提高智能合约运行效率。权限管理方面，XuperUnion使用合约账户（权限更高的账户）通过ACL（访问控制列表）定义普通账户和其他合约账户的操作权限。交易流程方面，XuperUnion通过模拟执行、共识、写入数据库等一系列解耦操作提升效率。目前百度已基于百度超级链推出百度证据链、数据协同平台等多个产品，并在司法、版权、金融、溯源等领域推出相应解决方案。

FISCO-BCOS平台是国内企业主导研发、对外开源、安全可控的企业级联盟链底层平台。其提出"一体两翼多引擎"架构，其中"一体"是指群组架构，支持快速组建联盟和建链，根据业务场景和业务关系，可选择不同群组形成多个不同账本的数据共享和共识。"两翼"是指支持并行计算模型和分布式存储，二者为群组架构带来更好的扩展性；前者改变了区块中按交易顺序串行执行的做法，基于DAG（有向无环图）并行执行交易，大幅提升性能；后者支持企业（节点）将数据存储在远端分布式系统中，克服了本地化数据存储的诸多限制。"多引擎"为系列功能特性的总括，如预编译合约能够突破EVM的性能瓶颈，实现高性能合约、控制台可以让用户快速掌握区块链使用技巧等。FISCO BCOS以联盟链的实际需求为出发点，兼顾性能、安全、可运维性、易用性、可扩展性，支持多种SDK，并提供了可视化的中间件工具，大幅缩短建链、开发、部署应用的时间。平台单链配置下2万+TPS，提供群组架构、跨链通信协议、可插拔的共识机制、隐私保护算法、支持国密算法、分布式存储等诸多特性。2020年12月，FISCO BCOS发布第三代平台，采用微服务架构设计、流水线工作流机制、全平台多终端国密接入，在性能和扩展性方面进一步提升，同时在产品方面提供了"轻便Air版""专业Pro版"和"大容量Max版"，可满足多样化的场景需求。

长安链ChainMaker是国内首个自主可控区块链软硬件技术体系，由微芯研究院联合头部企业和高校共同研发，具有全自主、高性能、强隐私、广协作的突出特点。长安链面向大规模节点组网、高交易处理性能、强数据安全隐私等下一代区块链技术需求，融合区块链专用加速芯片硬件和可装配底层软件平台，为构建高性能、高可信、高安全的数字基础设施提供新的解决方案，为长安链生态联盟提供强有力的区块链技术支撑。取名"长安链"，寓意"长治久安、再创辉煌、链接世界"。

综上所述，上述国外通用企业级联盟链平台相对成熟并已形成了生态体系，国内的联盟链平台则形成了以自主创新为目标，研发支持国密以及可插拔的共识机制为方向的趋势。但是，当前大部分平台都相对于注重共识机制、并行化、链下通道技术等软件层面，而忽视了硬件层面的研究优化，并且也未形成软硬件一体的区块链体系。总的来说，存在以下问题：

首先，场景精细化服务方面有待加强。当前联盟链企业大多数使用通用化的联盟链服务平台，缺乏针对性、定制化的服务，不能很好地满足如政企、金融等特定场景下的高安全、强隐私、自主可控、性能优良等要求。

其次，核心技术自主知识产权仍然欠缺。当前我国IT产业的基础设施，包括CPU、操作系统、数据库等，仍以海外高科技企业的软硬件为主。近几年我国科技企业、IT企业经常被科技强势的国家扼住喉咙，国产自主可控发展势在必行。

最后，软件硬件深度融合一体的平台还没有足够完备。当前区块链部署、组网以及可视化管控运维效率低，同时没有很好地发挥平台硬件在性能、安全、隐私等方面的能力。要解决上述问题，需要从软件和硬件两方面着手，打造安全可信的软硬一体通用的基础联盟链平台。

3.3.3.3　发展趋势

开源通用联盟链平台在实际应用过程中存在性能、安全、管理等方面的问题，要解决此问题，需从软件与硬件两方面着手，打造软硬一体的通用基础联盟链平台。总的来说，在软件层面的研究内容包括：国密算法、可插拔的共识机制、传输协议、存储机制、区块链并行化架构、链下支付通道技术、智能合约技术、穿透式的联盟链监管技术，在硬件层面的研究内容包括：区块链专用硬件架构、区块链专用数据库系统、区块链硬件加速技术等。

研究安全可靠的关键密码技术。密码算法是区块链的底层技术，区块链系统中使用的密码算法决定了系统的安全强度与效率，使用的密码技术决定了区块链的安全与隐私防护级别。在联盟链领域构建基于国密算法的密码自主可控体系，能够对区块链系统中的核心密码部件实现模块化、可插拔、可复用，提高对底层关键密码的可控性。研究量子计算带来的密码威胁，基于格理论等前沿抗量子算法构建适配区块链系统的公钥密码体系和数字签名体系，提高底层关键密码的安全性。

研究共识机制，支持可插拔共识。研究高性能、高扩展性的共识机制，解决当前共识机制存在的吞吐量低、难以扩展的问题，提高系统的运行性能为适应不同应用场景。此外，提供可插拔多种共识机制的支持。针对联盟链场景特点，对共识机制进行针对性的优化，研究安全高效、可支持动态节点、高扩展性的共识机制理论和拜占庭共识系统架构，设计大规模、高性能的拜占庭容错算法，设计理论性能最优的异步共识算法。

研究高效的区块链传输协议。区块链传输层主要负责将交易数据与区块数据广播到全网，为共识协议最终达成共识提供底层支持，研究如何减少交易广播所消耗的带宽，让现有平均网络带宽水平能够支撑更大规模的交易广播。研究集合交换协议在区块链网络中的传输性能。研究区块压缩技术，在不影响区块验证的前提下，减少区块广播的数据量。研究结构式广播在联盟链场景中的应用，取代泛洪式广播gossip协议，减少区块广播延迟，加快节点间达成共识的速度。

研究区块链存储优化方案。随着区块链的不断延长，需要存储的区块数据逐渐增加，日益增长的数据总量已经对区块链节点造成巨大压力，研究区块链存储优化方案，研究基于信任的节点集合（CUB）、数据压缩、数据剪枝、无状态验证、纠删码、IPFS分布式存储技术等关键技术与区块链技术结合的解决方案，降低区块链节点的存储成本与运维成本，使区块链节点轻装化，是区块链技术推广、走向大众的关键。

研究区块链并行化架构。当前区块链的可扩展性实际受制于其串行结构本身，出块必须逐一处理。对传统典型区块链的链式架构和网络架构进行优化改造，研究区块链并行架构（分为星型架构与平行架构），研究链上并行化架构中，如何处理跨片交易，如何设置分片数量，如何衡量系统与各分片安全性，如何达到片间负载均衡等，以达到区块链系统能高效低时延地并行处理系统事务的目的。

研究链下支付通道技术。研究链下支付通道技术，如何量化链上交互开销与链下扩容间的关系，如何评价链下系统安全性、可扩展性等，通过研究链下支付通道技术，在链下处理大量交易，缓解链上负载，提升系统性能。研究高效通道平衡算法、通道路由算法，使得链下交易能被快速处理，避免单点过热现象；研究通道隐私技术，保护交易信息，维护用户与系统的信息安全。

研究智能合约。区块链3.0是以智能合约为代表的区块链新时代，智能合约在各种应用场景里对业务解构、重构、实现中发挥着巨大的作用，使得区块链技术能在数字经济、物联网、数据共享等方面有着广阔的应用前景。但区块链智能合约技术尚处于发展早期，面临着数据存储、性能、隐私等方面的缺点。研究智能合约在数据存储、性能、隐私的解决方案，减轻节点同步智能合约的数据量，提升智能合约在不同共识机制的性能，保护合约涉及的隐私安全。

研究穿透式的联盟链监管技术。面向区块链生态中存在的安全风险，研究适用于联盟链的安全生态监管技术框架。以安全多方计算、零知识证明和跨链技术为基础，以隐私保护为前提，研究面向联盟链的分布式、穿透式全维度监管技术体系。研究针对链上违法违规信息的识别、取证技术，实现针对链上数据的实时监控能力。研究新型区块结构，能够在区块内容不被篡改、可追溯、可复原的前提下，实现关键信息的智能屏蔽。研究区块链生态安全监管系统，实现区块链不同层级共性安全风险识别与定位、安全风险事件的精准刻画和风险及时发现预警、网络空间与物理空间的实体穿透以及跨账户、跨平台的穿透式监管能力。

研究区块链专用硬件架构。区块链系统中存在可适应性和计算效率之间的矛盾，可适应性是指硬件架构支持不同区块链应用的能力，如可支持的应用数量、规模等方面，计算效率是指硬件架构运行区块链应用时的吞吐量。研究区块链专用硬件架构，解决区块链系统中硬件之间存在的可适用性与计算效率之间的矛盾（如CPU与矿机），构建面向区块链应用的专用计算架构原型系统，提升区块链性能的同时，降低硬件的能耗成本。

研究高性能区块链专用数据库系统，提供多种数据库支持。区块链每项原子操作基本都涉及数据的存储与读写，高效的数据库系统可以提升区块链系统的整体性能、降低事务处理的延时性。区块链作为一种IO敏感的分布式数据库，研究适用于区块链的新型专用数据库，或是采用混合数据库支持的方法，在底层存储同行首选效率较高的NOSQL数据库，如Leveldb,CouchDB等。与此同时，鉴于应用层多使用关系型数据库的现实，联盟链平台应当提供多种数据库支持。

研究硬件加速技术。区块链技术在大规模应用中面临性能瓶颈和安全性挑战。随着数字经济的不断深化和区块链应用规模的不断扩大，在没有底层驱动软件以及专用硬件的配合下，计算负荷较大，使得区块链应用难以向计算及存储资源有限的终端节点移植。通过研究区块链硬件加速技术有助于提升区块链性能和处理效率，以应对大规模区块链交易处理需求。具体而言，研究硬件加速技术包括密码算法硬件加速与交易硬件加速两方面。在密码算法硬件加速中，研究多核并行计算方式、高层运算加速与底层运算加速结合机制、GPU等技术；在交易硬件加速方面，研究区块链专用处理器、控制芯片、一体机等，提高整体事务处理的速度。

综上所述，从软件与硬件两方面共同着手，针对联盟链场景下的系统特征与应用需求，研究上述关键技术，从软硬两层面提升联盟链平台性能、通用性、可用性、安全性，打造高性能、高可扩展软硬一体的通用基础联盟链平台。

供稿： 中国科学院计算技术研究所   孙毅、张珺

北京大学   谢安明、高健博

3.3.4　跨链互联技术平台

3.3.4.1　研究背景

区块链技术发展的愿景是形成一个连接各方的可信网络：连接的成员越多，其价值越大；链上应用越灵活，其生态越繁荣；链上数据越丰富，其信用放大作用越明显。但当前各行业均按照自身需求构建区块链生态，而由于行业早期技术先行、标准滞后，导致生态割裂，不同区块链系统难以实现互联互通，具体表现在以下三个方面：第一，跨链互联涉及数据互通、身份互认、共识转换和治理协同多重因素，而不同区块链系统在通信协议、身份管理、共识算法和治理方案方面技术路线各不相同，底层区块链互通难，"链岛"问题日益突出；第二，区块链系统通过接口将所支持的功能暴露给应用开发者、参与方管理员、系统管理员，而不同底层链所提供的接口千差万别、互不兼容，链上应用与底层链对接适配、切换适配复杂；第三，链上合约的执行往往需要链下数据的触发，如跨境结算中的汇率数据需要从链下获取，在链上链下数据交互过程中，缺乏规范的数据可信交互方案，约束了链上数据的丰富程度，限制了区块链的应用发展。

区块链互操作是指通过技术手段连接相对独立的区块链系统，实现不同区块链的相互操作，区块链互操作技术通常也被称为跨链技术。区块链互操作依据操作内容不同大体分为资产交换和信息交换。在资产交换方面，当前不同区块链的数字资产处于互相隔离的状态，跨链资产交换主要依靠中心化的交易所来完成，但是中心化交易所的交换方式既不安全，规则也不透明；在信息交换方面，主要涉及链与链之间的数据同步和相应的跨链调用，相应的技术实现难度更高，目前各个区块链之间的信任机制不同，无法有效地进行链上信息可信共享。

区块链因其自身链式结构和共识算法，确保了区块链数据真实可信和不可篡改。跨链技术是实现区块链系统之间信任传递的技术，需要保证在交换过程中数据的互通、互认以及跨链数据在区块链间的一致性。跨链技术目前仍存在一些难点：其一是如何保障跨链交易的原子性，即一笔跨链交易要么完全发生（两条链

上的账本同步修改），要么都不发生（两条链上的账本均不修改）；其二是如何实现对外部交易的确认，区块链系统本身是较为封闭的系统，缺乏主动获取外部信息的机制，因此获取本条链上的交易提交状态是比较容易的，但是获取其他链上的交易提交状态较为困难。

在业务与技术的双重需求下，区块链互操作得到了越来越多的重视，已经成为区块链技术的必要需求和必然发展趋势。跨链技术作为连接各区块链的桥梁，其主要目的是实现不同区块链之间的资产原子性交易、信息互通、服务互补等功能，跨链协议必将成为"价值互联网"的基础性支撑技术之一。

3.3.4.2 研究现状

区块链互操作问题引起了国内外产业界各方的高度关注。政府层面，美国国土安全部（Department of Homeland Security，DHS）设立区块链项目，聚焦于区块链安全性、互操作性、隐私保护三个方面的研究[1]。欧盟报告[2]指出，跨链互通是区块链的必然趋势，建议政府出台相关措施支持基础设施项目研究。德国联邦政府鼓励初创企业、中小企业、民间组织及开发者积极参与到区块链相关标准的制定工作中，共同解决区块链互操作的难题[3]。行业组织层面，ITU（International Telecommunication Union，国际电信联盟）、IEEE（Institute of Electrical and Electronics Engineers，电气电子工程师协会）、ISO（International Organization for Standardization，国际标准化组织）、EEA（Enterprise Ethereum Alliance，企业以太坊联盟）、EBP（European Blockchain Partnership，欧洲区块链合作组织）[4]，以及CCSA（China Communications Standards Association，中国通信标准化协会）和TBI（Trusted Blockchain Initiatives，可信区块链推进计划）等组织纷纷投入到区块链互操作相关标准制定中。企业层面，国外的Microsoft、IBM、SAP、Oracle等巨头纷纷推出了相应的区块链互操作方案，支持Hyperledger Fabric[5]、Corda[6]、Ethereum[7]、Quorum[8]等区块链平台区块链互操作；国内的微众银行、蚂蚁金融、百度、趣链科技、纸贵科技等企业也纷纷推出WeCross[9]、ODATS[10]、BCP[11]、BitXHub[12]、Zeus[13]等互操作解决方案。此外，行业还出现了一批以Cosmos[14]、Polkadot[15]为代表的开源互操作项目。

从技术层面来看，目前的跨链技术大致可以分为三类：公证人机制[16]、侧链[17]/中继链技术、哈希锁定技术[18]。国外跨链产品众多，主要聚焦公有链资产跨链的场景，国内的跨链项目主要是基于联盟链场景，进行不同区块链之间的数据共享和业务互补。在这些跨链技术中，其跨链交易的数据验证和交换的方式各不相同。

公证人机制是跨链技术中最简单的一种，受信任的一个或者多个参与方监听相应的跨链事件，确定跨链事件的正确性，然后处理相应的跨链事件。公证人技术的代表是瑞波的 Interledger 协议[19]。Interledger 协议专注于跨链资产交换场景，使两个不同的系统可以通过第三方连接器在无须信任的情况下交换货币。Interledger 使用非对称加密技术，安全托管这两个记账系统和连接器需要交互的资金。当所有参与方对资金量达成共识时，便可相互交易。基于公证人模式的 Interledger 实现方式简单、效率高、安全性高，但对公证人的依赖度高，在去中心化方面有所欠缺。

侧链/中继链技术是以锚定某种原链上的代币为基础的跨链技术，利用侧链可以轻松地建立各种智能化的金融合约，包括股票、期货、衍生品等等。著名的 Cosmos[14] 与 Polkadot[15] 项目都属于侧链中继模式。

Cosmos 旨在通过构建一种全新的区块链网络框架，解决区块链扩展问题与区块链互操作问题。Cosmos 的核心技术是 Tendermint 技术，其创新性地分离了区块链状态与共识，可以实现区块链的快速搭建。 Cosmos 网络的核心是 Cosmos Hub，Cosmos Hub 通过跨链通信（Inter-blockchain Communication，IBC）协议连接其他区块链，实现跨链互通。Cosmos Hub 同时其充当了中间人的角色，因此当 Cosmos Hub 受到攻击时，对整个系统的破坏较大，系统安全性无法得到保障。

Polkadot 是由原以太坊核心开发者推出的公有链。它致力于解决区块链的互操作性、扩展性和安全性等问题。Polkadot 通过中继链（Relay-chain）实现跨链，还引入了钓鱼人角色对跨链交易进行举报监督。通过 Polkadot 可以将比特币、以太币等都链接到 Polkadot 上，从而实现区块链互操作。但是通过 Polkadot 实现异构区块链接入时，需要额外开发转接桥（Bridge），其开发难度较大，跨链实现成本较高。而且目前 Polkadot 的代币经济治理策略不够完善，存在被拥有大量代币的人控制跨链网络的风险。

哈希锁定技术（Hashed Timelock Contract，HTLC）最早出现于比特币闪电网络的解决方案中，其通过资产锁定并设置相应的时间和解锁条件来保证交易的公平性。哈希锁定是系统之间进行原子交易的基本框架，能保障跨链交易的原子性，适用于各类链间互操作。然而，哈希锁定只能实现资产交换的跨链场景，即各链资产总量保持不变的情况下，资产的持有人变化，而无法实现更加通用的跨链信息交换。

不同于国外跨链项目聚焦于研究公链间资产交换的场景，国内跨链项目主要聚焦联盟链场景下的实体应用，用于解决不同联盟链之间业务数据共享和业务协同问题，实现不同区块链上的价值互通。跨链网络出于安全性、通用性的考虑，通常设有准入机制，为了支持大规模的商用，同时提升跨链网络的灵活性与效率，联盟链间的跨链方案大多采用中继链架构，并支持对跨链网络的高效协同治理，保障跨链服务的健康稳定运行。

2018年1月上线主网的Wanchain跨链平台[20]——万维链，旨在为不同区块链系统提供资产互换或转移，缓解公证人中心化问题，万维链通过分布式的方式完成不同区块链账本的连接及价值交换。无论是公有链、私有链还是联盟链，均能接入万维链，实现不同区块链账本的连接及资产的跨账本转移。

2019年9月蚂蚁集团推出跨链产品——ODATS[10]，通过制定标准化的区块链UDAG全栈跨链协议，保证跨链交易的安全性、可扩展性及可靠性，打破区块链数据孤岛，实现同构及异构链之间的可信互通，助力企业之间可信协作，促进产业生态可信融合。通过TEE技术方案提供低成本、高安全、跨平台的交互操作，构建跨链通讯基础设施。目前TEE未国产化，基于TEE的方案存在中心化安全风险以及可用性问题。

2020年2月微众银行推出区块链跨链协作平台——WeCross[9]，基于跨链路由自由组网的方式实现跨链，采用2PC和哈希时间锁定机制实现跨链事务，但对于哈希时间锁定机制其超时判定由跨链路由进行决策，可能会导致资产跨链事务不一致的情况出现。其跨链交易通过SPV[12]的方式进行有效性和真实性的验证。

2020年3月趣链科技开源了跨链技术平台——BitXHub[12]，BitXHub平台由中继链、应用链以及跨链网关三种组件组成，并原生集成W3C标准的分布式数字身份（Distributed ID，DID），依据场景导向可灵活组织部署架构，具有通用跨链传输协议、异构交易验证引擎、多层级路由三大核心功能特性，保证跨链交易的安全性、灵活性与可靠性。

不同跨链技术方案在互操作能力、原子性、通用性、安全性、扩展性等方面表现各异。总体来看，国内外跨链平台都是以开源作为主要形态，研究方向主要聚焦在通用跨链传输协议、跨链数据有效性验证、跨链事务一致性保障以及如何降低跨链系统的接入成本等方向。

3.3.4.3 发展趋势

据2020年信通院测试报告显示，跨链解决方案中的62%采用的是中继链架构，31%采用的公证人机制[21]。中继链作为主流跨链技术架构，未来还需加强探索与研究，包括跨链传输协议、分布式数字身份、跨链治理框架等方面，并积极推进跨链开源平台建设。

1. 研究高安全高可靠跨链传输控制协议

开展高安全高可靠跨链传输控制协议研究,提出区块链间通用传输控制协议,实现不同区块链之间跨链安全链路建立机制、消息高可靠保密通信机制以及跨链事务一致性保障算法,形成多层次跨密级区块链间数据、信息和业务可信接入与交互的能力。协议保证区块链数据可信的前提下,加速全球化跨链基础设施的形成。协议还应该包括跨链路由机制,支持异构区块链网络拓扑最短最优路径的快速计算和异构区块链节点信息的实时动态更新,作为跨链路由协议集成到跨链信息层,提供异构区块链节点路由信息的统一访问和管理服务。

2. 海量链原生数字身份管理体系

开展链原生的海量数字身份管理体系研究,实现链原生分布式数字身份新范式,自底向上解决多链异构系统身份不互通难题,实现区块链互操作范式革命性突破。构建异构多链的通用标识符系统,实现所有区块链上身份和资源的标识与定位,具备可扩展性并支持万链标识管理下高服务响应速度,在此基础上还需要保证安全性和可信存储。

3. 零信任可信服务访问机制和层级化跨链治理框架

开展零信任跨密级网络区块链服务访问机制研究,提出基于分布式数字身份与零信任网络安全架构相结合的可信服务访问协议,实现跨密级网络的服务可控访问,形成具备高度安全可控、可管的跨密级服务访问能力,满足可信区块链服务之间的安全协作,达成跨密级网络可靠数据共享。开展层级化跨链协同治理框架研究,具备跨层级多机构的跨链数据可信共享以及以链治链的治理能力,形成高性能、高可扩展的多链治理体系架构。突破多层级多部门跨链联合治理难题,研究链原生标准化工作流指令范式和层级化异构多链治理框架,提出跨机构多维多元化的权限分级控制机制,研究可灵活定制的可信治理指令库和基于边缘计算技术的治理沙盒执行引擎,设计基于安全多方计算的治理指令更新机制和跨合约跨机构跨层级的治理协作机制,实现高效率、全自动、透明化的层级化跨链协同治理功能。

4. 跨链参考架构及标准体系

互操作难本质上是技术先行、标准滞后的结果,因此,需要从标准入手,梳理互操作标准体系。首先,通过对互操作的研究,给出区块链互操作概念,明确区块链互操作范围边界,梳理不同部分需要解决的关键问题,给出区块链互操作参考框架。其次,在上述区块链互操作框架的基础上,对当前产业界已有的各种互操作技术方案进行梳理分析,找到互操作不同模块中的关键问题,提出跨链标准体系。

参考文献

[1] Homeland Security.DHS Awards $181K to Verify Digital Credentials[EB/OL].(2019-11-14) [2022-02-12].https://www.dhs.gov/science-and-technology/news/2019/11/14/news -release- dhs-awards-199k-blockchain-tech.

[2] The European Union Blockchain Observatory and Forum.SCALABILITY INTEROPERABILITY AND SUSTAINABILITY OF BLOCKCHAINS[EB/OL].(2019- 03-06)[2022-02-12].https://www.eublockchainforum.eu/sites/default/files/reports/report_ scalaibility_06_03_2019.pdf.

[3] Bundesregierung.Blockchain-Strategie der [EB/OL].(2019-09-18)[2022-02-12].https://www. bmwi.de/Redaktion/DE/Publikationen/Digitale-Welt/blockchain-strategie.pdf.

[4] Hewett N, Lehmacher W, Wang Y. Inclusive deployment of blockchain for supply chains[EB/ OL].(2020-04-09)[2022-02-12].https://www.weforum.org/whitepapers/inclusive-deployment- of-blockchain-for-supply-chains-part-6-a-framework-for-blockchain-interoperability

[5] Hyperledger Foundation.Hyperledger Fabric[EB/OL].[2022-02-12].https://www.hyperledger. org/use/fabric.

[6] Corda. Corda Developer[EB/OL].[2022-02-12].https://www.corda.net/.

[7] Ethereum. Ethereum Developer[EB/OL].[2022-02-12].https://ethereum.org/.

[8] Quorum. Quorum[EB/OL].[2022-02-12].https://www.goquorum.com/.

[9] WeBank FinTech.WeCross白皮书[EB/OL].[2022-02-12].https://fintech.webank.com/wecross/.

[10] 阿里云.aliyun ODATS[EB/OL].[2022-02-12].https://cn.aliyun.com/solution/blockchain/ODATS.

[11] 百度智能云.百度智能云[EB/OL].[2022-02-12].https://cloud.baidu.com/solution/blockchain. html.

[12] Meshplus.bitxhub[EB/OL].[2022-02-12].https://github.com/meshplus/BitXHub.

[13] Z-Baas.Z-Ledger[EB/OL].[2022-02-12].https://baas.zhigui.com/production/zeus.

[14] Cosmos.Cosmos[EB/OL].[2022-02-12].https://cosmos.network/.

[15] Polkadot.Polkadot[EB/OL].[2022-02-12].https://polkadot.network/.

[16] J. Chow, "BTC Relay" [EB/OL].[2022-02-12].https://buildmedia.readthedocs.org/media/pdf/ btc-relay/latest/btc-relay.pdf

[17] Back A, Corallo M, Dashjr L, et al. Enabling blockchain innovations with pegged sidechains[EB/OL].(2014-10-22)[2022-02-12].https://www.blockstream.com/sidechains.pdf

[18] ZHANG Shitong, QIN Bo, ZHENG Haibin. Research on Multi-party Cross-chain Protocol

Based on Hash Locking[J]. Cyberspace Security, 2018, 9(11): 57-62, 67.

[19] Hope-Bailie A, Thomas S. Interledger: Creating a standard for payments[C]. Proceedings of the 25th International Conference Companion on World Wide Web, 2016: 281-282.

[20] 万维链.建立分布式的未来"银行"白皮书[EB/OL].(2017-08-01)[2022-02-12].https:// www.wanchain.org/files/Wanchain_White_Paper_CN.pdf

[21] 中国信息通信研究院，可信区块链推进计划. 区块链白皮书(2020)[EB/OL].(2020.12)[2022-02-12]. http://www.caict.ac.cn/english/research/whitepapers/202101/P020210127494158921362.pdf

供稿：　　杭州趣链科技有限公司　　　　　李伟、邱炜伟、徐才巢、李瑞阳
　　　　　中国科学院计算技术研究所　　　孙毅、张珺
　　　　　中国信息通信研究院　　　　　　魏凯、庞伟伟、康宸、程阳

3.3.5　自主开源区块链社区与平台

3.3.5.1　研究背景

随着全人类整体加速了向数字化世界的迁移进程，数据的采集与生产、存储与计算、分发与交换、分析与处理已经普遍存在于跨地域、跨领域、跨主体、跨账户的各种组织与企业之中。多方参与和对等合作的新型商业模式逐渐凸显价值，这种模式的特点在于多方平等参与、智能协同、专业分工、价值分享等。为了实现分布式商业的共享与透明规则，以开源为主要特征的分布式技术也正在快速发展，致力于打破垄断的新型区块链技术如比特币、以太坊等渐渐登上历史舞台，成为了前沿科技的代表。经过近几年的发展，我国开源社区建设也初有成效，在国内市场影响力逐渐上升，为保障我国区块链应用发展提供了坚强后盾。国内的 BCOS、Annchain 链、百度超级链、梧桐链、RepChain、BitXHub 也纷纷发布了不同版本的开源代码。

3.3.5.2　研究现状

1. BCOS

2017 年 7 月，微众银行、上海万向区块链、矩阵元等公司对外发布开源的区块链底层平台 BCOS（BlockChain OpenSource），以构建根植于中国的区块链生态。目前其开源生态圈已逐渐成型，应用加速涌现。截至 2020 年 12 月，BCOS/FISCO BCOS 开源生态已汇聚超 2000 家企业机构，超 40000 名开发者，已有超 120 个应用在生产环境运营。支持的应用覆盖范围包括以支付、对账、交易清结算、供应链金融、数据存证、征信、场外市场等为代表的金融应用，以及司法仲裁、文化版权、

娱乐游戏、社会管理、政务服务等其他行业应用。基于BCOS/FISCO BCOS搭建的机构间对账平台交易数量达1亿笔以上，司法存证平台存证量达到10亿条以上。

BCOS平台主要技术特性包括：

① 支持监管和审计要求，满足业务合规要求；

② 支持节点准入控制、CA身份认证、账户管理体系和安全监控功能；

③ 支持插件式共识机制，包括PBFT、RAFT等；

④ 采用分布式数据存储架构，支持海量数据容量与弹性扩容能力，并提供高强度加密存储功能和配套密钥管理功能；

⑤ 提供基于密码学的隐私保护功能，支持分布式商业中的保密数据交换；

⑥ 全方位的安全防护机制，兼顾物理安全、传输安全、存储安全、网络安全、密钥安全等；

⑦ BCOS平台构建包括开源代码和云服务两种模式。

金融行业影响着资金和资本的配置，是关系国计民生的最重要行业。为使BCOS平台满足金融行业的特殊要求，又不至于改变BCOS平台的行业普适性，成为正在使用BCOS平台的多家金融机构近期探索的焦点目标。金链盟在BCOS平台的基础上，以金融业务实践为参考样本，深度定制了一个安全可控的、适用于金融行业的开源区块链底层平台，即FISCO BCOS。

金链盟开源工作组将专注于金链盟在推进金融区块链技术开源方面的事务及相关工作。具体的重点工作任务一是打造并完善金融区块链开源平台——FISCO BCOS；二是构建金融区块链开源社区，决策开源社区重大发展规划和方针。

2. Annchain链

Annchain链是由众安科技、众安–复旦区块链与信息安全联合实验室研发，支持智能合约的高性能通用区块链协议。是工信部指导的中国区块链技术和产业发展论坛的开源项目之一。

Annchain当前包含两个子项目Annchain.Genesis和Annchain.OG。其中，Annchain.Genesis作为基于链表式结构的第一代区块链基础协议，其主要特征是模块化、高可靠、易用，支持多种智能合约引擎，其致力于赋能用户快速创建一条高性能、可扩展、可自由配置的区块链基础设施，使得创建去中心化应用更加简单快速。

Annchain.OG作为基于DAG账本结构的第二代区块链基础协议，其拥有DAG高效，强扩展特点的同时，又通过基于贡献的多维共识解决其安全可靠问题，同时Annchain.OG支持多种智能合约引擎及计算引擎，具有更强的计算和存储能力。

Annchain链的主要技术特点包括：

① 采用DAG结构,可扩展性更好,提高了处理能力。

② 采用SGX等硬件来保护数据安全与隐私。

③ 采用"预言机–业务预处理器–智能合约处理器"组合结构,基于预处理外挂提升业务处理能力。

④ 支持Proof-of-Contribution+Witness与Proof-of-Stake混合共识机制。

⑤ 集成神经网络、联合学习、同态加密等技术,改善数据安全共享能力。

Annchain链专注于解决扩展性、去中心化、安全三者的平衡问题,做通用的分布式应用计算平台。目前已在数十家生态伙伴的商业场景中落地,场景涵盖农业溯源、珠宝溯源、资产通证化、公益、数据开放计算、广告分发平台和供应链金融等,开发者可基于Annchain高效构建适合自身的区块链应用。

3. XuperChain

百度超级链(XuperChain)是百度自主研发的产品,拥有链内并行技术、可插拔共识机制、一体化智能合约等业内领先技术支撑,让区块链应用搭建更灵活、性能更高效、安全性更强,全面赋能区块链开发者。

在传统比特币和以太坊的区块链公链建设过程中,需要大量的矿机和电力加入。而EOS的网络建立,需要强大的社区运营以及资源支持。如果每一个DApp的出现,都要自己去建设公链,对开发者来说将是一个巨大的挑战。为解决上述痛点,百度发布了超级链XuperChain,作为操作系统级别的区块链解决方案。

XuperChain的主要技术特点包括:

① XuperChain是一个支持平行链和侧链的区块链网络。XuperChain使用Root链管理XuperChain网络的其他平行链,并提供跨链服务。通过把复杂的智能合约放在侧链执行,可以实现利用其他的并行计算资源去执行而不消耗主链的资源。当满足侧链回归条件的时候,主动引发侧链合并。

② XuperChain支持多种主流的隐私保护和安全机制。运用SHA256、SA、非对称椭圆曲线、抗量子等加密算法,以及零知识证明算法、安全多方计算等技术组合,保障数据隐私的安全,防止数据泄漏。

③ 可插拔共识机制。XuperChain 的共识机制包括但不限于POW、POS、PBFT、Raft,以及自主研发的TDPOS。XuperChain 设计了一套可插拔的共识机制。一方面,XuperChain不同的平行链允许采用不同的共识机制,以此来满足不同的共识应用需求。另一方面,XuperChain还支持在任意时刻通过投票表决机制实现共识的升级,从而实现共识机制的热升级。

④ 自主创新的共识机制。基于POS,XuperChain实现了一套DPOS共识,即

TDPOS。依据这种算法，全网持有通证的人都可以给候选人投票。TDPOS的参数包括每轮的Proposer个数、出块间隔、节点每轮出块个数等。

⑤ 智能合约。XuperChain在UTXO的基础上做了智能合约的扩展，在扩展区可加载各种不同的合约虚拟机，每个合约虚拟机需要实现运行合约和回滚合约两个接口。同时，XuperChain既可直接用主流语言（Go、C++、Java等）编写智能合约，也同时兼容以太坊的智能合约，即以太坊的智能合约代码可以在XuperChain部署和执行。

⑥ DAG结构。为了让区块里面的智能合约能够并行执行，XuperChain将依赖事务挖掘形成DAG图，并由DAG图来控制事务的并发执行。

⑦ 支持轻量级节点。XuperChain支持轻量级节点技术。轻节点仅同步少量数据就可以完成数据的访问和校验，适合部署在PC、手机、嵌入式设备等设备上，这些设备不需要很大的算力和存储支撑就能有效地访问区块链网络数据。

4. 梧桐链

为推动我国自主企业级区块链技术发展，更好地助力技术与应用需求的融合，同济大学联合海航科技、欧冶金融、上海银行、中国银联等企业，共同发起了梧桐链，希望通过整合项目经验、产业和社区资源，研发与行业应用场景高度融合的具有自主知识产权的区块链，塑造中国区块链技术的核心竞争力，助推我国区块链行业的快速发展。

梧桐链平台是主要针对企业、机构的区块链应用场景开发的联盟链区块链系统平台。设计上，梧桐链结合广泛的社区经验，从企业的实际需求和应用场景出发，目标成为国内领先的具有知识产权的联盟链平台标准。

梧桐链的主要技术特点包括：

① 技术架构。梧桐链由底层平台和基于底层平台的对外应用模块构成。底层平台由网络服务、数据存储、权限管理、安全机制、共识机制、智能合约等部分构成。对外应用模块可针对不同的应用场景进行系统化定制和提供开发API等。梧桐链支持基于私有云和公有云部署和扩展；支持节点可控授权接入；支持多种加密算法、多种共识算法；支持高性能自主智能合约引擎；提供对区块链系统的治理和运维支持，可对整个网络的运行状态进行实时监控。

② 节点管理。各个节点采用P2P网络技术组织网络，支持多节点的动态加入和退出。节点的加入和退出由权限管理控制，新加入的节点需要经过已经存在的节点一致同意才能够成功。

③ 密码算法。充分考虑企业级的安全要求，采用符合国家和国际标准的加密

机制，在服务器实施部署上也有相应的安全性保障措施。哈希算法、非对称加密和签名算法均支持国密算法。

④ 身份认证。梧桐链基于PKI的证书体系做节点身份认证，CA服务器管理证书的发行和销毁，节点使用数字证书进行验证和加解密，防止出现节点证书重复使用、节点重复登录、节点退出等事件引起的安全问题。

⑤ 共识算法。梧桐链共识算法模块为可插拔设计，内置了Raft和PBFT共识算法模块，用户可根据系统类型和应用场景进行手动选择或动态调整。此外，梧桐链预留共识模块的接口，用户可根据自己的需求编写并替换共识模块。

⑥ 智能合约。梧桐链支持基于Docker和虚拟机的智能合约。Docker、容器方案为智能合约提供隔离安全环境，能与链系统隔离，保证了合约执行的安全性。用户可使用GO语言编写智能合约。

⑦ 应用网关及SDK。SDK为开发者提供区块信息写入、查询、读取等操作，使得接入梧桐链的难度大大降低。同时提供了HTTP Restful的应用网关，使得应用系统的接入更加简单、灵活。

5. RepChain

RepChain，全称为Reactive Permission Chain，是中国科学院软件研究所发布的一款区块链基础组件。RepChain是一种采用响应式编程实现自主可控的许可链，它采用响应式编程，加入了身份准入机制和监管机制，具有模块化和可视化的特点，对于区块链应用开发者非常友好，有利于大幅减少代码量，使开发人员能够轻量化地解决区块链的应用问题。

RepChain具有标准化、模块化、可视化三个特征。

① 标准化：尽可能采用经过工程实践认证的标准组件，在基本功能稳定，满足工程实施的基础上大幅减少代码量，方便第三方改造使用。

② 模块化：节点间以消息格式交互，节点内部以状态驱动，具备模块替换的可行性。

③ 可视化：将复杂的交易传播、共识入块的过程直观化。

在架构上，RepChain系统共分为六层，从底层到上层分别是数据层、网络层、共识层、合约层、API层、监控层。

① 数据层：负责数据格式定义，并以此为基础实现数据的交换、验证、存储、读取及检索。

② 网络层：采用JDK内置的TLS实现，支持入网许可验证，在此基础上进行去中心化的Gossip组网，网络传播支持P2P和Pub/Sub两种方式。

③ 共识层：负责共识模块完成区块的输入共识和输出共识。输入共识采用兼顾实时性和安全性的CFRD算法，既照顾到交易的实时性要求，又能在一定程度上防止入网节点串通作弊；输出共识为抽签出的出块人在本地预执行交易，将预出块发送给背书节点，搜集到足够多背书节点的签名后正式出块。

④ 合约层：为共识层提供交易执行环境，具备安全隔离、解释和执行脚本、为脚本执行提供上下文环境和底层API访问的功能。

⑤ API层：提供外部接口，允许第三方应用以Restful的形式与系统交互，并集成了Swagger-UI，允许开发者进行在线测试。API层提供交易提交、交易检索、区块检索、链检索等基本功能。

⑥ 监控层：在区块链网络中收集事件和日志，并将其以Protobuf的格式序列化到Web端，以H5图形技术进行可视化实时状态展示和日志回放。

6. BitXHub

当前的区块链底层技术平台百花齐放，但主流区块链平台中，每种链的共识算法、账本结构、加密机制等技术各不相同，导致了区块链间的异构性；异构链之间缺乏统一的互联互通机制，难以做到价值互通，这形成了区块链生态中的价值孤岛效应。

区块链互联互通主要有三种需求：第一是区块链账本间资产转移和交换的需求；第二是区块链间数据共享和同步的需求；第三是调用它链服务完善己链业务的需求。

在此背景下，趣链推出国产自主的跨链技术平台——BitXHub，其中Bit代表数据，X代表安全，Hub代表中继。从技术方向上来看，BitXHub本质是一个采用中继机制的安全高效跨链平台，专注于异构联盟链间的账本互操作，解决了跨链中的交易捕获、传输以及验证的核心难题。

BitXHub的主要技术特点包括：

① IBTP协议。BitXHub基于链间互操作的需求提出了一种类TCP/IP的通用跨链传输协议——IBTP（Inter-Blockchain Transfer Protocol），旨在提供统一的跨链交易传输、路由和验证格式，消除由于共识算法、账本结构、加密机制不同而导致的跨链交易互相认证难障碍。

② 三种角色。BitXHub平台由中继链、应用链以及跨链网关三种角色组成，并链原生集成W3C标准的DID，依据场景导向可灵活组织部署架构，具有通用跨链传输协议、异构交易验证引擎、多层级路由三大核心功能特性，保证跨链交易过程的安全性、灵活性与可靠性。

③ 跨链网关。跨链网关负责异构区块链的接入、跨链交易的捕获、解析以及调用等职责。跨链网关在设计上分成共性的核心部分以及可变的接入部分,用户仅需按照自己的区块链特性构造可变的接入部分即可。目前已支持多种主流联盟链平台的接入,如趣链区块链基础平台、HyperledgerFabric 等。

④ 技术架构。BitXHub 的技术架构自下而上分为物理层、基础层、跨链服务层、接口层四部分。其中物理层要求支持在普通物理机、云主机或者嵌入式设备等物理环境中稳定运行,兼顾多场景适用性;基础层包含了联盟链本身需要具备的模块,比如网络模块、存储模块、共识模块、虚拟机、隐私安全模块;服务层包括应用链管理模块、执行模块、事务管理模块、验证引擎模块和隐私保护模块,各模块互相协作完成中继跨链流程;接口层负责对外提供 gRPC 和 Restful 两种接口服务,支持不同场景下用户的使用。

7. 智臻链

智臻链(JD Chain)是京东科技自主研发的区块链底层引擎,于 2019 年 3 月对外开源并推出开源社区。JD Chain 已实现单链每秒 20000 笔交易的吞吐能力,单链可管理超 10 亿个账户和千亿数量级的交易记录,全面支持国家密码算法,并首创可监管签名算法。JD Chain 已支持金融科技、司法存证、智慧医疗、供应链追溯、版权保护、数字营销等多领域场景应用。截至 2020 年 9 月,智臻链防伪追溯平台已有 10 亿级的追溯数据落链,1000 余家合作品牌商,逾 750 万次售后用户访问查询。

3.3.5.3 发展趋势

① 开源生态逐渐丰富发展。近年来,区块链开源社区参与者数量快速增长,参与者的角色也在丰富。除开发者外,开源社区中出现了基于平台产品进行各种商业应用场景落地的参与者,包括投资人、集成商、应用开发者和第三方安全审计公司等,推动围绕区块链应用的生态逐步繁荣。

② 对应用的支撑效应更加凸显。早期的区块链开源社区主要是以支撑加密货币及相关应用为目的,以 Hyperledger 为代表的侧重联盟链的开源社区的发展,在更大范围内支撑了企业级区块链应用的开发和探索。目前基于开源社区的应用已经渗透到金融科技、司法存证、智慧医疗、防伪追溯、版权保护、数据共享开发等多个应用领域,支撑了一批典型行业应用。

供稿: 北京大学   谢安明、高健博
       中国电子技术标准化研究院   张栋、孙琳

3.3.6 区块链标准化平台

3.3.6.1 研究背景

区块链技术作为新一代信息技术的重要组成部分，已成为当前国际竞争的新热点。世界主要国家纷纷在新一轮国际竞争中争取掌握主导权，出台众多区块链相关规划和政策，对区块链核心技术、标准规范等进行部署，加快促进区块链技术和产业的发展。

区块链技术的高速发展对标准化工作提出了更高的要求。我国高度重视区块链标准化工作，十八大以来，国家陆续发布了《国家信息化发展战略纲要》《信息化和软件服务业标准化工作要点》等一系列与区块链有关的政策性文件。2019年10月24日，中共中央政治局就区块链技术发展现状和趋势进行第十八次集体学习。习近平总书记在主持学习时强调，要加强区块链标准化研究，提升国际话语权和规则制定权。[①] 近日，工信部、网信办发布《加快推动区块链技术应用和产业发展的指导意见》中明确指出，"坚持标准引领。推动区块链标准化组织建设，建立区块链标准体系。加快重点和急需标准制定，鼓励制定团体标准，深入开展标准宣贯推广，推动标准落地实施。积极参加区块链全球标准化活动和国际标准制定。"

标准化工作对区块链技术及其产业发展具有基础性、支撑性、引领性的作用，既是推动产业创新发展的关键抓手，也是产业竞争的制高点。近年来，区块链在概念、技术、应用和组织形式等方面发展迅速，亟需以标准化引导达成产业共识，营造良好的生态环境。

一是区块链认识和理解有待统一。区块链创新的技术特征吸引了各行业的专家，从技术、应用、经济、社会甚至哲学视角阐述对区块链的理解和期望，错综复杂和相互矛盾的解释对公众理解区块链技术造成了极大的困惑，需要通过标准定义区块链的基本概念，统一认识，正本清源。

二是区块链关键技术有待突破。区块链技术的隐私、效率、分布式存储、合规等关键问题暂时无法完全解决，严重阻碍了产业的发展，需要利用标准加速关键技术研究，加速推进产业发展。

三是区块链应用实践有待提炼。随着区块链应用的不断探索和深化，已经逐步形成了司法存证、产品溯源和供应链金融等多个领域的应用模式，需要标准化的方法固化和推广最佳实践的成果。

四是区块链顶层设计有待加强。全国各种形式的联盟、协会、专委会等社会

---

① 习近平在中央政治局第十八次集体学习时强调把区块链作为核心技术自主创新重要突破口加快推动区块链技术和产业创新发展 [N]. 人民日报，2019-10-26(1).

团体众多，需要顶层设计，规范引导，以标准化推动区块链产业化。

标准已经成为区块链从技术向服务转化的关键方法。目前，在我国区块链相关技术、产品、应用不断丰富发展的同时，仍存在标准化程度不足、标准体系不完善等问题，一定程度上制约了区块链技术和产业的发展，需要以标准为依据，整合政、产、学、研、用、资等相关社会资源，共同推进区块链产业发展。

3.3.6.2　研究现状

1. 国际标准化现状

（1）ISO

国外区块链标准以国际标准化组织ISO为主。2016年9月，ISO成立区块链和分布式记账技术委员会（ISO/TC 307），由澳大利亚承担秘书处。截至2020年12月，ISO/TC307已有46个积极成员和13个观察成员，成立了5个工作组（基础工作组、安全、隐私和身份工作组、智能合约及其应用工作组、治理工作组和用例工作组）和互操作研究组，以及IT安全技术联合工作组。目前，ISO/TC 307已发布1项术语国际标准，以及3项隐私和个人身份信息保护、智能合约和数字资产托管技术报告，同时加快参考架构、数据流动模型、用例、治理等国际标准项目的研制。

2017年以来，我国标准化专家积极参与ISO/TC 307国际标准化工作，取得一定进展。一是将我国《区块链参考架构》标准贡献至ISO/TC 307，推动了ISO 23257参考架构国际标准项目的立项，并将我国标准的核心内容纳入参考架构国际标准中；二是牵头开展分类和本体、数据流动和分类等标准化需求研究，并推动研究项目向国际标准的转化；三是提交关于开展区块链数据流动模型相关研究工作，成功推动ISO/TR 6277区块链和分布式记账技术用例中的数据流动模型技术报告立项，并由我国专家担任项目负责人。五是积极推进我国在清结算、医药溯源、公积金管理等场景的区块链应用案例录入ISO/TC 307区块链用例报告中。

（2）其他标准化组织

除ISO外，国际电信联盟电信标准分局ITU-T、美国电气和电子工程师协会IEEE、欧洲电信标准化协会ETSI等先后启动了区块链标准化工作。其中，ITU-T成了三个研究组，启动了分布式账本、数据处理与管理、法定数字货币等相关的标准研制。美国电气和电子工程师协会（IEEE）正在研制区块链在农业、能源、自动驾驶等6个领域的应用标准以及1项数据格式标准。欧洲电信标准化协会（ETSI）成立了区块链行业规范组，结合欧盟区块链服务基础设施建设需求开展标准研制工作。

2.国内标准化现状

我国区块链标准化工作起步于区块链产业发展初期。自 2016 年起，区块链标准化逐渐得到产业界的重视，纷纷将制定适用性强的区块链标准作为推动产业发展的有力抓手。

在国家标准方面，2017 年 12 月，《信息技术 区块链和分布式记账技术 参考架构》作为区块链领域的首个国家标准获批立项，帮助实现各行业对区块链的共识，现已完成征求意见进入报批阶段。2020 年 5 月，《信息技术 区块链和分布式记账技术 智能合约实施规范》《信息技术 区块链和分布式记账技术 存证应用指南》两项国家标准获批立项，用于统一和规范智能合约的构建、触发、运行和评估的实施过程，及指导建立、实施、保护和改进区块链存证体系。

在行业标准方面，2020 年正式发布《区块链技术架构安全要求》《金融分布式账本技术安全规范》《区块链技术金融应用评估规则》3 项通信和金融行业标准，指导区块链在特定行业的应用实施。

在地方标准方面，贵州省于 2019 年 12 月发布《区块链 应用指南》《区块链系统测评和选型规范》《基于区块链的数据资产交易实施指南》《基于区块链的精准扶贫实施指南》4 项地方标准。山东省于 2020 年 4 月发布《基于区块链技术的疫情防控信息服务平台建设指南》。地方标准的发布对于地方区块链规划的实施和政策落实具有重要意义。

在团体标准方面，近年来，国内区块链相关团体组织层出不穷，并先后发布了参考架构、数据格式规范、智能合约实施指南、系统测试要求等几十项区块链相关团体标准，对填补我国区块链标准化空白有重要意义。

3.3.6.3　发展趋势

随着区块链技术与应用的迅速发展，标准化需求将会呈现爆发式增长，主要体现在以下方面。

一是国内外区块链标准体系将加速完善。全球范围来看，区块链技术兴起时间尚短，世界主要国家对区块链技术重视程度正在不断加深，各国构建区块链标准体系势在必行。近日，工信部正积极组织筹建全国区块链和分布式记账技术标准化技术委员会，并组织发布区块链标准体系建设指南，通过加强顶层设计，规范区块链标准的发展方向。随着区块链技术的不断成熟及应用的逐步普及，未来区块链标准体系将会不断完善，以标准为抓手全面推动区块链技术与产业发展。

二是技术/应用融合标准需求将日益旺盛。区块链与物联网、人工智能、大数据等新一代信息技术融合系统的集成应用将是大势所趋，作为区块链标准体系规划中的重要板块，融合技术的标准化需求将逐渐扩大。同时，在当前区块链 3.0 版本下，世界主要国家、国际组织、大型企业等纷纷加入区块链发展浪潮中，使得金融、供应链、医疗、教育、政务等众行业诞生了大量的区块链应用。未来，区块链应用范围将进一步扩大，亟需配套发展区块链技术在特定领域的应用标准，以规范区块链技术与实体经济的深度融合发展。

三是区块链标准验证平台将进一步完善。当前，尽管国内外区块链技术发展迅速，但区块链应用市场相对混乱，各种打着区块链幌子的虚拟货币层出不穷，引发了系列社会问题。未来，将会形成一批基于标准验证的区块链技术、产品、平台、系统等相关测试方案，帮助市场判断"是不是"及"怎么样"。通过搭建区块链试验床、测评实验室等方式，针对优质项目进行重点孵化和测评，保障产品质量，规范技术发展路径，加快产业化进程。

在区块链标准化方面，今后的研究内容有：

1. 构建区块链标准体系

加快推动区块链标准体系研究，形成具备兼容性和可扩展性的标准体系架构，创新标准研制机制，着力提升区块链标准研制水平。从产业实际需求出发，加快重点亟需标准研制，从顶层设计推进区块链产业发展。标准体系结构如图 3.3-4 所示。

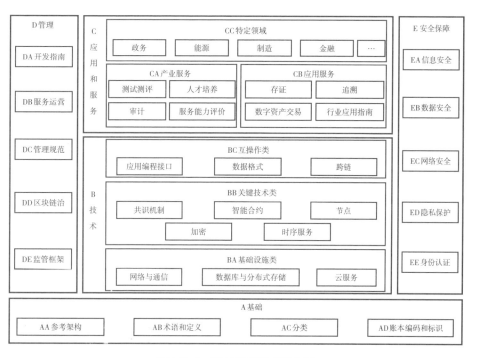

图 3.3-4　区块链标准体系结构图

对于区块链"是什么""怎么建""怎么用"的问题,主要通过基础类、关键技术类、基础设施类、应用服务类标准提供支持;对于搭建后"如何互联互通""如何提供服务""如何保障安全"的问题,可以通过互操作类、过程类、产业服务类、安全保障类标准提供支持。在区块链标准化框架中,标准化范围和对象决定了标准的深度,重点方向决定了标准的位置。在标准的具体研制过程中,其标准化范围和对象由实际需求决定。区块链标准体系共提炼出基础类标准、基础设施类标准、关键技术类标准、互操作类标准、应用服务类标准、产业服务类标准、管理类标准、安全保障类标准、特定领域类标准共9个区块链领域的重点标准化方向。

其中,"A基础"类标准主要包括参考架构、术语和定义、分类、账本编码和标识四个类别,位于区块链标准体系结构的最底层,为其他部分提供支撑。

"B技术"类标准可划分为BA基础设施类、BB关键技术类、BC互操作类。其中,BA基础设施类标准用于指导分布式存储、协议、数据库、云服务等区块链基础设施建设;BB关键技术类标准围绕共识机制、账本记录、密码服务、智能合约、摘要、数字签名等方面为区块链和分布式记账技术应用提供技术支撑;BC互操作类标准用于指导区块链开发平台的建设、规范和引导区块链相关软件的开发,为实现不同区块链的互操作提供支撑。

"C应用和服务"类标准主要包括CA产业服务类、CB应用服务类、CC特定领域类。其中,CA产业服务类标准主要围绕区块链领域中形成的服务模式的相关标准,包括测试测评、人才培养、审计、成熟度模型、服务能力评价等方面;CB应用服务类标准用于指导不同应用场景、不同行业,制定应用软件开发和使用标准,为行业提供导则;CC特定领域类标准主要面向政务、金融等垂直行业领域应用,是各领域根据其领域特性产生的专用区块链标准。

"D管理"类标准包括开发指南、服务运营通用要求、管理规范、区块链治理、监管框架等,主要用于规范和指导区块链的开发、更新、维护和运营。

"E安全保障"类标准包括信息安全、数据安全、网络安全、隐私保护等,用于提升区块链的安全防护能力,规范链上数据安全使用和管理,指导链上信息的隐私和安全。

2.建设区块链标准化验证平台

结合我国区块链产业需求,建设联合标准创新平台。面向企业提供标准化政策、标准查询、技术委员会、标准制修订项目、国内外标准化活动等方面的信息支撑和标准体系构建、标准制修订、实施、评估等标准化一站式的服务,为企业技术标准创新工作提供信息支撑。完善标准验证平台的区块链检测能力，以标准规范为抓手，面向公有链、联盟链、私有链等不同类型的区块链项目，针对区块链系统的用户层、服务层、核心层、基础层等四个分层框架，提供性能、安全、可靠性等检测服务，为更多企业的产品研发提供支持。

供稿：　中国电子技术标准化研究院　　张栋、孙琳

CHAPTER 4 —————————————

第 4 章

区块链创新应用

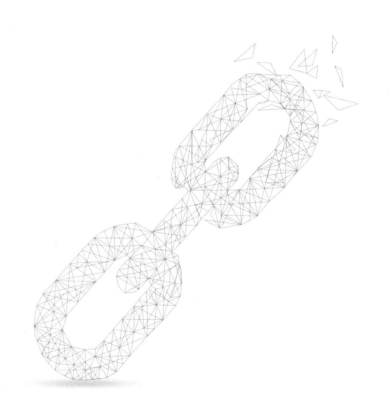

中 国 区 块 链 发 展 研 究

4.1 国内外区块链发展现状

4.1.1 国外区块链发展现状

4.1.1.1 政策与趋势

1. 扶持政策

目前，以美国、欧盟、英国、德国、日本、韩国等为代表的世界主要国家和地区相继出台政策支撑区块链产业发展。

美国是全球范围内区块链技术应用创新的重要力量。2018 年，美国国家科学技术委员会在《先进制造中的美国领导战略》中提及在制造系统中实施新的网络安全技术，包括用于敏捷制造领域信息安全的区块链等新兴技术。2019 年美国国会正式通过《区块链促进法案》(*Blockchain Promotion Act of 2019*)，要求在商务部内成立区块链工作组，研究区块链技术在包括非金融应用在内的一系列潜在应用。2020 年 10 月，美国国家安全委员会发布的《关键与新兴技术国家战略》将分布式账本技术列入需优先发展的 20 项技术清单，推动区块链发展上升为国家战略。此外，美国国土安全部科学技术局、能源部、国家科学基金会等部门通过创新计划和资助项目向区块链企业提供拨款，鼓励创新，涉及领域包括跨境货物追踪、供应链、食品溯源、国家电网保护、医疗健康及区块链与物联网、人工智能、大数据等新兴技术的融合。美国各州府对区块链技术的态度不一，但仍有不少州府对区块链技术及其应用持积极态度。根据布鲁金斯学会发布的《区块链和美国政府：初步评估》，亚利桑那州、特拉华州、伊利诺伊州等州府认为区块链将在美国经济中发挥重大作用。其中，伊利诺伊州于 2020 年颁布《伊利诺伊州区块链技术法》，明确该州区块链和智能合约的法律地位，亚利桑那州早在 2017 年通过了区块链签名和智能合约合法性法案。

欧盟委员会认为区块链是塑造欧洲未来的关键新兴技术之一。2016 年 3 月，欧洲央行在名为《欧元体系的愿景——欧洲金融市场基础设施的未来》的咨询报告中宣布，欧盟成员正探索如何使区块链技术为其所用。2018 年 4 月，22 个欧盟国家签署了建立欧洲区块链联盟的协议，协议中各国达成资助 3 亿欧元扶持区块链初创项目的共识。该联盟将为成员国在区块链技术和监管领域提供交流经验和传播专业知识的平台，推动区块链技术在欧盟诸国的落地与发展。总体来说，欧盟区块链政策旨在通过创新加速区块链技术应用，并推动区块链技术部署在金融服务、公共服务、数字身份、供应链金融、数字货币、可持续能源和循环经济、医疗保健和制药等领域。对此，欧盟的研发框架计划"地平线 2020"（Horizon 2020）项目在 2016 年到 2020 年间为区块链技术的研究和创新应用提供了超过 2 亿欧元的奖金和拨款，资助项目集中在网络安全、物联网、医疗、工业技术、数据管理等领域。此外，欧盟委员会和欧洲投资基金（EIF）合作提供了 1 亿欧元用于设立欧洲第一个人工智能/区块链投资基金，预计第一期总投资额在 5–7 亿欧元之间。如图 4.1–1 所示。

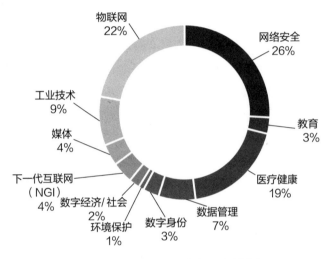

图 4.1–1　欧盟资助的区块链项目领域分布

数据来源：欧盟委员会

　　在欧盟框架之外，英国在国家战略层面最先重视区块链的发展。早在 2016 年，英国政府已开始研究区块链技术相关政策。在《分布式账本技术：超越区块链》的政府白皮书中，英国政府表示正在积极评估区块链技术潜力，并考虑将其用于减少金融欺诈、腐败，降低用纸成本及改善政府的工作方式。此后，英国政府相继发布《理解分布式账本技术/区块链的前景》及《关于分布式账本技术的讨论文件》等文件。德国是最早将区块链纳入国家战略的欧洲国家之一。2019 年 9 月，《德国国家区块链战略》（Blockchain-Strategie der Bundesregierung）中提出了德国政府关于区块链技术的目标和原则，包括推动创新、促进投资、保持稳定、加强可持续发展等。同时，德国政府在保障金融领域稳定和刺激创新、推进监管沙盒机制、数据保护、公共行政服务数字化及信息传播与合作等方面给出了具体行动措施。法国政府对区块链及加密数字货币展现出友好态度，通过推动改革使区块链技术和加密数字货币在法国安全发展，并从法律上认可区块链技术在众筹金融中的运用。

亚洲地区中，日本从早期鼓励加密货币发展，到后来趋于谨慎监管，不断向合规转变，并开始重视区块链技术的社会化应用。2017年之前，日本政府对加密货币持友好态度，但随着洗钱、价格操纵等问题凸显，日本政府随之改变态度，采取了严格谨慎的监管手段规范加密货币发展。2017年，日本国会将加密货币定义为"以电子形式存储的货币价值"，并出台专门的《资金结算法》进行监管。2019年，日本通过了《资金结算法》和《金商法》修正案，加强了对虚拟货币兑换和交易规则的管理措施。韩国对区块链技术的关注更多集中于数字货币领域。韩国央行于2020年发布中长期战略《BOK 2030》，提出将加快建立推行央行数字货币（CBDC）的法律和技术基础，以顺应全球在线支付趋势。新加坡政府在区块链技术应用和创新上持鼓励和宽容态度。2016年，新加坡金融管理局（MAS）联合新加坡银行协会发起乌敏岛项目，旨在探索分布式账本技术在银行间支付及证券清结算方面的应用，并为研究央行数字货币提供引领。2020年12月，新加坡企业局、信息通信媒体发展管理局和国家研究基金会（NRF）共同宣布推出新加坡区块链创新计划，该计划将提供1200万新元用于发展区块链技术，以支持区块链系统互通能力的提升。这是新加坡首个区块链研究计划，其中贸易、物流和供应链领域的企业将率先展开研究。中东地区，阿联酋政府推出《区块链战略2021》，推动区块链技术与政务、交通、教育、旅游等领域的融合。作为阿联酋的经济中心，迪拜政府大力支持区块链技术创新，2019年，迪拜未来委员会提出了迪拜加密货币定位报告、迪拜区块链政策和迪拜区块链未来前景报告三项工作计划，为迪拜探索基于区块链的解决方案提供了重要平台。

2. 发展趋势

当前，区块链加密算法创新能力不断增强、智能合约架构逐渐完善、区块链扩展性能不断提高。同时，区块链与人工智能、大数据、物联网等新一代信息技术相互渗透、融合发展，区块链解决方案加速落地，显著提升了经济社会生产效率。未来，随着技术与应用的进一步推广，区块链发展将呈现如下趋势：

（1）央行数字货币（CBDC）研究及试点加速推进。

为提升跨境支付结算效率、加强金融监管、维护央行地位、规避别国经济制裁，各国正加速推行由中央银行发行的法定数字货币。根据国际清算银行（BIS）报告显示，超过80%的成员国家在开展央行数字货币研究，40%的央行从概念研究阶段发展至试验或概念验证阶段，10%的央行已进入试点运行阶段。国际清算银行（BIS）将CBDC分为批发型和通用型：批发型CBDC应用于大额交易和银行间清结算，主要采用分布式账本架构；通用型CBDC面向普通大众日常交易，采用中心化架构和分布式数据库。据国际清算银行2021年1月报告显示，新兴市场国家的CBDC研发进度明显快于发达国家。巴哈马、乌拉圭、厄瓜多尔、委内瑞拉、泰国、柬埔寨等国已试点或发行CBDC，不少新兴市场国家正在积极开展零售型CBDC的应用测试。相比而言，欧洲、美国等国CBDC研发仍在研究实验阶段。2021年6月，法国央行和瑞士央行就批发型CBDC跨境结算进行试验，这项试验是欧洲首个跨境央行数字货币支付试验。2021年7月，欧洲央行宣布启动数字欧元项目，旨在解决数字欧元设计和发行等关键问题，评估优先应用场景和潜在市场影响，与欧洲议会等机构研究相关法律框架，保护使用者隐私并避免对欧元区居民、机构乃至整体经济带来风险。从各国在央行数字货币布局的积极程度来看，未来，央行数字货币将成为重要发展方向。

（2）去中心化金融（DeFi）和非同质化代币（NFT）展现出区块链颠覆性的应用价值。

DeFi是指基于区块链的智能合约来构建的去中心化金融协议。这类金融协议并不依赖传统的中心化金融机构提供的金融工具，因而在简化交易流程、降低交易准入门槛、公开透明性方面具备优势，其应用领域涉及去中心化交易所（DEX）、借贷、稳定币、衍生品等。DeFi在2020年增长迅速，约有200多亿美元被投入DeFi中。据DeBank数据显示，DeFi总锁仓量在2021年9月7日突破1800亿美元，创历史新高。尽管不少人士认为DeFi会在促进金融创新、提升资源配置效率、推动普惠金融方面产生重要影响，但仍需要在一定的监管框架下运行，如维护市场秩序、保障投资参与者合法权益、反洗钱反欺诈等。非同质化代币（Non-Fungible Token）是一种区块链上的资产表示工具，将赋予实体艺术及资产以价值的概念引入网络世界，为独一无二的、无法和同类资产作等价交换的资产提供认证，确认其原始所有权、稀缺性及独特性，杜绝滥用、侵权等问题。因而NFT在数字艺术品收藏交易、证件数字认证、游戏虚拟资产所有权认证等领域有广阔的应用空间。根据CoinGecko数据显示，截至2021年6月，NFT整体市值超170亿美元，约占整个加密货币市场市值的1%，NFT已成为不可忽视的新赛道。

（3）开源生态逐渐成熟，应用落地速度不断加快。

开源是打破技术垄断和生态封锁，促进技术创新的重要手段之一。在比特币之后，区块链技术应用开源社区呈繁荣景象，例如以以太坊、EOS、Hyperledger为代表的区块链开源社区和项目不断涌现。此外，企业级开源已成大势所趋。根据红帽（Red Hat）《企业开源现状》报告显示，90%的IT领导者正在使用企业开源。在区块链领域，如IBM、英特尔等公司通过建立区块链开源社区吸引各方参与，加快打造行业解决方案。在企业级开源和社区开源两股合力的不断推动下，国外区块链开源生态不断成熟。未来，开源对区块链技术的更新与迭代发展将会发挥巨大的促进作用。

在应用落地方面，根据IDC发布的 2020 年第三季度区块链市场概览显示，跨国企业如微软、IBM、甲骨文、SAP等在BaaS服务及行业应用层面积极布局，垂直行业如身份管理、支付、金融服务、政务服务、医疗健康、供应链与贸易金融、风险管理与合规、能源管理、咨询和专业服务等领域的应用加速落地，这也给金融业、软件及信息化业、传统制造业等支柱性产业带来显著的结构性变革。

4.1.1.2 产业与应用

1. 产业规模

据国际数据公司（IDC）测算，2020 年全球区块链解决方案支出规模超过40 亿美元，预计 2021 年将达到 66 亿美元，与 2020 年相比增加了 50% 以上。到2024 年，全球在区块链解决方案上的支出预计将接近 190 亿美元，并将以 48% 的复合年均增长率增长。按国家/地区统计预测，美国是世界上最大的区块链解决方案支出国，预计将在 2022 年花费 42 亿美元。其次是西欧（29 亿美元）、中国（14 亿美元）、亚太和日本（7.5 亿美元）、中东和非洲（5 亿美元）以及其他地区（19 亿美元）。如图 4.1-2 所示。

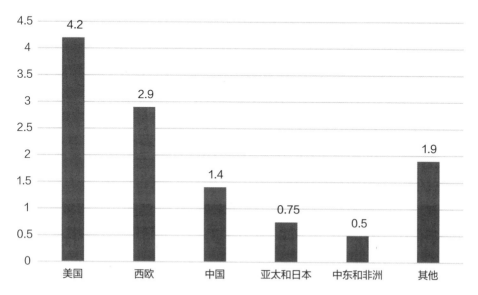

图 4.1-2　各国/地区区块链解决方案支出规模

数据来源：Statista

企业数量层面，根据中国信通院《区块链白皮书（2020 年）》数据显示，区块链企业增长速度自 2018 年起逐渐放缓，截至 2020 年，全球共有区块链企业 3700 余家，主要分布在美国和中国，此外，英国、新加坡、瑞士、加拿大等国家和地区也有较多分布。如图 4.1-3 所示。

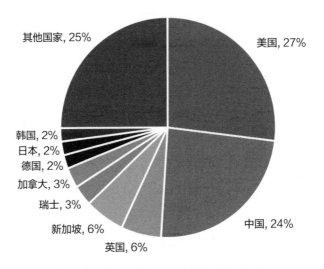

图 4.1-3　全球各主要国家地区区块链企业占比

数据来源：中国信通院 2020 年 11 月

2. 主要应用方向

从 2012 年至 2020 年 9 月，全球各国政府部门发起或参与的区块链实验项目 230 余项，主要应用领域包括政务、金融、医疗健康、数字身份、供应链与物流等，如图 4.1-4 所示。垂直行业方面，占比最大的领域为数字资产（35%），其次为金融（14%）、互联网（13%）、供应链和物流（5%）等，如图 4.1-5 所示。按行业技术支出统计，2020 年，在区块链技术上支出最多的行业是银行业，占 29.7%。其他有较大支出的行业包括制造业（包括流程制造和离散制造，22.3%）、专业服务（6.6%）和零售业（6%），如图 4.1-6 所示。预计专业服务行业的区块链支出增长最快，复合年均增长率为 54%，其次是医疗保健（复合年均增长率 49.3%）和政务（复合年均增长率 48.2%）。

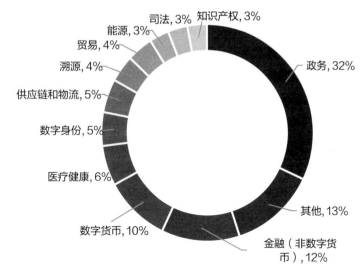

图 4.1-4　各国政府区块链项目主要应用方向占比情况
数据来源：中国信通院《区块链白皮书（2020 年）》

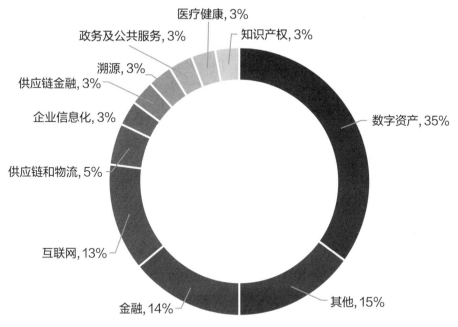

图 4.1-5　全球区块链企业垂直行业分类
数据来源：中国信通院《区块链白皮书（2020 年）》

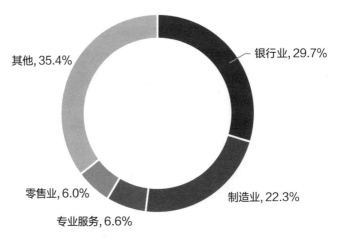

图 4.1-6　区块链技术支出行业分布占比情况

数据来源：IDC区块链支出指南

4.1.1.3　监管与标准

1. 监管政策

各国政府一方面积极推动区块链技术在各应用领域开展广泛和深层次的研究，积极探索沙盒监管模式促进技术创新，另一方面针对加密数字货币提出了不同程度的监管要求。

（1）加密数字货币监管

加密数字货币由于其匿名和不可追踪的特性，引发了人们对于利用加密货币开展洗钱等犯罪行为的担忧，对加密数字货币进行监管可以有效避免绕过外汇管制、洗钱等风险及恐怖主义融资。此外，如果将数字货币视为一种金融资产，那么现行金融资产监管规则也同样适用于加密货币和首次代币发行（ICO）。对于加密数字货币的监管，主要集中在发行、使用及从事交易活动方面。国际货币基金组织（IMF）2020年对174个成员国的审查统计显示，约有40个国家允许合法发行数字货币。美国证券交易委员（SEC）通过联邦证券法的形式监管加密货币，规定"数字化的价值工具和使用分布式账本、区块链技术而发行的产品，不能越过联邦证券法"。加拿大证券管理局（CSA）及新加坡金融管理局（MAS）也将加密货币的发行和销售行为纳入证券法规管的范围。而对于数字货币交易及服务，部分国家允许交易数字货币和从事数字资产服务活动，并设置市场准入门槛，从事相关活动需持牌，并满足风控以及反洗钱、反恐怖主义融资等监管要求。此外，主要国家对首次代币发行（ICO）的监管存在三种模式：以中国、韩国为代表全面禁止ICO，以美国和加拿大为代表通过证券法规对ICO进行穿透式监管，以及以瑞士为代表，认为虚拟货币属于资产而非证券，对ICO实行宽松的监管政策。

（2）沙盒监管

监管沙盒最早由英国金融行为监管局（FCA）在 2015 年提出，旨在将金融科技企业置于限定时间和受控环境中来测试创新产品、模式和服务，在制定保障消费者权益方案的基础上降低成本并缩短上市时间。监管沙盒被认为是金融监管领域的试点或孵化器，在这个安全的空间中允许金融科技创新在市场中"试错"，监管机构进行监管"容错"，能够在有效控制风险的情况下推动金融科技创新。截至 2020 年，全球已有 46 个国家或地区已经或将要推出金融科技"沙盒监管"机制，世界上主要区块链技术与应用大国均已应用或计划使用沙盒监管模式（见表 4.1-1）。

表 4.1-1　各国"监管沙盒"计划推行情况

地区	国家/地区	机构	时间	事件
欧洲	英国	英国金融行为监管局（FCA）	2015	首次提出"监管沙盒"
			2017	批准了 7 家利用区块链和分布式账本技术的公司进入第一批监管沙盒队列
	德国	德国联邦政府	2019	在《德国国家区块链战略》中提出"通过沙盒监管推进项目，促使创新走向成熟"
	欧盟	欧盟委员会	2020	在沙盒上测试欧洲区块链基础设施（EBSI）
				提出在 2022 年前启动泛欧区块链监管沙盒
美洲	加拿大	加拿大证券管理局（CSA）	2017	将沙盒监管制度引入区块链公司和其他金融科技公司的监管和创新计划中
	美国	亚利桑那州司法部	2018	推出监管沙盒工具
		怀俄明州矿产、商业和经济发展委员会	2019	通过金融技术沙盒法案
		犹他州商务部	2019	推出监管沙盒工具
亚洲	新加坡	新加坡金融管理局（MAS）	2016	设立监管沙盒，是亚洲地区最早实施沙盒监管的国家
			2019	推出"快捷沙盒（Sandbox Express）"，首次批准一家区块链企业进入快捷沙盒中
	韩国	韩国金融服务委员会（FSC）	2017	推出监管沙盒机制试点
	日本	日本金融厅（FSA）	2018	推出监管沙盒计划

资料来源：根据公开信息整理

2. 标准规范

区块链标准化工作不仅能为技术研发应用提供引导和支持，还是各国抢占区块链技术高地，争夺主导权的关键手段。国际方面，国际标准化组织（ISO）、国际电信联盟标准化组织（ITU）及电气和电子工程师协会（IEEE）等均就区块链标准化的研制和布局展开工作。

国际标准化组织（ISO）在 2016 年成立了 ISO/TC 307 技术委员会，截至 2020 年 12 月，该组织已发布 4 项 ISO 标准，正在制定 11 项标准，研制范围包括智能合约、隐私保护、身份管理等。

国际电信联盟标准化组织（ITU）在 2017 年启动了区块链领域的标准化工作，并成立了分布式账本、数据处理与管理和法定数字货币 3 个工作组。截至 2020 年 12 月，ITU–T 已发布区块链/分布式账本技术相关标准 10 余项。

电气和电子工程师协会（IEEE）于 2019 年设立了区块链标准委员会以及区块链和分布式记账委员会等专门机构，截至 2020 年 12 月，IEEE 已发布区块链相关标准 5 项。主要区块链应用大国或地区也对区块链标准化工作颇为关注。

美国国家标准与技术研究院（NIST）发布的《区块链技术概述》对区块链技术特征、系统架构等进行了明确的定义。《德国国家区块链战略》强调"可靠的技术框架是由标准来实现的"，并就数据保护、产品可持续等方面提出标准制定的需要。

欧盟也在区块链标准建设中发挥积极作用，与世界各地的相关机构展开密切合作，如参与了国际标准化组织 ISO/TC 307、欧洲电信标准协会（ETSI）、电气和电子工程师协会（IEEE）以及国际电信联盟电信标准分局 ITU–T 的工作。

4.1.2 国内区块链发展现状

4.1.2.1 政策与趋势

1. 扶持政策

2020 年，我国各地共发布产业区块链政策两百余条，其中由国家部委发布的政策约占四分之一，大幅增强对区块链产业发展的引导作用。随着"十四五"规划拉开序幕，区块链技术与产业的融合创新应用站在了新的历史起点。

2021 年 3 月，《中华人民共和国国民经济和社会发展第十四个五年规划和2035 年远景目标纲要》中提出要"培育壮大人工智能、大数据、区块链、云计算、网络安全等新兴数字产业"，并将区块链作为数字经济重点产业之一，提出要"推动智能合约、共识算法、加密算法、分布式系统等区块链技术创新，以联盟链为重点发展区块链服务平台和金融科技、供应链管理、政务服务等领域应用方案，完善监管机制"等重要任务。2020 年 4 月，国家发展和改革委员会首次明确新型基础设施范围，并将以区块链为代表的新技术基础设施列入新基建范围。2021 年 2 月，科学技术部将区块链纳入"十四五"国家重点研发计划 18 个重点专项中，强调在突破关键技术的同时开展在重点领域的应用示范，打造具有国际竞争力的区块链技术与产业生态。

2021 年 6 月，工业和信息化部、中央网络安全和信息化委员会办公室联合发布《关于加快推动区块链技术应用和产业发展的指导意见》，明确指出到 2025 年，区块链产业综合实力达到世界先进水平，产业初具规模。区块链应用渗透到经济社会多个领域，在产品溯源、数据流通、供应链管理等领域培育一批知名产品，形成场景化示范应用。培育 3 至 5 家具有国际竞争力的骨干企业和一批创新引领型企业，打造 3 至 5 个区块链产业发展集聚区。区块链标准体系初步建立。形成支撑产业发展的专业人才队伍，区块链产业生态基本完善。区块链有效支撑制造强国、网络强国、数字中国战略，为推进国家治理体系和治理能力现代化发挥重要作用。到 2030 年，区块链产业综合实力持续提升，产业规模进一步壮大。区块链与互联网、大数据、人工智能等新一代信息技术深度融合，在各领域实现普遍应用，培育形成若干具有国际领先水平的企业和产业集群，产业生态体系趋于完善。区块链成为建设制造强国和网络强国，发展数字经济，实现国家治理体系和治理能力现代化的重要支撑。

各主要省市地区积极布局区块链技术与产业应用发展。2020 年起，北京、广东、江苏、湖南、浙江等出台专项区块链发展规划、行动计划等政策文件，其重点发展领域集中在数字经济、政务和公共服务、民生等方面（见表 4.1-2）。

表 4.1-2　各省区块链规划及重点应用领域

时间	省份	规划名称	重点领域
2021.04.20	浙江省	《浙江省区块链技术和产业发展"十四五"规划》	智能制造、数字金融、电商与新零售、跨境贸易、数字版权、政务协同、数字法治、疫情防控
2020.10.27	湖南省	《湖南省区块链发展总体规划（2020—2025 年）》	数字政府、民生、智慧城市
2020.10.26	江苏省	《江苏省区块链产业发展行动计划》	先进制造、数据流通、数字经济
2020.10.14	云南省	《云南省区块链技术应用和产业发展的意见》	绿色能源、绿色食品、健康生活目的地、数字政府、公共服务、产业创新
2020.09.25	广东省	《广东省培育区块链与量子信息战略性新兴产业集群行动计划（2021-2025 年）》	政务、民生、金融、智能制造、供应链

续表

时间	省份	规划名称	重点领域
2020.07.22	广西壮族自治区	《广西壮族自治区区块链产业与应用发展规划（2020-2025 年）》	实体经济、信息惠民、数字政府、智慧城市、东盟信息港
2020.07.03	河北省	《河北省区块链专项行动计划（2020-2022 年）》	民生、脱贫攻坚、医疗健康、商品防伪、食品安全、公益、社会救助、物流、跨境电商、版权保护
2020.06.18	北京市	《北京市区块链创新发展行动计划（2020-2022 年）》	政务服务、金融服务、信用信息
2020.06.16	江苏省	《关于加快推动区块链技术和产业创新发展的指导意见》	先进制造、移动通信、数字医疗、现代物流、通信信息安全、金融、智慧农业、政务服务
2020.05.09	海南省	《海南省关于加快区块链产业发展的若干政策措施》	商品溯源、版权保护及交易、数字身份、财务管理、电子证据、工业、能源、大数据交易、数字营销、物联网、公益、电子政务、医疗健康、教育、网络安全、跨境贸易数据
2020.04.27	湖南省	《湖南省区块链产业发展三年行动计划（2020-2022 年）》	工业互联网、供应链、金融信息共享、产业金融、货运物流、跨境电商、政务服务、民生服务、数字内容、数字版权

资料来源：根据各省公开政策文件整理

2. 发展趋势

随着我国政策、企业、载体、人才、创新环境等产业驱动力量的不断完善和壮大，越来越多的企事业单位加速投入到区块链技术研发和应用推广之中，使得我国区块链产业飞速发展，并呈现如下趋势。

（1）以联盟链为基础，推动区块链应用多领域落地

近年来，国内以联盟链为基础的区块链行业解决方案发展迅速。在联盟链中，投资企业、科技企业、监管企业等多主体以分布式协同方式解决某一业务痛点。每个节点只需要根据合约和权限展示部分可以公开的信息，在低成本、私密、交易快速、扩展良好的情况下实现部分去中心化和资源共享。相对于公有链，联盟链拥有高可用性、高可扩展性、强隐私性等特点，在金融、司法、民生、能源、公益等领域具有较大的应用优势。目前，从发展初期以金融领域作为区块链应用突破口，到区块链技术在智能制造、知识产权、政务服务、民生保障等多领域布局，区块链技术与多个行业的深度融合正加速推进，行业渗透率不断提升。随着新型基础设施建设和数字供给侧改革的推进，未来区块链技术将发挥其在存证、确权、溯源、自动化协同、数据共享等方面的优势，赋能数字经济、数字社会、

数字政府的各个应用场景，为数字化改革提供智能化手段和行业解决方案。

（2）与新兴技术逐渐融合，创新应用水平提升

区块链与5G、云计算、物联网、人工智能、大数据等新兴技术的互补与融合，将为万物互联拓宽创新应用的边界。融合5G技术实现数据的极速同步，结合云计算提供BaaS服务从而降低部署成本与门槛，通过区块链+物联网实现链下数据向链上映射的准确和可信，与人工智能结合实现决策、评估的自主交互，区块链技术与新型技术的融合为提升产品的创新程度，促进行业创新效率提供了有力技术支撑。

（3）产业规模不断扩大，生态逐渐成型

随着政策利好及技术成熟度不断提高，产业界逐渐开始认识到区块链技术的优势，并寻求区块链技术与应用场景的结合点，以实际需求为导向，主动探索区块链与业务模式的适配。随着产业规模的不断扩大，在供应链金融、司法存证等领域逐渐形成以底层技术为支撑，平台服务为导向，产业应用为主流，配套设施为保障的生态体系，贯穿产业链上下游的企业梯队逐渐完善。

4.1.2.2 产业与应用

1. 产业规模

据赛迪研究院《2020-2021年中国区块链产业发展白皮书》统计数据显示，2020年我国区块链产业规模增长幅度较大，全年产业规模约达50亿，同比增长301.25%。从产业结构上看，具有明显上、中、下游关系的区块链产业主要分为底层技术和基础设施、通用应用及技术扩展平台和行业应用三部分。底层技术提供技术组件和产品，通用应用和技术扩展平台层则基于底层技术搭建出可运行相应行业应用的区块链平台，行业应用则在通用平台的基础上，根据实际应用场景进行行业应用开发。根据赛迪研究院统计的1000余家企业的产业链上、中、下游的业务分布情况显示，截至2020年年底，中游通用应用及技术扩展平台层和下游垂直行业应用层分布占比较大，分别为35.11%和37.23%，如图4.1-7所示，而上游底层技术和基础设施层占比为27.66%。从产业园区数量上看，截至2019年年底，全国范围内至少有30余家区块链产业园，从地理位置来看，北京、上海、杭州、广州、重庆、青岛、长沙等城市区块链产业园区数量较多，形成以北京、山东为主的环渤海聚集效应，以浙江、上海、江苏为主的长江三角洲聚集效应，以广东为主的珠江三角洲聚集效应和以重庆、湖南为主的湘黔渝聚集效应。

根据IIM信息《2021全球及中国区块链行业发展报告》数据显示，2018年，国内外区块链行业投资热情高涨，中国新增区块链企业数量迎来高峰，年内新增

企业数量超 200 家。2019 年起，受到风险资本热情减弱、投资自然回落等因素影响，新增区块链企业数量大幅下降。2021 年，中国区块链行业投资热情有望回暖，累计企业数量有望突破 800 家。其中，北京、广东、上海、浙江、江苏和山东等地区为区块链企业所在主要地区，企业数量合计 680 家，占比约为 85%。在实现产业和区块链融合的 776 家企业中，行业应用服务层面的企业超过 55%，如图 4.1-8 所示，远高于提供底层技术和平台服务的企业，区块链产业应用融合脚步加快。企业梯队层面，初步形成初创企业快速成长，上市企业推动行业应用落地，大型企业全产业链布局的梯队层次。

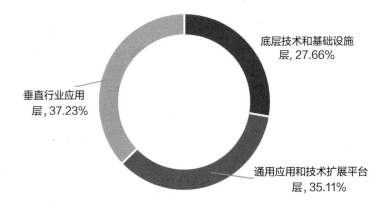

图 4.1-7　区块链企业产业链上、中、下游的业务分布情况

数据来源：赛迪研究院《2020-2021 年中国区块链产业发展白皮书》

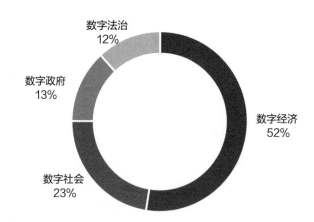

图 4.1-8　区块链在数字经济、数字政府、数字社会、数字法治领域应用占比

数据来源：根据网信办备案信息整理

2. 主要应用方向

根据在国家互联网信息办公室备案的五批共 1238 个区块链信息服务的应用方向统计，区块链技术在数字经济领域的应用结合广泛，并已逐渐从经济领域扩展到数字政府（政府运行、政务服务、市场监管等）和数字社会（教育就业、养老、医疗、交通等）。从细分应用领域来看，这些服务主要涉及数字金融、产品溯源、司法存证、知识产权、政务服务等领域。其中，数字金融类应用数量最多，占比 22%，如图 4.1-9 所示。在金融领域应用中，供应链金融方向的应用落地项目数量最多，占比 37%，其次是银行金融服务，占比 16%，其他的应用领域还包括资本市场服务（包含证券期货、资本融通与交易等）及保险业，如图 4.1-10 所示。

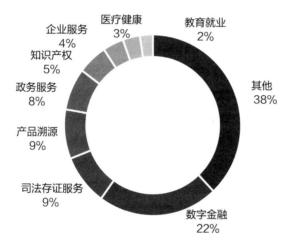

图 4.1-9　区块链技术主要应用方向占比情况

数据来源：根据网信办备案信息整理

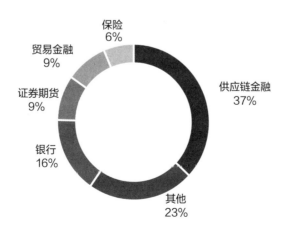

图 4.1-10　区块链金融领域应用占比情况

数据来源：根据网信办备案信息整理

4.1.2.3 监管与标准

1. 监管政策

（1）区块链信息服务备案制

根据《区块链信息服务管理规定》，为促进区块链技术和相关服务的健康发展，同时防范可能存在的安全风险，区块链信息服务提供者应当在国家互联网信息办公室履行备案手续，并由国家和各省网信办对备案信息进行定期查验。

截至 2021 年 6 月，国家互联网信息办公室已发布五批境内区块链信息服务备案编号，涉及的备案号共计 1238 个，企业主体 927 家。从地域分布来看，北京、深圳、上海、杭州、广州等五个城市的备案数量位居前列，五市备案总数占比超过 68%，如图 4.1-11 所示。

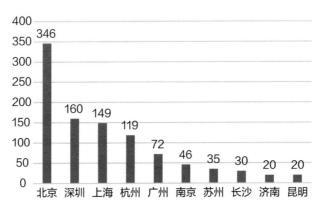

图 4.1-11　主要城市区块链信息服务备案数量

数据来源：根据网信办备案信息整理

（2）虚拟货币监管

近几年全球私人数字货币兴起，冲击央行法币的价值稳定和政府发行货币的垄断地位。然而私人数字货币缺乏政府或大型机构的信任背书，容易产生信任危机，其暴涨暴跌的巨大波动也给参与者带来巨大风险。同时，以区块链、比特币的名义开展的非法集资、非法证券发行等非法金融活动侵害人民的财产安全，也严重扰乱正常的经济金融秩序。

我国在虚拟货币监管方面陆续发布了系列文件，包括：2013 年 12 月，中国人民银行、工信部、银监会、证监会和保监会联合印发的《关于防范比特币风险的通知》；2017 年 9 月，中国人民银行等七部委发布的《关于防范代币发行融资风险的公告》；2018 年 8 月，银保监会等五部委发布《关于防范以"虚拟货币""区块链"名义进行非法集资的风险提示》；2021 年 5 月，中国互联网金融协会、中国银行业协会、中国支付清算协会联合发布《关于防范虚拟货币交易炒作风险的公告》等。相关文件多次明确表示，虚拟货币不具有法偿性与强制性等货币属性，不具有与法定货币等同的法律地位，因此我国目前并不认可虚拟货币的货币属性，虚拟货币不能且不应作为货币在市场上流通使用。2020 年 10 月，中国人民银行公布的《中华人民共和国中国人民银行法（修订草案征求意见稿）》明确规定任何单位和个人不得制作、发售代币票券和数字代币，这为防范虚拟货币风险提供了明确的法律依据。2021 年 5 月，国务院金融稳定发展委员会召开第五十一次会议，明确提出打击比特币挖矿和交易行为，坚决防范个体风险向社会领域传递，加强金融风险防控力度。

（3）创新监管探索

根据《金融科技（FinTech）发展规划（2019-2021 年）》文件精神，2019 年中国人民银行启动金融科技创新监管试点，北京率先公布全国首批金融科技创新监管试点名单，随后上海、重庆、深圳、雄安新区、杭州、苏州、成都、广州、山东、湖北、广西、贵州等省市（区）相继参与这一被誉为中国版"沙盒监管"的试点计划。截至 2021 年 6 月底，共有 103 项试点应用得到公示，其中涉及应用区块链技术的试点应用共 31 项，上海和北京的试点项目最多，分别为 7 项和 5 项。其应用领域主要包括供应链金融、企业融资服务等，如图 4.1-12 所示。

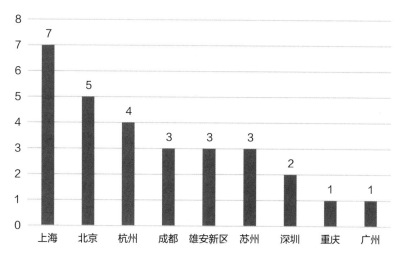

图 4.1-12 主要城市（区）区块链金融科技创新监管试点应用项目数量

数据来源：根据央行试点公示整理

2. 标准与专利

我国与区块链相关的标准计划包括国家标准计划、行业标准和地方标准。国家标准计划方面，2017 年 12 月国内首个区块链国家标准《区块链和分布式账本技术参考架构》立项。此后，包括《区块链信息服务安全规范》《区块链技术安全框架》《区块链和分布式记账技术术语》《区块链和分布式记账技术智能合约实施规范》《区块链和分布式记账技术存证应用指南》等国家标准计划均进入起草和征求意见阶段。这些标准为区块链技术及应用服务提供了规范和指引。

行业标准方面，由中国人民银行颁布的《金融分布式账本技术安全规范》和《区块链技术金融应用评估规则》对区块链技术在金融领域的技术标准、评估办法、判定标准等做出了具体的要求和规范。此外，我国现行的另两部区块链行业标准分别为《基于区块链技术的去中心化物联网业务平台框架》和《区块链技术架构安全要求》。

地方标准方面，我国现行区块链地方标准十余部，主管部门所属地区分布在贵州、陕西、湖南、广东、重庆、山东等地，所属行业主要集中在金融业和信息技术服务业。

我国也积极推动区块链和分布式记账技术国际标准的研究和制定。标准立项方面，2020 年 5 月，中国电子技术标准化研究院与好扑科技提交的《基于区块链的数字资产识别标准》《基于区块链的数字资产交易所标准》等区块链资产相关国际标准通过了 IEEE SA 标准委员会审核正式立项；2020 年 7 月，由中国人民银行数字货币研究所牵头，中国信息通信研究院、华为等单位联合发起的国际标准《金融分布式账本技术应用指南》在国际电信联盟第十六研究组成功立项，这是我国牵头的首个金融区块链国际标准。标准制定方面，2020 年 12 月，由中国电子技术标准化研究院牵头制定的 IEEE 2418.2-2020《区块链系统的标准数据格式》正式发布实施。这一标准对统一区块链数据格式和相关系统开发设计具有指导意义，为提升不同平台的一致性和互操作性，以及构建整体的区块链生态提供规范的基础信息资源框架。这项标准不仅填补了区块链领域 IEEE 国际标准的空白，并且成为我国在区块链领域国际话语权和规则制定权方面的重大突破。此外，由中国人民银行数字货币研究所和中国信息通信研究院合作立项的《分布式账本技术平台功能测评方法》和《分布式账本技术平台性能测评方法》填补了区块链国际标准在测试方法方面的空白，进一步补充和完善 ITU F.751 系列标准，为我国在区块链平台测试方法的国际标准方面做出重要贡献。2021 年，我国成立了全国区块链和分布式记账技术标准化技术委员会（SAC/TC 590），旨在规范区块链和分布式记账技术发展，其工作领域与国际标准化组织区块链技术委员会（ISO/TC 307）相对应，有助于促进我国深入参与区块链国际标准化工作。

专利方面，截至 2020 年 12 月，全球区块链专利累计超过 5.1 万件，我国累计申请 3 万余件，占全球总数的 58%。2020 年我国新增区块链专利约 8200 件，有 1200 余家公司参与专利申请。专利相关场景集中在金融、支付、商业贸易、企业服务、数字资产、交通运输等领域，医疗、电力能源、农业、政务行业的专利申请数量出现上升趋势，关注度提升，如图 4.1–13 所示。

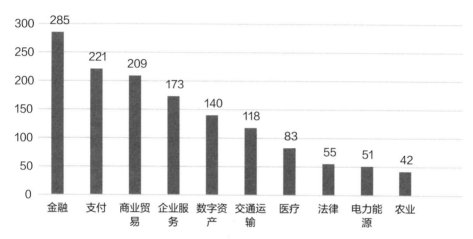

图 4.1–13　2020 年区块链专利数量应用领域分布

数据来源：零壹智库《中国区块链专利数据解读（2020）》

4.1.3　存在问题与挑战

4.1.3.1　政策法规层面

作为一项新兴技术，区块链技术与应用的迅速发展与政策法规的滞后性存在一定矛盾。

监管政策层面，现行监管框架中仍然缺乏对区块链技术及应用安全问题的规范，各类安全风险无法得到有效规避。具体安全风险包括：底层安全风险，即数据存储、网络传输和分布式共识方面存在漏洞；应用安全风险，即应用的安全性无法由技术的安全得到保障；环境漏洞风险，即程序运行各个层面的环境存在安全漏洞；管理安全风险，如私钥丢失或泄漏造成的安全风险等。随着区块链应用在金融领域以外的场景加速落地，监管重点也应当从最初的防范金融安全风险扩展至其他区块链技术应用领域，以法律法规的形式防范区块链在各领域的应用可能存在的风险。

政策规划层面，行政部门对于区块链在各个场景中的应用还存在一定的认知局限，也不乏很多区块链规划与项目存在"增热度"的问题，对区块链应用落地缺乏长远思考与规划。当前，地方政府布局区块链产业的思路多为招商引资、营造氛围、集聚产业，与实体经济结合的实质性应用场景较少。另外，地方政策激励机制不够完善，支持力度也相对不足，良好的政策环境有待进一步营造。虽有不少省市出台了区块链技术与产业发展的顶层规划，但从可操作性的角度来说还需进一步细化行动计划。下一步各省市应针对区块链底层技术、平台服务和创新应用制定可操作性强的政策措施，包括通过重点领域示范应用项目、财政金融政策、人才保障政策、政产学研平台建设等方式为产业链各方积极参与区块链技术研发和应用提供支持性的政策环境。

此外，区块链与新基础设施建设结合的发展模式也有待社会认可，而新基建所依赖的新技术基础目前仍不稳健。此时盲目推崇区块链概念不仅无助于新型基础设施建设的稳步推进，可能还会形成新的泡沫。

4.1.3.2 产业层面

当前，区块链在产业层面主要存在协同机制需健全、行业标准体系需完善、产业生态需培养等问题。

产业协同机制方面。目前，各类技术联盟和团体在身份互认、共识转换、治理协同方面仍存在着一定的技术障碍，缺乏合作机制，不同类型的区块链系统由于编程语言、数据字典、智能合约等不一致，导致跨链互通难度加大，互操作性能力低，"数据孤岛"仍是突出问题。如果是多家企业共同开发并参与维护的区块链系统则会面临成员变更、系统升级、数据更新等挑战，需要链上各方付出较高沟通成本才能处理协同治理问题，如何协调联盟内利益，保持联盟向心力，进行联盟链的有效治理仍是需要关注的问题。

在行业标准化体系方面。由于各区块链系统标准不统一，进行跨链协作时效率低，成本高，因而迫切需要在智能合约、共识机制等方面制定统一的行业标准。目前我国区块链技术标准化工作仍处于起步阶段，未来在标准化工作提速、标准化政策推进等方面仍需加大力度。

产业生态方面。目前，区块链产业格局正处于发展初期，仍需推动企业在关键核心技术攻关的基础上，实现相关技术跨行业、跨部门的应用探索和成果转化，创建政产学研合作交流平台，实现行业供需对接，打造产业协同生态。

人才方面，缺乏对区块链行业有整体认知和思维框架的骨干人才及复合型人才。相较于其他较为成熟的互联网行业，区块链行业人才培养周期更长，缺乏拥有相应知识结构和工作经验的存量人才。随着区块链与 5G、人工智能等新技术融合程度的不断加深，需要技术人才掌握多项交叉学科的专业能力，这对人才的专业技能提出了新的要求。

4.1.3.3　应用层面

首先，区块链技术应用仍处在起步阶段，其模式和路径仍需要在实际落地应用中进行探索。区块链底层技术仍然存在短板，在系统效率、应用安全、可拓展性等方面存在诸多不足，技术上的不成熟阻碍大规模应用和商业化落地。在性能方面，区块链系统中进行的所有交易记录都需要同步到整个网络的全部节点，使得区块链系统的每秒交易量远远不如中心化交易系统，这也使得区块链面临可扩展性的问题。在安全方面，区块链中处理交易的智能合约作为一段代码存在，如果执行出错将导致严重的安全问题，且区块链大量使用密码学算法、分布式传输协议等，存在漏洞难以避免。在存储方面，由于区块链的所有节点都需要存储系统全部的历史交易记录，这对节点存储能力提出了更高的要求。因此在一些对高速度、低存储成本及高安全性有要求的应用场景中，需要克服上述技术缺陷才可能进行规模化技术应用。

其次，区块链应用短期内经济效益不显著，形成规模效应尚待时日。目前区块链平台服务和行业应用的主要客户往往受制于原有业务系统造成的路径依赖问题，初期在平台搭建、业务系统迁移等方面投入费用高，转型难度大，用户也需要一定的适应期，导致区块链企业面临巨大的业绩压力，限制了初期产品推进的市场规模，后续市场发展是否会存在后劲不足的问题也无法提前预知。改造后的产品所需要的许可证照、运行机制等如何跟进更新，是否满足大规模应用落地的资质，都需要进一步评估。当前区块链行业应用主要集中在数字货币、金融科技、供应链管理、溯源、司法存证等领域，但由于多数区块链行业应用涉及多方共同参与，各方平台需要实现数据整合与资源互通，然而各机构间存在技术水平参差不齐、信息不对等问题，反而会使应用效果大打折扣，规模化推广成本也有所增加。另外，仍需警惕区块链技术万能论、"区块链＋所有领域"的陷阱，即一项技术不可能适用于所有领域，需要分辨不适用区块链技术的领域，以免造成不必要的成本浪费。

供稿：　中国电子技术标准化研究院　　于秀明

4.2 区块链应用典型案例的研究

4.2.1 数字政府领域

4.2.1.1 政务服务

1. 背景及现状

2021 年 3 月发布的《中华人民共和国国民经济和社会发展第十四个五年计划和 2035 年远景目标纲要》中明确指出："将数字技术广泛应用于政府管理服务，推动政府治理流程再造和模式优化，不断提高决策科学性和服务效率"，并具体提到"要加强公共数据开放共享、推动政务信息化共建共用、提高数字化政务服务效能"。

我国当前阶段政务信息化的建设更多突出政务系统的平台整合、数据共享和信息安全，强调要运用大数据、云计算、区块链和人工智能等多种前沿技术推进国家治理体系和治理能力现代化，推进电子政务向智慧政务的转型，逐步形成了以政府数据为核心、以政府为主导、公众广泛参与的多元治理模式。各省也充分发挥信息技术的优势，积极尝试政务模式的转变。广东省提出的"数字政府"，浙江省"最多跑一次"、江苏省的"不见面审批"、上海市的"一窗通办"、贵州省"五全政务服务"和湖北省"马上办、网上办、一次办"改革也分别将政务改革重心放到了政务协同上来。

（1）场景痛点

长久以来，我国的政务服务体系采用的分散建设的模式，在发展过程中产生了条线分割、数据孤岛等影响业务流程进一步优化的问题，而区块链的理念和技术，不仅可以为各级政府及部门提供新的技术工具、协同平台和基础设施，还可以大力推动政府数据开放度、透明度，促进跨部门的数据交换和共享。此外，对于数据本身的确权、溯源、审计和可信等问题，现已应用的信息技术无法从根本上解决，区块链的底层核心技术有助于建立数据可信机制，实现可信数据的确权、不可篡改及追溯。由于政务领域各种主体的状态信息、证照数据等变化非常频繁，政务服务事项的办理非常依赖这些信息的实时性和准确性，运用区块链技术让相关方及时获得信息、验证信息，可以提升政务服务的整体水平。

（2）应用方向

2019 年 10 月 24 日下午，中共中央政治局就区块链技术发展现状和趋势进行第十八次集体学习。中共中央总书记习近平在主持学习时强调："区块链技术的集成应用在新的技术革新和产业变革中起着重要作用。我们要把区块链作为核心技术自主创新的重要突破口，明确主攻方向，加大投入力度，着力攻克一批关键核心技术，加快推动区块链技术和产业创新发展。"① 显示出国家加强区块链技术自主研发和产业发展的坚定决心，将区块链上升至国家战略层面，有助于提升各部委、地方政府对区块链技术的认识，推动区块链行业发展进步。总书记也强调了要利用区块链技术赋能政务领域发展，指出"要探索利用区块链数据共享模式，实现政务数据跨部门、跨区域共同维护和利用，促进业务协同办理，深化'最多跑一次'改革，为人民群众带来更好的政务服务体验。"

● 政务数据共享。在数据共享方面，长期以来，敏感数据的安全问题和数据确权问题制约了数据的共享。数据的潜在价值很高，复制成本很低，数据泄露行为又难以追溯，这些都阻碍了数据资产化。区块链技术作为可信底层基础设施，可以实现分布式数据存储与共享，对数据共享全程进行监控，明确各机构数据主权和权责范围，为数据共享提供可信的平台，保障隐私侵权行为的可追溯。基于区块链技术的安全多方计算模型的应用，可以确保数据在不出库的前提下进行安全共享，进一步加强了数据共享的安全性。基于区块链技术实现政务数据共享、政企数据互联，可以深度挖掘数据潜在价值，促进政府跨机构、跨部门、跨层级的数据互通和业务协作，进一步优化业务流程、降低维护成本、提升协同效率、建设可信体系。

在政务数据的跨部门共享方面，区块链提供了高可信任的共享环境，使数据共享全流程可监管、可控制、可追溯，降低泄漏风险，保障隐私数据，针对性地解决当前政务数据共享中存在的困境，促进各部门之间数据共享互通，激励各部门主动提升共享数据的质量，维护数据时效性和保障数据隐私安全。

全国公积金数据共享平台是区块链在数据共享方向的一个典型应用案例，住建部基于国产自主可控底层联盟链平台研发的"公积金数据共享平台"，快速实现联通全国将近 500 个城市的公积金中心，每日有超过 5000 万条业务数据进行上链共识，实现了跨城市的公积金数据共享，极大方便了市民异地公积金存取及个税抵扣业务办理。

● 电子证照。在电子证照方面，基于区块链技术的电子证照为市民线上办理业务提供了便捷。当前，市民在进行业务办理时通常需要提交多项纸质材料或电子版文档，使用纸质证明流程繁琐且不便保存。基于区块链技术多方维护和实时共享的特性，打造维护在各颁证机构的电子证照库，通过区块链打通各机构系统，

---

① 习近平在中央政治局第十八次集体学习时强调把区块链作为核心技术自主创新重要突破口加快推动区块链技术和产业创新发展[N].人民日报，2019-10-26(1).

使所有者可以线上调用和授权电子证照。基于区块链的电子证照主要有三个特点：第一，由颁发机构直接维护电子证照，确保证照的有效性；第二，电子证照更多以授权验证的形式使用，安全便捷，例如在购房进行户籍证明时，只需证明本地户籍而无须提供其他户籍信息；第三，证照拥有者成为证照使用的主体，电子证照的使用都需要其所有者亲自授权，通过区块链记录电子证照的使用行为，便于事后溯源与追责。

深圳市统一政务服务平台集成了区块链电子证照应用平台，目前已经上线了24类常用电子证照，北京东城区也在试行区块链电子证照的应用。区块链电子证照的应用仍处于试点阶段，区块链电子证照的全面推行还有赖于区块链技术的不断发展、基础设施和服务的不断完善以及民众对区块链认识的不断加强。

● 电子票据。在电子票据方面，纸质票据和电子票据在使用和验证过程中存在不便保存、验证复杂、二次报销等问题。通过区块链技术串联多部门、多机构之间票据的生成、存储、流转等信息，票据产生和使用的全过程变化状态存储至区块链上，由各开票机构加盖电子签章，保证电子票据的真实性、完整性和不可篡改性，为参与机构打造实时查看和追溯票据信息的可信基础设施，极大地便利了票据使用者，也减轻了票据开具、审计的大量工作。对于票据信息的安全性，区块链上的所有票据数据均为加密存储，贯穿于电子票据流转和使用的各业务场景中，授信访问模式保障了票据持有人的隐私安全。

深圳市区块链电子发票平台是电子票据应用案例之一，由国家税务总局深圳市税务局推出的"区块链电子发票"，实现了开票的加密处理，通过资金流与发票流的合二为一，实现了"交易即开票，开票即报销"，目前累计开具发票已超过1000万张，总开票金额达70亿元。浙江省也于2019年上线了区块链电子票据平台，实现了医保报销凭证开具和报销的线上化。

● 政务协同。在业务协作方面，政府部门大多审批工作涉及跨部门协作，当前业务办理通常以办事者为主导，需到各部门开具材料证明。我国政府推进网上办事、单窗通办等业务办理模式，一定程度上提升了业务办理效率，但其材料审核的难度和工作量依然很大。基于区块链进行业务模式改造，打通各部门业务系统，形成一个安全可信的共享网络，通过业务互联和数据互通，优化政府服务流程，精简业务审核模式，为办事民众提供更加优质和便捷的服务。

（3）应用模式

当前，区块链在政府服务领域的应用模式，主要可以分为以下几类：数据共享类、电子证照类、电子票据类、业务协作类。主要是通过区块链技术可以打通现行条块系统和信息资源壁垒，聚焦设施互联、资源共享、系统互通，实现数据信息垂直型"条"与水平型"块"互融互通，推进不同部门协同运作，为跨地域、跨系统、跨部门、跨业务的数据互联互通提供安全可信的数据共享环境。并且区块链技术可对政务信息资源进行深度挖掘，促进政务数据共享的"可用""可享""可管""可信"，进一步提高政府协同效率，做到便民利民，为人民带来良好的政务服务体验。此外，由于政务服务更多是为其他行业提供服务，因此，通常会形成以政府为监管方和信任背书的辐射到多行业、多领域的区块链应用服务。

（4）应用价值

总体来看，区块链在政务领域应用的优势和价值可以总结为以下几点。

第一，提升政务服务效率，优化政府服务质量。区块链底层技术保障了数据共享的安全性和可追责，可以促进业务协同办理，有效提升政务服务效率，推动"最多跑一次""单窗通办"等政务服务改革的进行，优化政府服务质量，提升民众对政务办理的满意程度。

第二，数据安全共享，业务高效协同。区块链分布式的特点可实现多部门间的数据共享，政务数据的使用和管理效率都将得到极大的提升，政务数据的潜在价值和对决策的支持都会被最大化发挥。借助区块链在数据共享和业务协作上的优势，政府部门可以打造一个更为高效的行政系统，推动政府治理和公共服务模式的改革创新。

第三，提升数据公正性，促进政务公开透明。政府服务部门可利用区块链技术特性降低协作成本、保证数据安全、增加政府公信力。将区块链技术用于诸如政务公开、慈善捐赠、评奖评优、民主选举和购房购车摇号等领域，可充分提升数据公正性，进而建立更安全、开放、包容和高效的公共服务平台，在提高政务服务水平的同时提升政府公信力。

第四，容灾容备性高，具备高可用性。区块链技术本质是多中心共同维护的分布式数据库，联盟链共识算法很好地解决了拜占庭问题，区块链具备很高的抗攻击性，单一节点失效或数据异常不会导致整个网络错误和数据丢失，具备动态准入机制的区块链节点可以动态加入和退出网络，这让区块链网络的拓展性和实用性变得更强。在政务领域，能够有效抵御系统恶意攻击，保障数据安全，动态业务扩展都是其系统建设的必然要求。

第五，提升业务监管水平，增强政府管理能力。联盟链技术是监管友好的技术，对上链数据和行为的全生命周期监控管理可大幅提高数据造假、瞒报的成本，解决权责不清的问题，为政府的监管提供有力抓手，降低政府监管难度，增强政府监管能力。

2. 趋势与分析

（1）总体趋势

整体看来，国内区块链应用项目的数量和质量不断提升，场景案例不断丰富。随着监管机制的逐步建立和标准化工作的开展，国内区块链产业规范、快速地发展，随着区块链常识的推广普及，区块链落地成果也更为显著，区块链的优势和价值逐步显现。未来区块链会在政务领域发挥巨大的价值，主要会有以下趋势：

第一，人才队伍建设壮大。目前很多地方都通过政企校合作的方式培养区块链专业人才，区块链技术培训和专业能力培养也走进了政府和企业，未来区块链人才队伍将会不断发展壮大，更好地推动区块链在各行各业特别是政务领域的落地。

第二，场景案例更加典型。当前，区块链在政务领域的应用落地缺乏典型案例。未来经过一段时期的探索后，找到政务模式和区块链应用的结合点，直击业务痛点，将促进典型案例的形成，推动区块链在政务领域最大化发挥其价值。

第三，基础设施全面铺开。如同当年通信基站和网络路由设施的不断发展，区块链应用离不开区块链基础设施的构建，区块链新基建包括以 BaaS（Blockchain as a Service）平台为代表的区块链服务平台、跨链平台、数字身份平台和数据共享平台等底层基础设施，能降低区块链应用落地难度，提升区块链安全性和监管能力，是政府治理区块链的重要抓手，区块链新基建将在未来全面展开。

第四，应用标准逐步形成。区块链技术去中心化意味着政府权力的下放，政府在大力推进区块链应用落地的同时也需强化监管意识。完善立法和制定产业标准是政府强化区块链监管的重要手段，未来区块链在政务领域应用的技术规范和应用标准也势必会更加精细化。

（2）创新模式

随着政府对区块链的认知和应用逐步加深，政务区块链建设规模逐步扩大，政务区块链平台技术规范与标准逐步建立，区块链与政务服务将进一步深度融合，区块链将进一步助推建设更加精细化、多元化、智能化、便捷化的高质量数字政府。

推动跨部门、跨区域政务服务一体化协同建设。在"互联网+政务服务"和"放管服"改革的推动下，我国各级政府的政务服务水平显著提升，许多服务事项实现"最多跑一次"乃至零跑动。但是，跨地区、跨部门和跨层级的数据交换和信息共享还没有完成，很多政务服务面临"最后一公里"的有序衔接问题，业务协同无法发挥最大效力。区块链技术为跨地区、跨部门和跨层级的数据交换和信息共享提供了可能，其技术特征有利于建立政府部门之间的信任和共识，在确保数据安全的同时促进政府数据跨界共享。这种分布式数据结构，可以让所有部门都参与"记账"且数据公开透明，所有数据的交换都有迹可循，数据交换的容错率也较高，这就为建立和维系政府部门之间的信任和共识提供了技术条件。即便是层级和规模都很小的政府部门，也可以通过区块链技术参与数据共享。这将大大提升政务服务的整合力度，真正实现"数据跑路"取代"人跑腿"，提升群众的获得感和满意度。

创新政府管理方式、构建新型社会治理体系。区块链技术的共识机制、信任机制、协调共享机制等特点，与我国建设数字政府社会治理视角下凝聚社会共识需求及共建、共治、共享理念深度契合。将区块链技术应用于社会管理，一方面可以创新基于区块链的社会管理机制，丰富社会管理的理论研究；另一方面可以建立适应多元主体参与的社会管理框架，推动社会管理决策科学、服务精准和管理精细，进而充分释放管理效能。

（3）影响因素

区块链在政务领域应用场景丰富、应用前景光明，但在当前阶段，应用开发和落地仍然面临着巨大的困难和挑战。

一是区块链整体认知不足，区块链专业人才匮乏。相比于人工智能、物联网等技术，区块链技术在展现形式上并不很直观，政府领导和行业专家对区块链认识不足，难以精准应用到当前业务中；同时，由于区块链发展初期，b专业人才匮乏，尤其缺少高层次、跨学科专业人才，能够推动区块链在政务领域落地的人才不足，制约了区块链在政务领域的精准化应用落地。

二是区块链对现有系统改造成本较高，很多应用流于形式。区块链应用对现有系统的升级改造常常涉及大量敏感数据和业务模式、规则的变动，导致系统改造成本高，重建难度大。政府需要选准切入点，下定决心彻底重建，才能不流于形式，真正发挥区块链价值。

三是区块链对现有体系形成冲击，建设阻力较大。区块链是一种强调多方协作的技术，通常更需在业务或体制上的协同。这必然涉及系统管理权限的划分、建设和使用主体的争议，监管维护职责的界定。我国政府部门层级管理和权限职能交错复杂，而协作模式不够规范，导致区块链建设阻力更大，落地难度更高。

供稿：　杭州趣链科技有限公司　　李伟、李吉明

4.2.1.2 数字身份

1. 背景及现状

数字身份通常指对网络实体的数字化刻画所形成的数字信息，如个人标识及可与标识一一映射的绑定信息。数字身份可作为用户在网络上证明其身份（属性）真实性的凭证，用户在不同的应用服务中可使用不同的数字身份进行标识（如手机号码、电子邮箱、微博、微信等），这些身份属性信息可以辅助业务机构确定一个人的身份，但是此类信息是可以变更、隐藏，甚至是可以注销废弃的。基于上述情况，为了保证用户在网络空间活动中个人身份（标识）的可信及个人行为的可信，如何确认数字身份在网络空间中的可信是近年来国家关注的焦点。

随着互联网技术持续高速发展、全球迎来万物"数字化"浪潮的时代背景，正积极促使着我国加速步入数字化社会，也驱动中国的经济及社会治理步入新时代。企业组织及个人大数据均拥有了越来越广泛的应用价值，并越来越成为影响整个国家和全体国民的重要事务。

依据《中华人民共和国民法总则》中的"个人信息权是公民的基本民事权利"，个人数据管理业已成为当下社会治理中的一大长期热点。治理部门已充分理解个人的数据信息也是一种财产权益，随着信息化水平的不断提升，公民的个人信息越来越多地涉及政务服务、金融服务、健康服务、交通出行等各个领域，但是公民个人信息的数据访问权、可携带权、纠正权、自主决定权、知情权和使用权等数据权益，并没有掌握在个人数据所有者手中，因此在当前信息和数据大发展的时代，完善"公民个人数据中心"体系显得尤为重要。

《中华人民共和国数据安全法（草案）》针对处理敏感个人信息作出严格限制。根据草案，敏感个人信息包括种族、民族、宗教信仰、个人生物特征、医疗健康、金融账户、个人行踪等。个人信息处理者只有在具有特定的目的和充分的必要性的情形下，方可处理敏感个人信息，并且应当取得个人的单独同意或者书面同意。国家机关为履行法定职责处理个人信息，应当依照法律、行政法规规定的权限、程序进行，不得超出履行法定职责所必需的范围和限度。国家机关不得公开或者向他人提供其处理的个人信息，法律、行政法规另有规定或者取得个人同意的除外情况。

在政策、技术、市场因素的共同驱动下，产生了一种新的数字身份形态，它用分布式基础设施改变应用厂商控制数字身份的模式，让用户控制和管理数字身份，通过将数据所有权归还用户从根本上解决隐私问题。数字身份成为重要的基础设施，要使身份具有真正的自我主权，这种基础设施必然需要驻留在分散信任的环境中。区块链技术的出现让自我主权身份的实现终于找到了突破口，作为分布式体系里的代表性技术，区块链有望成为分布式数字身份的技术基础。

（1）场景痛点

传统的数字身份存在诸多问题：① 身份数据在各机构中分散，需要重复认证且难以共享；② 传统由中心化签发认证身份的模式信任成本高，且容易出现中心单点失效问题，容错率低；③ 身份所有者的身份数据被他方储存利用，影响用户身份隐私，且安全性不强；④ 传统身份证明无法覆盖所有人。

在对安全身份认证和身份隐私保护的要求下，自主主权身份被提出。基于区块链数字身份能够一定程度上改善以上用户身份可信认证的问题。① 采用分布式账本和身份加密上链，可以让中心化的身份签发和数据共享变成分布式的数据认证，由用户掌握身份私钥来进行多机构之间的可信身份授权共享，从而解决重复认证、中心失效的问题；② 利用区块链链式结构的不可篡改性，结合生物识别技术为无法获得官方身份签发的人形成可信数字身份；为没有银行账户的人记录链上可信金融行为，帮助其提高信用，实现普惠金融；③ 区块链是实现自主主权身份的必要技术，用户通过注册可嵌入多种区块链账本的分布式身份标识DID，实现用户身份证明（VC）、信息明文、私钥等安全储存在本地，用户作为中心掌控主动权，结合零知识证明使得不泄露身份信息的情况下完成身份验证。

目前，基于区块链的数字身份已经具备充分的落地应用和案例基础，但仍有一些问题值得深入探讨和改进，接着本文针对数字身份应用方向和模式进行调研，分析基于区块链技术结合的优势和效益，分析面临的问题与风险。

（2）应用方向

总体来看，在国外的应用于数字身份主要方向有两种思路：一种是由用户控制身份，创建新的基于区块链的数字身份；另一种是传统数字身份+区块链的模式，将已有的数字身份信息置于去中心化的区块链之上，由用户控制的身份信息类似于一个社交媒体账户，需要创建一个新的基于区块链的数字身份，然后将基于区块链的账户应用于全网。用户可以基于不同情况授予或撤销第三方对其信息的访问权。一些公司和组织正在研究这种解决方案，包括Sovrin和uPort。"传统数字身份认证+区块链"的思路侧重于身份认证。不同于用户控制的身份信息，这类身份认证主要是验证预先存在的证书（如身份证、驾照），然后将该信息与区块链上的合法所有者绑定，有效地为传统的身份识别方法创建一个去中心化的数据库。基于这种思路运行的企业和项目包括SecureKey、Civic、ID2020。

在我国，长期以来高度重视网络可信身份体系的建设，积极探索基于可信身份的数字身份发展。2016年国家发改委批复建设，公安部第一研究所承建的国家"互联网+"重大工程可信身份认证平台（CTID平台）上线。CTID平台以法定身份证件为信任根，为各行业提供统一、权威、多级可信的网络身份认证服务。目前CTID平台已经在很多应用中实现对接，如中国政府网、国务院APP、公安部政务服务平台、国家移民局互联网便民服务等，并为国家政务服务平台提供基于实名认证支撑的基础服务，实现政务服务"一次认证、全网通办"。在省级政务应用中，支撑广东"粤省事"、江西"赣服通"等多个政务服务应用形成一批特色的解决方案。在互联网+公安服务方面，为公安部"互联网+政务服务"平台、国家移民管理局政务服务平台、公安部交通安全综合服务平台、乌鲁木齐市网络身份认证平台等提供身份认证。有力支撑了国家、地方和公安政务服务，有效推进"一网通办"和企业群众办事"最多跑一"，为推进国家"互联网+政务服务"战略和深化"放管服"改革贡献了力量。

以下针对引入区块链技术特点结合数字身份能体现的应用模式进行分析。

（3）应用模式

区块链在数字身份领域的应用模式体系自底层向上分别需要分布式账本提供身份注册，代理软件（服务）提供所有者身份管理和实现与他人通信，凭证工具提供凭证流转和验证功能，身份数据中心提供安全的数据托管服务。

● 分布式账本（身份注册）。代表实体身份的全球唯一分布式标识符应该如何存储和提供访问？人们如何访问它们？为了使身份真正具有自主权，这种基础设施需置于分布式信任的环境中，而不属于任何单一组织所控制的环境，分布式账本（区块链）正是这样一种创新技术。自主权身份DID锚定于分布式账本，以避免被特定中心化服务所掌控。区块链通过充当公共密钥基础结构（PKI）的受完整性保护的"公告板"来支持密钥和标识发现，在大多数情况下，基于PKI的"公告板"形成标识符管理系统（DID方法实现）。

● 身份代理（身份通信）。身份代理组件实现身份所有者自主管理身份密钥，代表身份所有者（也可以代表IoT设备，宠物等的控制者，或者是未成年人或难民的监护人或受托管理人），按照点对点消息协议实现与其他身份所有者代理的交互。

● 凭证交换（流转验证）。凭证交换主要解决以下问题：确定发行方的代理如何向凭证持有者发布凭证，凭证验证者如何向凭证持有者请求信息，以及凭证持有者如何从其凭证中提取证明使验证者信任。

● 身份数据中心（个人数据托管）。身份数据中心是连接在一起并链接到给定实体的链外加密个人数据存储。它们可以用于安全地存储身份数据（直接在用户设备上或在用户指定的云存储服务上），并在所有者批准此类共享时进行细粒度分享。

（4）应用价值

基于区块链的数字身份可以改变现有数据的管理方式，保障用户拥有对身份数据进行选择、授权、删除和恢复的权利，在不同应用场景中，可以对相应数据进行授权，用户对自己的身份数据享有绝对的自主权，可以实现用户所有联系、交易、数据的完整性和隐私性得到最佳的保护和管理，并且实现自己掌握自己信息的处理权。

通过区块链难篡改、易追溯、多中心维护、监管等特性，可以很好地保证链上数据的真实有效性，实现数据"存真"，通过权威机构出具权威的信用背书，确保身份的合法合规，从源头上可以保证数据的真实有效，有效地驱动政府、企业、平台共享数据，促进数据信息流通、整合和共享，驱动部门、企业在不同的应用中进行信息的流通，形成整个行业在信息上的互通和串联。

区块链已成为数字中国建设和科技深度融合的重要方向，其应用已经延伸到数字金融、物联网、智能制造、供应链管理、数字资产交易等多个领域，对探索共享经济新模式新业态，重构数字经济产业生态，提升智慧城市的政府治理和公共服务水平具有重要意义。

另一方面，区块链与数字身份的创新应用是国家的重要研究方向之一。可信数字身份作为各行业和各应用的底层基础，有利于促进各种应用和服务的融合，提高信息流转、汇聚和治理效率，为各行业区块链赋能，提供核心的身份认证支撑。

以下为部分应用案例，更多详细内容参见附件之"数字身份典型案例"：

● "数据身份+智慧城市"应用，贵州省铜仁市政府创新性地提出了数据资源管理新模式，并由政府下辖大数据公司联合有关单位提供新型数据治理基础设施——数据主体自主管理云平台，着力解决数据可信管理、数据流动可控、数据有机融合等问题。

● "数据身份+智慧医疗"应用，在区块链上将可信数字身份和分布式身份进行不可篡改的关联，拥有可信数字身份验证保障的分布式身份可作为线上线下个人的医疗数据账户主索引，可打通各个医疗机构间与个人的业务数据。终端应用通过与二维码的结合，可进一步实现就医问药业务流程的便利性，实现一码就医，提升居民获得感。

● "数据身份+智慧征信"应用，基于可信数字身份，结合区块链技术构建失信人员联合惩戒机制。区块链具有可溯源、不可篡改的技术特点，再结合可信数字身份技术，将失信人员数据公开透明的理想载体。

●"数据身份+智慧金融"应用，数字身份为基于区块链的解决方案在金融KYC业务场景下的应用提供了新的实现模式，金融机构可以为每个客户创建具有唯一性的分布式身份标识，通过一次性的信息采集，将客户可信数字身份（对应着现实世界的真实身份）与在区块链上的分布式身份标识进行绑定，从而完成现实身份与数字身份的关系映射。

（5）面临的问题

●技术储备需完善：数字身份在技术方面牵涉面较广，只要和身份验证、身份标识、安全传输、海量存储、可信验证、隐私保护等等相关的技术都有所涉猎，因此配套设施完备是分布式数字化身份应用普及的必要条件，必须在海量数据存取、高速网络、个人安全硬件、多样化的终端接入方面给出实用性方案，以满足行业和广大用户的功能和体验性需求。

●行业应用需结合：数字身份是应用的基础组件，本身并不能提供完整的应用体验和商业模式、治理模式，需要和场景深度结合，随着新基建带来的新一轮信息工业建设热潮，整个社会将越来越数字化，在发展数字身份的研究的同时，逐步探索和场景的结合，谨慎试点，大胆验证，在实践中完善优化。

●标准规范需明确：数字身份领域，还需要进一步强化和制定相应的标准和规范。首先明确方向，聚焦完成度已然较高的协议，进行扩充和发展；然后求同存异，兼容并包，跟进和融合其他相关协议规范，力求覆盖面更广、适用性更强、更具备产业可操作性，以满足和实体经济数字化方向相符的需求，并使现存规范可以平滑地向分布式数字身份时代持续演进。

2.趋势与分析

（1）总体趋势

目前，基于区块链的分布式数字身份现在还处于初期阶段，国际国内由技术公司主导的行业规范和应用方兴未艾，百花齐放的同时，也需要寻求共识，共建生态。随着互联网社会生态越来越健全，个人数据隐私保护相关的法律法规逐步成熟的背景下，人们对于数据产权的重视，消费者对数据平权的需求将会越来越大，这些声音将会再进一步推动分布式数字身份的发展，更加清晰地反映出互联网社会的真实需求。

未来需要积极推动分布式数字身份相关技术规范和标准的建立，努力探寻更多适合数字身份的应用落地的场景，建立拥有中国特色的数字身份体系架构，并加强国际交流合作，与国际标准的分布式数字身份接轨。

长期看来，随着法律法规基础设施的不断完善，分布式数字身份技术将会进化出符合其自身发展的标准化、法律规范等相关配套设施，来发挥其最大的作用。数字身份的目标旨在加强相应监管的同时保证用户的隐私，实现数据真正掌握在用户自己手中。

为了更好地促进数字经济的发展，适应人们越来越丰富的数字生活，有必要尽早在网络安全底层治理和数据隐私保护层面进行思考，发展自主可控的信息安全技术，构建面向全社会的、安全的、便利的数字身份体系，解决现有网络数字身份的安全、隐私、互通和所有权问题，进一步推进互联网数字身份的健康发展和相关可信网络设施的建设。

（2）创新模式

推进数字身份与前沿技术的深度融合。数字身份用户量大、交易需求大、业务高并发等特色，加强重点领域技术攻关，积极吸纳大数据、AI、物联网等新前沿技术，加强新技术融合创新，统一提供数字身份基础通用设施，降低个人数据与信息的流通和使用门槛，创造创新业务与数据协作模式。

探索区块链数字身份合规监管体系。在全球数字化转型发展和个人数据隐私安全法规演进的背景下，研究基于区块链的数字身份的标准体系及监管机制，探索个人身份数据的事前、事中、事后全流程管理，实现全流程、全要素的安全合规监管，对接公安、互联网法院等司法机构，提升法律服务的有效性及安全性，提升数字身份领域的治理能力。

探索数字身份的数据要素治理与应用推广。研究基于区块链的数字身份数据要素体系，设计数据确权、数据流通、数据溯源、数据共享、数据交易等关键环节的治理模式及规则，探索建立基于区块链的数字身份的数据权益保护机制，适配各参与方的管理需求及数据要素流通需求，充分发挥数据要素价值与区块链价值潜力，助推业务数字化、智能化建设，更好地服务社会、服务大众。

（3）影响因素

在政策、技术和市场的共同驱动下，数字身份技术终将成为数字化进程的必然选择。关键成功因素是希望最大化地挖掘分布式数字身份技术的潜能，推动互联网技术的发展，促进数字身份技术与现有生态的融合。

需从以下四个方面入手开展工作：

● 深入研究分布式数字身份技术。将致力于了解、跟进全球分布式数字身份的最新动态，深入研究包括去中心化公钥基础设施（DPKI）、密码学、凭证在内的各项核心技术，探索分布式数字身份的多种技术演进路线，促进分布式身份技术的交流与传播。

● 促进分布式数字身份的行业应用。作为我国分布式数字身份行业中领先的产业组织，将致力于探索分布式数字身份的应用场景，搭建合作交流平台，组织产、学、研开展合作，在促进成员共同发展的同时，为社会提供基于分布式数字身份的跨域协同项目示范。

● 搭建中国的分布式数字身份网络。全球分布式数字身份网络以互联互通作为目标，将参考国际最佳实践，结合国内厂商搭建的基础设施，通过提供开源工程、制定规范等方式，促进中国分布式数字身份网络的落地和互联互通。

● 与国际分布式数字身份接轨。作为本土企业与国际数字身份联盟和标准化组织的桥梁，将致力于加强国际交流与合作，一方面，促进分布式数字身份相关国际标准的带入和本土化，另一方面，通过国际项目合作促进全球互联互通的确认和发展。

供稿： 杭州趣链科技有限公司 李伟、李吉明

4.2.1.3 市场监管

1. 背景及现状

当前时代背景下，我国的经济发展已由高速增长阶段转向高质量发展阶段，高质量发展离不开政府的现代化治理能力，传统的市场监管机制存在着监管水平低、执法能力弱、职能履行差等问题，难以适应新形势下经济发展和新业态成长。根据中共中央《深化党和国家机构改革方案》，2019 年市场监管部门全部改革到位，新组建的市场监督管理局承担着生产、流通领域各项监管工作，监管面涉及证照、企业信用、知识产权、食品药品、不正当竞争、网络交易、消费领域投诉举报、特种设备等，内容涵盖经济发展、人民生活等方方面面。

2019 年 5 月，国家药品监管管理局发布《关于加快推进药品智慧监管的行动计划》强调加快推进药品智慧监管，实现监管与互联网新兴信息技术的融合发展。2019 年 9 月，国务院出台《关于加强和规范事中事后监管的指导意见》中明确提出充分发挥互联网、大数据、物联网、云计算、人工智能、区块链等现代科技手段在事中事后监管中的作用，深入推进"互联网+监管"。为优化监管部门服务、创新市场监管体制机制、完善法治保障、强化部门协同联动，市场监管部门需立足职能，充分应用新型信息技术，促进互联网应用与市场监管工作的深度融合。

区块链是一种分布式共享数据库技术，具有去中心化、全程留痕可追溯、信息不可篡改、公开透明等特点，可以打通"数据壁垒"，破解信息不对称问题，为市场监管行业变革带来新契机，有助于推动市场监管体系变革、市场监管数据的安全共享和协作。

当前市场主体的数量稳定增长，市场竞争愈发激烈，市场监管部门对市场主体经营行为的监管压力增大。目前国家"互联网+监管"系统已形成以国家政务服务平台为基础，包括企业登记注册系统、国家企业信用信息公示系统、直销监管系统、网络交易监管系统、产品质量安全监管系统、食品安全监管系统、认证认可检验检测系统等在内的市场监管智能化架构体系。如图 4.2-1 所示。

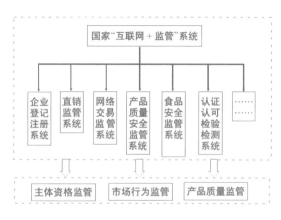

图 4.2-1　市场监管智能化架构体系

（1）场景痛点

随着经济社会的发展，市场主体呈现多元化，市场运作模式复杂多样，市场监管领域范围广阔，实践中监管部门在执行监管和自身职能发挥上遇到矛盾和问题。在执行监管工作中，如网络交易市场监管中遇到非法交易、违规宣传等市场乱象，存在电子取证难且效率低等痛点；在信用监管中存在经营异常名录、严重违法失信企业名单信息采集难、数据共享难等问题；在知识产权监督中存在知识产权纠纷、维权举证成本高等难点；在食品药品监管中存在流通领域食品安全问题，假冒伪劣食品、药品等严峻问题。市场监管部门在自身职能发挥上，由于监管部门多头执法、权责不清、部门之间相互推诿等痛点，极大降低了市场监管的效率，为群众维权增加了难度，从而降低了公众参与监管的积极性，同时也对政府监管的公信力造成了影响。

（2）应用方向

区块链技术在市场监管领域中有诸多应用方向，主要涵盖网络交易监管、信用监管、知识产权监管、食品药品监管等具体方向，充分体现了区块链在市场监管中广阔的应用潜力与前景。

● 网络交易监管。区块链技术可以充分运用在网络交易的物流配送、智能仓储、终端零售等各个环节的市场监管工作中，发挥其技术优势，有助于建立高效、安全、透明、信任的交易环境并通过智能合约和网络信任实现服务流程自动化，便于网络交易流程一体化管理，实现全链路物流信息、商品信息的比对，杜绝非法交易、虚假物流、违规宣传等市场乱象，达到规范网络交易的市场监管效果。在网络交易监管中典型的案例有浙江省市场监督管理局建设的基于区块链的电子证据平台和京东的区块链防伪追溯平台。

● 信用监管。信用监督管理是市场监管的一项重要内容。建立基于区块链技术的企业信用评价机制，可安全高效地聚合多源数据，实现对企业进行高效多元的信用评价，有利于市场监管部门开展各项监管工作，如拟订信用监督管理的制度措施，开展企业信用分类管理和信息公示工作，管理市场主体经营异常名录、严重违法失信企业名单等。场景应用案例有北京市社会公信建设促进会推出的融信链平台。

● 知识产权监管。区块链技术应用于知识产权市场监管方面的工作，可以在知识产权登记便利性、存在性证明、溯源、数字化交易和侵权监测等方面获得应用优势，充分节约市场监管与服务成本。区块链技术在市场监管中针对知识产权领域的应用场景包括：为产权所有者提供溯源证据；注册并批准知识产权；管理音乐、图书等多方面内容。将知识产权原创者和产权得者等相关信息通过区块链技术管理，可以有效缩减知识产权交易程序，降低交易成本。典型的案例有中国版权保护中心建设的"微电影区块链版权（交易）平台"和浙江省知识产权研究与服务中心建设的浙江省知识产权区块链公共存证平台。

● 食品药品监管。在市场监管领域中，区块链作为一种分布式账本，具有信息不可篡改性、去中心化、开放透明可信等特点，在食品药品安全监管的信息追溯监管的应用较有成效。区块链通过多方共识而建立在互联网上信任的不可篡改、对等网络的分布式数据系统，其通过智能合约实现服务流程自动化，对于绿色农产品、药品、食品接触用塑料、高价值商品等实现有效追踪商品信息。其中国内典型代表案例有浙江省市场监督管理局上线的基于区块链的浙江省冷链食品追溯系统（浙冷链），北京市市场监督管理局牵头开展的冷链食品追溯平台、佛山市禅城区区块链+疫苗安全管理平台等。国外典型案例有美国运输公司DHL联合埃森哲推出的DHL区块链药品物流追踪平台、基因泰克和辉瑞等制药公司合作的区块链药品追踪项目MediLedger。

（3）应用模式

● 政府部门横向联动协同模式。政府部门协同监管部门，积极推进跨部门"双随机、一公开"监管信息共享模式。区块链通过多方共识建立不可篡改、对等网络的分布式数据系统，运用智能合约实现服务流程自动化，各领域监管信息可以实时传递和共享。促进事中事后监管信息与政务服务深度融合，整合市场监管相关数据资源，推进多部门横向联动协同，为各部门在同一平台上实施综合监管、协同监管提供支撑。

● 多元主体共同参与治理模式。监管主体从过去主要依靠政府部门的单一监管模式，转变为政府监管部门、市场主体、公众等多元主体共同参与的治理模式。监管部门与其他监管者、监管对象、监督者进行协商与合作，运用区块链分布式存储、去中心化技术整合既有资源，确保监管信息来源的多元化，内容的真实性和传递的时效性。鼓励行业主体、企业和公众等积极、主动、真实地提供信息，促进多元主体共同参与监管。

● 放管结合优化服务改革模式。区块链技术为"放管服"改革提供了强大助力，利用区块链共识机制、去中心化等技术打破信息壁垒和数据孤岛，防篡改、开放透明可信技术特点保障信息真实透明，可以更好地公开行政审批程序和执法结果信息，去中心化的信任机制在政府部门与企业之间建立了有效沟通桥梁。放管结合优化服务改革模式，进一步明确政府监管的边界，简政放权，重视事中事后监管，坚持授权和监管相结合，并逐渐向优化服务职能方向转变。

（4）应用价值

随着对区块链技术的研究逐渐深入，区块链技术逐渐在市场监管当中发挥出重要作用，其在市场监管的应用价值如下：

● 发挥监管执法的科学性。通过区块链技术能够可信地获取各类数据，在所收集的、拥有可靠性的大数据基础上进行市场监管。运用点对点的信息流动、分布式的信息存储以及开放透明的信息获取，弱化政府监管权力的垄断性，智能合约突破了跨部门、跨区域、跨层级的行政壁垒，创新不同监管部门之间信息沟通交流的方式；并且去中心化的网络设计及其赋予节点参与者的平等权利，有利于培育各机构和公众参与监督的意识和能力；各类主体分布在去中心化的区块链条上，分布式主体可以形成多个账本，各类主体都可以匿名化、透明化监督，监管的各方资源得到有效整合，从而充分发挥监管执法的科学性。

● 提升市场监管总体效能。区块链作为一种共享的分布式数据库技术，具有去中心化、去信任、公开透明以及安全可靠等特征，可以为市场监管领域提供信息互联互通、数据安全保障等功能。其中，分布式数据库和公开透明技术可以从规模、内容、时效等多维度提高监管信息的真实性、完整性和即时性，提升监督监管信息的质量，有效克服监管实践中的信息不对称问题。去信任技术在市场监管多方协作主体中建立可信机制，缓解监管部门与各机构、公众之间的信任问题，为市场监管多方数据共享共用提供技术保障，从而提升政府监管的整体水平和效率。

● 增强多方主体协同监管。市场监管是一个多主体有机协作的系统，需要政府部门、市场主体和公众多方参与。区块链技术能够对行政管理以及公共管理的任务进行重新配置，提高资源利用的效率，能够提供多元主体共同参与、专业化的、公平的市场监管与互动模式，能够更好地进行市场环境治理，优化营商环境，调和政府以及市场主体之间的关系，有效地促进市场主体参与市场共同治理，让多方主体融入市场监管当中，共同打造和维护良好的市场环境。

（5）面临的问题

目前区块链技术在市场监管领域应用处于起步阶段，同时也面临一些问题：

① 市场监管机构和工作人员对区块链技术的认知不足，区块链技术的去中心化属性对传统市场监管造成强烈冲击，加之应用实践经验少，导致相关机构和专家持谨慎态度，缺乏推进技术应用的动力。

② 市场监管部门与其他政府部门、市场监管部门与企业、机构之间需要跨地区、跨层级、跨部门的业务协同和信息共享，多部门的数据共享和整合必不可少。由于缺乏法律约束，市场监管数据共享涉及的各机构权限不明确、数据权属不易界定，数据价值难以衡量，各监管系统之间没有统一规划和标准，不利于信息共享和有效整合。未明确考核机制造成各监管部门激励不足，工作任务无法落到实处，监管部门习惯性地依赖传统监管手段和方式实施市场监管，在监管信息资源共享和整合的过程中必然会触动现有的权利结构和既定利益格局。因此，法律约束和考核机制的缺乏、固有的工作模式等非技术原因造成路径依赖导致数据壁垒的问题，制约了市场监管领域区块链构建跨部门、跨层级的应用，对区块链发挥更大应用价值造成了较大的限制。

③ 基于传统行业内部的监管模式难以满足跨行业的区块链监管要求，市场监管行业监管机制亟待完善，区块链技术的植入需要与现有制度和法律进行再融合，在市场监管理念与模式上也随之需要相应调整和创新，如智能合约等法律问题有

待进一步明确。目前区块链在市场监管领域行业也尚未形成统一标准体系。

2. 趋势与分析

（1）总体趋势

当前，区块链作为一种技术、资源和理念，通过转变角色、重塑组织结构等方式实现了对监管履职和履职监督的赋能。去中心化的信息互动、分布式的信息存储等，保障了监管信息的质量，一定程度上克服了监管者、监督者和被监管者之间的信息不对称问题；信息流动的改变驱动着传统权力结构的变革，促使组织结构从"层级制"向"扁平化"转变。

"区块链+"与国家治理的深度融合，将推动政府市场监管走向全面化、协同化、智能化和精准化。

区块链能够打通部门之间的"数据烟囱"和"信息壁垒"，使数据化的监管环节、监管内容、监管对象等实现由碎片化监管到整体性监管、一维监管到多维监管的转变。全面监管使得监督者、监管者分布在区块链的网络节点上，链条上信息相通、标准统一，既扩大了监管的覆盖面，也弥合了监管流程之间的缝隙。

时间和空间的协同可以定位监管信息的坐标，还原监管事件的真相，从而为有效履行监管职能提供情境信息。区块链技术使监管信息以时间顺序组成链式结构分布在系统内，监管事件发生的时间、空间等要素皆有记录且有迹可循，监管部门可以在节点上查看验证，保证信息的透明、公开、公平。

监管的智慧化基于去中心化的节点分布、去信任化的互动规则、智能合约的自动执行、非对称加密的安全保护等多项核心技术，再生监督者和监管者之间的信任关系，强化各个主体对"区块链+监管"的认知，使得监管履职和履职监督智能化、科学化、及时化。

监管的精准化利用区块链技术共识机制有效运转保证了监管信息的真实性，哈希值、时间戳的运用保证了监管信息存储的安全性、不可篡改性，集体维系的特性则保证了监管信息生产、传递的及时性。由此监管者能够通过回溯机制精准把握问题的发生及演进过程，精准发现问题的归因及其责任人等。

（2）创新模式

我国行政组织体制是由纵向层级制和横向职能制组成的科层体制，严明的上下职务等级和明确的水平职能分工是它的主要特征。纵向层级无疑拉长了监管数据信息的传递链条，增加了监管信息共享共用的难度。而横向职能分工将市场监管信息分割到多个机构之中，形成了部门壁垒，使得跨部门间的信息共享共用极为困难。

在"区块链+市场监管"的发展趋势中，可构建横向互联、纵向贯通的"全国监管信息一张网"的创新模式。在横向互联方面，运用区块链技术去中心化、共识机制等特征跨越原有地理区域、公私领域、行政层级、组织部门的界别限制，综合运用协商沟通、建立信任凝聚共识、一致性协作行动等方式，把利益相关方的资源力量聚合到统一网络中，打破市场监管"信息孤岛"与"信息烟囱"并存的状态。在纵向贯通上通过区块链技术完善上级部门向下级部门的信息授权机制，破除层级间信息壁垒，实现不同层级之间的监管信息互联互通、共享共用，构建顺畅的监管信息流动网络。

（3）影响因素

市场监管能够稳定市场经济，避免在市场中发生恶性竞争现象，稳定社会的可持续发展。区块链技术在市场监管中的应用能够促进交易市场的完善，提高市场监管的效果，其应用也受到了多方因素的影响。

●政策因素。近年来，中央高度重视强化市场监管，创新市场监管模式。党的十九届三中全会通过的《中共中央关于深化党和国家机构改革的决定》明确提出，强化事中事后监管。改变重审批轻监管的行政管理方式，把更多行政资源从事前审批转到加强事中事后监管上来。创新监管方式，全面推进"双随机、一公开"和"互联网+监管"，提高监管执法效能。国家高度重视市场监管并出台多项利好政策，为区块链技术在市场监管领域提供了稳定有利的发展环境。

●人才因素。人才是第一生产力。区块链复合型人才缺口巨大，需要加大区块链技术专业人才的引进和培育力，不断提升监管部门对新技术的应用能力，才能有效应对监管方式发展中出现的各种问题。

●技术因素。区块链技术的创新以及应用会对现如今的市场监管体制以及法律制度产生一定的挑战，会对市场监管、政府、企业与个人产生重大的冲击以及影响。在提高市场监管工作的效率以及质量的同时，也进一步降低了市场准入的门槛，容易导致市场竞争加剧。如何更好地应对这些问题，需要对区块链技术的发展进行密切研究和观察。

供稿：　杭州链城数字科技有限公司　　金国军、汤泉、刘茗

4.2.1.4　综合监管

1.背景及现状

党的十九大以来，随着改革发展的不断深入，人民群众对公共服务的需求越

来越高。各级地方政府只有不断满足人民群众日益增长的公共需求，才能够深入地贯彻"为人民服务"的宗旨，才能推进我国的经济社会继续不断地向前发展。而建立有效的监管体系，对于我国公共服务事业改革和持续发展，对于行政部门服务职能的完善，对于有效的公共服务管理体制的建立，都具有基础性的作用。

2019 年 9 月，国务院印发《关于加强和规范事中事后监管的指导意见》，明确指出，要坚持以习近平新时代中国特色社会主义思想为指导，持续深化"放管服"改革，坚持放管结合、并重，把更多行政资源从事前审批转到加强事中事后监管上来，加快构建权责明确、公平公正、公开透明、简约高效的事中事后监管体系，形成市场自律、政府监管、社会监督互为支撑的协同监管格局，切实管出公平、管出效率、管出活力，提高市场主体竞争力和市场效率，推动经济社会持续健康发展。

而区块链技术的分布式、多中心、不可篡改等特点，对解决政府履行综合监管职能的过程中现存的多方协作难、过程溯源难、透明监管难等问题具有先天优势。因此，充分引入新技术手段，准确识变、科学应变、主动求变、积极创新，改造提升传统监管手段，大力推行"互联网＋监管"，把有效监管作为简政放权的必要保障，全面落实监管责任，加强对取消或下放审批事项的事中事后监管，完善分级分类监管政策，健全跨部门综合监管制度，提升监管能力，加大失信惩处力度，以公正监管促进优胜劣汰。

（1）场景痛点

广义的政府监管是指监管者运用公共权力制定和实施规则和标准，以规范各种行为主体的经济和社会活动。监管职能，作为政府的一项重要的基本职能，具备以下特点：

● 涵盖方面广。监管内容包括产品和服务的价格、质量、进入和退出等经济性内容以及安全、健康、卫生、环境保护等社会性内容。

● 涉及人员多。从涉及的监管的对象看，对象包括市场经济活动的各个参与者、重点企业的特定从业人员、政府职能部门、金融机构等；尤其是食品安全、住房、交通安全等重点民生领域，政府监管水平的高低会影响到每一个居民的正常生活。

● 管理难度大。综合监管的管理流程繁杂、周期长、涉及主体部门或机构多。虽然近年来随着信息化手段的引入，提升了各监管部门和整体数字化水平，但是由于系统间建设主体不同、建设水平层次不一，导致项目管理的各个主体间相对比较孤立，数据孤岛现象严重，无法形成有效串联，也无法发挥数据的真实应用价值，让数据真正帮助政府提升其综合监管水平。

传统监管中常采用事后监管的方法，合规数据报送是监管机构进行非现场监管的主要手段。但这种方式在实施上面临诸多问题，首先，监管机构常常需要从多个被监管机构采集合规数据，由于各被监管机构间的数据规范不统一，形成了"数据孤岛"现象，使得监管中跨领域数据共享困难，业务协同更加难以进行；其次，被监管机构主动报送业务数据的积极性不高，数据报送的数据质量不高、数据真实性存疑、数据连续性不够，从而造成监管机构的事后监管合规成本居高不下。

（2）应用方向

综合监管工作与区块链技术有着天然的亲和性，以分布式记账为核心的区块链在建立监管相关各方数据"信任机制"方面具有独到优势："去中心化"的数据存储与访问方式，赋予各节点在监管流程中对应的权利和义务。"开放性"使赋权节点均可通过加密方式查询数据和开发相关应用，提高了信息透明度和使用效率。"信息不可篡改"使信息一旦被系统确认会被永久保存，极高的稳定性和可靠性为监管追溯提供了技术基础。

加快推动政府项目过程及工作流程涉及监管业务应用的建设，能有效提升政府数字化升级发展的建设效能和监管透明程度。当前，在综合监管方面，区块链技术的重点应用方向有：

● 政府财政资金监管领域。在"数字政府"总体建设思路框架下，紧扣政府投资项目管理和财政资金拨付场景，通过区块链技术构建政府项目过程管理与资金支付系统，满足项目监管、资金监控、关键信息交换、存证的需求。将项目监管过程中的信息流与资金流打通，解决信息不对称问题的同时实现"双流合一"，并由基于区块链智能合约自动触发执行的资金拨付指令和项目验收结果、项目决算结果等关键节点触发的资金拨付、尾款结算等操作，连通银行端交易流水，同步实际放款情况，助力实现更加智能高效的建设项目资金监管，确保"建设过程次次有回响，建设资金层层可溯"。

在此基础上，还可以构建开放数据服务生态体系。利用区块链透明可信、数据可追溯等技术特点，链接参与工程建设的各方，对接金融机构，打通信用壁垒，降低各环节互信成本，实现高效率、全链路的资金闭环管理。在解决交易真实性问题的同时，帮助中小企业解决融资难、融资贵的难题，降低各方开展交易的金融与信用风险，促进产业融合发展。

● 安全生产监督领域。区块链独特的可追溯、防篡改技术优势可实现对安全操作的穿透式管理，从源头上提升安全生产治理能力。将区块链技术与身份认证、生物识别等先进科技相结合，建设全生命周期的安全生产管理体系，实现安全作业全过程穿透式监督，从源头上提升了安全工作的治理能力。利用区块链节点自动同步机制，可将重点人员在安全作业过程中的检修设备、更换老旧设备、设备维护等环节数据上链存储，形成"环环上链，环环可查"的数字化工作票，有效堵塞管理漏洞，降低事故风险。

● 城市综合执法领域。广义的城市管理是指对城市一切活动进行管理，包括政治的、经济的、社会的和市政的管理，而综合执法是各级地方政府的重要治理手段之一。目前，大多数城市的综合执法手段仍偏粗犷，例如城管执法、拆迁改建和卫生管理等，时有发生民众投诉，其主要原因还是在于无法做到公开透明。

依托区块链技术建设城市级的智慧城管平台，通过在联网执法通等执法终端中添加区块链电子签名应用，把违法对象、地点、事实、执法过程等记录上链，形成可查、可信、可用的证据链，增加城市执法的公正性、公开性、透明度。

（3）应用模式

区块链技术可以建立跨地域、全行业、穿透行政层级、全生命周期管理的大数据监管服务平台，实现全程可追溯，解决长期困扰监管工作的事后监管穿透链条长、监管信息质量难以保障和监管成本收益不经济等问题，可以有效推进政府部门监管职能由"转型"向"定型"转变。长远看，区块链技术为政府部门的监管职能发挥和机制建设提供了坚实的理念引领和技术支撑，为建设符合监管职能定位的监管新机制提供了可行思路。

（4）应用价值

利用区块链技术实现监管工作中责任流、义务流、数据流和业务流的打通，为监管工作提供新的视角和理念，对重构监管机制具有以下重要价值和指导意义：

一是解决信息真实性问题。在区块链支撑的监管架构下，每一项被监管的工作均在全网各方记账存证，所有的业务流转数据都可追溯、防篡改、可验证，保证数据报送的及时性和关键信息的真实性。

二是同时保证重要信息的安全和监管友好特性。通过智能合约、加密算法从技术上既保证了监管部门浏览持有账本记录的监管权限实施，也为防止不相关方对重要数据的窃密和窥视提供了有力保障。

三是降低了违规的可能性。区块链事先约定交易执行的条件，不符合条件的交易将因此不可进行。监管办法相关规定成为触发条件，各项条件满足才能触发动作，使人为干预、篡改等问题几乎不可能发生，这使监管资源可以更多地集中在监管效果和政策评估上。

四是实现即时监管的全覆盖。通过分布式记账使监管部门作为链上节点，可以实时掌握监管执行流程动态，同时具备监管穿透到每一项被监管工作的能力，能够节省大量信息收集加工时间，提高监管效率和降低穿透监管成本。

（5）面临的问题

尽管区块链技术非常适用于监管应用场景，但是在实际使用中，同区块链在其他政务领域中的应用相似，仍然面临着政务相关业务人员与领导对使用区块链及其他新技术的认知不足、多方协作模式和建设与使用主体不明确、搭建以区块链为基础的跨部门、跨区域监管架构标准缺失等问题。

2. 趋势与分析

（1）总体趋势

近年来，区块链在监管领域中的应用愈发广泛，由于区块链具有去中心化、匿名化、不可篡改、可信任、透明度高等特点，通过区块链技术给监管赋能，构建分布式可信任环境，将监管机构和被监管机构作为链上节点，合规数据在链上报送，监管业务通过合约进行协同，对违规行为、风险行为进行实时检测分析，有效提高监管的精确性和及时性，以打造新的技术驱动型和数据驱动型的监管科技，优化原有监管科技架构和运行逻辑已成趋势。

借助区块链改进监管的尝试，正在国内外监管部门、监管科技企业以及国际组织广泛开展，区块链在数据存储、数据交换，证券结算、第三方支付、保险、票据、产权、风控、KYC、反洗钱、反欺诈等方面有着明显的效果，目前也处于实验试点中。

（2）创新模式

"构建信任"是区块链技术的核心价值，区块链技术将与人工智能、大数据、物联网等数字化技术一起对政府各监管领域数据开展挖掘与预测，进行全生命周期的监控与管理，从而有效赋能政府治理体系和治理能力的现代化，推动政府决策方式变革，提高资源配置效率和使用效率。

（3）影响因素

通过对各地政府部门区块链运用情况的研究，建议基于区块链技术的综合监管工作做好以下几点。

一是监管节点上链，明确责任主体。在区块链起步阶段，监管部门以联盟节点形式加入被管理区块链系统，作为整个系统节点拥有完整的分布式账本，通过与管理主体达成共识的监管权限和规则，对实时同步更新到分布式账本上的信息开展监管，从而将系统上所有业务发生情况置于公开透明的监管之下。随着未来数字政府建设中区块链系统的不断扩容，所有涉及有被监管要求的项目均可将监管部门作为节点邀约"上链"。

二是理清监管职能，明确权责边界。区块链分布式账本信息是数字资产，在信用机制框架下均有加密算法保护。监管部门要根据监管职能需要，理清分布式账本监管的范围和界限，根据权责向系统申请满足实时、穿透式监管需要的秘钥权限。同时，建立规范的权限管理机制，对不参与主体监管责任的项目，其他监管部门持有的分布式账本只能被动记录，信息只可由负责管理和使用部门编辑更新。对监管发现存在问题、需调整的信息，应由信息产生部门依据有效账本比例予以调整。

三是有效确权取证，明确监管规则。系统中确权表现为票据与证明形式的表单，其与现实权益变更具有相等的法律地位，记入系统各节点分布式账本后不受人为干涉。加强区块链监管，一方面，要提高"智慧合约"细节把控，堵塞合约漏洞，从源头控制数据产生质量。另一方面，增强全网的监管共识，提高系统监管自治能力，通过链上监管节点产生的数据及溯源"证伪"，及时发现管理中存在的问题。

四是强化反馈应用，明确整改机制。区块链环境下，闭环负反馈周期越短，监管效果越好。相对于传统事后集中式监管，基于区块链技术的监管利用分布式账本构成的完整行为记录和时间戳，可以实现实时追溯、穿透监管，快速精准定位监管违规的问题环节和责任主体，使闭环负反馈的周期易于接近无限小。系统的及时预警并干预，可以有效防止问题扩大或蔓延。同时，可将问题事件直接反馈系统各节点，推动形成修改共识，完善智能合约，从根本上建立长效化监管机制。

供稿：　杭州趣链科技有限公司　　李伟、李吉明

4.2.1.5　应急管理

1. 背景及现状

据统计，全国因灾死亡失踪人数、因灾倒塌房屋数量、灾害直接经济损失占GDP比重，2018 年至 2020 年的 3 年均值比 2015 年至 2017 年的 3 年均值分别降低了 36.6%、63.7%、31.3%，特别是 2020 年面对大疫大汛双重考验，成功战胜了1998 年以来最严重的洪涝灾害。

近年来，中央应急物资储备布局正逐步优化。目前，中央应急物资储备库已增加至 113 个，存放中央应急物资已实现 31 个省份全覆盖，储备品种也从 124 种增加到 165 种，去年新采购的应急物资全部实行"一物一码"全程动态监控。去年共落实 28.58 亿元的中央应急物资增储，储备规模增至 44.58 亿元。同时已完善部级层面、地方层面与各类抢险救援队伍的对接，专门部署地方防指完善抢险救援对接机制。同时，强化源头管控和灾害防范应对，加强联合会商研判，及时发布预报预警信息，集中整治重点隐患。根据汛情、火情发展，布防国家综合性消防救援队伍等应急救援力量，确保突发险情灾情时能够快速响应、及时到位、高效救援，全力保护人民群众的生命财产安全，做好救灾救助工作。

（1）场景痛点

新冠肺炎疫情发生以来，如何高效透明地对防疫、抗疫应急物资进行管理，保障防疫、抗疫一线的物资供应，一直是党中央和各级政府重点关注和急需解决的问题。由于抗疫物资种类较多、型号不一，以传统方式实现一线抗疫需求和物资采集的及时匹配存在一定难度。

（2）应用方向

面对众多的突发事件，应急管理逐渐得到了社会各界的广泛关注，如何推动应急管理现代化、高效化成为当前需要重点解决的问题。习近平在中央政治局第十九次集体学习时指出，"要适应科技信息化发展大势，以信息化推进应急管理现代化，提高监测预警能力、监管执法能力、辅助指挥决策能力、救援实战能力和社会动员能力"。[1]实现这五种能力就必须解决现有应急管理中存在的部门协同难度大、信息不透明等问题。区块链因其去中心化、不可篡改、智能合约等特点，为解决现有的应急管理中存在的部门协同难度大、信息不透明等问题提供技术支持，并已经在供应链金融、医疗卫生、电子通信等行业得到了实践与检验。

（3）应用模式

区块链作为一种新的应用模式，其所具有的分布式数据存储、点对点传播、共识机制、加密算法等计算机技术的优势，能很好地用于多方参与的应急物流管理，将所有参与方链接在一个网络结构下，并提供了一个可共享但不可篡改的分布式数据库，提高了突发事件应急物流管理的效率、增强了公开性与透明度，可以解决疫情紧急救援中的两个主要问题：一是保证物资调配的及时性和有序性，二是保证物资调配的公开透明。

---

[1]　习近平主持中央政治局第十九次集体学习[EB/OL].(2019-11-30)[2022-11-12].https://baijiahao.baidu.com/s?id=1651627248763428494&wfr=spider&for=pc.

● 去中心化。通过去中心化的分布式结构，能够使得在应急救援管理工作中的各方实现点对点的数据通信，可以保证信息的及时传递和共享。通过将信息及时上链，利用区块链强大的信息共享能力，使得各项信息不需层层上报，提高了执行的效率，适应于应急物流的时效性要求。

● 数据不可篡改。区块链技术的去中心化本质和加密算法，可以保证所有物资流通节点都在进行全网传播，若某一节点数据被篡改，将无法与其他节点上的信息保持一致。将其用于应急物资的采购、配送、分发环节，让运输、仓储、分发等数据以全链路的方式进行存证，使得所有的流转信息可追溯，杜绝假冒伪劣货物的出现。此外将其用于物资捐赠环节，捐赠方、公益组织和获赠方这三者之间的物资流动情况、捐赠物资所处环节、是否及时发放都将变得清晰明了。

● 智能合约。智能合约，在无法更改数据的基础上，预先将规则条款以代码形式写在区块链上，并在预先设定的条件得到满足后立即自动执行协议条款，减少了人工干预和手工文书工作，简化流程并提高了执行的效率，即使没有中心机构的监督，合约也能准确有序地执行。智能合约可应用于突发事件的监控预警、应急预案自动响应、供需快速匹配等方面，提高应急物流管理的效率。

（4）应用价值

区块链的应用对应急管理起到很大帮助，具体表现在如下几个方面：

第一，实现应急物资需求、仓储、运输的数字化、可视化。通过信息化、智能化的云应急物资保障平台，系统采集应急物资数据，前端处理复杂的物资信息输入，后端对接物流数据，让信息流完善可视，为应急保障决策提供科学有效的依据。

第二，实现应急物资提报、审批、调配流程的高效、规范、透明。按照上级统一部署，各级需求单位在同一平台提报物资申请，上级单位快速审批。数据进行多维度汇总后实时上报，方便统一决策，调配物资。

第三，对前端采购、库存管理、货物流向进行大数据管理。实现辖区全部应急物资仓储的入库、出库、签收、验收、复核、审核等环节和流程一体化，便于物资的调配和管理，提升物资调配效率。

（5）面临的问题

虽然区块链项目已经取得了一定的进展，但是将区块链大规模应用于应急管理依然面临一些问题，这些问题主要体现在外部的法律政策层面、内部的技术支持层面、区块链自身的局限性三个方面。

2. 趋势与分析

（1）总体趋势

我国的应急物流与物资保障体系还存在较大不足，而区块链技术作为一种基于分布式账本管理、去中心化并实现数据可信的技术，天然契合应急物流管理时效性、多方参与性的要求。利用区块链独特的技术优势从应急物流指挥管理和应急物资调度管理两个方面构建应急物流体系，所提出的两大系统、三大平台、八大模块等，能够在一定程度上解决当前应急响应缓慢以及在应急物资保障过程中的供需不匹配、应急物资质量无法保证和捐赠透明信任等问题。

（2）创新模式

区块链作为一项新兴技术，若能与大数据、物联网、供应链等结合，在应急物流领域将拥有很大的发展潜力，但如何推进其技术融合和落地应用还需进一步研究。

（3）影响因素

● 法律政策层面。第一，法律政策的缺失。区块链作为一种新的技术，将传统的"人工操作"的应急管理体系转变成了"机器操作"的应急管理体系，在人的因素减少以后，如何对机器的错误进行法律上的定义是个问题。在区块链造就的新的管理体系与环境中，现有的法律不适应区块链所提供的环境。

第二，监管更加困难。一方面，以往的监管模式都是基于中心化的机构进行的，但是区块链的去中心化本身就与现有的监管模式难以相容。另一方面，区块链的非对称加密保护了私有信息，这样就导致在保护了合法信息的同时也保护了非法信息，使监管机构难以获取这些信息，降低监管效率。

第三，缺乏统一的标准。现有的应急管理工作已经有统一的标准，2019 年 7 月 7 日，应急管理部印发了《应急管理标准化工作管理办法》，要求与应急管理有关的各组织单位、各委员会等遵照执行。但是将区块链应用于应急管理之后，已有的应急管理标准或不再适用，突发事件的报备、审批、救援等环节将被简化，因此亟须制定相应的标准化工作办法以适应新技术下应急管理流程的再造和变革。

● 技术支持层面。第一，信息安全难以保证。一方面，要注意由系统外部攻击引起的信息泄露问题。应急管理涉及的组织和部门较多，这些组织和部门构成区块链上的众多节点。通过区块链实现节点间信息的实时共享使得信息的安全程度降低，如果单一的节点遭受攻击，则所有的重要信息都有泄露的风险。另一方面，还要注意由系统内部攻击引起的信息泄露问题。公钥和私钥是保证信息不被泄露的重要手段，但是随着信息的增多，私钥的保存会逐渐困难。私钥是目前区块链技术身份识别的唯一证明，私钥一旦泄露就会引起大量信息外泄的风险。

第二，信息存储难度增大。一方面，目前区块链难以存储大容量的文件。例如在金融行业，作为一种账本数据库，区块链上存储的数据类型多为电子合同、电子票据等文本文件，单个文件的数据量不大。随着技术的不断发展，应急管理中使用的文件资料格式也在发生改变，未来多媒体文件可能会占主导，在目前的区块链系统结构下很难完成存储。另一方面，普通的数据存储由专门的服务器完成，同样的数据只需要存储一次。由于区块链的分布式记账技术，使得总信息存储量翻倍，增加应急管理系统信息存储的压力。

● 区块链的局限性。区块链只能保证"过程安全"而难以保证"源头安全"。也就是说，区块链只能保证所有的上链信息在传递的过程中是安全且不被篡改的，但是区块链本身没有识别的功能，也就难以保证上链信息的真实性。由于区块链的不可篡改，错误信息上链后难以进行修改，对各节点造成的损失更大。因此，如果上链信息的准确性难以保证，区块链的优势不仅不能发挥，反而得不偿失。

供稿： 京东数科海益信息科技有限公司 任成元

4.2.2 数字经济领域

4.2.2.1 工业互联网

1. 背景及现状

2019 年 10 月 24 日，习近平总书记在中央政治局第十八次集体学习时强调"要把区块链作为核心技术自主创新的重要突破口，明确主攻方向，加大投入力度，着力攻克一批关键核心技术，加快推动区块链技术和产业创新发展"。《中华人民共和国国民经济和社会发展第十四个五年规划和 2035 年远景目标纲要》中将区块链作为新兴数字产业之一，提出"以联盟链为重点发展区块链服务平台和金融科技、供应链金融、政务服务等领域应用方案"等要求。

工业互联网是新一代网络信息技术与制造业深度融合的产物，是实现产业数字化、网络化、智能化发展的重要基础设施。2017 年，国务院印发《关于深化"互联网+先进制造业"发展工业互联网的指导意见》，工业互联网正式上升为国家战略。在这之后，从中央到地方层面的相关政策相继出台，加快推进工业互联网数据技术和产业发展。

当前，我国区块链技术应用和产业已经具备良好的发展基础，在产品溯源、供应链管理、司法存证、政务数据共享、民生服务等领域涌现了一批有代表性的区块链应用。区块链对我国经济社会发展的支撑作用初步显现。

（1）场景痛点

工业互联网是新一代信息通信技术与工业经济深度融合的全新工业生态、关键基础设施和新型应用模式，需要连接人、机、物等种类和数量繁多的对象。同时，工业互联网还有低延时、高可靠性、确定性和安全性的联网技术要求。当前，工业互联网行业普遍存在数据要素互联共享难、数据安全保障难，数据确权难等问题。除此以外，在新型信任体系建立、模式创新方面还需新的发展和探索。区块链基于数据加密，提供去中心化、智能化、透明化的服务模式，可有效解决数据流通、信用体系建立等问题。

（2）应用方向

围绕工业互联网连接全要素、全产业链、全价值链，推动形成全新的工业生产制造和服务体系的目标，区块链技术主要应用于以下4个方面：

● 工业安全方面，区块链支撑海量物联网设备的自主管理和跨网络跨领域的分级授权认证，提升安全管控能力，降低跨域认证的审核成本。区块链与标识解析技术融合，有助于构建对等平权、共享共治的域名认证和标识解析体系。

● 网络化协同方面，区块链为产业全链条、产品全生命周期提供穿透式、可证可溯的信息溯源服务，促进数据开放共享，并通过建立一种去中心化、智能化和透明化的网络协同模式，解决传统企业协作中普遍存在的中心化管控、信息孤岛等问题，提升不同主体间的跨界协同效益。

● 服务型制造方面，依托区块链难以篡改、不可抵赖的特性，通过把资金流、信息流、物流等融合在一起，来提升信息的真实性，实现信任的可传递与高效率融资。

● 柔性监管方面，未来监管方可以作为一个区块链节点接入企业的供应链，实时了解原材料、产品的状态与转移路径，将事后监管审查变为事前事中的柔性监管。

（3）应用模式

习近平总书记在主持中共中央第十八次集体学习会议时指出，要构建区块链产业生态，推动集成创新和融合应用。[①] 在工业互联网领域，从生产和管理两方面加快推进区块链技术在工业互联网数据确权、确责和交易中的应用，推动数据资产的有序流通、可信交易、合法变现。区块链作为一种加密手段和平台协议的同时还具

---

① 习近平在中央政治局第十八次集体学习时强调把区块链作为核心技术自主创新重要突破口加快推动区块链技术和产业创新发展 [N]. 人民日报，2019-10-26(1).

备支付功能，能够深度融入工业互联网体系结构中。通过解决工业互联网产业中的痛点、增强工业互联网相关功能，以技术手段确定数据的所有权、保证流通数据的隐私、确保数据交易的可靠，进而支持工业互联网产业实现规模化增长。

（4）应用价值

工业互联网+区块链模式充分发挥区块链在促进数据安全共享、优化业务流程、降低运营成本、提升协同效率、建设可信体系等方面的作用。使用该模式，企业信息及标识信息上传至区块链上进行分布式存储，确保上链数据不可篡改，提高安全性。通过建立协同共享模式为用户提供多方相互信任、共识经营的环境，打通了数据孤岛，有效地避免了资源浪费，保证了工业互联网各企业间信息共享的安全性，助推工业企业之间实现产业链协同。通过使用区块链身份认证体系，对每笔上链交易数据进行确权，每个数据的修改、查询、更新等操作信息步步留痕、不可篡改、易追溯，实现了工业数据安全、有序地流转。

（5）面临的问题

现阶段，实现区块链在工业互联网的技术适配和应用落地等均面临诸多挑战，需要各方积极探索解决之道，助力产业健康有序发展。一是创新应用成本较高，成本效益有待分析考察。由于应用区块链技术需要对原有业务系统进行改造，初期投入成本较大，短期内市场规模有限，潜力还需进一步挖掘。二是应用模式仍处于探索阶段，成效尚未明确。区块链技术优势明显，但是与工业互联网融合仍需经过实际验证才能做到大规模推广应用，多数企业仍处于观望时期。三是技术仍存在瓶颈，需要与工业互联网特性适配。区块链系统由交易驱动，其智能合约尚难以满足工业制造领域中定时器和委托等需要区块链进行事件触发的机制。

2. 趋势与分析

（1）总体趋势

区块链基于共享账本、智能合约、机器共识、权限隐私等技术优势，在工业互联网中广泛渗透和融合创新，建立互信的"机器共识"和"算法透明"，加速重构现有的业务逻辑和商业模式。从整个场景的区块链解决方案来看，充分发挥区块链在数据确权、业务优化、价值提升、产业升级、模式创新及新型信任体系建立等方面的巨大作用与价值，有望全面推动工业互联网实现跨越式发展。

（2）创新模式

当前，区块链在工业互联网以及智能制造领域的创新应用尚处于初步探索阶段，区块链技术如何应用落地，赋能工业互联网以及智能制造领域创新发展，仍需进行深入研究。基于区块链技术的特点，融合工业互联网行业需求，目前众多区块链技术公司主要在以下场景进行区块链创新应用的探索：区块链+机理模型共享、区块链+安全认证、区块链+工业产品流通数据融通、区块链+生产线品控、区块链+制造业服务化等。

（3）影响因素

区块链技术在工业互联网中的应用尚不具备完善的生态体系，未来除了需要积极探索应用场景，还需要开展全方位的布局，包括技术研究、标准化制定、监管政策与法律法规的完善等。

● 政策文件。总体来说，我国工业互联网政策环境较好。十九届四中全会首次提出数据作为生产要素，十九届五中全会提出"提升产业链供应链现代化水平，加快数字化发展"，充分表明我国对数据要素的重视程度不断加强。2018 年 10 月 30 日自国务院发布《关于深化"互联网+先进制造业"发展工业互联网的指导意见》以来，多项工业互联网支持性政策文件相继发布，例如工业和信息化部发布的《工业互联网创新发展行动计划（2018–2020 年）》《工业互联网创新发展行动计划（2021–2023 年）》等。连续稳定的政策支持也为区块链在工业互联网领域的应用创新注入了强心剂。

● 产业因素。一方面随着中国智造 2035 以及产业升级的推进，工业互联网产业迎来快速发展、成熟的窗口期，另一方面国内企业基于市场环境，对产业升级、提升利润、良性循环发展具有内源性动力，形成工业互联网产业的进一步利好。据数据显示，2021 年我国拥有 41 个工业大类，207 个中类，666 个小类，是全世界唯一拥有联合国产业分类中全部工业门类的国家，广阔的市场前景为区块链技术在工业互联网的创新应用起到了极大的推动作用。

● 人才因素。"工业互联网+区块链"的复合型人才稀缺是制约区块链技术在工业互联网领域大规模应用与推广的重要因素。目前高精尖人才短缺，复合型人才、专业型人才、高级技术人才匮乏，青年人才储备不足。国务院发布的《关于深化"互联网+先进制造业"发展工业互联网的指导意见》特别指出，要强化专业人才培养，为我国工业互联网发展营造良好环境。

● 技术因素。工业互联网业务参与方多、业务流程长、数据种类复杂，对区块链技术提出了更高的要求，如何保护生产过程中企业的隐私数据、如何确认企业对数据的拥有权和使用权、如何实现多机构节点大规模部署和跨链互联，需要加快推进共识算法、跨链技术、隐私保护等区块链核心技术的研究创新。

供稿：　国家电网　　孙正运、蒋炜

4.2.2.2 能源电力

1. 背景及现状

当前世界范围内的能源危机和环境危机日益凸显，第三次能源转型正在进行，以化石能源为主的能源利用结构向以非化石能源为主进行转变。能源转型关系国计民生和人类福祉，加快建立安全可靠、经济高效、清洁环保的现代化能源供应体系，已成为世界各国共同的战略目标。

随着经济体系的快速发展和社会生产力显著增强，我国能源电力领域已取得了举世瞩目的伟大成就，能源生产不断攻坚克难，实现跨越式发展，能源消费水平不断提高，实现历史性改善。能源电力企业积极落实国家重大方针政策，信息化建设水平位于行业前列，建成了包含生产管理、设备物资管理、人财物管理、ERP、能源交易、能源贸易等在内的一系列信息化系统及内外部数据共享平台，顺畅贯通能源电力生产、存储、传输、消费等环节并取得了良好的应用成效，为能源行业转型与发展奠定坚实基础。

在国际和国内能源格局发生巨大变化的背景下，能源问题已上升到国家发展和安全的战略高度，而能源电力行业面临着多主体协同、合规监管难、数据开放共享难等一系列挑战，制约了新型能源业务的发展。区块链技术的去中心化、透明性、公平性的特性与能源电力行业发展相吻合，在能源领域显示出强大的应用潜力，为未来电网运营、能源数字化转型和全球能源互联网建设带来了新的机遇，如图4.2-2所示。

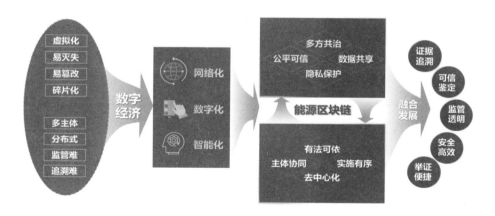

图 4.2-2 能源区块链融合发展业务模式

2021年3月15日，习近平总书记在中央财经委员会第九次会议上强调，"十四五"是碳达峰的关键期、窗口期，强调要构建清洁低碳安全高效的能源体系、构建以新能源为主体的新型电力系统，[①]将能源电力转型提到了新的高度。面对转型趋势和转型任务，加速区块链与能源电力的深度融合，构建以新能源为主体的新型电力系统，推动技术创新，夯实保障支撑体系，实现能源可持续发展，事关经济社会发展全局。

（1）场景痛点

随着我国能源互联网建设的持续推进，能源电力行业不仅规模巨大而且能源种类元素或子系统种类繁多、本质各异、相互关系复杂多变，业务交互呈现分布式、多场景、多主体、高频率等特点。"十四五"期间，能源行业面临着"四个革命、一个合作"能源安全新战略、能源体制改革、实现"双碳"目标、构建新型电力系统等重大任务的落实，对能源行业的发展提出了更高要求。当下业务流程长、合规监管难、信任传递困难、数据泄露风险大等行业痛点严重影响了能源行业转型升级，问题亟待解决。

区块链技术可追溯、不易篡改、数据透明等特性与能源发展趋势存在着较强的内在一致性，基于区块链连接能源行业的运营方、需求方和供给方，形成能源区块链网络，可以在能源领域的供给、输送、消费等领域实现可信存证、可靠追溯、安全共享、信任传递，助力优化业务流程、提高协同效率、降低运营成本、促进数据共享等，为解决以上问题、推动能源领域创新发展提供高可行性的解决方案。

（2）应用方向

在政策指引和产业发展的双轮驱动下，能源电力行业中区块链技术已从概念走向落地应用。国内外能源电力企业聚焦能源数字化转型，基于自主研发的区块链底层服务技术，结合实际业务发展需求，强化区块链应用落地，在分布式能源管理、能源交易管理、能源数据共享、绿电认证与溯源、法律科技服务等应用方向，打造了一系列典型场景应用，形成了一批区块链与实体业务深度融合的新型业务模式，积累了一批可复制、可推广的区块链解决方案，为区块链技术在能源电力行业的深化应用与健康发展起到了积极的引领带动作用，如图4.2-3所示。

---

① 习近平主持召开中央财经委员会第九次会议强调 推动平台经济规范健康持续发展 把碳达峰碳中和纳入生态文明建设整体布局[EB/OL].(2021-3-15)[2022-11-12].http://www.moj.gov.cn/pub/sfbgw/gwxw/ttxw/202103/t20210316_348615.html.

图 4.2-3　能源区块链应用方向

● 分布式能源管理。发挥区块链分布式对等、弱中心化、共识互信等技术特点，实现分布式、多类型能源生产环节对应单元的计量、检测、运维等生产管理信息的数据存储和可信共享，打通分布式交易业务壁垒，提高能源管理业务执行效率。

国内典型案例有国家能源投资集团"微电网能源交易 Dapp"，能够支持分布式能源发电业主与用电客户间的实时电力交易及账务处理；国家电网公司开发的共享储能市场化交易应用，能够实现储能资源采集、交易环节合约执行、调度环节可信溯源等功能，已成功引导青海 300 余座新能源场站参与交易，累计成交 2200 余笔，新能源增发电量约 5500 万千瓦时，实现多方共生共赢，有效促进了新能源消纳。国外案例有日本数字电网公司的可再生能源环境价值认证应用，该应用可汇总分布于多地的可再生能源数据，统一向审查机构登记、获取认可，从而简化业务流程。

● 能源交易管理。针对批发能源交易市场，融合区块链智能合约、身份认证等技术汇聚交易参与主体，实现能源交易记录的生成、签发、流转、交易，解决能源交易过程中所有权归属、溯源、多元主体协同等问题，可以保证资金安全、降低交易成本、降低违约率。

国内典型案例有国家电网公司建设"国网链"，作为覆盖 20 多个省级电力公司、支撑 70 余类应用的区块链服务平台，"国网链"推动电力交易应用成功达成超额消纳凭证转让结果 245.5 万个，降低市场接入成本上亿元；中国石化推出"壹能链"助力化工品交易，通过供应链资产数字化和智能合约，智能对接供应链下的基础资产和融资业务，为下游采购方在预付行为上享受更高效优质的服务奠定了基础。

国外典型案例有美国 LO3 能源公司与绿山电力公司合作的绿色佛蒙特分布式能源管理项目，该项目通过汇聚当地分布式的电力资源，建立交易系统 Pando，促进可再生能源的管理；日本推出电力交易 "ENECTION 2.0"，通过点对点交易，促进可再生能源的就近吸纳，以电力或售电收入为回报开展电源众筹。

● 能源数据共享领域。能源行业主体多元，存在多方身份互信的问题，基于区块链的安全共享、隐私保护等技术，可达到共享数据在存储上不可篡改、在流通路径上可追溯、在数据管理上可审计的目标，实现数据安全共享和价值流转。

国内典型案例有国家能源集团区块链 MRV 应用，将 MRV 煤质检测、碳排放盘查、核查和复查等业务数据上链，解决多主体之间互信和数据确认问题，可减少 MRV 业务的人为错误、提高数据的可信性；国家电网公司区块链能源计量应用，为政府、检定机构、电网公司和供应商提供数据可信存证和业务协同，为 1100 万公众用户提供可信查验服务。

● 绿电认证与溯源领域。基于区块链的多方共识、数字签名等技术，打造包含绿电生产 – 交易 – 输配 – 消费各环节参与的行业性/地域性终端用电联盟，实现绿电生产、交易、消纳全过程信息上链，建立安全共识、互信高效的绿电交易通道与绿电溯源机制，提供基于智能合约的绿电证明。

国内典型案例有国家电网公司绿电消纳与溯源应用，实现绿电溯源、绿电消纳、碳交易等业务的安全可信消纳，截至 2020 年年底已接入 4 家新能源电厂、25 家冬奥场馆用户数据，每月近万条绿电业务数据上链。

（3）应用模式

区块链在能源电力领域的应用主要依托能源区块链平台有效承载存证鉴定类、交易管理类和数据服务类三类业务，基于能源电力交易、能源数据共享、分布式能源管理等方向的具体业务需求和特点，发挥区块链在促进数据共享、优化业务流程、降低运营成本、提升协同效率、建设可信体系等方面的作用，解决能源行业转型中面临的公平公正公开、上下游产业大协同大协作、数据产生确权和交换、安全生产防篡改强监管四大问题，深化区块链技术应用，创新区块链服务模式，形成可复制可推广的区块链专项技术解决方案，进而推动区块链生态圈建设。

（4）应用价值

利用区块链技术实现能源流、数据流和业务流的创新组合，颠覆了传统能源电力价值流通形式，不仅直接影响能源企业的业务形态及管理方式，而且会通过影响能源发展未来趋势，进而影响能源企业的产业地位和发展路线。

● 助力能源新基建建设。区块链能够保障数据的存储、共享与传输等各个环节的可信与不可篡改，并且通过加密技术实现数据的安全保护，推动能源电力企业建立新型基础设施。

● 促进合规监管和信任传递。区块链不可篡改、可追溯的特性为跨行业、跨单位、跨部门间的信息共享提供了信任传递的可靠保障，实现了数据的安全高效可靠流通，进一步简化业务流程，降低企业运营成本，支撑政府高效监管，提升整体营商环境。

● 推动能源业务模式创新。将区块链技术深度融入现有业务体系，可以推动传统能源电力业务创新应用和业务模式变革，如基于区块链的可再生能源消纳实现消纳凭证的核发、交易、可信溯源等，促进了可再生能源消纳发展。

（5）面临的问题

能源电力区块链的发展方兴未艾，正呈现繁荣蓬勃的状态，但是区块链在能源电力领域里的大规模应用仍然存在众多挑战。这些挑战一部分来自于区块链技术，如链上链下数据协同、区块链隐私保护等方面有待加强；另一部分来自于区块链的合规性应用，如能源区块链的合规监管仍需要法律条款的与时俱进。各能源企业应用区块链技术的程度不一，平台发展不完善，技术标准不统一，开发应用仍存在较大难度等问题均制约着区块链在能源电力领域的快速发展和应用推广。

能源技术创新是突破发展瓶颈、释放动能的关键，把握"十四五"规划开启的历史机遇，借助新基建带来的东风，加速区块链技术创新和成果转化，将有望打破能源区块链现阶段面临的困境。

2. 趋势与分析

（1）总体趋势

区块链作为当前最具创新潜力的现代信息技术，具有去中心化、不可篡改、全程留痕、易于追溯、公开透明等特点，能够解决能源电力行业多主体间的信任问题，这与当前清洁能源高速发展下分布式电力交易、清洁源消纳等众多能源电力业务的新场景相契合，在能源电力领域具有广阔的应用前景。

随着以区块链为代表的信息技术在能源电力生产、输送、交易等各个环节的应用，传统能源电力的生产和服务方式将发生重大改变。区块链技术将引发能源电力行业生产关系的深刻变革，未来的能源电力行业将更具开放性与共享性。一是随着能源互联网的快速建设，区块链在分布式能源和资源配置领域将发挥更重要的作用；二是随着区块链技术的不断突破和应用创新发展，区块链在能源电力交易与结算领域的应用将不断深化；三是区块链技术将加速推动能源电力开放共享环境建设，进一步优化营商环境，提升政府、企业公信力。

（2）创新模式

随着能源互联网逐渐成熟，多种能源流、信息流、资金流的融合将使能源企业面临更多风险和管控挑战，区块链与经济社会的深度融合发展可以帮助能源互联网实现转型升级，催生一批新功能、新模式。

● 推进区块链与前沿技术的深度融合。结合能源行业用户量大、交易需求大、业务高并发等特色，加强重点领域技术攻关，积极吸纳大数据、AI、物联网等新一代信息技术，加强新技术融合创新，统一提供底层通用服务，降低区块链开发和使用门槛，保障能源区块链平台的高可用性。

● 探索能源区块链合规监管与协同治理。在全球数字化转型发展和司法体制改革的背景下，研究区块链法律科技服务模式及监管机制，探索数据空间司法治理，构建深度信任机制，设计事前、事中、事后链上内容审慎监管方案，实现全流程、全要素的安全合规监管，对接最高法司法链、北京互联网法院天平链，提升法律服务的有效性及公正性，提升能源电力行业治理能力。

● 探索能源领域数据要素治理与应用推广。研究基于区块链的数据要素治理体系，设计数据确权、数据流通、数据溯源、数据共享、数据交易等关键环节的治理模式及规则，探索建立区块链的数据权益保护机制，适配公司各监管部门的管理需求及数据要素流通需求，充分发挥能源数据要素价值与区块链价值潜力，助推电网业务数字化、智能化建设，更好服务社会、服务大众。

（3）影响因素

能源电力是关系国计民生、社会稳定运行的重要行业，因此该领域下区块链应用的自主可控和合规高速发展显得更为重要。未来，能源区块链建设要继续强化规划引领作用，健全区块链发展保障体系，形成"平台＋应用＋生态"发展模式，聚力建成能源区块链发展新格局。

● 政策规范。国家层面出台了《关于加快推动区块链技术应用和产业发展的指导意见》《最高人民法院关于互联网法院审理案件若干问题的规定》等政策文件，指导能源区块链创新应用与实践。能源电力企业落实国家决策部署，制定以顶层设计–平台建设–应用探索–生态建设为路线的区块链发展规划，通过制定一系列规范、指南和工作方案，指导区块链基础设施建设与应用实践。

● 专业配套。能源电力企业积极发掘在构建新型电力系统、推动能源行业转型发展、融入国家司法治理、维护公司权益等方面的内生需求，组建能源区块链科研团队、实验室等，建立能源区块链创新应用基金，聚焦区块链技术与场景研究、产品开发、服务平台建设运营等，全面展开能源区块链创新应用。

● 自主研发。结合能源行业业务特点和转型需求，重点突破共识机制、加密算法、智能合约、隐私保护等核心技术，探索跨链共治、数字取证、可信鉴定、深伪排查、异构平滑迁移等，研发适应分布式、高并发、大规模、多主体等能源行业特点的区块链组件，实现关键核心技术的自主可控，支撑多样化应用。

● 服务平台。全力推进区块链基础设施建设，建设匹配企业实际需求的能源区块链公共服务平台，统一支撑业务应用产品。在电力交易、绿证溯源、司法鉴定、能源计量等领域开展创新应用，广泛服务能源电力上下游企业，为区块链在能源电力领域的创新应用打下扎实基础。

● 生态体系。依托行业联盟、行业头部骨干企业，开展行业区块链基础设施建设，不断增强行业共性服务能力，避免行业内部重复投资；积极推进与司法机构、高校、科研机构的合作，探索跨链共享与协同共治，不断加强生态体系建设，以"链数据"方式赋能能源行业数字化转型。

供稿：　国家电网　　孙正运、蒋炜

4.2.2.3　跨境支付

1. 背景及现状

随着跨境贸易的快速发展，跨境支付正在扮演越来越重要的角色，而传统跨境支付存在的诸多问题，使得对跨境支付传统业务模式变革的诉求日益增多，区块链技术在跨境支付中的应用正在重构整个跨境支付体系。

（1）场景痛点

当前传统跨境支付业务面临诸多问题，亟需新的解决方案和创新应用。一是汇款速度慢，一笔跨境支付业务需要通过多个金融机构（开户行、央行、境外银行、代理行、清算行等）的系统才能完成清算与记账，整个汇款流程一般需要2-3天才能完成。二是汇款费用高，客户需支付高额的手续费、电报费、中转费用、现钞兑换费等。三是透明度低，跨境汇款往往涉及多个国家或地区，支付报文以串行方式在银行间逐层传递，可追溯性差，导致信息沟通反馈不畅，信息透明度低。四是隐私性差,客户的账户及交易等私人信息完全暴露给汇款路径上所有的参与机构,隐私无法得到保护。五是资金占用率高,为满足日常清算需要,银行需要在结算账户中备付一定资金量,导致大量资金占用。

(2)应用方向

近些年来,科技和金融巨头都在加速布局区块链技术在跨境支付与结算领域的应用。自2015年以来,全球主流金融机构纷纷开始布局区块链,以高盛、摩根大通、瑞银集团为代表的银行业巨头分别成立各自的区块链实验室,发布区块链研究报告或申请区块链专利,并参与投资区块链初创公司。2019年2月,摩根大通公司推出了JPMcoin,可以将摩根大通的企业客户间跨境支付的清结算时间由1天缩短至实时。2019年6月,Facebook联合二十余家机构共同宣布计划推出Libra,目标是通过无国界的数字货币建立一套为数十亿人服务的金融服务生态系统。中国银行、招商银行、蚂蚁金服等国内金融机构和互联网巨头也在支付领域推进区块链应用创新,将区块链作为信息交换的载体,推动机构间的串行处理并行化,提高信息传递及处理效率,提升跨境汇款的实效性。此外,欧洲和日本央行、新加坡金管局、加拿大央行等境外金融监管机构也在探索中央银行之间清结算领域的区块链技术应用。

目前已经落地的一些代表性的区块链+跨境支付业务案例如表4.2-1所示。

表4.2-1 区块链+跨境支付业务案例

案例名称	所属机构	业务类型
平安银行IFAB区块链智慧贸易融资网络	平安银行	贸易融资
中国银行债券发行系统	中国银行	贸易融资
微众银行金融机构间对账平台	微众银行	支付清算
中国银联区块链跨境汇款服务平台	中国银联	支付清算
招商银行信用卡中心ABS项目管理平台	招商银行	数字资产

(3)应用模式

总体而言,在跨境支付业务方面,区块链首先能够促进创新业务模式,基于分布式架构、智能合约的区块链技术将重构传统金融业务模式,重塑技术架构基础设施,有效提升跨境支付效率,助力跨境支付业务数字化发展。区块链技术还可以帮助拓展跨境支付业务生态,激发业务效能,形成多方加入、合作共赢场景生态圈,构建新型信任体系。采用区块链技术构建可验证、可追溯、可信任的分布式系统,将帮助解决跨境支付过程中的交易真实性问题,加快资金流动,有助于进一步深化金融供给侧改革，推动金融业更好服务于实体经济。

（4）应用价值

区块链技术通过共识算法保证了短时间内全网数据一致性，对于跨境支付业务来说，可以认为是一个实时对账的系统，不仅免除了机构间结算的时间成本，还可缩短交易确认周期。从到账时间来看，区块链基本上可以实现秒到账。

传统跨境支付业务模式主要开销由两部分组成，一是中介机构逐笔收取清算、结算、通信费用，二是机构人工成本。由于区块链支付、结算过程中无须中介机构参与，所以可以节省很多中介机构费用。区块链自身通过时间戳、分布式账本、全网共识等技术，确保记账不可篡改，所有交易可追溯，降低了信任维护成本。根据麦肯锡预估，在企业客户间的跨境支付与结算业务中应用区块链技术，可使每笔汇款成本从约 26 美元降低到 15 美元，降低的 11 美元成本中，约有 8 美元为中转银行的支付网络维护费用，3 美元为合格、差错调查费用以及外汇汇兑成本。

在传统清算体系中，各家银行均需准备一定数额的资金留存在清算中心，如果该资金在清算过程中余额不足则会影响整体跨境业务，由于跨境业务处理周期长导致资金流转速度慢，降低了资金使用效率，而区块链上的交易的处理几乎能够实时完成，大幅降低了资金在途等待时间，有助于提高资金流动性。若银行可利用某种交易双方认可的数字货币完成跨境汇款，银行甚至不需额外储备其他法币，从而减少了对其他货币的占用。

（5）面临的问题

区块链技术在解决跨境支付应用场景时也存在难点。一是区块链技术的"信息共享"机制使得链上主体均能收到该链条中其他用户的即时信息，客户的隐私保护较为关键。虽然基于"通证"的记录方式可将重要信息进行隐私保护，但该项技术仍处于探索阶段。二是数字货币和实际货币的转换仍无法达到"无摩擦"状态，存在时间和资金成本。对业务量巨大、瞬时性要求高的业务而言，短时间内的大规模应用仍需要探索。三是各国金融监管政策存在差异性，基于区块链技术的跨境支付应用在短时间内难以实现全球范围的推广。

2. 趋势与分析

（1）总体趋势

国际结算和支付是国际贸易双方非常关注的核心环节，也是关键风险点。区块链跨境支付应用模式利用区块链网络，将传统金融机构、外汇做市商、流动性提供商等加入支付网络，构建支付网关，将区块链上数字资产的流动与现实法定货币相连接，实现法定货币与链上资产的转换，解决传统模式存在的信息共享不畅、跨地区多主体协同困难、支付交易费用高、交易不安全等问题，助力国际贸易领域的数字化转型，提升行业运行效率，为客户提供更优质便捷的服务。

（2）创新模式

在跨境支付清结算方面，未来将会有更多的金融机构加入到区块链联盟中来，这将为资金结算业务带来较大的变革，既能够使客户的体验增加，也能够让支付安全得到保障，对跨境支付业务会有更大的支持。

在跨境支付监管方面，未来可以考虑由监管机构建设跨境支付基础设施，并负责系统的运维工作，采用联盟链方式将监管机构、商业银行、清算机构等连接在一起，每个机构拥有自己的节点。经审核的金融机构加入节点后，可对外提供跨境支付服务，还可通过智能合约服务留存贸易信息，清算中心提供资金清算服务，监管机构对资金流向、票据、单证等信息进行全程监管。

此外，可以通过跨链技术实现与其他区块链平台的连接，打通跨境支付区块链平台、数字人民币平台、人民银行贸易金融区块链平台、外汇局跨境区块链平台，提升跨境金融服务水平。

（3）影响因素

随着中国跨境出口电商规模、出国留学生规模、中国境外游客规模的快速增长，近年来，中国的人民币跨境支付体量快速增长，监管层也逐渐放开了行业的市场准入，多城市试点方案已经落地实施。但因为跨境支付在区块链领域没有先例，各国央行、监管机构、立法部门和金融机构等相关市场参与者尚未形成适当有效的法律框架及监管政策，各机构团体在试点创新型业务模式时存在一定的合规风险。

数字货币的法律问题。各国对于数字货币的认可度各有不同。我国对于主权数字货币(DC/EP)，持积极推动的态度；对于超主权数字货币，尤其是比特币，我国持限制性发展的态度，但二者均存在一定的监管要求。在美国，尚未形成统一的监管机构和规则，关注重点主要集中在反洗钱和制裁合规、金融机构和市场监管等方面。

智能合约的法律性问题。智能合约通过在区块链上构建应用而广泛存在于各个业务领域。但是，智能合约不具备传统合同法下完整合同的定义，倾向于被认为是一份合同或协议中负责履行或执行的程序。因此，一旦出现争议，还是要回到传统的合同法领域，按照合同法的规定对合同的效力、履行、解释、争议解决等问题进行处理。

总之，在推动应用场景创新、提升行业运行效率的同时，各团体需注意政策及法律合规风险，在满足反洗钱监管核心要求的同时，规范自身商业行为，深化与区块链技术企业、金融市场参与者、监管部门的合作，使区块链跨境支付场景向更加成熟和稳健的产业化方向发展，为国际贸易领域的数字化转型提供核心支持。

供稿：　中国工商银行　　陈满才、鲁金彪

4.2.2.4　供应链金融

1. 背景及现状

供应链金融是指将供应链上的核心企业以及与其相关的上下游企业看作一个整体，以核心企业为依托，以真实贸易为前提，运用自偿性贸易融资的方式，对供应链上下游企业提供综合性金融产品和服务，可覆盖供应链中采购、生产、库存到销售各阶段的融资需求。供应链金融业务模式如图 4.2-4 所示。

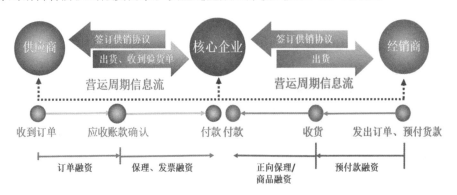

图 4.2-4　供应链金融业务模式

近年来，供应链金融虽然受到国家及地方多项政策扶持，更多社会力量也加入供应链金融领域，然而供应链金融业务在发展中仍暴露出诸多风险问题，包括贸易失真、买方缓付、商业纠纷、无抵押、不按时按量发货等。由于中小企业底层资产的真实性难以有效核实，交易的复杂性与多方参与的特点加大了信用传导难度，以传统企业为核心的生产线涉及的各类业务模式，均存在不同层面的信用阻塞，由此引发不同生产环节的问题，如表 4.2-2 所示。

表 4.2-2　供应链金融业务融资基础、模式价值及主要风险

供应链环节	融资方向	融资基础	模式价值	主要风险
采购	预付款融资	预付款项下客户对供应商的提货权	缓解一次性交纳大额订货资金带来的资金压力	信用传导受阻，加大延迟发货及融资方失去提货权风险
生产	存货融资	对资产（货物）的控制	缓解在途物资及库存产品占用的资金	信息割裂易产生运输风险、销售不佳无法变现、融资方失去货物所有权
库存	应收账款融资	真实合同下的应收账款作为还款来源	缓解下游企业赊销账期较长或资金较大带来的资金紧张	贸易真实性难以证实，易出现贸易失真、买方缓付、商业纠纷
销售	预付款融资	基于供应链企业间的战略伙伴及长期合作产生的信任进行融资	满足无抵押物企业的融资需求	商品流转信息追踪进展将影响关系治理、物抵押场景及契约效力

（1）场景痛点

供应链金融因其业务参与方多、业务流程复杂等特点，被认为是最适合采用区块链技术的典型应用场景，同时也是金融机构最先探索落地的场景之一。目前供应链金融业务主要存在信息不透明、授信对象局限、违约风险高、监管难度大、融资难、融资贵等痛点。区块链技术具有多方数据共享、防篡改、可追溯的能力，基于区块链技术搭建的供应链金融联盟，可以将核心企业、金融机构、保理机构、物流企业、保险机构以及其他服务性企业纳入联盟生态，逐步实现数据上链、资产上链，通过链上交易信息的真实性验证，解决各方互信问题，推动数字化资产交易和融资需求匹配等业务，优化供应链资金配置。

（2）应用方向

根据供应链产业链从采购、生产、库存到销售各个环节的融资需求，区块链技术在供应链金融的主要应用方向可以分为预付款融资、存货融资和应收账款融资三种。

●应收账款融资。应收账款融资主要适用于核心企业话语权强，上游供应商持有应收账款，并且有融资需求的业务，主要分为应收账款质押和应收账款保理两类。区块链技术在供应链金融的落地应用以应收账款融资方向为主，国内典型的案例有工商银行工银e信、农业银行在线应收账款管理服务平台、蚂蚁金服双链通供应链金融服务平台、浙商银行应收款链平台等，国外典型的案例有Findora供应链金融系统服务平台等。

● 存货融资。存货融资是以货物资产控制为基础的商业贷款，可缓解企业在途物资及库存产品占用的资金。业界代表案例有腾讯易动产质押融资平台、中化能源科技区块链数字仓单平台、苏宁银行区块链物联网动产质押融资平台等。

● 预付款融资。预付款融资是在核心企业承诺回购的前提下，下游中小企业以金融机构指定仓库的既定仓单向金融机构申请质押贷款，并由金融机构控制其提货权为条件的融资业务。业界代表案例有隆平数科隆平链、贵阳银行爽融链等。

（3）应用模式

供应链金融领域的区块链应用模式整体上可划分为构建垂直链和水平链两种模式。垂直链以满足核心企业和核心企业相关联的上下游供应商、经销商全产业链的供应链融资需求，主要针对应收账款、预付款融资业务。水平链以核心交易平台来撮合相关的买卖双方，满足买卖双方基于存货的融资需求，主要针对存货融资业务。

（4）应用价值

区块链技术在供应链金融场景具有天然的应用优势，相关技术特性和商业模式能够化解现有供应链金融中存在的问题，其在供应链金融的应用价值主要包括：

● 打通信用传导渠道。借助于数字信用凭证的供应链交易债权可拆分性保证了核心企业的信用可从一级企业拓展到二级以上企业。

● 加强贸易信息保真。数据不可篡改保证了对交易的可追溯，将解决供应链金融目前的信息更新不及时、"一贷多押"和"一押多贷"等信用风险、实时监控及信息不对称方面的问题。

● 加强参与主体协同。数据在各企业间分布式储存，实现去中心化，弱化对核心企业信用的担保，可缓解金融风险在核心企业过度集中的问题；智能合约将加强链上企业在无监管下的交易安全性，减小交易主体不按合同执行等信用风险。

（5）面临的问题

供应链金融业务的迅猛发展催生了业务不断落地的诉求，业界的应用落地往往是定制化模式，针对需求一事一议，项目的实施成本较高，如何提升技术资产的使用效率，形成可复用的服务能力，是值得前瞻性思考的问题。此外，供应链金融应用的广泛推广离不开多中心联合运营，应用落地涉及区块链的研发、推广等工作，需要建立完整有效、可持续发展的运营机制。

2. 趋势与分析

（1）总体趋势

当前，区块链技术和供应链的结合，为链上的中小微企业融资需求提供了有效的解决方案。随着区块链在金融领域多方合作的场景中发挥作用，促进跨机构信息共享、信用传递、自动化协作，金融机构的跨机构服务响应能力和金融风险防范化解能力将得到提升，供应链金融服务范围也将进一步扩大。

未来，"区块链+产业链+供应链"融资模式将融资与融智相结合，以供应链金融产品为抓手，将深度布局多元化供应链金融市场，以产融创新、服务创新的合作方式，实现线上供应链融资服务金融业态的再创新和再推广，促进产业链拓展升级。区块链的分布式结构提高了上下游沟通机制的时效性和准确性，供应链上的每一家企业都将信息共享到区块链上，经销商与生产商可以通过区块链上的共享信息实时获取产品动态，避免了传统信息传递过程中由于逐级传递而带来的信息偏差和成本开销。区块链应用将不仅局限于某一特定业务模式或融资场景，而是真正实现全生产链条与全产品模式的覆盖。

（2）创新模式

区块链技术在供应链金融的应用涉及金融机构、核心企业、供应商、经销商、物流、仓储、保险等众多参与方，平台建设可以以核心企业、上下游企业和单家金融机构参与为起点（1+N模式），逐步拓展贸易背景可信主体的联盟参与方，与其他物流、仓储企业进行对接，与工商、税务等其他政府信息系统对接，共同验证供应链条上的贸易背景信息，降低贸易融资下的风险成本，形成1+N+N模式，再进一步促进产融结合，在融合多方产业基础上，引入更多的金融机构参与，形成N+N+N模式，打造产融结合的良好应用生态。

（3）影响因素

区块链技术在供应链金融的应用尚不具备完善的生态体系，未来除了要建立合理的激励机制来吸引参与方之外，还需要开展全方位的布局，包括技术研究、商业模式探索、落地场景、标准化制定、配套设施、金融监管政策与法律法规等。

● 政策因素。总体来说，我国供应链金融政策环境较好，国家将促进供应链金融发展作为推动实体经济发展的有效途径，出台了多项扶持政策，例如2019年中国银保监会发布的《中国银保监会办公厅关于推动供应链金融服务实体经济的指导意见》、2020年八部委联合发布的《关于规范发展供应链金融支持供应链产业链稳定循环和优化升级的意见》等。政策利好为供应链金融行业的稳定发展奠定了基础环境，也为区块链在供应链金融的应用创新注入了强心剂。

● 产业因素。一方面金融机构对供应链金融的投入增加，越来越多金融机构通过供应链金融来为中小企业融资，另一方面中小企业对供应链金融的需求增大，不断在寻找更便捷、更高效、更低成本的融资方式，供应链金融就是其中的一种。

据数据显示，2020 年中国供应链金融市场规模达 20 万亿左右，未来还将进一步扩大，广阔的市场前景为区块链技术在供应链金融领域的创新应用起到了极大的推动作用。

● 人才因素。"区块链+供应链金融"的复合型人才稀缺是制约区块链技术在供应链金融大规模应用与推广的重要因素。

● 技术因素。供应链金融业务参与方多、业务流程长，对区块链技术提出了更高的要求，如何保护供应链条上企业的隐私数据、如何提高清算时的高并发处理能力、如何实现多机构节点大规模部署和跨链互联，需要加快推进共识算法、跨链技术、隐私保护等区块链核心技术的研究创新。

供稿： 中国工商银行　　陈满才、鲁金彪

4.2.2.5　数字贸易

1. 背景及现状

贸易主要由"国内贸易"与"国际贸易"两大部分组成，形式上分为"货物贸易"与"服务贸易"两大类别。主要由"生产制造产业链、仓储物流供应链、交易融资支付贸易链"三大链条组成，业务环节主要由"贸易、金融、物流、监管"四大业务域（环节）构成全业务链条、全角色、全流程，如图 4.2-5 所示。

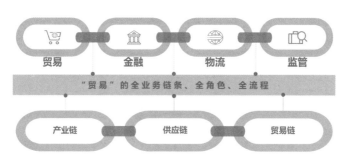

图 4.2-5

国际贸易，又称"跨境贸易"，是外贸经济的表现形式，是人类社会经济活动的重要构成，受制度、成本、技术等驱动，具有较高的开放性、竞争性。全球国际贸易规模已占全球 GDP 约 30%。中国作为全球第一大贸易国，跨境贸易总额已超过 30 万亿人民币，占我国 GDP 总量近三分之一，且近几年来持续快速增长。

贸易的整个业务生态具有业务链条长、参与角色多、跨时区、跨国、跨主体、跨监管，以及业务规则复杂度、专业度高等特征。随着贸易链条中各角色的信息化程度越来越高，在演变过程中"数字贸易"逐步成为贸易的重要形态。"数字贸易"属于"数字经济"的重要范畴。主要是指：一是以"数据"形式作为商品或服务的贸易形态，属于"服务贸易"范畴；二是以数字化、网络化、智能化为生产要素、沟通载体、效率提升，对贸易的产业链、供应链、贸易链进行全方位、全角度、全链条的改造与优化，创造贸易新生态、新体系、新模式，服务于货物、贸易或服务贸易全领域。

因此，从经济体量、场景特征、业务复杂度、各方需求与痛点等综合的角度，区块链在数字贸易领域具有极高的应用价值，有望重构世界贸易关系[1]，值得长期深耕研究与实践的宏大场景。

（1）场景痛点

贸易整体业务链条与业务环境中，长期存在"信任机制缺失，信息孤岛严重"的现象，由此导致整个业务生态存在"信任成本高、沟通成本高、合规成本高"等痛点，如图 4.2-6 所示。

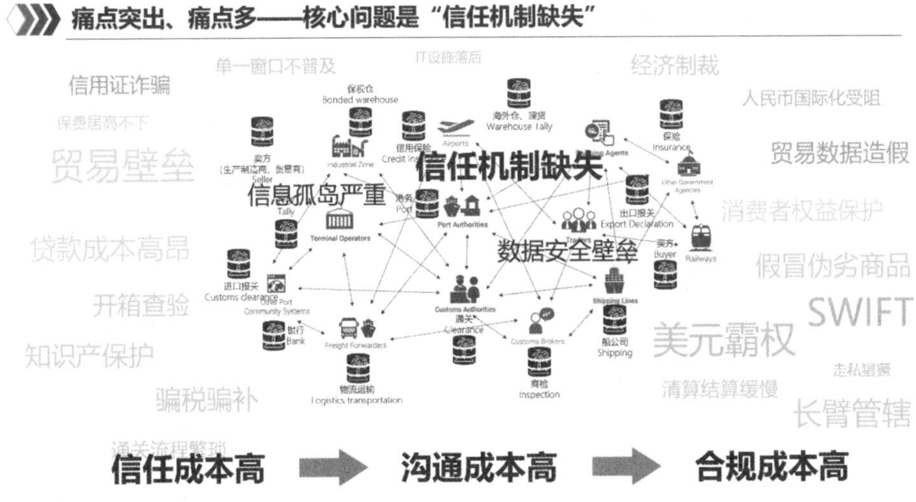

图 4.2-6

中小型外贸企业长期面临资金链、供应链的多重压力，政策环境相对境内也具有更大的不确定性。金融机构一直面临如何将"风控臂长"延伸至跨境贸易供应链等全链条之中。跨境物流服务企业，长期面临降低获客成本、获得优质客户、提高物流服务效率、提高利润空间以及通关便利化等需求。尤其是新冠肺炎疫情的暴发，为保证安全性，监管部门对集装箱、货物需要进行防疫消杀，由此也带来了监管方、贸易商、物流企业的综合成本增大和物流效率下降的问题。跨境贸易本质上是商品货物服务跨"关境"，资金跨"汇境"，除受到国际政治关系影响外，信任关系难以建立也是阻碍贸易恢复发展的主要症结，严重制约了跨境贸易自由化、便利化、公平化、诚信化发展，受成本约束，口岸监管部门需要从"口岸结果型监管模式"向"业务过程监管模式"转型，政府需要营造高水平高质量发展的营商环境。

利用区块链模式与技术的应用特征，建立新型"信任关系"成为破局的关键一招。

（2）应用方向

截至目前，在全球范围内仅中国已实现将区块链应用于"贸易、金融、物流、监管"的"全业务链条"之中。2018 年–2019 年，在海关总署的组织与指导下，在天津口岸进行区块链应用验证试点，以联盟链方式搭建出"TBC 区块链跨境贸易直通车"，并联合成立了"联盟治理"机构。经验证试点与推广，证明区块链可主要应用于一般贸易、大宗商品、跨境电商、加工贸易与服务贸易等业务方向与领域之中。

目前已实现的应用方向与具体业务细分场景有：

① 一般贸易（天津口岸：平行车进口、AOG 航材进口、空运普货）；

② 跨境电商（威海口岸：区块链跨境电商海运 B 类快件国际寄递业务；天津口岸：空运 B 类快件）；

③ 加工贸易（南京关区：加工贸易区块链联网账册数字监管）；

④ 国家间合作：中国–新加坡国际贸易单一窗口"联盟链"（中国与首个国家实现单一窗口互联互通）。

按照国务院、商务部、海关总署的指导要求，区块链技术可应用于以下场景并开展应用创新：搭建贸易金融区块链服务平台、实现进出境实货贸易监管、建立国际贸易单一窗口、增强海关信息化支撑能力、强化口岸监管能力提升营商环境、在贸易细分领域探索贸易新业态等。

2021 年 2 月，习近平主席在主持中东欧国家领导人峰会上提出国家间"智慧海关、智能边境、智享联通"重大合作倡议[①]，区块链是实现"智享联通"的最佳工具，对推进"三智"建设具有重大应用价值与现实意义。

---

① 习近平在中国–中东欧国家领导人峰会上的主旨讲话[EB/OL].(2021-2-9)[2022-11-12].http://www.gov.cn/xinwen/2021-02/09/content_5586359.htm.

（3）应用模式

国家"十四五"规划提出"以联盟链为重点发展区块链服务平台"。技术
应用模式方面，"联盟链"是推进数字贸易过程中主要的区块链应用模式，如图
4.2-7 所示。

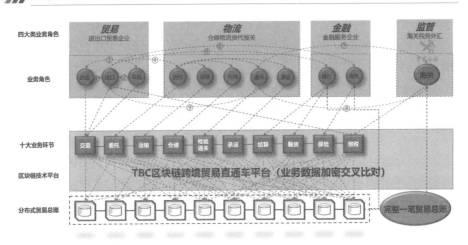

图 4.2-7

业务应用主要分为两种模式：一是涉及生产制造端的"产业链＋供应链＋贸易
链"应用模式，例如加工贸易＋区块链的产业数字化应用；二是不涉及生产制造的
"供应链＋贸易链"应用模式，例如从海外仓＋FOB（离岸）开始上链，或从CIF
（到岸）开始上链＋区块链的"供应链＋贸易链"应用模式。

两种应用模式都以区块链技术为底层支撑，以网络化为载体，以业务共识
"适格"机制为原则，通过"业务联盟生态"建设方法，利用数据库对接方式，
将"贸易方、金融方、物流方、监管方"全链条业务闭环生态"组群"形成"朋
友圈"，实现全业务流程的关键要素数据上链，采用字段级、定向授权、加解密
的技术，打消各方对数据安全的顾虑，形成企业"自主验核＋多级交叉验证"的
"自证＋他证＋可交叉验证"的信用穿透与信用传递可信机制，充分发挥了区块链
的"信息共享、安全可溯、不可篡改、去中心化、点对点授权、共识机制"等技
术组合优势，成功打破信息孤岛，实现贸易全过程贯穿式实时可视化，建立起贸
易数字化业务生态之间的可信"信任模型"，"链"出效率和信用。

（4）应用价值

● 对监管部门（海外、外汇）的应用价值。区块链数字贸易服务平台，能够推动"结果数据"监管转变为"高水平过程监管"，帮助海关、外汇等监管部门将监管视角贯穿至贸易全过程之中，可精准识别风险，实现"源头可溯、去向可寻、风险可控、责任可纠"，从而为通关一体化、通关便利化、外汇结付汇提供精准可信的监管与服务依据。该监管模式既可减少人工投入，又能实现"控风险、控成本"两控目标。将区块链数字贸易服务平台应用于"三智"国际合作中，可实现"监管互认、执法互助、数据互享"。

● 对金融机构（供应链金融）的应用价值。各业务生态上链后，通过区块链数字贸易服务平台，可将金融机构的"风控臂长"延伸至全业务链条之中，为金融机构创新更多的赋能型金融产品真正打开了空间，从而为贸易企业提供更多更优质的金融服务，解决长期困扰中小企业的融资难、融资贵、融资慢、融资门槛高等难题。供应链金融、未来货权金融[4]、关税保险、企业信用数字资产等产品在区块链的加持下，可充分促进金融机构的资金流动性，释放科技金融、普惠金融的红利于贸易企业。

● 对仓储物流等供应链服务企业的应用价值。区块链数字贸易服务平台可实现物流企业"提升效率"和"提升效益"的"两提"目标。通过绿色通关便利化服务，提升物流企业的服务品质，建立起高质量诚信客户的获客渠道，有效增强客户黏度。同时平台可协助金融机构进行"确权确责"的控货服务，为物流企业带来供应链风控服务的收益新增长点。

● 对贸易企业或平台的应用价值。区块链数字贸易服务平台能够促进企业信用传递与数字信用资产的积累，解决长期困扰贸易企业尤其是中小型贸易企业"融资难、融资贵、融资慢、融资门槛高"的难题。同时贸易企业还可在区块链数字贸易服务平台上享受到金融机构提供的便捷金融一站式服务，海关提供的绿色通关服务，物流方提供的运踪状态可实时寻迹服务以及快速结付汇、快速补贴退税等服务，实现降本增效。

● 对政府优化营商环境的应用价值。区块链数字贸易服务平台成为地方政府"自由化、公平化、诚信化、阳光化"数字贸易的基础设施，帮助政府相关部门获得可信精准的外贸业务"过程数据"，通过与海关外贸统计数据交叉比对，形成政府侧精准贸易统计数据，从而规避低报瞒报走私、骗补骗税骗汇、刷单洗单贸易数据灌水等违法违规现象。此外还可在"筑巢引凤"招商引资、发展引进"产业带"等方面发挥出积极作用，助力地方口岸营造高水平高质量营商环境。

2. 趋势与分析

（1）总体趋势

需求、痛点决定趋势。目前整个贸易业务生态显示出对跨主体之间数据共享和互利互惠的强烈需求，而对于监管部门来说，打造便捷高效、公平竞争、稳定透明的营商环境能够为发展经济提供有益助力。然而中小企业贷款融资难、金融机构风控难、海关外汇监管难等问题仍是制约经济高质量发展的绊脚石。

因此，在实体经济领域区块链技术与贸易的深度融合，能够实现数据共享、优化业务流程、降低运营成本、提升协同效率、建设可信体系，打造数字贸易新生态、新模式，创造数字经济与实体经济相融合的"新引擎"，是大势所趋。

（2）创新模式

区块链本质是多种成熟通用类技术的巧妙组合，应用于业务场景与实体经济之中，产生出业务整合、生态整合、建立信任关系的"模式创新"。经过我国的实践，区块链技术应用于数字贸易场景，主要有如下创新模式和方法论："1+3N"业务生态整合创新模式，即"1（监管）+N（物流）+N（金融）+N（贸易）"；数字贸易"十大业务模型"，即交易、融资、保险、委托、运输、仓储、承运、通关、结算、缴税；数字贸易"联盟链"设立实体联盟机构的"联盟治理"创新模式；数字贸易"八步"体系工程建设法创新，即"场景实地调研+咨询规划+业务梳理+可行性论证+联盟建设+系统开发+服务运营+生态建设"。

（3）影响因素

● 政策因素。总体来说，我国贸易领域区块链应用的政策环境十分良好。国务院出台的《关于加快发展外贸新业态新模式的意见》及海关总署与商务部"十四五"规划中，均明确了区块链与数字贸易的具体应用结合方向。

● 产业因素。越来越多的金融机构已经开始探索、研究、应用区块链技术，赋能中小企业融资，如通过区块链数字仓单实现"一单制"获得金融机构信任。数字贸易监管方面，海关总署早在 2018 年开始研究并牵头联合创新"数字监管"。数字贸易领域的区块链。技术应用具有广阔的发展空间。

● 人才因素。区块链在贸易领域的大规模应用与推广，受到复合型人才和综合能力型人才稀缺的制约。复合型人才需要掌握贸易、金融、物流、监管、科技等交叉领域的知识和技能，而综合能力型人才则不仅需要在顶层设计、场景应用孵化等方面有所涉猎，还需要具备资源整合能力、产品标准化能力、生态建设推广能力、政策推动能力，对人才的综合能力要求较高。

● 技术因素。区块链在数字贸易领域的应用，主要以业务共识"联盟链"方式落地，不存在挖矿、代币激励机制对TPS高性能要求，数据均以结构化字段方式上链，技术上需要重点研究的方向是强化数据安全，打消企业和政府因数据安全的防范意识造成顾虑，消除数据壁垒。

供稿： 全国海关信息中心 王翔

4.2.2.6 物流征信

1. 背景及现状

物流行业上下游包括大量一线服务人员，例如承运司机、大件安装工程师、安维工程师等。这些服务人员都要经过严格的培训考核，合格后才能上岗。然而行业内并没有一套广泛适用且统一的评级标准。通常情况下，物流从业人员的评级规则和结果仅在企业内部使用，往往会存在对人员服务能力评价背书内容不全、信用主体使用范围受限、雇佣关系不稳定导致已有信用主体及征信数据不准确等问题。例如一线的安装工程师在提供家电、家居等商品的上门安装、维修、清洗保养等服务时，由于服务种类多且繁杂，对于提供服务的工程师，缺少行业认可的信用评级及背书，而工程师的服务质量、服务态度对提升用户的体验却至关重要。在这种情况下，建立一套统一的征信评级体系，对提升用户体验，建立物流服务商品牌，促进物流从业人员个人职业发展，推动整个物流服务行业的规范发展都大有益处。

（1）场景痛点

目前市场上各个安装服务商和物流服务商掌握了大量物流从业人员的征信数据，但由于担心个人隐私和企业的商业敏感信息外泄，服务商数据共享的意愿较低。

（2）应用方向

区块链具有去中心化、去信任、时间戳、非对称加密和智能合约等特征，在技术层面保证了可以在有效保护数据隐私的基础上实现有限度、可管控的信用数据共享和验证。区块链技术能够促进物流行业内的企业共同参与建立征信评级标准和跨企业的对等信用流转平台，通过智能合约编写评级算法，并发布到联盟链中，利用账本上真实的交易数据透明公平地计算评级结果，智能合约可以使系统在无须人为干预的情况下自动执行评级程序。采用基于联盟节点之间协调一致的规范和协议，使整个系统中的所有节点都能在信任的环境中自由安全地交换数据。

（3）应用模式

区块链提供了一个可共享但不可篡改的分布式数据库，将所有参与方链接在一个网络结构下，能很好地应用于多方参与的物流服务模式中。典型的应用模式如物流征信，即基于区块链技术搭建去中心化的可信服务体系，建立诚信阳光的物流供应链协同环境，从而解决物流征信领域的两个主要问题：一是保证可管控的信用数据共享，二是保证透明公平的物流征信评级。

● 去中心化。在物流征信管理工作中，通过去中心化的分布式结构，参与各方能够实现点对点的数据通信，从而保证信息的及时传递和共享。通过将信息及时上链，即可实现信息在各参与节点间的共享流转，不需层层上报，提高执行效率。

● 数据隐私保护。征信数据上链时，只从中心数据库中提取少量摘要信息，主要包括从业人员编号、总体评级、评价等，这些信息通过区块链广播，保存在区块链中。而对于详细的服务记录和联系方式等信息，只将内容Hash值提取上链，具体内容不上链。服务商则无须担心自己的核心数据资产泄露，物流从业人员也不用担心自己的个人隐私信息被共享的区块链账本泄露，同时利用区块链的不可篡改性，还可以帮助各个服务商完成上链数据的确权。

● 智能合约。在无法更改数据的基础上，预先将信用评级规则条款以智能合约代码形式写在区块链上，并在预先设定的条件得到满足后立即自动执行协议条款，从而简化流程，提高执行的效率。即使没有中心机构的监督，合约也能准确有序地执行。利用区块链中真实信用数据计算评级结果，并依据物流企业当前信用行为实时调整信用评级，克服传统征信系统中由于信息突变造成评级结果失真的问题。

（4）应用价值

区块链的应用对促进物流征信起到很大帮助，具体表现在如下几个方面：

第一，数据真实性极大改善。区块链只能保证数据不被篡改，如果上链的数据因为利益问题被人为操纵作假了，将破坏所有参与方对联盟链的信任。如何从源头保证数据的真实性，对整个联盟链生态的建立至关重要。首先，在邀请行业内的物流服务商和大件安装维护服务商加盟时，需签署联盟加盟协议，保证在收到其他服务商有授权有付费的查询请求后，保证提供真实和客观的数据。并且区块链还将永久记录所有数据交易的评价信息，促进联盟生态的良性发展。

第二，数据隐私保护明显加强。征信数据上链时，只从中心数据库中提取少量摘要信息，主要包括工程师编号、总体评级、评价等，这样各个服务商不用担心自己的核心数据资产泄露，各个服务工程师也不用担心自己的个人隐私信息被共享的区块链账本泄露。

第三，数据私密共享更加便利。数据提供方在把明文的详细服务记录发送给需求方时，需要用数据需求方的公钥加密，这一步可以认为是数据提供方的一个授权。数据需求方在收到密文后用自己的私钥解密数据得到详细信息的明文，这样就保证了数据只在提供方和需求方之间私密的共享，其他联盟链的参与方是无法查看敏感信息的。

（5）面临的问题

虽然区块链项目已经取得了一定的进展，但是将区块链大规模应用于物流征信依然面临一些问题，这些问题主要体现在外部的法律政策层面、内部的技术支持层面、区块链自身的局限性三个方面。

2. 趋势与分析

（1）总体趋势

我国的物流征信体系还存在较大不足，而区块链技术作为一种基于分布式账本管理和去中心化实现数据可信的技术，天然契合物流征信管理数据隐私保护及公平评级的要求。通过区块链网络收集物流征信各环节可信数据，并通过区块链网络的多方交叉验证，确保数据的真实性。再通过行业标准评级算法，利用智能合约自动计算企业/个人的征信评级，并将评级结果写入区块链，在有效保护数据隐私的基础上实现有限度、可管控的信用数据共享和验证，为行业提供高信任的物流征信服务。

（2）创新模式

区块链作为一项新兴技术，若能与物流、大数据、物联网等结合，在物流征信领域将拥有很大的发展潜力，但如何推进其技术融合和落地应用还需进一步研究。

（3）影响因素

社会化物流行业存在的信息不对称、信息兼容差、数据流转不畅通等问题，导致社会化物流中的生产关系的信任成本越来越高，主要体现在以下四个方面：

第一，企业交互成本过高。整个供应链的信息流存在诸多信用交接环节，但中心化的企业物流系统制约了物流供应链上下游企业之间的数据共享与流转，企业之间不得不通过接口对接，而系统对接工作十分繁重。此外，即使通过现有技术实现数据互通，也无法保证数据的真实性和可靠性。

第二，商品的真实性无法完全保障。商品溯源尤其是食品药品溯源中的难题尚未得到充分解决，无法保证商品供应链中的某一方能够提供绝对真实可靠的商品信息。

第三，物流征信评级无标准。物流生态中存在大量的信用主体，包括个人、企业、物流设备，而如何安全、有效地在这三者之间构建高信任的生产关系是目前诸多物流核心企业所面临的痛点。如何确保一线物流从业者为消费者带来高质量的服务，如何确保企业能够承担应有的社会责任，如何确保智能设备能够不被外来入侵者攻击，都面临不小的挑战。

第四，小微企业融资难。物流供应链中的中小微企业除了规模有限之外，企业的信用等级评级也普遍较低，很难令投资者或者银行为其提供贷款和融资服务。

供稿：　国家电网　　孙正运、蒋炜

4.2.2.7　数字农业

1. 背景及现状

数字农业是将信息作为农业生产要素，用现代信息技术对农业对象、环境和全过程进行可视化表达、数字化设计、信息化管理的现代农业。数字农业使信息技术与农业各个环节实现有效融合，对改造传统农业、转变农业生产方式具有重要意义。

在数字农业中，物联网、云计算、大数据、人工智能、5G等互联网和通信技术与全球定位系统、自动化技术等高新技术的融合应用，可实现合理利用农业资源、降低生产成本、改善生态环境、提高农作物产品质量、优化资源配置等目的，对改造传统农业、转变农业生产方式具有重要意义。

近年来，我国持续推进数字农业发展，在农业大数据、农业数字信息标准体系、农业信息采集技术、农业问题远程诊断、数字化农业宏观监测系统等方面取得了重要的阶段性成果，初步形成了我国数字农业技术框架和数字农业技术体系、应用体系和运行管理体系。

但总体来看，我国数字农业仍然处于早期发展阶段，数据价值转化率低、数字经济水平不高、数据产品化能力不足等问题依然突出。根据中国信息通信研究院发布的《中国数字经济发展与就业白皮书（2019年）》，2018年我国数字经济规模达31.3万亿元，按可比口径计算，名义增长20.9%，占GDP比重的34.8%。而三次产业中，数字经济在农业中占比7.30%，在工业和服务领域，则已分别占比18.30%和35.90%。

2020年1月20日，农业农村部、中央网络安全和信息化委员会办公室印发《数字农业农村发展规划（2019-2025）》，对新时期推进数字农业建设的任务目标、建设思路作出明确部署。《规划》指出，2025年预计农业数字经济占农业增加值比重将从2018年的7.3%增长至15%。要达到这一战略目标，不仅需要传统农业的改革进步，还需要进一步结合新技术促进数字农业的发展。

区块链与物联网、云计算、大数据、人工智能、5G等互联网和通信技术的融合加速落地为数字农业的发展提供了新的着力点。由于区块链网络分布式存储、不可篡改、数据可追溯的特性，农产品溯源成了区块链技术落地的理想阵地。此外，区块链技术在精准种植、供应链管理、农业金融、农业保险等领域的探索实践也正在进行当中。

（1）场景痛点

我国地大物博，人口众多，长期以来农业作为国民经济的支柱产业，产业链连接着生产者、加工商、批发商、仓储服务商、分销商和零售商等多元参与主体。农产品从耕地、养殖场、果园等空间抵达消费者餐桌需经历种植/饲养、产品加工、产品运输和市场销售等多个环节。

这决定了我国农业产业链带有以下几个痛点：

一是农产品流通过程繁杂、流通时间长，供应链管理难度大、成本高、效率低，农产品生产供销长期不平衡；

二是农产品相关的食品质量安全问题多发，问题难以定位并及时采取有效措施；

三是农业生产分散，数字农业相关的基础设施建设薄弱、维护成本高，很难真正落地，并实现精准种植；

四是参与主体间信息共享与协同不到位，征信问题难以解决，农村地区普惠金融服务难以落实；

五是缺乏绿色农业推进所亟需的政策支持，缺乏标准规范以及底层的数据研究支撑。

（2）应用方向

数字农业以农业数字化为发展主线，以数字技术和农业的深度融合为主攻方向，以"信息+知识+智能装备"为核心，以数据为关键生产要素。中国正进入加快发展数字农业的新阶段，农业的数字化为区块链应用提供了生存和发展的"土壤"。

通过与物联网、大数据、云计算、人工智能、5G等数字技术的融合应用，区块链能够打造通畅、可信、透明的农产品流通链，解决数字农业发展过程中面临的农产品质量安全、农产品产供销及农业保险信贷等难题，为数字农业发展"保驾护航"。

目前，我国数字农业的建设虽然仍处于早期阶段，但是"区块链＋数字农业"的项目已有多个方向的落地应用，并已取得了初步成效。

● 供应链管理。农产品供应链包含农产品种植/饲养、加工、储存、运输和销售等多个环节，整合各参与主体自身及相互之间产生的商流、信息流、物流和资金流，形成了从农产品生产商、分销商、零售商到消费者的供应链体系。该供应链体系有两个显著特征，一是整个农产品供应链较诸多其他产业链条来说环节更多，各个环节常常由多个子环节甚至小规模产业链构成，可追溯性差，交易结算缓慢且需要大量人力成本支出；二是复杂的产业链决定了链条上的主体众多，有大量参与机构，效率低下且牵涉利益复杂。

区块链技术的出现可以满足农产品供应链体系的治理需要。一是基于区块链分布式账簿存储和传递数据，可以将农产品供应链的各个参与主体以及消费者、监管机构有机地连接起来，通过各方对数据的共同验证和维护，提高信息透明化，有效解决信息不对称问题。二是区块链网络所拥有的非对称加密、时间戳技术赋予了供应链所产生数据的安全性和唯一性，从而帮助各供应链成员建立了彼此间的信任关系，并依托智能合约实现交易双方约定内容的自动执行，大大降低供应链的管理成本。

以茧丝产业供应链为例，茧丝产业上游生产者绝大多数规模小，位置分散，整条茧丝供应链较长，供应链参与者相互之间存在信息不对称问题，因此各主体之间交易成本居高不下，且整条供应链运转效率低下，更是经常发生人为毁约的现象。国内企业中农网为解决茧丝产业痛点，推出了"区块链＋茧丝全产业供应链平台"，覆盖了下单、生产、加工、仓储、结算、出口等全茧丝产业链，解决了各环节参与者间的信息不对称的问题，不仅实现了生产供销的平衡，还整体提高了供应链的运转效率，减少了违约现象的发生。

国内的另一个案例——"域乎数字农业联盟链"则是通过区块链技术，解决农业产业链条上各环节信息不对称的问题。根据公开信息，目前"域乎数字农业联盟链"已在长三角地区实现了商用落地，初步形成了农业数据共享生态圈。

● 农产品溯源。农产品溯源作为现代农业的重要组成部分，一直是农业发展的关键问题之一。结合物联网IoT技术和传感器等硬件设备的应用，区块链技术保证记录不可被篡改的特性将有效助力农产品实现溯源，准确记录农产品从生产端到流程端的全过程，保证农产品的质量安全，并有助于建立高质量、可信任的农产品品牌，提高农产品收益。

针对农产品溯源，国内多个细分领域产生了一系列商用案例。在蚂蚁区块链"五常大米溯源平台"上，符合条件的生产、经营五常大米企业可经申请加入平台。随着平台的正式开通，消费者可以对五常大米的种植、加工、销售等各环节进行全程追溯查证，确保吃到放心米。"区块链＋韭菜"的应用，则是将区块链和数字技术植入韭菜生产、包装、加工、保鲜、销售等韭菜生产全流程，提高全要素生产率，加快韭菜生产数字化转型，从根本上解决韭菜质量安全问题，也帮助韭菜农户获得更高的收益。

● 精准种植。结合地方原生优势，建设智慧农业园区，利用区块链网络，结合物联网、大数据等技术可以在一定程度上赋能数字农业，助力精准种植。园区管理者借助分布式存储、数据不可篡改等特性，保障链上数据的真实有效。借助统一的数据信息平台，进行实时数据的收集和管控；借助统一的组织管理协调架构，通过云平台的整合，形成一个紧密联系的结合体，获得高效、协同、互动、整体的效益。浙江数秦科技有限公司的数字农业平台为这一领域的典型代表。该平台以"区块链＋大数据"为核心优势，全面服务"三农"的软硬件一体化系统，推动实现精准种植，"三农"上链全程可溯，综合提升农业农村治理能力与生产效率。

● 农业金融。目前在农业金融服务中，区块链技术应用的主要形态包括区块链＋农权抵押借贷，即银行通过与农权主管部门合作，利用区块链解决彼此间的信息不对称问题，为小农用户提供贷款途径。

在国内，一个典型案例是人民银行贵阳中心支行牵头组织开发"贵州省区块链农权抵押贷款系统"，各农权主管部门与金融机构以 VPN 的方式汇聚接入，农权主管部门负责产权状态管理等操作并维护分布式账本，金融机构对各类农权抵押贷款业务数据进行统计监测，相关数据在各个节点同步更新，实时生效，确保抵押借贷可追溯，信息透明，保证了银行、保险、征信机构所记录数据的准确性、完整性，申请贷款时不再依赖多方提供的证明，节省了整个过程的成本。

● 农业保险。以往农业保险的定损过程非常复杂，保险公司需要雇佣大量的地面人员去田间地头勘查，还要农业农村部参与测产。一旦出现大面积灾害，人力无法覆盖，就只能用抽样法，费时费力且不够科学，精细定损几乎无法实现。国内的安华农险推出的区块链肉鸭养殖险，将区块链技术应用到养殖的整个过程，赋予产业链条上的核心企业、养殖户、保险公司等在区块链系统上各自的数据操作权限，实时记录承保标的死亡数量并上链，由链上各个主体共同维护和验证，保障了肉鸭死亡数量的真实性和准确性。此外，智能合约实现了灾损的自动理赔，整个理赔周期大大缩短，破解了困扰家禽养殖保险承保难、查勘难、理赔难等行业痛点。

● 绿色农业。绿色农业中，农碳排放是需要关注的重点领域之一。目前，农业农村"碳达峰""碳中和"缺少专门政策和系列化标准，也没有专业的数据支撑体系与研究体系，因此实践难度较大。浙江数秦科技有限公司搭建的"数农网"和"数碳平台"，打通产、供、销、管、服全产业链，为农户、农企、消费者、农业管理部门和农业科研机构提供全方位的跨域协作解决方案，并已在多地为政府、企业和农户等提供标准化SaaS模式服务、定制化产品供应和私有化部署。

"数碳平台"集实现碳中和与推动数字化改革的意义于一体，在全民碳普惠应用、碳标签、实践区、工业治理、碳灰交易、绿碳数字公证等方面进行应用探索。目前，平台在碳标签、绿碳数字公证方面落地应用，发布了农产品碳标签电子证书。平台通过低碳数字化技术，让更多低碳农产品被大家所熟知，减少二氧化碳排放。

（3）应用模式

在区块链+农业应用中，将传统的农业生产场景和区块链底层协议相结合，以区块链网络为分布式的账本数据库，实现生产数据的实时、透明、共享、可追溯、不可篡改、隐私安全，以三种不同模式推动了数字农业的增长。一是市场层面，在农产品流通环节实现数据保真，结合产品方的品牌打造以及地理标志体系建设等手段提升农产品附加值；二是科研层面形成种植、养殖相关的数据池和数据共享闭环，为农药、化肥、饲料等投入品生产企业提供研发所需的数据支撑；三是在金融层面为银行、保险等机构提供实时数据支撑的科学风控工具和手段。

（4）应用价值

随着区块链技术应用在数字农业进程中的逐渐铺开，其价值也已经开始显现，为"三农"问题的当下解决提供了新的解决方案，为"三农"的未来发展提供了不同以往的创新思路。目前，其价值主要体现在三个方面：

● 社会价值。区块链技术融入数字农业，为农业产业链解决了大部分的信任问题，显著降低了整个链条上各个参与主体的沟通成本，释放出巨大的公共资源投入到科研、生产等领域，形成产业内部的良性循环。同时很大程度上解决了食品安全相关部门在管理上的困境，提升了消费者对于农产品的信任度，让人们的餐桌更健康，更安全，也更放心。

● 经济价值。随着以溯源为主要形式的应用逐渐普及，酒、水果、蔬菜、肉食、粮食等越来越多的农产品以此为契机，借助电商渠道和品牌营销等手段，推出了众多拥有高附加值的知名农产品，既丰富了消费者的选择，又实打实地提升了农民的收入，为广大农村的共同富裕带来了新的抓手。此外，数据上链还在一定程度上降低了数字农业基础设施的投入和维护成本，帮助我们"把钱花在刀刃上"。

● 治理价值。面对碳达峰、碳中和目标，以区块链为底层基础设施的管理平台可以帮助管理者掌握实时、真实的碳排放、碳减排、碳汇源数据，并以此为基础制定本地区的碳达峰、碳中和实现路径，根据实际情况进行科学决策、精准施策，实现本地区高效低碳的科学发展。

（5）面临的问题

● 政策与制度挑战。一方面，当前法律框架下区块链技术广泛应用的难度较大，需要为跨境和跨属地的分布式账本和合同结构制定合规路径。另一方面，区块链技术成功的前提之一是政府管理部门的接受和认可，当一项新技术带来一定程度的现状变化时，可能会面临一些阻力。

● 基础设施薄弱。数字农业系统需要有连贯的数据积累，这就要求物联网设施采集的数据具有连贯性、完整性，不能被不可控的气候问题影响。系统所依赖大量的传感器、物联网设备，前期投入大，后期维护成本高，需要对硬件设备全生命周期的成本进行把控。当在数字农业中铺设和维护设备的成本高于人力操作的成本时，"数字"就成了伪需求，甚至设备的安装和使用还会占用土地，影响耕作和收割效率。此外，当前绝大多数农田并没有足够的网络覆盖，实现农业的全数字化感知物联存在较大难度。

● 缺少统一的技术标准和数据保护共享机制。公共和私有分布式账本使用的是不同的共识算法，企业使用公共和私有账本，需要保证两类账本之间能够互操作，数据也需要明确的保护标准，以决定如何在公共和私有账本技术之间存储和共享数据。

标准统一后，数据的可获取性将是紧随其后的关键性挑战，需要区分哪些类型的数据应予保护和披露，以及如何激励链上成员分享数据。

2. 趋势与分析

（1）总体趋势

● 政策支持。自 2019 年至今，中央和部委已连续下发数个文件扶持数字农业建设。其中包括 2019 年 2 月 19 日发布的《中共中央 国务院关于坚持农业农村优先发展做好"三农"工作的若干意见》（即"中央一号文件"），2020 年 1 月由农业农村部和中央网信办发布的《数字农业农村发展规划（2019–2025年）》，以及2020年5月由中央网信办、农业农村部等四部门联合印发的《关于印发〈2020年数字乡村发展工作要点〉的通知》。

这些文件共同提到，加快推进农村信息基础设施建设，推动数字农业建设。数字农业已经成为新型农村建设下的重要工程。

● 土地流转。政府推行土地流转制度，成立土地流转市场，方便小地块集中。配合土地确权，也就是经营权和承包权的确认，方便农户将自己拥有经营权的土地承包给他人。这样一来，懂科学、善用新技术进行精细化种植的新一代农场主将获得广阔的施展空间，也为数字农业相关的基础设施建设带来了更好的市场基础，让这些基础设施在更大的空间内发挥价值。

● 基础设施建设。基础设施建设方面，近年来，我国在智慧农业发展方面开展了系列部署，实施了一批重大应用示范工程，农业专家系统、农业智能装备、北斗农机自动导航驾驶等智慧农业科技取得了突破。

● 区块链技术的自身发展和内生融合。一方面，国内区块链创业企业阵营不断扩大，越来越多的开发人才加入区块链技术的研究与开发，相关政府机关、行业协会也投入了大量精力，共同推动国内区块链标准体系的建设。截至2020年12月，我国已发布区块链/分布式账本技术行业标准3项、省级地方标准5项、团体标准34项。另一方面，跨链技术也在不断演进和迭代，实现了区块链技术的内生融合，为不同数据链之间的数据交换与价值流通提供了通路。

（2）创新模式

农业数字化进程中，数字化不是目的，提升我国农业生产水平才是我们长期追寻的终点。随着包含区块链在内的多种数字技术的不断深化融合应用，大规模精准种植将成为农业生产的主流模式，而拥有从生产、管理到物流、销售的全链路数字化能力的数字化农业产业园将成为这一模式的主要载体。在封闭的农业大棚或玻璃房中，可以很容易模拟自然环境，并且控制环境中的光照、温度、湿度。它可以做到精细化管理，又不会担心物联网设施被狂风暴雨等灾害损毁。其中，区块链技术的应用，一是能够保障数字化农业产业园内的整个产业链的健康、高效运行，提高各生产环节的衔接与协作。二是能够推动整个产业链条的公开、透明，使农产品从生产到销售的各个环节都有迹可循，有据可查。三是将加速农村要素资源流动，促进农村地区经济发展。

（3）影响因素

我国农业进入高质量发展新阶段，为农业生产经营、管理服务数字化提供广阔的空间，但数字农业发展总体滞后，数据创新能力、产业化总体水平等因素制约着数字农业的推进速度：

● 数据资源分散。发展基础薄弱，天空地一体化数据获取能力较弱、覆盖率低，重要农产品全产业链大数据、农业农村基础数据资源体系建设刚刚起步。

● 创新能力不足。关键核心技术研发滞后，农业专用传感器缺乏，农业机器人、智能农机装备适应性较差，农业农村领域数字化研究应用明显滞后。

● 数字产业化滞后。数据整合共享不充分、开发利用不足，数字经济在农业中的占比远低于工业和服务业，成为数字中国建设的突出短板。

供稿： 国家电网 孙正运、蒋炜

4.2.2.8 普惠金融

1. 背景及现状

在联合国的定义中，普惠金融是指以可负担的成本为有金融服务需求的社会各阶层和群体提供适当、有效的金融服务，小微企业、农民、城镇低收入人群等弱势群体是其重点服务对象。

2013年，中共十八届三中全会将"发展普惠金融"写入党的执政纲领，拉开了我国普惠金融改革的序幕。2015年底，经党中央批准，国务院在《推进普惠金融发展规划（2016–2020）》中，首次明确了"普惠金融"在国家层面的定义：普惠金融是指立足机会平等和商业可持续原则，通过加大政策引导扶持、加强金融体系建设、健全金融基础设施，以可负担的成本为有金融服务需求的社会各阶层和群众提供适当的、有效的金融服务。普惠金融发展正式上升到国家金融战略高度。

大力发展普惠金融，有利于被传统金融机构忽略的弱势群体更好地享有金融服务的机会，有利于促进金融业可持续均衡发展，助推经济发展方式转型升级。然而，传统金融机构在推进普惠金融发展的过程中存在诸多不足，交易成本过高导致金融服务覆盖不均衡，信息不对称导致金融服务的可得性下降，数据的真实性和安全性难以保证大大降低了金融服务的征信效率。

2016年二十国集团（G20）杭州峰会发布的《数字普惠金融高级原则》中提出，要"探索分布式账本技术在提高批发和零售金融基础设施透明度、有效性、安全性和可得性方面的潜力"，为区块链技术在普惠金融领域的应用指明了方向。区块链技术凭借其去中心化、可编程性、可追溯等特征，为解决传统金融服务过程中遇到的痛点，不断提高金融服务的覆盖率、可得性和满意度，实现普惠金融的深化发展提供了新的解决方案。

（1）场景痛点

普惠金融目前的最大痛点是用户触及成本高，风险控制难度大。用户触及成本高体现在虽然有数量庞大的中小微企业、农户等，但其规模小，不确定性大，缺乏传统银行做风控的资质，因此银行要触及这些客户提供服务，传统方式即把分支行开遍全国，从而接近这些潜在的客户，但这成本很高，尤其是在西部地区、在农村地区，开分支行的难度非常大，造成获客难的问题。

另一方面则是风控难。过去传统银行的做法主要有三种：第一条以历史的财务数据为依据、抵押资产以及关系型信贷。由于很多中小微企业既缺乏完整的财务数据，也没有很多的抵押资产，因此银行通过长期跟踪此类中小微企业，基于长期了解到的企业财务经营状况为其提供信贷决策。此类关系型贷款虽然有效，成本却很高。

而目前各银行利用数字技术（如：大数据）实现的"数字普惠金融"一定程度上缓解了这些痛点，但还只能局限于某个组织的生态系统之内（如：蚂蚁金服的芝麻信用）的某些场景中应用（如移动支付），而真正的跨组织、跨国家地域之间的数字普惠金融架构和合作还未能实现。其根本原因在于跨组织、跨国家地域之间的数据（尤其是涉及到国家安全和经济民生的敏感数据）无法通过传统方法被安全共享。

（2）应用方向

小微企业、农民、城镇低收入人群、贫困人群和残疾人、老年人等特殊群体是当前我国普惠金融的重点服务对象。根据普惠金融服务对象，将区块链+普惠金融应用方向划分为对C端人群的小微金融以及对B端小微企业的中小微企业贸易融资两个方向。

● 小微金融。对于无稳定收入、固定居所或其担保物无法恰当估值的人群通常难以取得贷款，为了有效服务这类群体，金融机构需要尽可能多地获取贷款申请人及其担保物的信息，然而往往最终贷款收益无法覆盖成本，尤其是当当地金融机构覆盖地域较大，金融基础设施不畅且欺诈普遍的情况下，该矛盾更加突出。区块链的出现，可以使有信誉的组织实时、安全地分享横跨较大范围地域的贷款相关信息，同时保证较高的成本收益。

"农银e管家"电商金融服务平台（以下简称电商平台）是农业银行为生产企业、分销商、县域批发商、农家店、农户打造的一款线上"ERP+金融"综合服务平台。以现有供销关系快速线上化为突破口，融入小微企业、"三农"客户的生产和生活场景，为工业品下乡、农产品进城搭建线上金融服务渠道。平台运行以来，客户活跃度较高，交易规模呈快速发展趋势，运行状况和市场评价良好，积淀了大量有价值的数据。通过应用区块链技术，将历史交易数据映射到区块链平台中，同时每天产生的数据也入链登记，不断积累以逐步形成企业和农户可信的、不可篡改的交易记录，反映了客户的真实信用状况。随着区块链联盟网络的不断扩大，加入用户的增多，信用的维度将更健全，从而彻底将区块链网络打造成一个信任网络。

● 中小微企业贸易融资。中小企业融资难、融资贵，某种层面上可以说是一个世界级的难题。中小微企业由于其处于产业链供应链弱势地位，经常受制于自身信用不足、抵质押物缺乏、信息不对称、信任背书、履约难等因素，导致其融资难、融资贵、融资慢，这些又成为其快速发展面临的常态化瓶颈制约。

同时，在外部发展环境上，作为资本方银行来说，常常出于风控考虑，仅愿意对链上核心企业提供融资服务，或者仅延展至核心企业上下游一级企业，对有巨大融资需求的广大中小微企业的需求无法有效满足，致使一些发展前景很好的中小微企业要么安于现状，要么饮鸩止渴，借高利贷扩大生产，为企业健康发展埋下了隐患。

区块链的出现，其去中心化、可追溯、不可篡改等特性让破局融资难有了新方向，通过区块链赋能产业链供应链金融，实现链上企业之间信任有序传递，帮助企业更好盘活资产，提升链上企业整体流转效率，有效解决中小企业融资难融资贵问题。例如云南信托与蚂蚁链合作，加速"区块链+供应链金融+产业"的积极融合，帮助更多供应链中的中小企业实现融资。今年疫情期间，双方已经成功为国内医药流通上市公司瑞康医药提供服务，为其上游的药品供应商提供融资服务。当上游小型药品供应商需要申请贷款时，可以向云南信托提供上链的应收凭证，从而获得融资。

（3）应用模式

根据服务市场规模和风控技术，可将普惠金融+区块链应用模式分为三类。一为全国规模化推进模式。采取总成本领先战略，要求银行具备规模化的网点和员工数量，能够依托其大规模的客户基础获取低成本存款、规模化推广金融业务，借助集约化的中后台支撑以及较为领先的信息科技水平降低成本，实现全国范围普惠服务；二为地区市场聚焦模式。采取聚焦化战略，要求银行聚焦于特定的目标客户群体，依托对特定地域、特定目标群体的服务获取利润；三为轻型化数字模式，采取差异化战略，开展依托于各不同来源的可信大数据，如公域数据（政务数据等）、私域数据（征信数据等）、人工智能等技术提供差异化普惠金融服务。

（4）应用价值

● 解决小微企业、"三农"客户融资难、融资贵的问题。通过积极推动传统信贷产品的线上化改造和基于区块链、大数据技术的新型网络融资产品创新，依托产业链上下游的经营、交易和财务等数据，探索建立多维度信用评价模型开展纯信用的网络融资业务。逐步实现小微企业、"三农"客户信贷业务的"标准化、模型化、规模化、自动化"作业，为发展普惠金融领域打开新的局面。

● 解决多参与方的信任问题。在供应链金融场景中由于涉及的参与方较多、信息不透明，又缺乏有效的中间机构，因此在业务开展过程中存在大量的虚假单、资金流转速率低、企业资金周转困难等问题。该问题在服务中小微企业，特别是个体农户时显得更加突出，而区块链技术与供应链业务多方参与的场景有很好的契合度。通过与供应链金融各环节涉及的企业或部门进行合作，以现有区块链网络为基础，不断丰富和充实网络中的参与节点，使得多方数据能够充分共享，实现资金流、信息流、物流的链上流转。利用区块链公开透明、不可篡改、全程追溯、信任成本低等特性，将多参与方的信息系统通过科技力量的刚性约束打造成相互信任、信用可控的供应链生态联盟。

● 有效降低交易成本。区块链去中心化的设计可以有效降低交易成本，使大数据变为"小数据"，提升效率。一方面，区块链技术通过建立一套高度透明的开放式网络协议，构建点对点的自组织网络，金融服务得以覆盖至偏远地区或低收入人群，打破地理空间概念，实现"平等有效"的发展目标，提升金融的普惠程度。另一方面，区块链利用分布式记账和公共信息维护，将大数据打散，还可去除不必要的中介环节，提升整个行业的运行效率。另外，利用区块链可以使信用评估、定价、交易与合约执行的过程实现自动化运行与管理，从而降低实体运营成本。

（5）面临的问题

目前区块链技术在金融领域应用过程中存在以下问题：第一，针对银行业，区块链技术挑战了政府监管的权威；第二，区块链技术应用过程中，每个节点都会把数据信息记录下来，导致需要的存储空间要求较高，存在较大的落地难问题；第三，针对客户，其金融信息属于隐私范畴，倘若上链存在被用于违法用途的风险；第四，针对金融机构，较大的金融机构掌握着大量的信息，不愿与小的金融机构分享；第五，信贷行为存在大量合规问题；第六，目前智能合约没有法律效力。

2. 趋势与分析

（1）总体趋势

过往的实践已经证明，单纯依靠政策难以实现普惠金融的落地与渗透，技术正在成为普惠金融增长新的驱动力。底层技术乘数效应逐渐显现，正在加速带动上层业务深度融合。大数据、云计算、区块链和人工智能等互联网和通信技术催生的众多互联网金融模式，天然具有低成本、高效率的特点，而普惠金融则在互联网技术的加持下，服务更便捷、更高效，并能以更低成本覆盖更多客户。

作为普惠金融的重要组成部分，乡村振兴的重要抓手之一，农村普惠金融将变得更加精准。通过区块链平台连接起来的监管部门、金融机构和普惠金融重点服务对象，通过多方信息共享、多方机构协作，积极考虑小微企业、农民、城镇低收入人群等服务群体的金融需求，有针对性地开发相应的场景和业务，让农村普惠金融迸发出新的活力。

（2）创新模式

"区块链 + 大数据"应用创新是目前普惠金融领域最主流的创新模式。大数据应用的兴起为普惠金融提供了最重要的技术支撑。但是，在利用大数据进行征信体系创新和风控能力提升的同时，大数据应用的自身特点决定了其无法保证客户信息的真实有效，也很难保证客户数据的安全性，且成本难以降低。区块链技术的分布式数据存储、点对点传输、共识机制、加密算法、智能合约等特性补齐了大数据应用的短板，既有效解决大数据征信中用户信息真实性难辨的问题，又通过私钥的加入确保了用户数据的所有权和隐私权得到保护，还通过在一定程度上将大数据变为"小数据"降低了数据交易的成本。

（3）影响因素

区块链技术在普惠金融领域内的应用受到多方面因素的影响。一是基础设施建设。目前普惠金融的基础设施覆盖范围有限、普及度不高，难以满足区块链技术的基本条件，极大限制了区块链技术和普惠金融的融合。二是相关的法律法规出台。区块链技术淡化了监管的传统定义，目前对区块链技术在普惠金融应用的监管仍存在空白，这将导致与区块链相关的普惠金融业务缺乏必要的制度监管和保护。三是人才与技术发展。区块链技术运用于普惠金融领域存在技术、人才等障碍。区块链技术本身的不成熟、与金融场景对接的不匹配以及相关人才的短缺，使得区块链技术应用于普惠金融领域困难重重。

供稿： 中国工商银行 陈满才、鲁金彪

4.2.2.9 数字货币

1. 背景及现状

2009 年比特币问世以来，其具有的分布式账本、可追溯、不可篡改、去中心化、结算流程简单、匿名性强等优点广受瞩目，但由于其价格波动过于剧烈，很难被用作日常生活中的交易手段。在比特币出现后，还有天秤币（Libra）、以太坊、瑞波币、稳定币等基于区块链技术的数字货币大量涌现。其中以 USDT、USDC 为代表的稳定币，通过和法定资产挂钩，在保留了加密货币优点的同时，避免了价格波动大的问题，正逐渐取代比特币成为加密资产行业的主流支付工具。此外，以稳定币技术为基础的抵押贷款等新业务也在加密资产行业中不断诞生，数字世界的新金融体系正在形成。2019 年 Facebook 旗下全球数字加密货币 Libra 引发全球各界对稳定币的讨论，许多国家的中央银行探索数字货币的制度设计和技术应用。Libra 发布后，全球反洗钱金融行动特别工作组（FATF）发布了全球第一个加密货币监管标准。出于维护金融体系安全稳定等原因，各国积极完善加密资产监管体系，全球央行出现了加速发展数字货币的趋势，我国有望成为全球第一个发行央行数字货币的国家。央行数字货币的推出，除了为消费者提供的一个新的广覆盖、跨平台的支付手段以外，也会实现提升央行货币政策操作的准确性，助推人民币国际化，以及更有效的打击金融犯罪等目标。相对于传统货币，数字货币成本低、效率高，数字货币有望取代现有纸币、硬币等信用货币。

数字加密货币被大规模使用后，区块链分布式记账可扩展性较差的问题将更加凸显。区块链作为一种分布式数据储存，共识机制及加密算法的计算机信息技术，可以有效应用在多种场景。区块链技术为金融活动和金融领域的应用场景带来了巨大的改变，金融交易活动本身就具有非常大的风险，需要彼此建立起足够的信任，而这些信任的建立需要时间和金钱成本。

目前来说，互联网对中心服务器是有很大的依赖性的，而数字货币出现之后就改变了互联网对中心服务器的依赖性，在一个云系统中记录所有数据的变化和交易项目，金融交易活动中也能够进行验证来保证安全，确认和传输金融交易活动，强化数字货币的信用属性。

从业务应用的角度来说，区块链与中央银行的清算中心大不相同，区块链是一个分布式的共享账本系统，通过管理分布式的产权，公开透明信息，不断地创造信任、发展信任，降低交易过程中的摩擦系数，实现零边际成本。作为智能货币的数字货币，存在于群体社交网络之中，远远比一般的社交网络安全性要高，有很强的信用性，为货币流通创造了足够的条件。为实现数字货币支付和清算的去中心化，还需要应用P2P对等网络结构原理。P2P对等网络结构指的是一台计算机不仅能够作为客户端，也能够作为服务器端，无中心服务器点对点进行交换。

2. 趋势与分析

随着两网技术的发展，数字货币将在很大程度上取代纸质货币。各主权国家的央行大多都在关注和研究数字货币，特别是法币即主权货币的数字化问题，因而它的发展与运用将会对各国及世界经济的未来产生深远影响。

法币实行数字货币形式不仅节省发行与流通成本，还能提高交易或投资效率，提升交易活动的便利性和透明度。因此，未来数字货币的主体是由各国央行发行法币数字货币，它不仅能保证各国金融政策的连贯性和货币政策的完整性，对货币交易安全也会起到重大保障作用。数字货币的"留痕"和"可追踪性"还能提升各类交易活动的便利和透明度。同时，随着区块链技术的广泛应用，全国甚至全世界统一的账本将畅行其道，每笔交易都能得到追溯，各类逃漏税、洗钱行为将能有效纳入监管。

供稿：　中国工商银行　　陈满才、鲁金彪

4.2.2.10　知识产权

1. 背景及现状

（1）场景痛点

知识产权是表示智力劳动的创造或实现的成果所享有的权属，对知识产权的保护就是对智力劳动创新性的保护。随着信息技术的应用和数据共享速度的加快，知识产权的全生命周期管理面临着巨大的挑战。据《中国法院知识产权司法保护状况》公开显示，2019 年全国法院新收知识产权案件数量 481793 件，较 2018 年增长 44.16%，2020 年全国法院新收知识产权案件数量 525618 件，较 2019 年增长 9.1%。由此可见，我国各行业知识产权保护情况不容乐观，主要存在确权认证周期长、证明权利归属难、维权保护举证难、知识共享效率低、交易及赔偿价值评估难、保护监管少等问题。

随着信息技术发展，知识产权的载体不再是纸质文件，而是呈现出信息化的存储方式，由于数字内容具有的传播快捷性与数据易复制性，公众对于信息的获取十分容易，且不容易被发现，同时侵权证据容易被篡改、清除，使得举证难度加大，原创者也难以提供证据证明权利归属。知识产权共享效率低且交易价值评估难。知识产权也具有通常意义上的价值和使用价值，而在知识产权交易的过程中，知识产权的价值以及赔偿方式通常难以评估，且无法保证有限的交易或共享，另外，尚未有较好的方法解决知识产权流转的实时监控和溯源，侵权处罚威慑力也不足。

传统解决方式是使用数字版权管理技术（Digital Right Management，DRM）对数字内容及版权进行保护，使数字内容不会或不容易被盗版。然而，DRM技术本质上是一种由第三方权威机构授权的集中式版权管理机制，具有集中式管理固有的缺陷：

● 确权耗时长，时效性差。确权是知识产权保护的源头，主要形式为知识产权的所有权注册。确权要求不仅能精确地记录作品的原始所有权归属，还能记录相关作品的后续交易。当前，尽管互联网技术的应用加快了知识产权确权进程，但确权普遍时效性依然较差。

● 用权变现难，供需对接难。用权是实现知识产权价值的关键环节。当前，在知识产权行业中供需失衡严重，多方的需求无法得到有效匹配。如何有效促进知识产权的交易、进一步释放知识产权的应用价值已经成为影响行业发展的重要课题。

● 维权效率低，举证困难。维权是知识产权保护中最为重要的环节，突出问题包括：一是侵权界定难度大，通常需要经过逐级查阅授权说明才能确定是否侵权，对于数字内容进行侵权界定的难度更大。二是维权难溯源，由于当前知识产权涉及领域多，围绕单一产品的产权归属复杂度也高，因此在确定侵权后，权利溯源的难度也很大。三是相关法律法规还不健全，民众普遍版权意识较弱，版权违法现象较为严重。

（2）应用方向

● 知识产权确权。确定权利主体和使用权限是数字出版知识产权保护不可或缺的一环。通过严格的身份验证和行为关联两个步骤保护和识别真实身份。区块链技术和思想的引进，不但能实现知识产权交易各方身份验证和准入许可等功能，还能帮助明确数字出版平台、知识内容原作者、知识内容消费者和产权衍生品消费者的权利和义务。

● 知识产权用权。智能合约是一种旨在以信息化方式传播、验证或执行合约的计算机协议。智能合约允许在没有第三方的情况下进行可信交易，这些交易可追溯且不可逆转。区块链中的不可篡改性使得合约一旦生效且被记录便难以随意篡改。智能合约与法律中的"合约"概念关系密切，虽然其中的协定不完全具有法律约束力，但仍可被归纳为与法律相关的行为。这种与法律相关的行为需要形式化的操作进行确认，即通过规范的系统实现理想中的协定。目前业内规范的系统分为合约法和智能合约系统，二者均服务于同一个目的：限制违约行为的发生。

知识产权的用权需要通过合约订立，目前最常见的授权方式为交易各方签订版权授权协议书即合同。这种方式受合约法的保护，但授权形式单一，与智能合约技术结合后，既使整个授权行为具有法律效力，又使授权过程便于操作、及时更新。

● 知识产权维权。在知识产权的纠纷中，权利人有时候很难证明自己拥有相关的知识产权。除了专利权、商标权等由政府机关授权，权利依据和界限比较明显外，其他知识产权维权遇到的第一个问题往往是没有证据能够证明自己的权利。然后便是权利人难以证明被告的侵权行为。当知识产权受到侵犯时，有时很难被发现。就算被发现，被告也能很容易把证据销毁，让权利人难以举证，加大了维权难度。

区块链的共识算法应用于知识产权保护中，可以有效避免交易各方信息不对称的问题，缩小知识内容生产者和消费者之间的利益落差。共识算法对分布式账本的完善作用，也为知识产权的后续维权提供了确切证明。权利人可以运用区块链技术，将知识产权相关的信息上链保存，在诉讼时将区块链作为证据提交给法院，证明自己拥有相关的知识产权和被告的侵权行为。区块链公开、可追溯、不可篡改等特性，能够很好地契合知识产权保护，可以为权利人知识产权的确认和后续的维权工作提供帮助。利用区块链技术，将知识产权相关信息快速安全地保存下来，还能使得信息的真实性得到保障。依靠区块链进行知识产权交易和信息上链，实现交易过程公开透明且不能篡改，为以后维权提供便利。

区块链技术的身份验证、智能合约和共识机制提高了知识产权确立过程的透明度，提升了知识产权授权行为的安全性，降低了知识产权的维权成本和难度。数字出版平台使用区块链技术进行知识产权管理实践，让区块链开发和应用在数字版权管理服务中落地，为数字出版产业规范有序发展新添庇护。

（3）应用模式

区块链在知识产权的应用模式，主要依托于构建知识产权存证平台，有效承载知识产权的确权、用权、维权三类业务，利用区块链技术的优势弥补传统模式在专利、文化娱乐、资产保护方面的不足，重塑原创作品价值链，深化区块链技术应用，通过将版权上链存储和保护，可以有效保护知识产权权益，有望让知识产权真正得到最大的认可和回报，塑造一个公正、公平、公开的知识产权生态。

（4）应用价值

结合区块链的技术特点，在知识产权保护的确权、用权、维权三个环节中，区块链均有非常显著的应用价值，对于解决当前行业发展的突出问题提供可行的技术方案。

● 围绕知识产权确权，区块链可有助于实现确权的高效性、自主性和安全性，缩短确权周期，提高确权效率。

① 可以通过区块链节点来声明知识产权，确权时限仅依赖于区块链网络的区块确认时间，这就极大地提高了确权的时效性；此外，通过时间戳可以确定成果的先后顺序，避免权益纠纷。

② 基于区块链网络的去中心化特征，用户可以自主地提交智力劳动成果并实现确权，个人可以通过区块链系统设定并享有相应的权利，提高创造者的创造积极性。

③ 通过区块链的去中心化特性和密码学技术，可以极大提高知识产权相关数据的安全性，防止成果被篡改；同时，基于区块链还可实现在提供版权存在证明的同时，不会泄露版权自身的内容。

● 围绕知识产权用权，区块链可有助于建立自我识别、自我组织的版权交易网络，促进知识产权的全球流通。

① 各地的用户均可在同一平台下进行知识产权的交易，提高供需对接效率。此外，在明确权利主体的前提下，基于区块链可以实现需求方和权利人之间的点对点交易，减少知识产权交易的中间环节，节省了交易成本。

② 通过将人工智能、大数据等新兴信息技术的结合，可以自动识别知识产权的有效性，提升供需匹配度，从而优化供需双方的体验，提高知识产权变现效率。

③ 通过智能合约还可建立知识产权的自动交易体系，加速交易执行效率，丰富交易模式。

● 围绕知识产权维权，区块链可有助于明确权利归属，高效准确跟踪侵权行为和侵权主体。

透明公开是区块链的重要特征，通过交易信息的溯源可以跟踪到每笔交易的详细过程和每个地址的历史交易信息。因此，一旦完成了确权，就明确了相关权利的归属。基于历史信息，便可以追踪到侵权行为和侵权主体，区块链网络的安全性保证了侵权记录的完整性，从而使权利人主张权益的成本大大降低，提高维权效率。此外，由于历史侵权信息均可通过区块链完整保留，这会对侵权人带来持续的信用影响，从而也将提高侵权人的侵权成本，进而减少侵权事件的发生。

此外，通过建立有效的激励机制和完善的组织模型，区块链也将深层次地对现有的知识产权保护体系带来变革。例如，基于区块链的知识产权保护很有可能会打破现有的区域性特性，真正实现知识产权确权和交易的全球化。此外，通过智能合约的引入，可以建立完全自动执行的知识产权审查、确权、交易、维权体系，将现有的确权、用权、维权等环节完全打通，构建起一个统一的、自主的、无须第三方机构的知识产权网络。

（5）面临的问题

尽管区块链对于知识产权保护具有非常重要的应用价值，但从区块链技术创新现状和知识产权发展情况来看，要想使区块链技术真正在知识产权保护领域落地，也存在不少的难度和挑战。

从实现基于区块链的知识产权确权来看，主要存在以下三个方面的困难和挑战：一是在区块链技术方面，面向知识产权保护的区块链底层技术还有待进一步突破，例如，如何在保障区块链系统的高效性的前提下，建立版权确权信息与版权内容分离存储和管理的网络体系。此外，数字内容的压缩和高效管理也是技术挑战之一。二是在线上与线下信息对接方面，有三个方面的机制需要建立，包括如何确定区块链地址与真实世界个人、机构的对应，如何推动线下智力劳动成果的数字化以及如何将已有版权登记信息迁移至链上。三是在应用普及方面，最大的挑战在于如何让区块链得到全球各界的认可并积极将版权信息在链上登记。如果普及度不够，则会出现并非权益主体却将版权在链上率先登记的情况。

从提高知识产权用权效率来看，存在的挑战主要还是在技术层面：一是如何通过技术手段确认知识产权的独创性，如果知识产权交易不依赖于第三方服务机构，那就需要网络自身具备相应的技术能力，围绕这一问题就必须将区块链技术和人工智能技术融合起来。二是如何在保障版权内容安全的前提下提供有效的版权内容介绍，这与提高知识产权交易供需匹配度密切相关，同样地，这一工作也依赖于人工智能技术的应用。三是需要建立面向知识产权交易的全球化检索平台和交易平台。

从知识产权维权环节来看，区块链应用价值巨大但难度同样巨大：一是如果维权行为主要依赖于线下的机构和组织，最大的困难在于这些机构和组织需要对区块链上的版权信息予以认可，对区块链上以及线下的侵权行为予以认定。2018 年 9 月，《最高人民法院关于互联网法院审理案件若干问题的规定》明确指出，在能证明真实性的前提下，可对区块链上的证据予以认可，这为我国基于区块链的知识产权维权提供了相应的法律依据。二是如果维权行为依赖于线上，则需要在区块链上建立有效的维权合约，其应用价值还依赖于该区块链网络的应用覆盖程度。

2. 趋势与分析

（1）总体趋势

区块链正被创新性地应用于知识产权密集型产业，在数字版权交易、品牌保护、侵权举证等方面发挥重要作用。目前，国内已经有众多企业对区块链在知识产权领域的应用进行了相关的探索和尝试。百度公司构建基于区块链技术的原创图片服务平台"图腾"，阿里巴巴引入区块链技术，构建"区块链＋数字版权"保护平台；数秦科技打造基于区块链的知识产权保护平台"保全网"；火链科技建设"IPTM时间标志"知识产权保护平台；纸贵科技开发基于区块链的版权存证平台等。各企业在知识产权保护领域的产业实践应用表明，将区块链技术应用于知识产权领域全生命周期管理，有助于打造信息时代知识产权规则体系，还能增强知识产权应用场景的高效性和安全性，对知识产权保护领域的发展具有积极的作用。

（2）创新模式

● 构建可信开放的共享账本。区块链技术可以永久记录参与者的行为，使知识产权登记不再受时间和空间的限制，任何创作者都可以在任何时间完成知识产权的登记，实现对知识产权的"存证"，保护自己的权益。

● 构建知识产权溯源体系。基于区块链技术对知识产权存证保护，对每个知识产权作品都打上标签，可以实时追溯作品的流通信息，一旦发生侵权事件，便能为产权所有人提供侵权证据，也能为知识产权的交易流通提供新的途径。

● 构建智能合约自动化验证模式。利用智能合约自动化完成知识产权交易，保证知识产权所有者的收益，此外还可以根据合约完成知识产权内容的自动检索，根据内容相似度协助产权人审查，减少审查员的工作量。

（3）影响因素

● 区块链认知。区块链是一种新兴的信息技术，在应用中具有明显的技术特点和应用范畴，应科学认识区块链的概念，明确其应用价值。一是加强区块链技术概念的普及，讲解区块链的技术特点、应用价值和范畴，避免误读区块链、滥用区块链。二是研究编制行业区块链白皮书等文案，推动社会各界对区块链技术概念、应用前景、应用成熟度的认可。三是明确区块链与虚拟货币的关系，探讨区块链在各行各业的核心价值和实现方式。四是开展区块链与知识产权的探讨，挖掘碰撞区块链在知识产权业务中的价值和应用点。

● 服务平台。全力推进区块链基础设施建设，建设基于区块链技术的知识产权存证平台，为确权、用权、维权提供统一平台服务，为区块链在知识产权领域的创新应用打下扎实基础。

● 人才因素。区块链号称万业可用，但区块链技术如何与各行各业相结合，是需要不断探索挖掘的地方，所以区块链应用更需要多学科的复合型人才，对于人才培养提出了新的要求。一是需要加强各类高校对区块链领域基础知识的传播，开展各类区块链技术讲座、培训沙龙等活动，支持各类高校开设区块链课程及专业。二是需要各类培训机构积极开发区块链相关课程，组织培训活动，通过线上培训等新模式加快区块链技术的传播，同时加强行业监管，确保相关培训活动合法合规。三是需要区块链企业与知识产权行业机构开展合作，加强人员技术及业务交流，探索区块链技术在知识产权行业的应用，培养出一批既懂区块链技术又熟悉知识产权行业的复合型人才。

● 生态服务。区块链行业应用不仅依赖于自身技术服务能力水平的不断提升，也依赖于整个行业发展的生态环境，应以第三方服务为切入点，营造区块链应用的良好生态。一是建立知识产权区块链应用公共服务平台，依托平台开展知识产权确权、用权、维权等方面的服务。二是推动知识产权领域区块链应用的参考架构、数据格式、应用接口、跨链协议等重点标准研制，加强标准验证和应用推广。

● 技术因素。知识产权的多样性、复杂性、数据安全性、隐私性等特点，对区块链技术在知识产权保护领域的应用提出了较高的要求。区块链技术应用面临的一系列挑战，包括：区块链对于非数字化的作品如何完成存证保护；如何确保上链知识产权作品的原创性；如何在不泄露知识产权作品信息的前提下，完成对作品的匹配、检验。在加快推进高效的共识算法、跨链技术、隐私保护、快速检索等区块链核心技术研究创新的基础上，需要对上述问题进行回应并提出解决方案。

供稿： 国家电网 孙正运、蒋炜

4.2.2.11 证券期货

1. 背景及现状

近些年，区块链（Blockchain）技术以去中心化、去信任化的分布式账册技术受到国际投资银行界重视，在数字货币、金融资产交易、资金清算、证券期货结算等领域有巨大的应用潜力，对于降低证券期货行业操作风险、提升运行效率、改变新的业务模式有着重要意义。从全球范围来看，各大证券期货交易所纷纷着手搭建区块链平台，探索区块链应用，例如，美国证券存托与清算公司、纳斯达克交易所以及澳大利亚、韩国证券交易所等已启动基于区块链技术的证券市场基础设施项目开发；纽约证交所、澳大利亚证券交易所的区块链公司高额投资；俄罗斯中央证券存管机构的区块链资产交易和转移的金融合作项目；我国内沪深证券交易所等也开始进行一些探索研究。

（1）场景痛点

目前证券期货行业存在很多痛点和难点，亟需运用区块链技术去解决。一是证券期货业务场景链条过长，难以保障证券期货行业有序、稳定地运作，底层信息黑盒难透明，多方协作成本高、业务效率低下等问题；二是交易主体众多、背景复杂，交易对手方信用违约风险高，因各参与方的信息流控制、隐私保护、数据共享等方面限制，导致多方协作不能高效率，低成本地完成；三是证券期货监管法规不完善、双边协议运行效率较低，导致虽然证券期货市场很大但被分割成小而多的熟人市场，交易不透明、监管成本高；四是证券期货业务交易的数据安全性差、数据容易被泄露和篡改、交易信息不透明、信息获取时效性差。

（2）应用方向

从世界主要国家和地区区块链技术在证券领域的应用探索中可以看出，目前区块链证券期货应用场景已涵盖了证券发行、证券交易、证券清结算、金融衍生品、监管合规、客户管理等方面，如表4.2-3所示。

表4.2-3　世界主要国家和地区区块链技术在证券期货领域的应用探索

应用领域	国家和地区	相关实践
证券发行、非上市公司证券交易	法国	法国政府已批准利用区块链技术交易非上市证券
	美国	美国SEC已批准在线零售商Overstock.com在区块链上发行该公司新的上市股票
	中国香港	港交所发起基于区块链的私募市场
证券交易及清算、结算	美国	花旗集团与芝商推出用于证券交易后台管理的区块链平台
	德国	德国复兴信贷等多家银行利用区块链模拟证券交易
	韩国	韩国证券交易所尝试使用区块链技术开发柜面交易系统
	澳大利亚	澳大利亚证券交易所正式宣布使用区块链技术为基础的系统取代现有交易后结算系统CHESS
		悉尼证券交易所搭建区块链结算系统
	加拿大	多伦多交易所TSE已招募区块链初创公司，试图搭建基于分布式账本的结算系统。
		加拿大证券交易所CSE宣布计划对证券交易引入搭载区块链技术的清算和结算平台。
	直布罗陀	直布罗陀股票交易所GSE表示与金融科技公司进行战略合作，计划将区块链技术应用于交易结算系统。
金融衍生品	美国	高盛、摩根大通等金融机构将DLT用于股权互换测试。

应用领域	国家和地区	相关实践
证券发行	中国	交通银行"聚财链"为券商、评级、会计、律师等中介机构部署区块链节点,聚财链实现了资产证券化(简称ABS)项目信息与资产信息上链、基于智能合约的链上跨机构尽职调查流程。
监管合规	瑞士、英国	瑞银携手巴克莱、瑞信等大型银行机构推出智能合约驱动的监管合规平台
	中国	证券业协会"证券业联盟链"推动了投行业务电子底稿报送的标准化,实现和中央监管库的适配报送。
客户管理及其他	美国	纳斯达克为南非资本市场开发基于区块链技术的电子股东投票系统。
	中国	京东金融集团"ABS云平台"为券商、信托、基金子公司、评级、会计师事务所等中介机构提供更好的工具和服务,促进ABS产品发行效率、提升服务标准、降低服务成本。

(3)应用模式

区块链技术在证券期货行业的应用模式表现在以下几方面:

一是证券登记方面。区块链证券期货平台可以用来跟踪和记录证券的所有权,每份额股权的交易和所有权情况都准确地以数字形式记载在区块中,具备可能促进资产的安全保管和所有权记录的功能。

二是证券期货发行与交易方面。在证券期货发行和交易过程中,区块链证券期货平台买卖双方都是点对点交易,可以免去经纪商的代理行为,节省发行和交易费用。同时区块的时间戳具有不可篡改性,能够确保交易过程的安全性。

三是证券期货交易清算与结算方面。运用区块链证券期货平台技术使每笔交易确认完成后即时将交易信息记录在每个区块中,从证券期货所有人处发出交易指令,到交易最终在登记机构得到确认,不再需要"T+1"天,可以提高资产的流动性。

四是证券期货客户管理方面。运用区块链技术解决传统证券期货市场中代理股票投票、信息披露等公司行为处理方面的问题。

(4)应用价值

区块链技术对证券期货金融机构传统业务经营模式的冲击已初步显现,区块链技术对证券期货行业的应用价值表现在以下几方面:

一是有效解决当前证券期货交易过程中的信息不透明、信用风险与流动性难以控制等问题,大幅度减少中间环节的作假行为。

二是可对当前由中间机构完成证券期货交易的清算、结算、交割、存管、托管等一系列处理流程进行精简,从而减少中间的手动验证和审核操作,并提高证券期货交易结算效率。

三是有助于降低证券期货行业经营成本，提升效率。运用区块链技术可以优化证券期货公司经营管理模式，简化业务流程，降低交易成本，提升决策效率。如利用区块链技术将证券登记信息、权属变动信息等保存在总账本上，由全链公证，能够降低传统登记机构因分散而产生的证券登记和存管成本。

四是可以优化证券期货公司风险管理机制，降低风险。由于区块链技术不可篡改的特性，使每个节点都能验证交易的真实性，确保交易的真实性和可追溯性，交易确认即完成清算和结算，通过减少信息不对称，降低了交易对手风险和信用风险，提升了资源配置效率。同时，区块链技术的自动化将交易过程数字化，且完整记录，实现数据实时监控，降低操作风险和道德风险，进而提升证券期货公司内部控制能力。

五是能够激励证券期货公司的创新动力。基于弱中心化的特点，区块链技术能够促进传统证券期货经营模式转型，如证券期货公司可针对拥有区块链系统客户端的人群开发有针对性的金融产品，以扩大客户范围。此外，区块链技术的开源生态鼓励创新，通过源代码的开放，促进不同开发人员与机构间的合作，推动共享金融的实现。

（5）面临的问题

在国内区块链技术应用于证券期货领域存在较多障碍，区块链技术对证券期货行业面临的问题表现在以下几方面：

一是"区块链＋证券期货"人才相对紧缺。区块链技术在金融应用方面存在安全风险，区块链是密码学、计算机科学、经济学等多学科的融合技术，但区块链人才市场技术型人才与高端复合型人才需求缺口仍然较大，区块链人才尤其是"区块链＋证券期货"的复合型人才面临供不应求局面。

二是区块链证券期货应用方面存在安全风险。区块链技术层面目前还不能完全兼顾到所有证券期货应用场景中对安全、功能和性能的综合要求。证券期货安全性要求区块链技术通过大量冗余和复杂算法保障数据安全可靠，同时证券期货金融领域也要求以低成本快速处理数据，金融业务快速增长会增加区块链节点在信息存储和同步等方面的负担，导致系统性能和速度下降。此外，通过搭载智能合约处理复杂证券期货业务时，由于需要深入的程序设计和逻辑理解能力，在证券期货业务和区块链融合过程中，往往容易出现程序代码纰漏和执行错误风险。

三是区块链技术冲击了现有证券期货监管风险系统。区块链技术的"弱中心化""弱中介化"特征，对现有证券期货风险管理框架和监管体系带来了全新挑战和巨大冲击。一方面，基于区块链技术，中心化的证券期货体系面临去中心化的信息处理，监管信息筛选压力巨大。另一方面，区块链网络系统的风险传播速度远大于传统的网络系统，导致传统的证券期货金融风险监管体系很难适应区块链技术引发的系统性风险监管。如与数据安全、用户隐私、交易安全等有关的新型风险及智能合约操作适用性等问题，可能导致区块链技术在证券期货市场的应用面临很大的冲击。

2.趋势与分析

（1）总体趋势

综上分析，由于区块链技术目前并不完全成熟，存在诸多技术、法律上的缺陷，区块链证券期货行业的应用前景是一个循序渐进的过程，早期应探索区块链核心底层技术，提升现有系统功能，保障数据存储安全，逐步探索交易后结算清算流程，降低结算成本，再结合智能合约开发实时智能证券期货，重构证券期货行业基础设施和核心竞争力。从作用路径和落地领域看，证券期货场外发行交易、资产证券化、股权融资以及证券期货交易与清算等是区块链技术在证券期货行业应用和实施的渐进式可行路径，其中，证券期货场外发行和资产证券化（ABS）是目前最为可行的区块链技术应用的重点发展趋势。

（2）创新模式

区块链证券期货行业的创新模式表现在以下几方面：

一是推进"无纸化"和"电子化"进程。目前在证券期货登记领域主要建立了中央证券期货存管制度，以美国为例，由美国证券存托与清算公司（DTCC）集中保管和交割股票，并以电子化账簿形式登记股票的所有权，证券期货交易的交收和过户不必再以实物证券期货的移动和背书来实现，而只须对簿记录进行更新和维护，实现了证券期货的无纸化和非移动支付。以无纸化和非移动形式交收，能做到在没有中央机构的条件下的登记和电子账本维护，这能节约大量成本，并且可以通过智能合约，实现分红派息，禁售限制等，减少人工操作。

二是重塑证券期货市场的清结算体系。区块链证券期货平台技术可以直接实现实时全额结算，交易确认和清算结算几乎在同一时间完成，所有节点依然共享完全一致的账本，即做到"一手交钱，一手交货"，这样就完全避免了清算业务，可以节省大量的成本。

三是智能合约推动证券期货市场的智能化进程。目前，证券期货市场的许多金融交易仍旧需要人工干预，智能合约可以把许多复杂的证券期货合约条款写入计算机程序，当发生了满足合约条款中的条件行为时，将自动触发接受、存储和发送等后续行动，实现证券期货交易的智能化。

（3）影响因素

现阶段区块链技术创新高速演进，在证券期货行业的应用前景广阔，应用生态体系也正在逐步形成。但是需要意识到，区块链证券期货应用仍面临合规性、技术成熟度、运营模式等方面的风险与挑战，区块链证券期货具体有以下几个方面影响因素。

一是主体资格不合法。我国现行《证券法》第39条规定，公开发行的股票、公司债券及其他证券应当在证券交易所上市交易或者在国务院批准的其他证券交易场所转让，即证券的发行与交易以中介机构作为信用支撑，结算和清算则以清算机构为中心来达成，证券交易建立在证券法的明文规定和授权基础之上。而区块链技术为证券市场打造了一个以技术为支撑的数字空间，证券的发行、交易、清算结算等过程全部以数字形式体现，整个过程实现了"去中心化"，弱化了中介机构、证券交易所、证券公司的作用。区块链系统中的代码编写者、开发软件者以及各节点用户等主体的法律性质在现行证券法律体系中难以认定，缺乏适合的主体资格。

二是法律责任归属难以界定。区块链系统中的各节点通过共识机制确认交易的真实有效，在提高效率降低成本的同时，也使得任何一个节点的误差都可能引起整个系统的安全风险。法律责任需要特定主体承担，在传统证券期货交易模式中，交易各方的信息均通过证券登记机构进行管理，但在区块链证券期货系统中，交易各方的私有信息都通过加密算法予以保密，只有交易数据公开透明，故在风险发生后，难以追踪交易主体。此外，即使能够追踪到交易主体，依照现行法律规定，责任的承担有严格责任原则和过错责任原则，严格责任原则过于严苛，不利于新生技术的发展，而过错责任原则要求的主观动机在区块链证券期货系统中难以适用，故依照现行法律规定难以找到责任承担者。

三是投资者权益难以保障。在传统证券期货市场中，证券期货中介机构是连接证券投资人与筹资人的桥梁，承担着维护投资者权益的职能，保证证券期货市场的有序进行。但由于区块链系统中的数据难以变更，且在智能合约的条件下，一笔交易只要满足条件即自动执行、不可撤销，这对投资者来说是一个潜在的风险，一旦交易事故发生将无法挽回，给投资者的利益带来极大威胁。

四是区块链证券期货关键技术原始创新力不足。在隐私保护方面，大量采用诸如零知识证明、群签名等复杂密码算法大大降低区块链数据读写能力，导致原本处理效率较低的区块链证券期货系统雪上加霜。

供稿：　中国工商银行　　陈满才、鲁金彪

4.2.3　数字社会领域

4.2.3.1　教育领域

1. 背景及现状

随着时代发展与科技进步，教育领域发生了数次变革。传统教育方式以外延式、线下授课为主，注重提升教育时间与人力、物力投入。而现代教育则向以提升教育质量和优化结构为核心的内涵式教育发展，主张与互联网、人工智能等技术结合，增加线上授课比例，同时为满足社会发展多样化的需求，教育行业持续探索培养不同层次与类型的高级专门人才。

近年来，教育行业尽管受国家及地方政策扶持，但在其发展中仍暴露出个人隐私泄露、信息不公开透明、信息档案管理混乱等问题。2016 年 10 月，工信部在《中国区块链和应用发展白皮书》中指出："区块链系统的透明化，数据不可篡改等特征，完全适用于学生学分管理、升学、学术、资质证明、产学结合等方面，对教育就业的健康发展具有重要的价值。"作为新一代信息技术，区块链技术对解决教育领域当前存在的问题，助推其发展具有很大应用意义。

（1）场景痛点

目前教育领域主要存在教育信息不透明、教育机构与教师评价体系客观性差、信息档案管理与转移混乱、教育资源存在壁垒、就业困难等痛点。区块链技术具有不可篡改、公开透明、可溯源等特性，基于区块链技术构建的教育生态，可以将学生、教师、教育机构等角色纳入其中，逐步实现个人与机构信息上链、教育资源上链，通过链上共享教育领域相关信息，实现信息的真实性验证，解决各方信任问题，同时利用区块链整合各方资源，降低教育成本，提高教学质量。

（2）应用方向

根据教育领域存在的痛点与需求，区块链技术在教育领域主要应用方向可分为：

● 数字证书。成绩单、获奖证书、学位证书、技能证书等是学生取得学习成果的凭证，传统纸质证书验证需依靠相关机构进行，面临效率低下、易丢失与数据造假等问题。区块链技术的可溯源、不可篡改等特性可以很好地应对上述问题，依托区块链的数字证书具有完整性、真实性、永久性及可验证性，能满足教育领域的存储、分享及验证需求。国内典型案例有中央财经大学的区块链学生管理系统，国外典型案例有Blockcerts学历证书区块链、APPII英国证书区块链、Sony竞赛成绩区块链等。

●学生就业。目前学生就业难问题愈发严重，其中一项原因是学生与雇主的信息不对等，学生无法准确评估自身能力，雇主缺乏获取学生能力信息的途径。利用区块链技术帮助学生就业，体现在区块链将教育机构、学生与潜在雇主的信息以不侵犯隐私的方式关联，根据成绩与表现对学生能力进行智能评估，并结合招聘信息进行智能就业推荐，同时区块链可以保障学生与雇主相关信息是可验证的。典型案例有Disciplina就业区块链、马里博尔大学EduCTX平台、德克萨斯大学GreenLight平台等。

●教育评估。传统教育评估体系主观性强，缺乏标准，存在弄虚作假的乱象，难以为教育机构提供有效参考。区块链可以帮助教育机构对学生与教师做定性与定量评估，学生与教师的成就与付出都会被区块链详细记录，并成为教学评估的凭证，实现教学评估的公正化、透明化，同时可实现评估信息的复用，无须多次审核。典型案例有英国开放大学QualiChain项目课程教师评价、浦项工科大学Engram同伴评价。

●教育资源共享。当前教育领域存在着资源共享壁垒，由于网络中心化特点，很多教育资源无法达到高效整合与共享的效果，间接增加了学习者的负担。区块链能够将海量教育资源存储至链式结构中，并向全网广播备份，任何人都可以访问，打通教育资源壁垒。典型案例有Gilgamesh知识分享区块链与BEN区块链教育网络。

（3）应用模式

区块链在教育领域的应用模式整体上可划分为构建存证平台与共享平台两种模式。存证平台为满足教育领域参与实体的数据存取需求以及数据隐私保护需要，主要针对数字证书、教育评估等功能。共享平台具体负责教育领域相关数据的安全传播以及信息的溯源验证需求，主要针对教育资源共享及教师、学生与机构的相关数据传递。

（4）应用价值

区块链技术在教育领域具有天然的应用优势，其在教育领域的应用价值主要包括以下两点：

●构建去信任教育生态。借助区块链的去中心化特性，参与实体彼此没有信用成本，教育领域相关数据在链上公开可验证，执行流程客观透明，可有效解决教育行业数据伪造等弊端，构建良好的教育领域生态。

●确保教育数据安全可靠。传统数据保存与共享方法容易造成数据遗失与信息泄露，使用区块链技术保存数据具有永久性、可溯源等特性，确保数据可靠，利用密码学方法可令数据无法被第三方获取，确保数据的隐私安全。

（5）面临的问题

教育领域的区块链应用是较为新颖的概念，需要专门的人才实现这方面的转化落地，但就目前情况而言，该方面人才明显呈现供不应求的态势。此外，区块链教育应用需得到多方支持，协同进行研发、推广等工作，形成多中心的教育网络，这既需要各教育机构的联合，也需要有关部门尽快出台相关标准政策，完善区块链教育中的监管引导。

2. 趋势与分析

（1）总体趋势

当前，区块链技术与教育领域的结合尚未完全开展。早期的应用场景多偏向于区块链较为擅长的数字存证与费用支付奖励领域，用于记录、存储、检索学位、文凭与教育证书等，或是支付学费、发放奖学金。随着区块链技术的发展与相关政策出台，区块链促进教育相关实体信息共享、自动化协作等能力得到进一步提升，诞生了针对学生就业、师生评估、知识产权保护等方面的应用。但在这一阶段，应用主要在各大高校作为试点运行，未得到充分推广。

在未来，随着BaaS普及，区块链技术会更加平民化与专业化，区块链在教育领域的应用将不局限于部分高校，而会逐渐辐射至全部教育机构，实现线上教学模式的再创新，促进教育行业拓展升级。届时，教育领域将以区块链为技术载体，真正打破教育信息共享壁垒，解决"信息孤岛"问题，通过点对点方式的数据传播，减少交易中介，实现师生、机构信息安全可靠传递与教学资源的高效共享。

（2）创新模式

区块链技术在教育领域的应用涉及教育机构、社会企业、教育相关部门等参与方，平台建设应以单个教育机构为起点，主要针对机构内资源管理、验证等事务，逐步拓展至教育机构与企业、教育相关部门的对接，实现政策的自动化执行。在此基础上，进一步促进多个平行教育机构间的对接，进行跨机构教育资源共享、师生信息共享，实现教学资源整合，打造良好的教育领域生态。

（3）影响因素

区块链技术在教育领域的应用尚不具备完善的生态体系，未来除了要建立合理的激励机制来吸引参与方之外，还需要开展全方位的布局，包括技术研究、商业模式探索、落地场景、标准化制定、配套设施、监管政策与法律法规等。

●政策因素。教育政策是一个政党和国家为实现一定历史时期的教育发展目标和任务，依据党和国家在一定历史时期的基本任务、基本方针而制定的关于教育的行为准则。为推进教育行业的良性有序发展，相关单位出台了一系列政策法规，例如 2018 年教育部出台的《教育信息化 2.0 行动计划》提出教育专用资源应向教育大资源转变，2019 年国务院出台的《中国教育现代化 2025》鼓励加快信息化时代教育变革，2021 年教育部出台的《教育信息化"十三五"规划》提出应积极利用云计算等新技术，创新资源平台、管理平台建设、应用模式，深化信息技术与教育教学的融合发展。

●人才因素。区块链属于新兴技术，知识更迭速度极快，对人才的专业化要求程度高，同时区块链作为交叉学科，专业知识要求覆盖面广。高校对于区块链人才的培育尚处摸索阶段，现有课程设计较为片面，还未形成系统的区块链学习体系。区块链核心人才供给量不足，"区块链＋教育领域"的复合型人才更是稀缺，这是制约区块链技术在教育领域发展的重要因素。

●技术因素。教育领域相关机构数量多，数据类型复杂，信息隐私敏感，对区块链技术提出了很高的要求，如何保护个人隐私数据同时保持系统高并发、如何实现多机构结构节点大规模部署与跨链互联，需要加快推进共识算法、跨链技术、隐私保护等区块链核心技术的研究创新。

供稿：　中国电信研究院、北京知链科技有限公司　　梁伟

4.2.3.2　医疗健康

1.背景及现状

十八大以来，党和国家高度重视人民健康，把健康中国上升为国家战略，把医疗卫生与健康事业发展摆在经济社会发展全局重要位置，医疗卫生与健康事业发展进入新阶段，"十四五"期间国家将大力发展互联网医疗、智慧健康养老、数字化健康管理、智能中医等新业态，加速形成健康医疗数据要素市场。

2019 年 10 月 24 日下午，中共中央政治局就区块链技术发展现状和趋势进行第十八次集体学习。中共中央总书记习近平在主持学习时强调，区块链技术的集成应用在新的技术革新和产业变革中起着重要作用，要把区块链作为核心技术自主创新的重要突破口，加快推动区块链技术和产业创新发展。当前，区块链与人工智能、大数据、云计算、物联网等技术的深度融合，将会给各行各业带来新的

变化，创造出新应用、新平台和新制造。在医疗健康领域，区块链等新兴信息技术的融合应用将会越来越受到重视，将是进一步促进全民健康信息化创新发展的重要支撑。

（1）场景痛点

医疗行业发展是一项要耗费大量人力、财力和时间的工作，其中任何医疗业务在当前都离不开高效率的医疗数据采集和汇总，但我国在促进医学发展这一重要环节的信息化基础设施建设起步迟、投入少，导致临床数据资源高度分散、缺乏整合，因而医疗行业各参与方的协作能力、创新转化效率滞后于大部分发达国家。行业中各个从业人员，包括监管方、药械研发、临床医生或者教职研究人员没有可靠的数据资料，在实际工作中处处掣肘，举步维艰。没有高效、安全的健康数据资产的流通和运营环境，严重制约国内医疗行业发展的速度。

● 医疗数据挖掘利用不深。目前，医疗创新能力体系建设已被各国充分重视，有的医疗机构将其定义为未来发展的主要原动力和最重要的市场竞争力，但在探索过程发现，大量依靠人力的传统工作方式效率十分低下，成为了机构发展的桎梏。医学研究、产品开发和监管决策分析等，都需要经过收集数据、发掘问题、提出假设、统计分析、设计模型、干预研究、验证模型、总结归纳等步骤。这些基于数据的业务，需要做大量的前期数据挖掘、后期数据分析，但在此过程中往往面临数据收集难，数据完整性、准确性、及时性差，非结构化数据多难以统计分析，不同医疗机构间数据无法互通互联等问题。

● 医疗创新运行机制不活，发展后劲不足。国内医疗从业者在进行医疗创新的工作中，始终无法推动医学数据资源共建共享的落地，例如在推动生物样本、医疗健康大数据等资源的整合、利用的过程中，一直会遇到利益分配不均，利益协调机制的调整无法做到灵活应对业务的变化等问题。

目前电子化的数据靠传统的信息系统建设，无法进行有效的数据确权，在数据流转过程中存在权责不清的隐患，缺乏可靠的信息化技术来支撑健康数据交换监管措施的实施，无法建设成数据交换监管中心和穿透式监管网络。导致以数据维护、交换为主体的信息化建设难以部署或执行，抑或难以长期维持。

● 数据安全缺乏保护力度。居民的医疗数据隐私保护难落实，医疗机构数据一直是网络攻击的重要目标。近年来国内外发生了大量因恶意攻击造成的医疗数据锁死、数据失窃事件，对健康经济、居民隐私安全产生极为恶劣的影响。但由于国内医疗机构在信息化方面的安全措施不足、力量分散，单个医疗机构无法形成有效的网络安全壁垒，以至于被攻击者利用逐个击破、撞库等手段，将大量完整的居民健康隐私数据泄漏。而反过来，数据安全保护力度不足，又打击了各医疗机构参与大规模医学科研的积极性，也降低了窃用来源不明的健康数据的犯罪成本，造成巨量健康数据通过非法渠道流通至医疗产业中的数据需求方。

● 缺乏创新监管机制。医疗健康数据属于国家重点管控数据范畴，相关政策也明确表明医疗健康大数据是国家重要的基础性战略资源，其对国家安全、社会稳定等方面有着重要的影响作用。虽然，近年来国家相继出台《数据安全法》等系列数据安全、个人隐私信息保护、网络空间治理等法律，但是医疗健康行业涉及面广泛，且医疗健康行业标准的统一性、规范度和透明度尚存在不足，监管责任边界不清晰、技术手段落后使得监管效率较低。

（2）应用方向

深化医疗体制改革、持续推进产业数字化转型离不开新技术、新模式的应用，利用区块链自主创新能力谋划布局数字卫生"新型基础设施"，发挥区块链技术在优化业务流程、降低运营成本、建设可信体系、降低医疗安全风险、创新业务治理与监管等方面的重要作用，实现跨区域、跨医疗机构的医疗数据互联互通，实现医疗业务的有效治理，为行业主管部门提供医疗相关业务的穿透式监管体系。同时区块链也是未来医疗数据资产化、价值化应用的不可或缺的重要工具和催化剂。

● 医疗科研领域。通过区块链建立多方互信数据协作联盟，实现现有各种医疗数据库的数据聚合、共享与交换，赋能医学课题研究、临床试验、公卫统计分析、行业研究、制度建设决策等。业界代表案例有数钮科技的Medevid医学科研区块链平台、国家传染病重点实验室基于区块链的肝病研究平台、宇链科技基于区块链技术的医疗科研数据共享平台、信医科技信医链等，国外案例有Matryx基于区块链+虚拟现实智能科研平台。

● 医联（共）体领域。构建医疗联合体中医疗机构间的数据协作、数据安全与业务监管体系，支撑双向转诊、家庭医生签约、远程会诊、远程诊断、电子病历调阅等业务的融合应用，进一步推动分级诊疗的实施，实现医联体的资源高效配置。国内典型案例有阿里健康常州医联体+区块链试点项目、易通天下区块链医联体分级诊疗平台、上海交通大学医学院附属仁济医院基于区块链和人工智能技术的医联体云医疗平台等。

● 药器（疫苗）管理领域。区块链药械管理系统可以有效提升药品、疫苗、医疗器械的溯源与监管能力，实现药械追溯和问题药械快速召回，为医药供应链和药械管理提供基础技术支撑，提升老百姓用药安全。国内应用案例有建设银行山东省分行开发的区块链药品追溯服务综合服务平台、浙江省药品监督管理局疫苗全链条追溯监管系统（"浙苗链"）、爱创医疗器械追溯平台等。

● 医疗保障领域。构建医疗机构与商业保险机构系统的可信协作体系，降低商业保险核保的时间和人力成本，并大幅度提升核赔效率，提高百姓对商业保险的满意度，加快社会医疗保险与商业险的融合、互补进程。国内典型案例有百度区块链电子处方流转平台、工商银行医保区块链平台等。

● 智慧医院管理领域。基于区块链采集并融合医院运营相关的所有数据，建设全景式数据驾驶舱，为管理决策提供可信的运营数据支持，提高管理的触达效率，强化医护人员的自律性，从而为患者提供高质量的医疗服务，帮助减轻医院管理压力，节约管理成本。国内典型案例有清源链医疗废弃物处置溯源平台、蚂蚁区块链电子票据平台等。

● 基因测序领域。区块链可以实现基因组数据库的安全存储和激励共享。在基因组大数据的基础上，破译基因密码，推动 DNA 序列测定技术、基因突变技术以及基因扩增技术等一大批新技术的发展。在此基础上，也将带动人造激素、生物医药、人造器官的研发进程。国外典型的案例有 Nebula Genomics 基因数据共享和分析平台、HashCash 基于区块链的基因测序平台。

（3）应用模式

区块链在医疗健康的应用模式整体上可划分为垂直链和水平链两种模式。垂直链主要为满足国家、省级卫生主管部门业务监管需求，主要应用于医疗服务监管、医疗质量监管、医保基金监管、数据上报等业务领域。水平链主要面向以业务为导向的传统及创新医疗信息化应用，如科研联盟链、药械溯源链、慢病管理链、处方流转链、健康管理链等，满足上层应用平台的数据上链、数据同步、数据校验、数据鉴权、数据确权、数据资源共享与管理等区块链应用。

（4）应用价值

● 提升医疗数据协作效率。通过构建面向医疗业务的大数据协作区块链基础服务，建立多方互信数据协作联盟，实现现有各种医疗数据库的数据采集与维护、数据共享与交换，赋能医学课题研究、临床试验、公卫统计分析、行业研究、制度建设决策等。在多方互信、开放透明的基础上保障患者隐私安全，同时让人数据处理更加便捷、快速、贴近用户，有效实现数据的流通及使用价值的增值，最终为患者、医务人员、科研机构、医疗信息标准化机构、医疗机构、医学家、企业研发人员及政务人员提供服务和协助，通过专业、高效、便捷、安全的全流程数据服务，有效地在不充分信任的节点之间传递价值，降低信任成本，从而更好地优化医疗服务、造福百姓。

●提升基于健康数据资产的公共服务能力。信息化技术需与医疗服务深度融合，构建数字健康服务新模式，建立长效、可持续发展的健康数据集服务平台，让医疗行业相关成员单位和创新企业合规、合法获取真实世界数据，从而在优化资源配置、提升医疗服务方面发挥作用。引导、培育健康数据集数据公共服务平台和数据集交易市场，完善健康数据资产交易规则和服务，建立健全的数据产权交易和行业自律机制，依法合规开展数据交易。

●提高成果分配效率，优化产业转化流程。通过将医疗数据的流转进行全流程存证、溯源和穿透式监管，可以精准存证和辨认众多参与方的医学成果分配，为健康数字经济发展增添新动力。充分服务于国家各疾病领域临床研究中心和核心药械产业开发区，解决医疗机构、药械企业和监管机构多方互信问题，完善国家医学创新体系，推进精准医疗和药械研发让惠于民，从而有效降低医疗费用，缓解就医用药痛点。

●强化行业监管和业务治理能力。通过区块链基础设施，可以加强互联网新业态服务监管，促进规范发展，进一步提升行业治理水平和医疗服务水平。通过底层数据库级别的数据同步镜像，实现最高级别的数据质量，保证行业内数据完整性、真实性，防范各种假数据、不一致数据等，从而避免不必要的数据清洗、查重、筛选带来的数据质量问题，为医疗产业布局、规范管理提供实时、可靠的信息。

（5）面临的问题

医疗健康是公认的除金融领域外区块链技术最重要的应用领域。近年来，我国医疗卫生领域正经历着多个重大转变，区块链也在医疗卫生领域有较多的应用与探索，医疗服务模式的数字化、去中心化，治疗、设备、服务和商业模式的数字化，使得医疗卫生系统更加高效，区块链技术给医疗领域带来活力的同时也存在一些问题。

首先是区块链的标准化问题，医疗卫生行业的业务数据量大、类别庞杂，同时业务流程缺乏优化，但是数据共享涉及不同医疗机构、不同数据类型，如果没有统一的数据入链标准，将极大影响数据的传递。

其次是技术鸿沟，区块链技术的普及需要系统简化和用户体验优化，实现简便操作和"接地气"。用户不需要了解太多关于这个系统的知识也能良好地使用这个系统，且系统能明确地向用户展示其功能和带来的结果。

再次是与现有应用技术和使用习惯的兼容性。医疗卫生行业的互联网化相对滞后，很多医疗机构刚刚搭建了一套新的设备，从成本上考虑，不会轻易换掉。因此，区块链在接入的过程中必须要考虑与现存路径的兼容，区块链技术的应用也要考虑克服路径依赖以及旧观点限制新模式的问题。

最后，由于国内区块链平台百花齐放，医疗行业区块链平台建设主体不同、采用的标准不一，易出现"孤岛链"状况，形成新的信息"烟囱"，这与去中心化、高度互信互联的区块链愿景与使命背道而驰。因此，在标准、核心技术研发外，行业参与者还应投入精力研究多链/跨链技术，解决计算资源共享、数据资源共享互联，实现数据价值的释放。

2. 趋势及分析

（1）总体趋势

区块链技术为许多医疗卫生领域的潜在应用提供了技术支持。该技术具有分布式、不可篡改、可追踪、匿名性的特点，在医疗卫生的许多领域将有不错的发展潜力。在设计和开发阶段，许多应用都提出了提高医疗数据透明度和可获得性的方案，但在方案大规模部署之前，还需要进一步研究区块链的安全性和性价比。

同时在数据保密且质量可靠的基础上，各组织、机构、企业都能加入区块链网络，利用数据开展合作，采用个人健康数据、医疗设备数据、医护人员采集的数据，开发新的医疗应用或提供服务，实施健康管理并创建新的数据源，由此构成更大的区块链医疗应用生态，形成良性循环。区块链在未来拥有巨大的发展潜力，有可能对目前的医疗卫生行业产生颠覆性影响。

（2）创新模式

区块链能利用去中心化、强隐私、公开透明、可审计、可追溯、可监管等特征，通过不断的模式创新，重构医疗信息化行业的应用生态。

● 新技术的融合加速产业变革。区块链与大数据、人工智能、5G等新兴技术的融合应用，给健康医疗产业的发展提供了新的启发和活力，将引发新一轮技术引领、数据价值释放带来的行业变革。

● 健康数据交换和互操作性。医疗数据交换非常复杂。随着数字化趋势的发展，良好的医疗数据互操作性对促进护理协调是非常必要的。真正的互操作性不仅仅是信息交换，而是两个或多个系统或实体相互信任的能力然后使用共享责任的信息。

● 医疗消费主义和"量化自我"。数字健康解决方案的出现创造了大量个性化的健康和生活方式数据，体现了医疗消费主义，同时消费者对医疗信息和高质量医疗健康服务的接受程度更高，他们也希望积极参与各种能获取个人健康需求的新型服务业态。

●数字化医疗。数字化医疗的核心是在医疗保健全流程中信息全部数字化或虚拟化，包括治疗信息、处方和支付系统，甚至包括疗效监测和健康管理指标，随着网络化、智能化、区块链和医疗健康档案信息数字化的日趋完备，数字化医疗有望在将来取得积极且实质性进展。

●精准医疗。充分整合应用区块链、大数据、人工智能等现代科技手段，与传统医学方法相结合，科学认识人体机能与疾病本质，系统优化人类疾病防治和保健的原理和实践，以有效、安全、经济的医疗服务推动构建个体和社会健康效益最大化的新型医学范式。在精准医学范式引领下的精准医疗实践，将针对每个病人正确选择和精确应用适宜的诊断方法，实现医源性损害最小化、医疗耗费最低化以及病患康复最大化目标。

（3）影响因素

区块链技术在医疗健康的应用尚不具备完善的生态体系，未来除了要建立合理的激励机制来吸引参与方之外，还需要开展全方位的布局，包括技术研究、商业模式探索、落地场景、标准化制定、配套设施、业务监管政策与法律法规等。

●政策因素。后疫情时代，国家和行业内的服务机构都会更加重视医疗大数据在医疗健康行业管理、医疗资源调度、医疗医药科研等领域的共享应用，也会在监管合规的框架下快速推进数据资产交易的发展进程。区块链技术对于数据确权、数据隐私保护、数据安全协同、数据交易等环节都可以发挥重要作用，并衍生出很多新的盈利模式。医疗健康是一个对信用、信任高度敏感的行业领域，区块链技术具有多种构建互联网医疗信任体系的应用方式，可以为互联网医疗提供基础信任服务能力，并获取服务收益。2020年来国家卫生健康委在发布的《国家卫计委县域医共体信息化建设指南及评价标准（征求意见稿）》《关于加强全民健康信息标准化体系建设的意见》（国卫办规划发〔2020〕14号）等文件中鼓励各级医疗机构开展区块链技术的探索与应用，医疗行业区块链技术的政策环境较好。

●产业因素。据数据显示，2015年全球医疗行业规模约1万亿美元，全球数字医疗市场的价值为800亿美元(占比8%)，预计到2020年将增加到2000亿美元以上(占比20%)，复合年增长率为21%，全球数字医疗市场发展迅猛。

2020年我国大健康产业市场规模会达到10万亿元，已经成为新风口。未来十年，医疗健康市场还将维持稳步增长的趋势。从供需关系的角度分析，一方面，随着社会老龄化的进一步加剧，人均可支配收入的稳步提升，对健康的需求得以充分释放；另一方面，医药科技、生物科技、智能化等技术的发展，推动健康产业供给侧产品及服务的大幅提升，使更多的健康需求得以满足。

区块链在数据保密、智能合约、生态激励等方面具有天然的优势，与医疗行业具有较高的契合度，能为医疗行业提供多环节安全解决方案，同时也能助推医疗行业智能化发展。根据研究报告显示，到 2025 年，全球医疗保健市场在区块链上的支出预计将达到 56.1 亿美元。到 2025 年，采用区块链技术每年可为医疗行业节省高达 1000 亿至 1500 亿美元的数据泄露相关成本、IT 成本、运营成本、支持功能成本和人员成本，并可减少欺诈和假冒产品。

● 人才因素。医疗行业是特殊的专业领域，区块链技术与医疗健康应用场景的融合应用需要更多深入理解、多个专业领域的专业团队、复合型人才去匹配设计和实践验证。

● 技术因素。医疗健康大数据是具有国家战略价值的数据要素，对敏感的医疗数据进行处理、存储、利用需要技术、法律法规层面确保数据与隐私安全。医疗数据体量庞大、医疗业务种类繁多且与疾病诊治息息相关，解决节点规模、性能、容错性的"区块链三角难题"，增强链上大规模实时数据处理能力，实现跨链高效互联互通，制定区块链技术标准等是推动区块链技术在医疗健康领域大规模应用的重要前提。

供稿：　　杭州数钮科技有限公司　　钱远之

4.2.3.3　住房保障

1. 背景及现状

住有所居，是最重要的民生之一，牵动人心。2021 年 6 月，国务院办公厅发布《关于加快发展保障性租赁住房的意见》，提出"加快发展保障性租赁住房，促进解决好大城市住房突出问题"。目前，已有很多机构和组织关注到区块链在住房租赁和买卖场景下的应用价值，希望通过区块链去解决传统住房市场存在的诸多痛点。

我国在住房与区块链技术的探索主要聚焦在住房租赁和不动产登记场景上。政府、金融机构、互联网公司等积极探索区块链技术在房地产行业垂直场景的应用，在住房租赁、住房公积金、公积金缴存证明等领域布局全流程的解决方案。2018 年 10 月，基于区块链的不动产登记项目"四网互通"落地湖南娄底，项目运营后实现房产交易数据全链路可信可追溯，多部门间数据可信共享，实现数据多跑路群众少跑腿，有效提升政府的综合服务效率。

澳大利亚、巴西、瑞典、日本等国家在房地产买卖、房地产托管、土地所有权登记等环节中试水区块链技术，比较典型的案例有澳大利亚房地产交易所落地的全国性电子产权交易所，将传统的纸质模式转变为区块链数字平台，解决文件造假及数据丢失问题。

（1）场景痛点

全球住房租赁和买卖市场发展迅猛，但由于信息和交易不透明，还面临着诸多的困难和挑战。

● 信息真实性问题。市场参与者良莠不齐，虚假信息普遍存在，信息的真实性无法保证，"骗租、骗购"、"一房多租"等市场欺诈行为时有发生。

● 信息传递问题。房产建设、交易及保障性住房供给等场景中存在链条长、参与方多、流程复杂且数据不透明的问题，数据流通存在障碍，数据孤岛问题严重。

● 用户隐私问题。传统平台具有高度中心化特征，用户个人及资产信息、合同信息等敏感数据被盗或被泄露的现象时有发生，严重影响日常生活，甚至会造成财产损失。

● 市场监管问题。房产建设、交易及保障性住房供给等场景中存在链条长、参与方多、流程复杂且数据不透明的问题，监管部门无法有效监管，导致部分平台存在合规风险。

（2）应用方向

根据住房市场行业特点及政府对住房保障政策的关注重点，区块链技术可以主要应用在以下几个方面：

● 房屋租赁。2021年《政府工作报告》指出："解决好大城市住房突出问题，规范发展长租房市场，尽最大努力帮助新市民、青年人等缓解住房困难"。区块链在住房供应、主体管理及用户权益保障方面具有技术优势，国内典型案例有雄安区块链租房应用平台、建设银行住房链、蚂蚁链租赁平台等。

● 土地所有权登记。不动产登记是关系到国计民生的重要领域，我国已经推动建立不动产信息共享集成机制，但目前覆盖面不足，仍存在登记流程长、手续复杂的问题。推动业务办理部门、房地产开发企业及房屋经纪机构之间不动产登记信息的互通，推行线上统一申请、集中受理和自助查询，实现"数据多跑路，群众少跑路"，是区块链技术要解决的核心问题。国内已经试点的项目有北京市"互联网+不动产登记"平台、湖南娄底的"四网互通"项目等，国外典型案例有澳大利亚的电子产权交易所、格鲁吉亚的土地所有权登记项目等。

● 政府监管平台。在推动住房保障政策的过程中，由于参与方多、流程复杂，出现监管不到位导致的操作不规范、数据造假等问题，影响政策落地速度。区块链技术通过建立可信、可共享、可追踪的数据共享平台，可在保障性住房建设质量监控、家庭及个人基础信息维护等方面提供技术支持，加强保障性住房质量和分配管理工作。

（3）应用模式

基于区块链的分布式账本、智能合约、点对点传输、共识机制、加密算法等技术，住房租赁和买卖领域逐渐形成了一种创新的应用模式，整体来看可以细分为三个应用场景：

● 自动化、智能化的业务系统。将房源信息、交易信息及合同信息上链存储，保证信息不可篡改、真实可信可追溯；通过智能合约将业务场景可编程化，自动执行可追溯、不可逆转的操作，提高业务系统的运转效率；将各参与方纳入统一区块链网络中，实现住房租赁和买卖过程中多参与方的实时数据可信共享和业务协同，通过联盟扩展保证参与节点的可拓展性，最终建立起可信、可追溯、自动化、智能化的区块链数据信息系统。

● 数据隐私与安全性。通过加密算法对上链数据进行细粒度的数据加密和权限控制，保证数据可见不可读，避免因被盗或泄露引发的安全问题。

● 覆盖全生命周期的市场监管。在区块链网络中引入市场监管角色，在保证数据隐私的情况下实现监管方行业全流程业务数据可见、可操作。

（4）应用价值

区块链凭借分布式账本、共识机制、非对称密钥加密等技术手段，让参与方实现安全、低成本的信息共享，共同构建一个智能化、高效率、低风险的住房生态标准。

区块链节点的分布式部署机制有效地将地产开发商、银行及政府等各方纳管进来，保证各方之间的业务协同，一方面可以解决传统产业链过程中参与机构较多，互相不信任的问题，另一方面，也可以实现政府对不动产行业全领域、全生命周期监管。

基于区块链的智能合约技术通过满足条件后系统自动触发执行的方式，实现平台各参与方的实时共享与快速确认，从而提升多方参与复杂业务流程的协同效率。

利用区块链不可篡改、可追溯等特性降低审查难度，督促责任方从源头自我约束与规范，通过将分散的信息整合，保证信息真实可信可共享，提升企业运营效率，提升监管的深度与广度，最终构建可信安全的住房生态。

（5）面临的问题

区块链技术快速发展，但由于出现时间短、技术难度大、技术发展不成熟等特点，在实际应用中依然面临一些问题。目前市面上存在大量住房领域数据，如何快速、有效引导相关数据汇总，形成全行业统一的数据发布与交换平台，仍需运营方思考。此外，如何运用区块链底层技术，如跨链互操作、可扩展性及与其他创新性技术的融合，从而更好地赋能实际业务场景，也是需要各区块链从业者需要突破的关键问题。

2. 趋势与分析

（1）总体趋势

区块链技术在住房保障领域的落地实施，拓展了区块链应用落地的边界。基于区块链技术，可以有效打通政府、家庭及个人、建筑公司、交易平台、经纪公司等各个参与者之间的关系，将信息流、物流和资金流贯通起来，为政府和市场参与者构建一个资源共享、交易有序、公开透明的住房生态圈，培育住房领域的新理念和新市场，重塑现有体系中不动产登记、房屋租赁与交易、市场监管的管理与运营模式，促进新的价值体系的形成。

（2）突破方向

在国家政策的大力支持下，需要区块链从业者持续发力，积极推动区块链技术的普及和推广，深挖区块链业务场景，提供垂直领域区块链解决方案；搭建区块链基础设施，提供可复用的区块链公共服务组件，降低区块链技术应用门槛，建立完善的业务运营推广机制；突破重点技术发展瓶颈，实现核心技术的自主可控，最终打造出覆盖多场景、多层次、多主体的区块链住房领域生态。

（3）创新模式

未来可以在住房生态建设中，引入生态积分对参与主体进行信用评价，通过区块链的激励机制构建去中心化的信用基础设施，促进住房租赁和住房买卖生态的良性可持续发展。可以基于区块链技术建设完备的不动产信用体系，利用区块链技术在实现个人信息隐私保护的前提下，推动使用区块链技术进行公有房屋租赁管理透明化。此外，还可以结合物联网、AI、大数据等新技术创新解决方案来丰富区块链住房保障应用场景，提升不动产智能化管理与运营模式，助力传统的市场参与者向数字化、智能化机构转型。

（4）影响因素

●政策因素。在"十四五"时期经济社会发展主要目标和重大任务中，完善住房市场体系和住房保障体系依然是政策发力的重点。2021 年 07 月 02 日，国务院办公厅发布《关于加快发展保障性租赁住房的意见》，强调加快发展保障性租赁住房，促进解决好大城市住房突出问题；7 月 23 日，住房和城乡建设部、国家发展和改革委员会等八部门联合发布《关于持续整治规范房地产市场秩序的通知》，聚焦人民群众反映强烈的难点和痛点问题，加大房地产市场秩序整治力度。政策的支撑，为区块链技术赋能住房保障领域提供了丰富的应用场景，为应用模式创新提供了良好的土壤。

● 技术因素。推动区块链核心技术自主可控，突破跨链、可拓展性、加密算法等关键技术瓶颈，更加深入全面地支撑住房保障场景落地。

供稿：　中国建设银行　　林磊明

4.2.3.4　养老保障

1. 背景及现状

养老保障作为社会保障的一部分，是一种准公共产品，具有稳定社会秩序，改善就业结构，再分配社会财富，促进经济发展的作用。养老金融作为我国养老保障体系中的重要组成部分，除了基本养老保险、年金养老保险和个人商业养老保险这"三大支柱"外，还有养老服务金融和养老产业金融等，如图 4.2-8 所示。

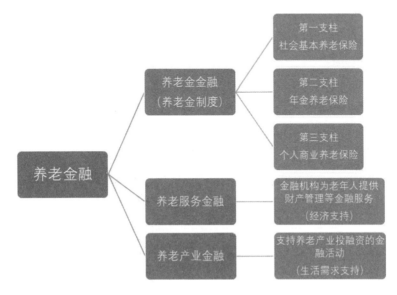

图 4.2-8　养老金融业务模式

我国养老保障体系现状表现在我国养老产业在大方向上面临严重缺口，问题可以归结于不同方面，具体而言：在养老资金支持与住房支持上，主要存在着养老住房、资金紧张，同时资金业务的回报期长以及政府支持力度有限等问题，这些成为制约养老产业进一步发展的主要因素。同时，养老业务存在覆盖面不广、保障水平不高、部分缺失和过分依赖家庭等问题，不利于全国养老系统健全和完善。针对养老产业对于资产和资金融通的需求，相关金融制度存在许多问题。首先，由于养老产业投资金额大、见效速度慢、利润率低、风险成本大，且大部分单位为事业单位或非营利性单位，吸引金融资本的能力不足，因此，除保险业、信托业对养老社区和健康医疗等有一定支持外，金融领域对养老产业的支持水平总体还比较薄弱和相对零散。

近年来，随着互联网和区块链高新技术的发展与进步，围绕智能化、智慧型养老模式的探讨日益增多，学者们普遍认同新时期养老服务模式应紧跟科技创新发展的新方向。

（1）场景痛点

养老金融因其业务参与方较多、业务流程繁琐等特点，被认为是最适合采用区块链技术的典型应用场景之一。目前养老金融业务主要存在养老平台、养老机构服务以及养老资金管理过程中存在身份认证设置、资金运转周期长以及信息不连贯、不保真和不安全等痛点问题。针对以上痛点问题，可以看出区块链作为去中心化、不可篡改、分布式记账技术应用的意义和价值，区块链的出现无疑是提高养老服务精细化、拓展养老金融业务的好机会。

（2）应用方向

根据养老产业链分为家庭养老、社区养老、国家养老三种主要形式，区块链技术在养老金融领域的主要应用方向可以分为养老机构、社区养老和公立国家养老三种，如表4.2-4所示。

● 养老机构。在家庭养老方面，通过区块链技术的特性，能够打造智慧养老平台，储存家庭、老人们的健康养老数据，有助于家庭养老服务水平的提高。家庭养老的代表机构康链号。康链号在中国率先铺设超过1万家健康养老驿站，将区块链技术率先应用于线下场景，结合尚胜集团线上自营和联营商城、线下品牌生产基地、体验店以及共享医疗服务，形成完整的养老产业链模式，对提高我国家庭养老服务水平具有参考价值。

● 社区养老。在社区养老方面，通过依托数据平台搜集和分析数据，细分老年人消费行为的异同，明确老年人对养老和护理的个性化需求，据此拓展社区集

体养老、托日养老、异地候鸟式养老等新型养老模式。社区养老的主要代表是上
海普陀社区和悦客集团。随着中国一系列养老政策的推行，基于社区和居家的养
老模式将渐渐成为主流方向，案例社区和集团的做法为新型养老模式创新提供了
参考和借鉴。

● 公立国家养老。在公立国家养老方面，国家养老基金管理机构或相关部门
通过与大型养老金融机构合作建立信任体制，打造集公民劳动关系和劳动协议为
一体的区块链平台，通过区块链的全程记录实现养老领域精细化操作，促进养老
金融产业深度发展。俄罗斯是将区块链技术应用到公立国家养老的先行者。如俄
罗斯养老基金（PFR）使用区块链技术管理俄罗斯民众的就业合同，将所有就业
以及涉及的养老基金信息统一到单一数字平台。这些政府层面对区块链技术的应
用降低了数据库存储成本，用智能合约和数字平台实现了高效的监管，这对我国
区块链的大规模应用有借鉴意义。

表 4.2-4　基于区块链技术的养老方式比较

种类		家庭养老	社区养老	公立养老
相同点	特性	信息加密、分布式账本、不可篡改、公开透明、去中心化		
	区块链技术应用	区块链和智能合约的透明性和不可更改性、电子签名		
不同点	信任机制	内部建立	内部建立	大型金融机构外部建立
	数据存储	引入时间轴记录健康数据	时间银行；社区养老币	PFR集中服务器
	养老产品	健康产品＋闭环服务	去中心化的养老服务体系	劳动协议智能合约
	应用目的	基于家庭和个人的健康数据管理	用区块链技术打造养老生态	保护市民合法权益

（3）应用模式

养老业务开展主要有养老机构、资金运转和政府直接应用 3 条途径。从养老
机构看，养老机构又分为企业和非营利机构，主要通过利用区块链的不可篡改性
和透明度对于养老服务提供中所收集到的信息进行加密与后续分析，在保障了信
息安全性的同时也拓宽了养老服务的领域。从资金运转看，相关养老基金会、银
行与保险体系应用区块链的分布式账本技术针对养老资金进行筹集、报销与监管，
对养老业务资金运用进行记录与分析，从而形成实时的、不可篡改的账本，对于
不同老人的养老资金业务进行电子账本的建立与分析，从而形成独特的、有针对
性的养老资金方案和计划。在养老机构和资金运转的协同下，政府发挥中央调控

的作用。图 4.2-9 是对区块链养老应用模式的概括。

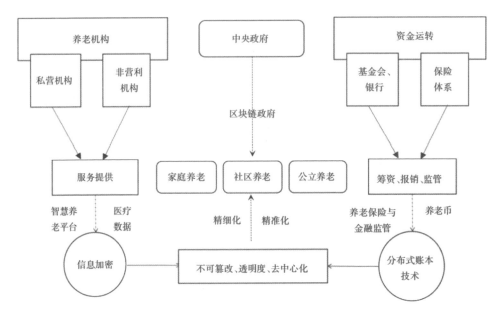

图 4.2-9 基于区块链技术的养老模式整合架构

（4）应用价值

区块链的信息加密及分布式账本等各项技术，可以帮助养老金融向精细化、个性化、自我管理的方式纵向发展。其分布式账本技术对用户的金融行为、金融信誉、金融品质及其资产生成过程可以进行不可更改的追踪记录，有利于从根本上解决养老金融行业存在的信息不对称、粗放式经营、追逐暴利等问题。其在养老金融的应用价值主要包括：

● 保证数据安全性。区块链技术能够有效解决养老金数据安全性，规范数据共享过程中的传播和保存。金融数据的加密特性使得用户能够持有私钥，可以设置访问其他用户数据的权限，从而避免其他不相关金融机构或个人获得私密数据，最终保护用户隐私。而且区块链的技术特性有助于缓解私人机构和金融机构之间的矛盾，将有关保费和利率的欺诈和舞弊等负面行为发生率降到最低。可以说，区块链使健康数字资产的整个生命周期得以充分记录和永久保存，使老年人健康记录、医院医疗服务与金融监管实现透明衔接。

● 公开透明，溯源追踪。区块链技术为解决身份认证"独特困境"问题提供了方案框架和实现路径，保证了身份认证的真实性和可靠性。数据和信息可追溯性，为防范保险欺诈提供了有力的技术保障；去中心化节省了大量中介成本；使用区块链时间戳和分布式账本功能，结合物联网技术，解决了数据跟踪和健康数据防伪问题。可以说，区块链在养老保险领域的信息管理突破了时间和空间的限制，为养老保险产品和服务创新提供了技术支撑，尤其是服务于场景化创新，有助于设计动态的保险解决方案，从而实现个性高效的养老保险服务。

● 提高政府监管效率。在养老调控的精细化方面，政府通过区块链技术的应用可实现养老领域精细化调控数据和信息的全程记录，建立透明的信息收集和管理系统，加快养老产业深度发展，提升养老政策科学调控水平。在养老资金的精准补贴方面，区块链技术可以实施定向追踪，帮助国家和养老机构对居民养老金的支付进行精确定向补贴，养老金的财政支持就可以精确到位，从而避免了国家对于扶贫县老年人口数据等不能实时更新、修正的问题。在养老政策的应用推广方面，区块链技术有助于养老社会资源的科学配置，通过供给侧的技术创新加快政策落地效率和提升应用效果。例如，老年人的房产被视为养老重要资产之一，而区块链技术的公开透明和不可更改性可以实时登记居民家庭成员和拥有住房情况，从而有利于政府立足区块链统计数据对房产进行调控，选择并设计适合居家或社区养老的方案，同时也避免了因房屋而产生的养老法律纠纷。再如，通过土地和城市闲置房产资源的调控，政府还可以参考区块链"时间银行"和数字化养老币资产等做法，扶持或建设社区或城乡一体化综合养老体系，引导老年人口流动和养老服务提质增效。

（5）面临的问题

由于区块链等新技术和新模式的探索时间过短，法律制度还不完善，从业人员和老年人对此都缺乏相关经验，因而还存在很多问题。一些常见的技术平台模式，如线上平台、智能平台和服务平台。现阶段智能平台开发水平不高，数据收集统计与监管不够完善，从而制约了其进一步发展。而在智能养老服务和社区养老应用领域中，智慧社区居家精细化养老服务是一种新型且极具发展前景的产业，但目前还存在数字鸿沟、隐私泄露等问题。

2. 趋势与分析

（1）总体趋势

总体而言，区块链养老呈现"机构—社区—居家"三位一体的养老格局的趋势，该模式可以解决上述传统的痛点问题，因此，政府应该争取建立"机构—社区—居家"一体化养老格局，推进家庭医生与家庭病床服务，全面统筹医护技术和人力融合，鼓励与规范医护人员多点执业。在未来有望形成区块链养老服务金融系统，该系统具有以下明显优点：

① 覆盖范围广，涉及到个体、家庭与金融机构的资源整合；

② 追溯时间长，贯穿个体整个生命周期的金融安排；

③ 服务精细化，根据代际差异、群体差异以及个体差异提供异质性服务；

④ 程序动态化，随时捕捉代际间的"收入－消费－投资"活动的变化趋势并逐渐调整资产匹配程序。

区块链养老服务金融系统的建立是一个长期的过程，是一个不断加强金融体系与不可逆转的老龄社会之间适应度的过程。在这个过程中，系统本身需要寻求各种机制实现系统自治，寻求纵深发展和生态优化。

（2）创新模式

● 养老币自制机制。在区块链养老服务金融系统中，个体主动贡献完整信息，降低了金融机构的产品设计成本和获客成本，提高金融机构利润的同时使个体获得更优质的养老资金安排。整个良性循环的起点，是个体信息记录。类似于比特币，区块链养老服务金融系统也可以设置一种激励机制，向满足要求的个体发放"养老币"，让其购买金融服务。激励机制的目的很明确，一是保证系统能运转起来，二是培养全民的养老金融意识。即根据信息记录的数量和完整性向个体发放养老币，激励更多个体记录更多信息，维持系统的正常运转；根据制定执行养老规划的年龄向个体发放养老币，激励个体提前进行养老规划，培养全民的养老意识，逐渐增加国民养老资金积累。

养老币可以在系统内购买养老金融服务，可转赠、可继承、可交易；其价值取决于系统内金融机构提供的产品和服务质量。系统内的良性循环为金融机构不断优化产品和服务提供长期动力，是养老币价值稳定的根本所在。养老币价值的稳定保证了激励机制的有效性，吸引更多的个体进入系统，整合更多的资源，形成更广的良性循环，逐渐形成一个开放、自治的系统。

● 养老纵深闭环发展。区块链养老服务金融系统的自身发展是一个不断深入的过程。从生命周期阶段看，养老服务金融从老年群体的养老资产管理，到年轻群体的养老规划和资金积累，能逐渐培养居民的养老金融观念。从服务内容上看，养老规划是全生命周期理财的终极规划，养老安排与其他金融活动并不能独立开来，因此养老服务金融可以进一步深入到整个生命周期内的所有资产管理和金融服务，包括助学贷款、购房购车按揭、保险配置、子女教育规划等等。区块链养老金融系统的不断纵深发展，在保障了国民养老资金积累的同时，为个体提供全面的金融服务；在不断促进金融机构优化产品服务，推动金融体系成熟发展的同时，提高了全民的金融素养。

● 养老生态拓展。区块链可以通过增加节点实现可拓展性。区块链养老服务金融系统中，个体节点主动贡献信息，其他节点如社会保障部门、金融机构、企业、不动产登记等会对数据进行验证，保证了数据的真实性，因此金融机构可以利用公开匿名的真实完整信息提供个性化的金融服务。系统成熟运营之后，可以将业务范围拓展到整个养老金融领域，即同时涵盖养老金金融和养老产业金融，拓展系统生态。一方面，系统可以增加养老金管理公司、医疗用品、健康养护、养老地产等企业作为新节点，根据个体多方面的养老需求提供精准产品和服务；另一方面，养老产业的新增节点可以贡献自身经营财务信息，金融机构可以为其提供相应的资金支持，促进养老产业的发展。系统生态的拓展，扩大了良性循环范围，推动整个养老金融体系不断完善。进一步地，养老金融体系还可以拓展到如文化旅游、电商、精准扶贫等领域，带动国民经济的发展，逐渐转变养老仅是消耗社会资源的福利事业这一定位。

（3）影响因素

区块链技术为养老金融的发展提供了新动力。然而，推动区块链在养老服务金融中应用，还需要开展全方位的布局，包括技术研究、商业模式探索、落地场景、标准化制定、配套设施、金融监管政策与法律法规等。

● 政策因素。总体来说，我国养老金融政策环境较好，国家出台了多项扶持政策，例如 2016 年中国人民银行等五部门联合发布《关于金融支持养老服务业加快发展的指导意见》，对金融支持养老进行了具体部署，开启了我国养老服务金融的实践探索阶段。除了养老理财、养老信托、养老保障管理等传统的财富管理产品，监管部门还陆续批准了养老目标基金、个税递延型商业养老保险等新型养老金融产品的发行和试点开展。2020 年，中共中央、国务院发布的《关于新时代加快完善社会主义市场经济体制的意见》明确指出，大力发展企业年金、职业年金、个人储蓄型养老保险和商业养老保险。政策利好为养老金融行业的稳定发展奠定了基础环境，也为区块链在养老金融的应用创新注入了强心剂。

● 产业因素。我国家庭财富净值的主要构成是不动产。根据经济日报社中国经济趋势研究院发布的《中国家庭财富调查报告 2020》，2019 年，房产占我国居民家庭财产的 7 成；金融资产则多以现金、活期和定期存款的形式存在，合计占比高达 88%。这一方面体现了我国居民有很高的预防性需求，另一方面也体现了居民信赖度最高的金融机构依然是商业银行。在众多预防性动机中，"为养老做准备"占 36.78%，排第二位。目前养老金融产品形式多样，包括养老理财产品、养老信托产品、养老目标基金和商业养老保险等，但以上产品并不能够满足当代老年人的需求，广阔的市场前景为区块链技术在养老金融的创新应用起到了极大的推动作用。

● 人才因素。"区块链＋养老金融"的复合型人才稀缺是制约区块链技术在养老金融大规模应用与推广的重要因素。

● 技术因素。养老金融业务参与方多、业务流程长，对区块链技术提出了更高的要求，如何保护链上各方的医养数据，如何实现对老年人的远程监测并获得海量信息数据，如何实现快速对各参与人员的认证，需要加快推进共识算法、跨链技术、隐私保护等区块链核心技术的研究创新。

供稿：　中国工商银行　　陈满才、鲁金彪
　　　　杭州趣链科技　　李伟、李吉明

4.2.3.5　智慧交通

交通运输行业是人流、货流、资金流、信息流、商务流"五流合一"的行业，区块链技术与交通运输深度融合能对交通运输行业产生积极影响，对交通运输行业数据共享、降本提质增效、增强监管效力、提升服务能力、强化安全水平、构建信用体系等方面均有较好的促进作用，在交通基础设施、货运物流、客运出行、行业管理服务等诸多领域有着广阔的应用前景。全球范围内区块链技术在交通运输领域的应用已引起广泛重视。全球区块链货运联盟（Blockchain in Transport Alliance）于 2017 年 8 月成立，是一家全球化的区块链教育和标准开发行业组织；国际航运物流区块链应用迅猛发展，全球主要航运物流企业均积极参与。国内交通运输领域区块链应用整体尚处于起步阶段，主要应用局限于商品物流溯源、物流供应链金融等少数领域，缺乏行业应用的顶层设计，缺乏有效的政策引导，缺乏统一的行业应用规范和技术标准，缺乏符合行业发展特点和需求的公共底层平台作落地支撑，缺乏区块链技术核心人才储备和资本投入，不利于区块链在交通运输领域的快速推广应用。

《交通强国建设纲要》明确提出，大力发展智慧交通，推动大数据、互联网、人工智能、区块链、超级计算等新技术与交通行业深度融合。当前，国家正在加快推进新型基础设施建设，区块链技术被明确纳入新基建范围。区块链的重要性和对交通运输行业的应用价值已经成为广泛共识，交通运输部和各地交通运输主管部门在研究编制"十四五"规划时，纷纷对区块链应用提出了要求。可以预见，区块链在交通运输行业的应用步伐在未来将加快，范围将扩大。

1. 背景及现状

（1）场景痛点

交通行业是一个高度复杂化的领域，会有大量实体参与旅行产品和服务的交付过程，从客户的角度看，此过程有时会通过某个单一产品予以体现。为了共同交付价值并满足客户的期望，这些参与者经常会开展协作。协作是交通业的基石，然而，在典型的交通旅客及货物的运输服务中，存在高度重复的数据和工作，无法确保数据的一致性和准确性，缺乏"已验证的数据源"，导致各参与方共享困难和信任缺失。

（2）应用方向

基于区块链技术在智慧交通领域的应用，是各方沟通协作的基础。区块链可将各节点收集到的各方数据全部上传收集，保证数据的真实性、可靠性、完整性，包括资产数据、现金数据流、设备数据等，保证相关方能够及时有效地获取权限内的数据，搭建起各方相互信任的平台。同时，基于区块链技术打造的交通行业应用方向，主要包括如下四点：

● 货运工具使用权共享。交通业是密集型、高成本产业，客户较多，货运公司较少，同时部分货运工具的造价比较昂贵。因此在传统的交通业中，普遍出现过很多货运工具使用权共享的情况。基于区块链的技术，可将货运工具所有权所属的公司或者相关个人的信息上链，保证其在租赁过程中的使用权益和消费权益，以便于相关方集结投资力量，减少投资压力，共享使用权。

● 投消联动。以投资带动租用机市场消费，从市场投资到投资人层面，形成去中心化的市场营销体系。

● 业务数据上链。对货运工具的运营数据上链，确保所有的数据真实可信，做到投资权益的透明化管理，解决信任危机。

● 权益发行交易。将投资权益使用区块链划分为数字资产，数字资产可以兑换为消费权益，未使用的权益可以在平台交易市场进行交易。

（3）应用模式

商业交通行业价值链涉及许多实体（例如飞机制造商、航空公司、旅行社、机场、火车站、高速公路收费站和其他行业供应商），它们之间彼此依赖，为客户提供产品和服务。为共同协调旅行产品和服务的交付，整个交通业的价值链本质上与供商间的许多合作关系具有极大的协作性。区块链在交通行业的应用模式整体上可划分为构建垂直链和水平链两种模式。垂直链以满足交通行业各类供应商之间的上下游需求，主要针对交通物资监管、交通费用清分结算等业务。水平链以核心交易双方或者多方来进行协调维护，使各类水平方之间的一些交易记录能够做到上链可查。

（4）应用价值

区块链技术本身是一种分布式记账技术，是一种融合了加密技术、P2P、共识机制、分布式数据存储的新型应用模式。其本质是一个去中心化的数据库，由多方共同维护，使用加密技术保证传输和访问安全，能够实现数据一致存储、难以篡改、防止抵赖。当前在交通行业，主要区块链研究领域用例分为五大类[1]，分别为：

● 数字资产标记化。数字资产标记化通常对物理资产和数字资产进行非常明确的区分。当标记化物理资产时，与物理世界有复杂的关系。像谁实际持有资产这样的问题很重要。将机器零器件的制造商、运营商和维修商记录存储在区块链中，以做到日后均可访问这些信息。

● 智能合约编纂协议。将"从采购至付款"领域进行合约设计，将全流程的业务记录通过智能合约，存储至各个节点上，以保证业务数据有据可查。

● 认证。在航空领域，身份认证一直是一个安全方向极其严格的问题。严格认证也带来了一定的繁琐性，在传统技术的环境下，通常越严格的环境，就会有越严格的认证机制。而区块链却能在两者之间保持一个平衡，既带来了严格的安全机制，又能保证用户相对便捷的认证方式，提高工作效率。

● 数字ID。数字ID通常用于管理整个价值链上实体的数字身份。目前关于数字ID方面，有一个重要的环节可以应用——线下的验证设备和方便的共识机制。当交通业有了相应的设备，验证签名就可以在大部分地方进行，例如利用区块链身份证直接乘飞机。

● 溯源。在交通业，通常有很多有价值的实物和虚拟资产需要跟踪。在这点上，区块链允许我们构建不同于传统解决方案的软件。使用区块链，您可以构建可信任的分布式应用程序，以存储未被篡改的数据，利用他们进行实物溯源，是非常有可信依据的。

（5）面临的问题

伴随着社会对区块链的价值和场景适用度的认识不断提高，区块链应用已从单一的加密货币应用延伸到经济社会的多个行业。对比区块链在金融、政务、民生、法律等其他行业的应用情况，在交通运输行业大规模推广应用还存在以下几方面问题：

● 缺乏行业应用的顶层设计和整体规划。目前，我国交通运输行业对区块链技术认知总体不足，对区块链技术本身、行业应用价值、应用前景研究尚不深入，处于市场分散化的实践状态。虽然在一些地方出台的区块链指导意见中涉及了交通运输领域的应用，但缺乏行业性的顶层设计，发展思路、应用场景、推进路线不明确，容易导致未来各地交通运输部门在推进过程中缺乏指导，发展规划和技术路线各不相同，产生技术异构、资源配置割裂、应用场景分割化、评价机制不统一等问题。

● 缺乏统一的行业应用规范和技术标准。由于区块链技术尚未在交通运输行业形成大规模的应用态势，各领域应用还处于研究和试水阶段，尚未形成系统的行业应用规范和标准。亟需从技术要素评估、性能评估和安全性评估等角度对技术应用进行规范，并在产品设计、软件开发和系统运营上给出具体的技术指标、评估方法和相应标准。

● 缺乏符合行业发展特点和需求的公共底层平台作落地支撑。区块链技术在我国交通运输领域落地应用多是在开源区块链底层平台基础上进行适用性的调整开发，在并发用户数、吞吐量、可靠性、安全性等方面进行优化，实现身份验证、隐私保护、节点管理等功能。现阶段，国内大型原生区块链公司和科技企业开发的区块链底层平台在应用场景各有侧重，鲜有符合交通运输行业特点和需求的公共底层平台，致使技术人才紧缺，技术落地效果欠佳，试错成本高昂，推广进程缓慢等问题。亟需开发或探寻一套高性能、低成本的公共底层平台，以解决成链成本高、底层平台异构、数据无法交换、推广应用难等问题。

● 缺乏区块链技术核心人才储备和资本投入。区块链人才是复合型人才，不仅要求技术人员掌握主流区块链系统开发语言、密码学、计算机网络基础，还要有区块链开源项目开发经验，对交通行业有较为深入的了解，目前我国交通区块链技术人才储备还难以满足大规模应用需求。同时，交通区块链系统建设需要投入大量研发成本和硬件设备，需要探索政府和市场交通区块链技术研发和应用的协同创新模式，依托金融资本、产业资本和科技企业的各自优势，为交通区块链产业化发展提供投融资解决方案。

2. 趋势与分析

（1）总体趋势

交通行业是一个庞大而复杂的产业，拿航空业而言，未来 20 年全球对新型商用飞机的需求达到约 40000 架。交通行业的产业链长、参与方多、安全性要求高、监管严格。区块链技术特性与航空业的发展需求具有重合性，未来发展与应用场景广泛。

当前，国内外主要制造商、系统供应商、航空公司、汽车公司等各方均在开展区块链技术的探索性应用，例如南方航空的"南方链"，霍尼韦尔公司的飞机零部件交易平台等。

（2）创新模式

区块链作为信任工具，可以促进信息共享，提升协同效率，非常适合处理网状的关系。交通运输行业是人流、货流、资金流、信息流、商务流"五流合一"的行业，是典型的网状结构，非常适合区块链的场景应用。交通运输行业参与方众多，若各参与方间难以形成一套有效的互信协作机制，就会致使信息共享与开放进程缓慢，资源共享难，互联互通难。区块链技术与交通运输深度融合能产生化学反应，改造基因，对交通运输行业数据共享、降本提质增效、增强监管效力、提升服务能力、强化安全水平、构建信用体系等方面均有较好的促进作用，在交通基础设施、货运物流、客运出行、行业管理服务等诸多领域有着广阔的应用前景。

（3）影响因素

区块链技术作为一种分布式记账技术，利用巧妙的技术设计和数据治理方式，为多方协作的工作提供了信任基础，有助于解决业务发展痛点，促进业务模式创新。针对区块链技术在交通行业的应用，主要提供如下几点建议：

● 要增强思想认识。深刻理解区块链技术对于未来推动社会行业变化的巨大潜力。当前整个交通业，对区块链技术的应用或者理解还是不够深入，只有通过不断学习、加强了解，才能让区块链技术有望成为突破和重塑生产关系的一种关键技术。

● 做好人才储备。区块链技术起源于数字货币领域，其初始应用与交通领域间隔较远，造成该技术与交通行业当前的人力资源交叉不足。要加大技术人员的人才储备，着力培养一批既懂航空又懂区块链技术的新型人才，为区块链技术在交通行业落地打下坚实基础。

● 扎实推进基础研究水平。区块链技术本身具有独特的优点，为推动其应用落地，需要对其技术本身具有较深刻的理解。要积极开展技术的基础研究和攻关，了解发展起源，深入开展技术原理研究，理解技术内涵，打好开拓交通行业应用的坚实基础。

供稿：　中国银行　　　　　　　　　　邢桂伟
　　　　公安部交通管理科学研究所　　邱红桐

4.2.3.6 食品安全

1. 背景及现状

一般而言大多数食品具有信任品属性，即消费者通常在购买前甚至消费后皆难以识别食品的真实质量，因此，食品市场存在严重的逆向选择，正因为无法识别生产者是否以劣充优，消费者支付意愿维持低位，生产者收益无法弥补生产高质量食品的高成本，优质食品很容易被低劣食品"驱逐"出市场。同时，由于消费者难以直接观察到生产者的生产行为，有些生产者在利益的驱动下不择手段地降低成本，甚至会使用危及消费者的健康乃至生命的技术或原料，从而造成极其严重的道德风险。因此，食品安全问题的根本原因在于信息不对称导致的逆向选择和道德风险。

区块链技术应用于食品安全管理领域有着天生的绝对优势，区块链技术的高度透明、高度安全和去中心化等优势能够实现食品安全信息全程可追溯，提高整个供应链管理效率，降低成本和浪费，防止假冒伪劣等欺诈行为，大幅提升食品安全保障水平。

（1）场景痛点

食品安全事件频频发生的根本原因来自于政府、生产者、消费者之间的信息不对称，导致交易双方信任发生问题这也是食品安全的核心问题之一。通常认为食品追溯体系是解决信息不对称的关键手段，但是目前食品追溯系统还存在一些缺陷，主要体现在：依赖于统一的中央数据库，数据在存储、传输、展示等一些环节存在信息被篡改的可能；食品追溯系统在多个环节还处于人工作业状态，对于信息提供者可以选择性屏蔽对自己不利的基础信息；食品追溯系统应用水平依赖于政府监管措施的强弱，系统存在人为的操作空间，没有对监管者权利的有效约束；食品追溯系统无法实现生产者和消费者的隐私保护，尤其是生产者的各种信息被过度暴露。区块链技术具有的去中心化、不可篡改、开放透明、机器自治等重要特征，食品安全追溯体系引入区块链技术后，能够让互不相识没有信任基础的人建立信任，从而低成本高效率地解决食品安全领域存在的信任难题。

（2）应用方向

对于整个食品供应链来说，有价值的数据不仅是各个独立系统产生的数据，而是系统之间整合共享所得出的数据，从食品生产、加工、流通、消费甚至到金融等各个环节，存在着利益相关，区块链技术通过将各个利益相关者拥有的数据库系统进行整合，激活了原本孤立的碎片数据，主要应用方向可以大致分为以下三种：

● 基于区块链的食品供应链数据共享。多级企业获取唯一身份认证并作为节点组建区块链网络，将生产、物流、库存、销量等信息实时上传到区块链，建设可信、可视、可控灵活的食品供应链数据共享系统。

● 基于区块链的食品供应链溯源。农户、供应链企业、政府等作为节点加入区块链网络，物联网设备和关键环节的操作人员获取唯一的数字身份进行注册，结合物联网技术实现从生产到销售全流程关键数据的实时、可信采集，并对各阶段行为进行数字签名，确保信息真实、可追溯和不可篡改。

● 基于区块链的食品供应链金融。围绕食品安全方面进行应用建设的同时，银行作为节点之一，与核心企业、供应链上下游企业共同加入区块链网络。银行通过该网络获取供应链企业间的交易记录，确认供应商与核心企业关系，实现应收账款票据拆分与核心企业信用多级流转。

（3）应用模式

区块链网络分为公有链、联盟链和私有链。公有链即完全开放的、任何人都可以加入的不存在任何中心化的服务器节点；联盟链也被称为行业链，需要通过授权的方式才能加入，是由多个机构共同参与管理的区块链，也是目前在各领域应用的主要形式。私有链节点的写入控制权限为内部控制，一般适用于特定机构。在食品安全追溯体系中包含的种植养殖企业、生产加工企业、物流运输企业、监管机构、检测机构、零售企业等，信息在这些主体间传递，联盟链网络更适合于这样的组织形式。

（4）应用价值

从技术角度看，区块链技术是一种利用块链式数结构来验证和存储数据，集合了分布式数据存储、点对点传输、共识机制、加密算法等计算机技术的应用模式。从业务角度看，区块链具备去中心化、不可篡改、数据可追溯、多方维护、公开透明等特点。结合这些特点，区块链技术在解决食品安全追溯方面可以解决如下问题：

● 提升数据可靠性。在食品整个的供应链条中，从种植养殖、生产加工、仓储物流、零售、监管、检测等各环节产生的数据存储到区块链网络中。基于区块链去中心化，防篡改特性，将数据同步到各个节点，可以有效地保障食品追溯系统的数据可靠性，避免内外部人员对数据进行篡改。

● 更便捷地完成监管。监管部门作为联盟节点加入到整个区块链网络中，可以随时进行数据的查验，对于每条数据的来源可以清晰地获知，一旦发现问题可以快速定位到责任方进行对应处理。

● 提升数据整合效率。通过分布式账本信息的记录，各节点将数据进行上传，将全流程的信息进行记录、传递、核验、分析，保证数据的连通性、一致性、完整性。从而提升了整个食品追溯的信息整合效率，解决各企业之间信息孤岛的问题。

● 结合 IoT 设备提升数据的真实性。在食品从种植养殖开始到生产加工、物流运输到终端零售，借助于各类信息自动采集设备，结合区块链技术，实现信息的自动采集和不可篡改，从而让数据更可信，也让整个系统的运转效率更高，从而提升消费者的购买信心。

（5）面临的问题

当前区块链技术在食品供应链领域的落地处于初步建设阶段，社会各参与方仍需要一个接受和转变的过程，所以在落地的同时也会面临一些问题：

一是企业上链动机弱，部分企业不愿支付成本搭建区块链网络、不愿将内部数据共享，调动供应链企业上链积极性难，可借助强势企业或政府机构推动；二是数据源真实性难保证，区块链技术只能保证信息上链后的可信传输，无法避免上链前人为因素对源数据的影响，可以通过 IoT 设备减少人为干预，同时提高操作人员素质水平；三是消费者成本分摊高，区块链网络的搭建、IoT 设备的引入都需要付出成本，部分成本最终会分摊给消费者，可以通过边际成本递减降低分摊成本，或是重塑消费观念。

2. 背景及现状

（1）总体趋势

当前，区块链技术和食品安全追溯体系的结合，为食品供应链各参与方就数据信任问题提供了有效的解决方案和可靠的信任基础。随着区块链在食品安全领域多场景建设中不断丰富和完善，促进各参与方信息共享、信用传递、自动化协作、数据整合等能力和价值转化能力将得到提升，对食品追溯体系的覆盖范围也将进一步扩大和加深。

未来，"区块链+食品安全追溯"的去中心化模式将突破传统食品追溯模式的瓶颈，以区块链存储技术为核心，以顺向跟踪和逆向追溯为主要方式，将深度布局食品供应链市场，以物联网技术为抓手，实现食品安全追溯体系的革新和升级。区块链技术具有公开透明性、数据不可更改性和可追溯性等优势，链上的每一家企业都将信息共享到区块链上，食品供应链的各参与方利益相关，数据交互的同时相互监督，协同有序，避免了传统信息传递过程中由于信息垄断而导致的信息不可信问题，区块链应用将真正实现全追溯链条的覆盖。

（2）创新模式

食品追溯系统的核心目标是实现对食品生产、加工、流通和消费等各个环节的信息的顺向或逆向追踪，从而使得各类参与主体的生产经营活动处于有效的监控之中。食品安全追溯根据方向不同，可分为跟踪和追溯两个过程。跟踪是指从上游到下游跟踪，当发生质量问题时，可以通过跟踪了解食品去向，便于评估影响并进行食品召回；追溯是指下游到上游的溯源过程，当出现食品安全问题时，可以向上查找定位问题源并及时处理。在传统的食品追溯系统中，在食品流通的过程中，原料供应商、食品加工商、分销商、零售商分别将自己的食品状态信息进行记录并上传至政府监管部门，形成一个中心数据库。由于数据的记录和上传都是各类生产经营主体单独对监管部门来实施，每类主体都可以只上传对自己有利的信息、屏蔽对自己不利的信息，甚至上传虚假的数据，使得大量数据没有被记录或以虚假的状态被记录下来，从而影响了数据的共享和使用。

引入区块链后，食品追溯系统中的中心数据库被各类生产经营主体与其上下游主体共同构建的分布式数据库所取代。通过分布式数据记录与上传解决了参与主体之间的相关监督，从而保证了数据的真实性，同时促使各类主体充分记录和上传与食品数量和质量相关的数据。更重要的，区块链技术提供的数据安全性使得物联网能够应用于食品供应链管理中。具体而言，区块链能够为通过物联网相连的无线电频率识别（RFID）、全球定位系统（GPS）、无线传感网络（WSN）建立信任机制，实现数据的透明运行和安全共享。

（3）影响因素

区块链技术在食品安全追溯领域的应用尚不具备完善的生态体系，未来除了要建立合理的机制驱动和市场布局之外，还需要开展全方位的社会普及，包括技术咨询、协同机制的建立、标准化制定、配套设施、市场监管政策与法律法规等。

● 政策因素。总体来说，我国食品安全追溯领域政策环境较好，国家出台了多项措施推动食品追溯建设工作，例如 2019 年 5 月 31 日商务部、工业和信息化部、农业农村部、海关总署、国家市场监督管理总局、国家中医药管理局、国家药品监督管理局联合印发的《关于协同推进肉菜中药材等重要产品信息化追溯体系建设的意见》，按照相关法律法规及《意见》明确的管理职责，建立健全工作机制，协同开展重要产品信息化追溯体系建设。政策利好为食品安全追溯建设工作的稳定发展奠定了基础环境，也为区块链在这一领域的应用创新注入了强心剂。

● 市场因素。在食品追溯体系下，利益相关者的影响是区块链追溯应用的重要因素，政府通过法规和政策支持推动了区块链技术的落地和规范。内部利益相关者中消费者的态度决定了区块链技术在技术扩散的应用前景，供应链伙伴关系的支持则从供应链内部决定了区块链技术的可实施性，作为外部利益相关者的社会组织则对区块链追溯监管作用的发挥起到了辅助作用。

● 技术因素。随着物联网技术的进一步普及，物品信息化成为必然发展趋势，在食品供销的各个环节上通过非人工干预进行数据记录、存储和传递，如何实现区块链与物联网全面交互保证数据准确可信，如何实现技术成本降低，如何完成技术落地与企业升级转化等因素，将极大影响未来区块链技术在这一领域的耕耘、创新和发展。

供稿：　京东数科海益信息科技有限公司　　任成元

4.2.3.7　公益慈善

1. 背景及现状

近年来，在政府管理部门和相关政策的大力支持下，我国公益慈善行业的发展取得了很大的进步。从社会整体进程推进的角度看，公益慈善行业主要经历了政府背书、企业支持、互联网支持、区块链慈善四个阶段。同时也应注意到，我国的公益慈善行业目前还处在初级阶段。随着行业不断发展，近年来的社会公益价值总额与社会组织数量呈逐年上升趋势，也出现了一系列新情况。网络募捐平台依托便捷和流量，让公益迅速平民化，当公民捐献意识和资金不再是问题，如何保证"物尽其用"成了焦点，每个人都想知道自己手里的钱到底何时捐给了谁。在公益行动中，中国公众并不缺少善心，但他们还缺少一个基于新技术的，信任、开放、透明的平台和操作机制。在传统网络募捐平台上，善款进入基金会账户后流向不够直观，支付宝爱心捐赠平台上，经常有用户捐出几元到几百元不等的善款，捐款进入公益项目账户之后就无法追踪。

区块链技术为公益项目解决善款公示"最后一公里"提供了一种解决方案。利用区块链技术，让每一笔款项的生命周期都记录在区块链上，用户可以持续追溯。区块链从本质上来说，是利用分布式技术和共识算法重新构造的一种信任机制，是"共信力助力公信力"。

（1）场景痛点

随着人们的慈善公益意识和社会责任意识的觉醒，近几年来公益慈善事业展现出了巨大力量。慈善事业在飞速发展的同时，也出现了一些公益丑闻，引发大范围的信任缺失。慈善机构遭遇了公信力危机。传统公益慈善领域在款项管理、信息记录等方面存在几方面的问题：

痛点一：虚假募捐项目。受助人、捐赠项目信息审核不够严格，难以做到真实有效地甄别，诈捐、骗捐现象时有发生。

痛点二：资金流向不透明。慈善组织信息披露不足，导致慈善链条中存在不少可以黑箱操作的漏洞。钱款的募集和使用过程难以透明公开，克扣数额情况不可避免。

痛点三：慈善机构内部管理成本高。捐款人总是希望将尽量多的资金用于他们期望支持的项目，然而作为一项正规发展的事业，慈善组织维持自身的正常运营也需要一定的成本支出。公益款项先进入中心机构账户，再由机构进行操作处理，多层级操作增加了项目成本。传统公益信息共享有限，在款项管理、信息记录等方面存在诸多问题，基于手工流程也提高了公益审计成本。

（2）应用方向

针对慈善场景痛点，区块链在该领域的应用方向可以划分为以下三类：

● 提升募捐项目管理。将捐赠人和受捐项目直接关联，每笔款项流通数据都被储存并固化，各方均可进行查看监督，对每一笔捐赠都了如指掌，保证公益项目的公开性和透明性。

● 提升资金去向透明度。善款的去向不明一直以来都是公益慈善的痛点之一。区块链技术具有分布储存的特点，天然具有记账和信息追溯的功能，在慈善捐赠领域中，通过使用分布式账本来跟踪捐赠信息，确保每笔捐赠款项都清晰透明。具体操作上，平台可以引进资金托管银行等符合监管要求的机构，对捐赠资金进行专项托管，平台方不直接接触捐赠资金，所有捐赠资金根据捐赠约定由系统自动划拨，全流程隔离。由此，对于捐赠者来说，这种捐赠方式较传统捐赠方式更为方便和安全，不必担心善款被挪用，也无须质疑接受捐赠机构的可靠性；对慈善机构来说，扩大接受捐赠的渠道可以吸引更多的捐赠人参与进来，同时绕开区域和政策性捐赠限制，极大地拓宽了潜在捐助者的范围。这也是区块链在慈善领域中应用案例最多的，典型案例包括中国雄安集团的慈善捐赠管理溯源平台等。

● 降低慈善机构内部管理成本。区块链上的交易是可以点对点完成的，捐赠者可直接将钱捐赠给指定的人或机构，无须转手多家银行或机构，将有效减少交易成本。

（3）应用模式

将区块链应用于慈善领域十分必要，业界和学界都在关注可能的应用和研究，但目前并不存在一个通用的、可复制的成熟机制，应根据项目需要选择应用模式。

区块链技术可以应用到公益慈善领域的四个具体方面：

• 基于区块链技术的信息披露机制。区块链技术以底层技术规范构建了参与者的共识机制，此共识机制可以作为慈善组织信息披露的标准，并依据法律法规的规定，慈善组织基于便于使用的区块链技术平台（例如APP），将相关信息上链，实现披露信息的透明和全网公开，解决慈善组织信息披露能力不足、信息披露平台不健全、信息披露范围不明确等问题。

• 基于区块链技术的资金跟踪机制。可以利用区块链技术来记载和存储公益平台上的善款募集、资金划拨和使用情况，实现捐赠信息的公开和资金去向的可追踪。

• 基于区块链技术的信息监管机制。区块链的信息公开和数据可追溯，使得各个参与者共同记账，信息同步，可以扮演传统监察机构的角色，对数据披露和资金流通进行监管。

• 基于区块链技术的公益慈善机构审计制度。建立区块链公益账户（公有链），这与原有的各个慈善机构的私有账户有显著区别，将公益慈善捐赠的数据公开化，便于相关信息的审计。

（4）应用价值

• 解决慈善组织的公信力问题。区块链技术的应用能够减少交易过程中第三方机构存在的必要。将区块链技术具体应用于慈善事业场景，则意味着无论是在善款募集，还是在救援财物发放的过程中，或许都不再需要第三方的参与，捐赠人不再需要对慈善机构和慈善组织加以充分信任，整个慈善捐赠体系将由全体捐赠人和受益人拥有并维护。

• 解决慈善组织信息不透明、捐款去向不明问题。由于记录在区块链上的每一笔交易都可以被用户查阅并追溯，慈善捐赠人和感兴趣的社会大众将可以自行监管慈善款项的来源和流向，而无须像以前一样敦促慈善组织公布各项信息。区块链技术的高度安全性可以保证记录于其上的每一笔交易都真实可信，因此公众也无须质疑慈善组织是否在公布信息时有隐瞒或欺骗的行为。这些特质将有利于慈善捐赠人和社会大众消除对于慈善组织的怀疑，提高慈善组织的信用水平。

• 解决慈善组织支出较高的问题。区块链技术的应用将大大减少慈善事业中诸如善款托管、跨国汇款手续费、第三方财务审计之类的开销。慈善机构和捐赠者将不再需要为这些中间环节买单，由此而节省下来的成本数额十分可观。将这笔款项用到真正需要的地方去，无疑更符合捐赠人的意愿和慈善事业的初衷，也能够为慈善事业的救助对象带来实实在在的好处。

（5）面临的问题

区块链的应用提升了链上捐款资金的透明度，但物资类的公益项目的追溯还存在一定的难度。例如物品的质量、数量等，这些数据需要从线下采集出来，之后才是数字化。随着物联网技术的普及和广泛应用，资产上链就会变得更加简单，这一类别的公益项目会更容易落地。

2. 趋势与分析

（1）总体趋势

区块链技术应用于慈善事业将带来慈善模式的创新变革。具体来说：① 慈善组织的角色发生了改变，主要任务由原有的资产流转中介转变为信息发布和审核者，其线下对项目和受助人的信息搜集和审查成为关键，这也是区块链技术不能改变的。这种角色转变，将带来慈善组织业务重点的转变，需要重新设计慈善组织的业务流程和重点。② 角色转变也带来了慈善组织与各利益相关方的关系变化，如何处理与捐赠人、受助人、网络平台的关系值得研究。③ 慈善组织运营模式的改变，如管理机制、捐赠模式、筹资模式、监督机制等。④ 组织财务机制研究，在区块链技术影响下，慈善组织的善款筹集、利用、跟踪、监管等都发生了变化，组织如何应对这种变化并制定新的财务管理机制？⑤ 组织信息披露方式改变，区块链的公开透明解决了慈善组织与公众信息不对称的问题，慈善组织如何利用这一点进行信息搜集、筛选、编辑、发布也会有所变化。

（2）创新模式

区块链技术具有去中心化、不可篡改、可追溯等特性，为解决各行业场景中参与方众多、风险管理中心化、信息壁垒等问题提供良好路径。但同时，区块链也不是万能的，因为它是一种协作型技术，往往需要与生产型技术搭配，如物联网、人工智能等。例如在捐款物资溯源的场景下，物联网技术为链下数据提供"物物相联"的架构，从而保证上链数据的真实性。未来，区块链在公益慈善的应用，一是应统筹与大数据、人工智能、物联网等新兴技术结合，在场景中充分发挥技术多元化的优势。二是以点带面，推进慈善与产业融合。区块链通过细分场景切入，逐渐扩展到链链融合，实现慈善与物流、金融、医疗、政务等领域深入合作，共建公益慈善服务生态圈。

（3）影响因素

●信息上链前的真实性有待确认。尽管区块链技术能够保证链上的信息不易篡改，但在不具有数据封闭性的应用场景中，区块链作为数据的底层存储系统，对信息上链之前的真伪和权属无法判断。而一旦上链不可更改的特性，对上链前信息的真实性提出了更高的要求。这可能会提高机构信息核实的成本。因此，对于区块链而言，只有数据封闭的应用，才能真正发挥出区块链的能力。

● 缺乏相应的法律制度保障。缺乏具体的法律规范是区块链应用落地面临的一大挑战。由于法律法规的滞后性，目前各国法律系统对区块链技术的监管还处在探索和考察阶段，对其能否在公益领域应用、如何应用都尚未形成具体的规范。在没有相应立法配套的情况下，智能合约签订中使用的算法如何与现有的法律系统相协调也成为区块链技术全面应用于公益领域的一大挑战。若不被法律认可，则智能合约也将缺少法律追索权，合约双方的权益也就无法得到法律保障。

供稿： 中国工商银行 陈满才、鲁金彪

4.2.3.8 乡村振兴

1. 背景及现状

乡村振兴事关国家兴衰，十九大报告指出，农业农村农民问题是关系国计民生的根本性问题，必须始终把解决好"三农"问题作为全党工作的重中之重，实施乡村振兴战略。改革开放 40 多年的建设，我国农村地区基础设施建设、生态环境和经济发展取得重大进展，中国乡村已经具备基础动力，产值规模突破 80 万亿，水电路网等基础设施不断完善，科技观念及水平不断提高，以工促农、以城带乡、城乡融合发展的条件已经具备，由于"城市病"出现的"逆城镇化"现象，为乡村振兴带来重大机遇。但城乡发展不均衡的问题是不争事实：农村人口结构失衡、农村生态环境退化、农村传统文化衰落、农村产业发展质量亟待提高、农村基础设施和民生落后、城乡居民收入差距较大。

鉴于我国乡村振兴的复杂性、系统性，国家提出了要实现乡村产业、人才、文化、生态、组织"五大振兴"，明确了大的方向，但其具体实施路径和操作办法还有待各地因地制宜，各个方向都面临着实际的困难与考验：

① 产业振兴是乡村振兴的物质基础，内涵上讲包括三次产业，即农业、农村工业、农村服务业，然而农业现代化水平相对滞后，机械化水平低、产业能力低、科技水平低，农产品加工业发展粗放，价值链难提高，农村商业模式落后信息技术应用不足，第三产业发展模式功能单一，经营项目同质化严重，管理服务规范性不足。

② 人才振兴是乡村振兴的关键所在，人才的吸引、留用、发展是核心问题，当前农村"空心化""老龄化"严重，"招人难""用人难""留人难"问题并存。

③ 文化振兴是乡村振兴的重要基石，文化振兴包括价值、道德、习俗、知识、娱乐、物质文化等，当前乡村对传承文化、培育利用不够，文化设施、文化活动尚处于建设初期。

④ 生态振兴是乡村振兴的内在要求，乡村生态振兴的内涵主要体现发展绿色农业、改善农村人居环境、保护和修复农村生态系统三个方面，当前现状是农村是污染相对严重的地区，工业向乡下转移对农村生态破坏严重，总体农村人居环境较差。

⑤ 组织振兴是乡村振兴的根本保障，组织振兴主要包括基层党组织建设、村庄治理机制完善、农村集体经济组织形成，当前面临的主要问题是"组织空"现象明显，组织管理水平普遍不高，集体经济发展滞后等。

（1）场景痛点

乡村振兴是一个系统性的复杂工程，各方向间有着相辅相成的作用，同样也存在着互相制约要求。

就产业振兴而言，从生产环节看可大致分为卖方市场和买方市场。卖方市场一般是高品质或是已经形成品牌背书的农产品，这类农产品销路畅通，但是面临贴牌仿造、以次充好等问题，且因农产品一般是跨地域流转，所以很难追溯或维权；买方市场相对于卖方市场，更需要的是销路问题以及很难自证产品的品质，造成劣币驱逐良币的恶性循环。从整体产业生态而言，从产地到集货商到贸易商到分销商最终到消费者，各环节均一定程度存在不信任问题，导致流转效率低，流转损耗严重。最终呈现出一种消费者买不到高品质农产品、生产者的高质量农产品卖不出去的乱象。

人才振兴、组织振兴，主要面临着管理者与被管理者因知识文化水平、生活环境问题，导致双方存在不信任，进而导致存在猜忌、矛盾，整体导致农村留不住人才、高水平人才治理无效的情况。

文化振兴、生态振兴，涉及建设投入监管与治理监管等环节的问题，具体实现路径又是"一村一议"，导致监管效果有限，整体治理难度大，治理效果不达预期。

（2）应用方向

根据乡村振兴各个方向面临的痛点，充分发挥区块链自身去中心化可追溯防篡改的基础特性，在信任治理的基础上融入其他服务内容，可切实促进乡村振兴的实质发展：

① 产业振兴方向，对于卖方市场农产品进行基于区块链的可信溯源；对于买

方市场的农产品同样可以通过交易溯源保证产品品质，将信任进行传递促进良性竞争。

② 对于农产品产业链流转环节价值不信任问题，可借助区块链的信息可信共享能力与去中心化自治能力，提高交易流转效率，从而促进农产品总体产业链优化。

③ 人才振兴、组织振兴过程中，针对治理关系的矛盾，可以形成各环节公开透明的阳光治理公示解决方案，形成治理有效的村一级组织。

④ 文化振兴、生态振兴，涉及的监管环节，可综合利用区块链+物联网等技术手段，形成综合解决方案，建设一个保证投入精准到位、投入有效果、效果可持续跟踪的高效监管服务体系。

（3）应用模式

整体区块链治理结构，应纵向涵盖产业环节各参与方或治理参与参与方，做到数据的真实完整可追溯，形成数据合力产生事实信息化赋能效果；横向应充分丰富区块链解决方案内行，深化建设区块链+技术、区块链+服务的综合解决方案，如区块链+物联网形成有效的监控治理综合手段、区块链+金融服务解决农村普惠金融风控难成本高的问题，深化助力乡村振兴战略的执行。

（4）应用价值

基于区块链及物联网等可信的数据采集手段，建立农产品全产业链数据的可信溯源，可自证农产品质量的价值传递，让优势产品可销得出去，消费者可以买的到，促进农产品生产端的良序竞争。

有了产业链数据的可信共享，引入智能合约，可切实优化整体产业链的运营流转效率，更可将需求端数据反向传递到生产端，促进农产品产业的整体优化升级。

区块链+金融服务，可对金融机构提供普惠金融服务场景，降低业务风险与管理成本，是农业生产者获得低成本融资的重要途径。

区块链+治理服务，可以促进治理过程的阳光透明，减少贪污腐败等不良行为，建立和谐信任的组织治理关系。

（5）面临问题

信息化建设包括区块链在乡村振兴中的应用，面临前期投入成本高不直接产生经济价值的问题，导致顶层设计不够、落地需求不足；农业产业链已形成固有业态，产业链环节存在利用信息不对称的获利参与方，切入点需要兼顾各方利益，落地难度大；乡村一级对区块链技术特性不了解，导致实际解决方案认可度有限；数据获取的"第一公里"较难自证真实性，存在数据虽有但无法自证数据来源可信的尴尬局面。

2. 趋势与分析

（1）总体趋势

区块链在乡村振兴中的应用，整体由服务卖方市场的优势品的锦上添花向解决买方市场攻坚问题发展；由区块链单一技术赋能到区块链+N的综合技术服务方向推进；由存证溯源的表象服务向区块链+服务（金融、保险等）的深度服务迈进。案例的应用理念已经从区块链的概念性应用到深度考虑业务合理性、先进性的成熟期发展，随着概念的普及与案例的落地，整体展现出积极发展态势。

（2）创新模式

从技术方案层面，区块链和物联网技术的深度融合，解决物联网设备身份可信的问题，利用区块链分布式的特性突破大规模物联网设备集中管理的性能瓶颈；区块链和大数据的应用，解决传统数据泄露、侵权等风险，形成数据的可信共享、授权共享。将综合技术解决方案应用在服务层面，深度优化产业链流转以及金融服务过程的数据采集难，贷后管理成本高的问题；充分拥抱监管，提升农村治理水平，最终向"产业兴旺、生态宜居、乡风文明、治理有效、生活富裕"的终态目标奋进。

依靠区块链整合的产业数据，打通消费需求端或者贸易需求端与农产品生产端，形成定制化生产/种植模式；基于现货销售形式，引入智能合约，形成农产品跨期预购的创新模式，促进产业链稳定有序运行；基于生产要素数据、生产过程数据、农产品销售数据可信数据的采集与共享，形成对生产者的精准画像，提供针对性金融服务，并引入AI、大数据等，实现远程智能风控。

（3）影响因素

创新模式的应用落地，主要影响因素来源于农业产业链参与方、服务提供方、行业标准化程度以及人才：

① 创新模式的落地将会深度优化改变固有产业链形态，淘汰落后运行模式或环节，各参与方作为原产业链模式的收益者，将经历利润重构，平衡好实际参与方的利益是创新模式需要关注的要点；

② 新技术、新模式，必然需要新金融，金融突破原有评估模型、风控模型，是创新模式下金融服务创新的前提；

③ 所谓产品好与坏、创新模式下参与方对于交易达成标准的认定，监管治理的执行，均需要客观公允的量化评价体系，农业行业规范需要配套支持行业规范标准的支撑。

④ 任何技术脱离行业本身的特性是毫无意义的，同样乡村治理需要懂技术深耕乡村振兴理论与实战知识的综合性人才，人才的支撑是基本保障。

供稿： 中国建设银行 林磊明
数字社会部分合稿：中国电信研究院

4.2.4 数字法治领域

4.2.4.1 司法存证

1. 背景及现状

司法是社会正义的最后一道防线，是社会治理最为关键的部分，区块链与司法的结合，是现阶段社会治理的新型技术手段，是推动我国社会主义现代化法治建设的关键一步。

"互联网司法"是数字化浪潮下互联网技术与司法体制融合发展的产物，是深化司法体制改革的重要部分，依托我国互联网发展的规模、应用和产业等方面的优势不断发展，充分体现了最高人民法院以审判执行工作为主体和以司法改革、信息化建设为两翼的"一体两翼"总体战略布局。

根据《区块链司法存证应用白皮书》的界定，区块链司法存证是指，以无利害关系的技术作为第三方身份（技术和算法充当虚拟第三方），将需要存证的电子数据以交易的形式记录下来，打上时间戳，记录在区块中，从而完成存证的过程。2019年以来，我国司法机关逐步推进司法区块链建设，并主要运用于证据存证领域。在证据资格认定的"证据三性"中，司法区块链存证天然满足了合法性与真实性（存在性）要求。

随着区块链、大数据等新一代互联网技术的迅速发展以及我国各地互联网法院的相继建立，互联网司法判案已成为司法活动中重要的判案方式。电子证据作为互联网司法判案的重要依据，其作用不断攀升，使用需求日益增多，应用范围逐步扩宽，在证券财产、民事纠纷、互联网金融、公证存证等超过43种领域均有应用。以公证领域为例，截至2020年12月，移动公证电子证据取证用户规模达到9000万，较2019年同比增长34.2%，连续5年保持增长状态，移动公证企业认证用户规模达到175万，较去年同期增长16.7%。

电子证据相较于传统证据具有形式多样的特性，且可复制性强、复制成本低、无时间痕迹、容易被篡改，在互联网司法活动中逐渐暴露出取证难、存证难、示证难的问题。区块链因其不可篡改、共同维护、溯源可查及分布式存储等技术特性，在解决电子证据司法存证的难点时具有天然技术优势，利用区块链的相关技术，能够准确保证电子证据的真实性、时效性、关联性。2018年9月6日，最高人民法院出台的《最高人民法院关于互联网法院审理案件若干问题的规定》，许可了互联网法院通过区块链技术保证电子证据的法律效力，为区块链司法存证提供了法律依据，使区块链存证中电子证据具有合法性。

最高人民法院2021年5月18日通过，8月1日起施行的《人民法院在线诉讼规则》首次规定了区块链存证的效力范围，明确了区块链存储的数据上链后推定未经篡改的效力；同时确立了区块链存储数据上链后以及上链前的真实性审核规则。在学理上可以说，区块链证据及其规则初步形成。而且，案件的适用范围也不限于民事、行政诉讼案件，也包括刑事速裁程序案件，减刑、假释案件，以及因其他特殊原因不宜线下审理的刑事案件。

目前，"区块链+司法存证"的应用模式已在全国多地的法院、公证处等机构落地应用，主要包括司法取证、存证、示证等应用方向。据不完全统计，目前国内已有约30家司法机构落地实践区块链司法存证应用，如表4.2-5所示。

表4.2-5 全国区块链司法存证平台一览表

领域	机构	平台	是否落地
互联网法院	杭州互联网法院	司法区块链	是
	北京互联网法院	"天平链"电子证据平台	是
	广州互联网法院	网通法链	是
中国法院	最高人民法院	人民法院司法区块链平台	是
地方法院	郑州市中级人民法院	电子证据平台	是
	吉林省高级人民法院	电子证据平台	是
	山东省高级人民法院	电子证据平台	是
	成都市郫都区人民法院	电子证据平台	是
	广州市中级人民法院	智慧破产审理系统	是
	德清县人民法院	"清云存证"法务电子存证平台	是
	厦门中级人民法院	金融司法协同中心电子证据平台	是
地方法院	上海法院	智慧保全服务平台	是
	广州市司法局、中级人民法院、人民检察院、公安局	"广州公法链"电子司法鉴定平台	是
公证处	厦门市鹭江公证处	中国知识产权公证服务平台	是
	杭州互联网公证处	知识产权服务平台	是
		电子证据保管平台	

续表

领域	机构	平台	是否落地
公证处	广州市海珠公证处	区块链分布式存证公证系统	是
	上海市徐汇公证处	"汇存"区块链电子数据存储平台	是
	上海市浦东公证处	证信区块链平台、数据存证平台	是
	济南市高新公证处	电子数据保管平台	是
	北京市方正公证处	北京方正公证取证平台	是
	上海市新虹桥公证处	电子证据存取平台"采虹印"	是
仲裁委	广州仲裁委	广州"仲裁链"	是
	青岛市仲裁委	基于 5G 网络切片技术的电子证据平台	是
司法厅	山东省司法厅	区块链公证平台	是
	江苏省司法厅	"区块链+司法鉴定"试点应用	是
司法鉴定	国网区块链科技公司（国家电网）	"链e盾、链e签、链e证"	是
人民检察院	杭州市西湖区人民检察院	区块链取证设备	是

其中，代表性的应用如：最高人民法院的人民法院司法区块链平台、杭州互联网法院的司法区块链平台、北京互联网法院的"天平链"电子证据平台、广州互联网法院的网通法链；杭州互联网公证处的知识产权服务平台等。区块链司法存证应用在我国已初具规模，并以积极的姿态快速发展，如表 4.2-6 所示。

表 4.2-6 "区块链+司法存证"应用模式

司法存证环节	存证方向	存证基础	模式价值	主要风险
数据生成；取证	案件产生的电子数据	经由区块链参与节点共识，可通过技术手段认定为原件	区块链记录了数据来源、数据时间戳、数据流转，辅助真实性认定	取证主体的专业知识和技术水平的欠缺可能对电子数据的内容产生影响
存证	电子数据摘要或全部内容	区块链的哈希嵌套链式存储结构	规范数据存证格式，保证数据存储安全，保证数据流转可追溯	入链前的电子数据真实性无法保证
验证	公钥和私钥	电子数据生成的哈希值具有唯一性	检验所存储的电子数据与取证的真实性	密钥的安全传递与存储存在风险
示证；服务审判；知识产权保护等	自动化标准化的流程进行示证	智能合约自动示证和区块链浏览器示证	提升了诉讼效率，增加了当事人之间的质证空间	智能合约修改困难，证据退出机制不完善

（1）场景痛点

在互联网行业迅速发展的同时，互联网用户和平台每天都在产生大量电子数据（文字、图片、视频等），互联网数据及其知识产权具有虚拟化、碎片化、易丢失、传播快、易篡改等特点，这使得互联网司法服务需求量大增，传统的司法服务模式下，电子证据存在取证难、存证难、示证难等问题，导致其采信率低，不足以震慑互联网违法行为，且各司法部门之间存在数据壁垒，难以跨部门协作办案，使司法机构在进行司法判定时面临新的挑战。

在知识产权领域，企事业单位在知识产权运营及保护方面，面临"融资难""举证难""成本高""周期长"等问题。

（2）应用方向

目前，"区块链+司法存证"的应用模式主要服务于审判、公证、仲裁、知识产权运营与保护等领域。具体应用方向为司法取证、存证、示证等。

（3）应用模式

区块链在司法存证领域的应用模式整体上可划分为司法存证与社会存证两种模式。社会存证是指合同双方当事人在第三方区块链存证平台上在线签约（电子合同）和全流程存证的一站式存证。社会存证可以通过区块链的智能合约技术快速地解决合同的履行问题以及违约之后的执行问题，从而有效地将纠纷化解。司法存证指的是为诉讼服务而应用区块链存证技术。第三方存证平台大多使用的是私有链，而目前的司法存证平台使用的是联盟链。司法联盟链尚未与第三方存证平台的私有链进行对接，一旦发生诉讼，第三方存证平台所存储的电子数据无法有效快速地传输到法院节点，从而给法院的证据认定造成困难。

（4）应用价值

基于区块链的司法存证应用通过结合区块链技术，能够有效解决电子证据在传统司法服务模式下的各种痛点问题。

基于区块链安全可信、溯源可查的技术特性，结合时间戳、密码学技术可有效保证电子证据的真实性、时效性、关联性，极大提高了电子证据的认证、验证、示证效率；同时基于其多中心化、多方维护、不可篡改的技术特性，可为司法机构建立可信的网络环境，在多部门之间进行数据共享，实现不同部门之间的协同办案，优化司法业务流程，进而提升司法判案效率；通过区块链技术将传统的司法体系升级为人民认可、社会共信的新型司法体系，积极配合最高人民法院以审判执行工作为主体和以司法改革、信息化建设为两翼的"一体两翼"总体战略布局，实现信息化司法模式的改革创新，加快社会主义法制化建设进程，有利于推动新型社会法治信任体系的建立。

（5）面临的问题

因区块链的技术特性以及司法存证场景的特殊性，现阶段区块链司法存证应用也暴露出一些亟待解决的问题，例如：存证数据隐私安全问题、上链数据真实性问题、存证数据与事发时间的时间差问题、各地司法区块链存在数据壁垒等，需相关研究人员进一步探索解决方案。

2. 趋势与分析

（1）总体趋势

自 2008 年区块链诞生以来，因其"多中心化、不可篡改、共同维护和安全可信"的特性，备受世界各国的追捧。目前，处于蓬勃发展时期的区块链技术因其在数据存证方面的技术优势，吸引着全球范围内各国司法机构的探索目光，虽然各国法律存在差异，但是区块链作为一种可信的电子数据存证技术，可有效解决司法活动中电子证据的真实性问题，因此非常适合用于司法体制建设。随着区块链电子证据的法律有效性被认可，区块链司法存证在我国司法领域的应用已形成一定的产业规模。目前，除杭州、北京、广州三大互联网法院外，多个地方法院、仲裁委、司法厅、鉴定中心等司法机构也相继推出各自的司法区块链应用。

（2）创新模式

未来，区块链司法存证的创新应注重以下四个方向：一是通过提供在线创作平台、添加数据审核机制等方式，减少虚假数据上链存证，保证链上数据的真实性；二是结合零知识证明等密码学技术，解决链上存证数据的隐私性问题，在不公开隐私数据的前提下，帮助司法人员准确判案；三是研发轻量级便携式的区块链节点或区块链取证设备，便于司法人员在不同场景环境中取证、存证，以扩展区块链司法存证的应用范围；四是深入研究跨链技术，在不同底层的司法区块链之间实现数据互通，在全国范围内消除司法数据壁垒，在不同地域之间实现司法协同办公。

（3）影响因素

作为一种新兴的互联网技术，区块链在司法存证中的应用已初具规模，有关区块链的底层技术和原理仍然面临革新，需要在司法存证业务场景中不断地改革创新，以适应新的法律法规要求和司法业务性能要求。目前来看，发展过程中的影响因素主要有三个方面：

● 技术承载力。区块链技术属于当前最前沿的技术，区块链技术的应用使得电子数据的真实性"技术自证"，这对司法人员的技术接纳度和业务水准都有较高的要求。此外，司法领域的合法合规性使得对区块链技术并非全盘接纳，只有解决司法实践痛点的技术才与司法结合。

●安全性。电子数据在入链前容易受到"原始恶意"而篡改。此外，区块链的链式存储架构使得单个节点的信用不可靠，需要共识机制将各个节点的多数意见记录。一旦多数意见出现错误，整条区块链上的数据就会出错，对电子数据的内容产生影响，法官对电子数据的真实性无法认定。

●经济适用性。由于区块链技术本身所具有的去中心化分布式存储特性，造成司法联盟链上的每一个节点必须保留存储所有电子数据且不可改变的"账本"。随之而来的问题是区块链数据库存储的成本问题以及维护数据库的相关费用。尽管区块链技术降低了司法信息传输的信任成本，但是这是以每个节点的存储成本扩大为基础的，这对司法机关的经费造成很大压力。

供稿：　中国人民公安大学　　马明亮

4.2.4.2　法院工作

1. 背景及现状

法院是国家审判机关，其业务以审判为中心，同时包含案件的管理与执行。2015年7月，最高人民法院院长周强在全国高级法院院长座谈会上指出"司法改革和信息化建设是人民司法事业发展的车之两轮、鸟之两翼"。2016年，智慧法院建设被纳入《国家信息化发展战略纲要》和《"十三五"国家信息化规划》，正式上升为国家战略。在智慧法院建设过程中，区块链技术被引入，与在线诉讼、案件管理与执行相结合，赋能法院工作。

法院在线诉讼是指人民法院、当事人及其他诉讼参与人通过互联网或者专用网络在线完成立案、调解、证据交换、询问、庭审、送达等全部或者部分诉讼环节，如表4.2-6所示。尽管在线诉讼在全国如火如荼地开展，拓宽当事人实现正义的途径，但是在诉讼形态改革过程中，暴露出诸多新型问题。包括当事人对庭审笔录的真实性认可方式、电子化证据与电子证据的真实性、电子文书的送达方式等。上述问题所反映出的本质是司法信息的真实性问题。在传统的线下诉讼模式中，庭审笔录经双方当事人签字认可其真实性，证据的真实性以实体载体为核心进行认证，送达以专用快递的形式保证文书的真实性。而线上诉讼无法适用传统的真实性传递方式，也就是说，在线诉讼中法院与当事人之间点对点的信用传递线路出现了阻塞现象。

在法院作出判决后，只有保证生效判决得到有效执行才能真正实现纠纷化解、维护社会公平正义。但在实践中被执行人难找、执行财产难查、协助执行人难求甚至因司法工作人员腐败导致执行异常终结等问题始终困扰着法院执行工作，直接影响当事人的利益，如表 4.2-7 所示。

表 4.2-7　法院在线诉讼模式

法院线上诉讼环节	存证方向	存证基础	模式价值	主要风险
立案电子票据存证、验证	立案回执	法院对符合管辖权和受案范围的案件依法受理的承诺	当事人救济的依据	凭证遗漏、缺失或被篡改
诉讼费用	诉讼费用电子票据	诉讼流程进行的凭证	诉讼流程进行的凭证，否则按照撤诉处理	当事人无法及时、准确辨别电子票据的真实性
文书签收	当事人签收记录	当事人对文书的知情权	贯彻审判公开，保证当事人对司法文书的知情权	电子文书易遭到破坏或修改，且当事人的签收行为没有有效的记录手段
网上阅卷	案件卷宗	当事人的阅卷权	保证当事人充分地对证据进行质证的权利	对系统用户违规调阅电子卷宗行为无法实时进行监管和记录
庭审文件	证据、庭审记录等	当事人的举证权以及庭审过程中质证情况，庭审记录是法官裁判的重要依据	保证当事人的合法权益，维护司法公正和公信力。保证材料的全面性和准确性	庭审文件材料遗漏、缺失或被篡改
执行	执行依据、执行过程	判决的效力、法院的权威以及当事人权利确定性	保护当事人基于生效裁判文书的权利，维护法院裁判文书的权威	执行信息获取难，执行案件"案多人少"矛盾突出

（1）场景痛点

法院工作因其需要大量的点对点式的司法电子信息的传输，借由区块链技术的去中心化与"信用共识机制"的特征集成，能够推进并解决法院工作领域中司法信息的共享、流通和存储的诸多难题。目前法院工作主要存在当事人身份验证难、电子化证据或电子证据真实性认证难、电子送达到达标准不统一等痛点。区块链是一种认证与核实技术，运用密码学原理和博弈论原理搭建了一种全新的技术架构。可以防止篡改已被确认的数据，如实记录已经完成的交易和其他行为，并在此基础上自动执行行为触发的后续程序。从这个意义上来说，区块链技术是一种交换技术，用于交换价值。法院工作中，司法信息的传输不再仅仅依赖区块链节点背后国家机关或第三方公证的信用与权威，区块链技术搭建的技术架构完成了司法信息的技术"自证"。

（2）应用方向

区块链主要是通过与在线诉讼、案件管理与执行相结合赋能法院工作。

● 在线诉讼。按照在线诉讼从立案、证据交换、送达到执行各个诉讼环节的司法信息传输要求，区块链技术在线诉讼的主要应用方向可以分为证据存证、网上阅卷、庭审笔录存证、电子送达和民事判决（仲裁）执行五种。

① 证据存证。传统电子证据由于其具有易变性，司法采信度普遍较低。实践中电子证据的采信依赖于对电子证据的真实性进行鉴定。由此可见，传统电子证据采信模式为"电子证据＋鉴定"。而区块链存证使用链式结构、哈希算法、Merkle树和时间戳、不对称加密技术，保证了上链后所记载数据的完整性、真实性和统一性。区块链的证据存证应用，开创了有别于传统电子证据论证模式的"证据自证"新模式，真正实现了电子证据独立的证据价值。国内典型的案例有吉林省高级人民法院电子证据平台、山东省高级人民法院电子证据平台、北京互联网法院"天平链"电子证据平台、杭州互联网法院"司法区块链"、广州互联网法院"网通法链"。

② 网上阅卷。传统的网上卷宗调阅功能在网上阅卷过程中，对系统用户违规调阅电子卷宗行为，无法实时进行监管和记录。区块链存证在网上阅卷过程中，对于用户调阅电子卷宗行为，系统将对这些行为日志进行存证固化，存证信息实现全链信息同步，每一个区块链节点都存有相同的行为日志存证信息。通过区块链对调阅卷宗信息行为进行上链存证，实现对违规查阅等行为进行监管。国内典型案例为山东省高级人民法院网上阅卷可信操作试点。

③ 庭审笔录。庭审笔录是能够真实反映庭审现场状况下各方达成的共识以及真实情况的记录。实践中线下诉讼需要双方当事人对庭审笔录进行签字确认。在线上诉讼中，庭审记录采用智能化语音识别技术，有个别地区采用庭审录音录像代替庭审笔录。如上海高院就相关问题作出了较为详细的规定，如要求采取区块链、时间叠加等数据存证技术，运用庭审系统和庭审音字转换系统自动记录录音录像的起止时间和视频、音频及智能语音识别平台自动转换的文字材料的文件大小、有无中断、区块链存储码等信息。庭审结束时，还将自动生成《庭审录音录像文件元数据记录表》，并由相关诉讼参与人签字后入卷归档。

④ 电子送达。传统电子送达容易受到网络故障、病毒等因素的影响，使得电子文书遭到破坏或修改。此外，当事人的签收行为没有有效的记录手段。基于此，

我国立法将判决书、裁定书、调解书等关键性文书排除在电子送达文书之外。利用区块链技术可以实现电子送达全流程可信管理，送达文书在办案系统生成时第一时间进行上链存证，受送达人通过法院司法链平台对文书进行核验，验证文书的真实性及完整性；依托区块链技术为当事人提供涉诉案件裁判文书送达的核验服务。区块链技术所具有的信息不可篡改性和可追溯性，保证了电子文书的真实性。同时区块链中运用的智能合约技术能够通过信息化手段对当事人的签收行为进行实时固化，将当事人的操作行为进行实时存证，作为文件签收证据全链同步，防止当事人抵赖。国内典型案例为山东省高级人民法院网上阅卷可信操作试点。

● 案件管理与执行。执行查控过程中，针对被执行人的新增、查控、删除等高敏感操作行为，通过司法链进行存证记录，同时记录敏感操作行为信息，对非被执行人查控等违规操作进行监管，实现执行查控操作的可监管、可验证、可追溯。

除此之外，根据司法执行的相关要求，区块链可以利用智能合约自动执行从调解开始到执行结束，司法的全流程都可以使用智能合约自动完成。区块链技术的透明、不易篡改特性，实现合同条款写入智能合约，在交易各方签署后自动运行，交易可按照内置的智能合约系统自动完成，全程留痕，数据可追溯。国内典型案例为上海法院进行试点应用的执行终本智能管理系统、保定中院终本案件智能核查系统。

（3）应用模式

针对司法机关而言，区块链可以分为司法机关内部链、司法机关外部链。目前，区块链在司法系统的应用主要集中于司法取证、存证、示证领域。电子证据或电子数据存证链应属于司法机关外部链。在司法机关内部链中，可以实现电子卷宗、电子档案、裁判文书、办案过程中重要的操作记录、文件、数据等文件的防篡改，实现司法机关内部管理留痕。

（4）应用价值

区块链作为一种去中心化、去信任化的点对点式传输技术架构，重塑了司法机关之间以及司法机关与外部其他主体的信任模式，化解了传统司法领域的诸多难题。其在司法领域主要的应用价值包括：

● 贯通了司法信息的电子化传输路径。传统上司法机关内部之间以及司法机关与外部的司法信息的传输依靠纸质文件，盖章背书。而区块链技术下，司法机关以及其他单位是区块链中的节点。区块链架构本身所产生的技术信任极大便利了司法信息的电子化传输，降低了信任成本。如电子文书的在线送达。

• 提高了司法效能。传统上电子证据的采信需要借助第三方鉴定、公证的方式进行真实性验证，增加了诉讼的时间和经济成本。区块链技术将电子证据加密后生成哈希值可以完成对电子数据真实性的验证，因而可以"技术自证"，极大节约了诉讼的时间与经济成本。此外，区块链在司法机关内部有广泛的应用场景，如电子卷宗的移送、电子档案的保存、法院裁判文书和办案过程中审批文件的保存。这不仅解决了纸质文件的成本问题，而且在司法管理方面提高了司法机关的司法效能。

• 是形成司法大数据的基础性技术。基于密码学技术的密态计算和可信执行环境技术的可信计算等底层技术，区块链可以实现链上数据内容的"可用不可见"。其技术核心是设计特殊的加密算法与协议，从而支持在加密数据之上直接进行计算，得到所需的计算结果，同时不接触数据明文内容。该技术在多方彼此互不信任而又需要进行某些合作时十分有用。比如应用于侦查实践中，可以有效化解侦查机关与其他第三方机构之间在数据协同方面的顾虑，有利于司法机关之间数据的互通共享。

• 帮助解决执行难问题。智能合约在司法区块链的融合与应用，一是突破语言局限性，避免语言漏洞造成的双方误解，作为计算机语言的代码具有精准和唯一指向性；二是促进执行智能化，通过发布智能合约，减少人工干预，推动司法执行更加智能化、公开透明化；三是为办案减负增效，进一步促进简案快执、难案精执，运用技术手段实现立案，智能化抓取必要信息，减轻司法资源压力；四是促进司法便民，当事人仅需确认案件履行结果，无须按照传统程序完成确认是否按期履行，核对申请执行期限，申请执行，填写、上传当事人信息、执行申请书、执行依据等信息材料等反复步骤，上述信息均通过智能合约达成条件后，自动触发抓取。

（5）面临的问题

电子证据的生命周期分为取证、存证、示证三个阶段。区块链的链式存储使得区块链技术在证据存证中的运用呈现出明显的阶段性特点，即区块链技术只解决电子证据在存证阶段的同一性与真实性。换言之，区块链技术无法保证上链前电子证据的真实性。尽管最高人民法院出台的《人民法院在线诉讼规则》将电子数据真实性审查分为上链前与上链后，但是电子数据真实性认定的关键标准是"提交给法庭的电子数据与原始电子数据一致"，而非"提交给法庭的电子数据与上传到区块链的电子数据一致"。这就造成区块链技术在电子证据存证场景下应用的有限性。此外，区块链技术组成之一的智能合约具有"事先预定""自动执行"的特征，无须代码之外的人为判断与批准。杭州互联网法院推行首个区块链智能合约司法应用，打造网络行为"自愿签约—自动履行—履行不能智能立案—智能审判—智能执行"的全流程闭环。可见，智能合约本质上是一种"技治主义"的治理理念，如何处理好"法治主义"与"技治主义"的关系，需要学术界进一步的探讨。

2. 趋势与分析

（1）总体趋势

当前，区块链技术主要应用于电子证据存证场景。为电子证据的真实性审查判断提供了有效的解决方案。随着区块链技术与证据提取、固定、保存全链条的高度契合，电子证据上链前的真实性问题将得到解决。

未来，区块链技术应用不仅仅局限于证据存证场景，法院立案、庭审、执行的全流程的司法信息的传输都将应用区块链技术。司法内部链条与外部链条将会进一步融合，区块链司法存证、区块链司法协作与区块链司法监督全流程上链，从而形成"链上司法"。

（2）创新模式

目前，法院的区块链建设模式是"百花齐放"，各地审判机关开发本地专属的区块链系统平台。未来，各地的区块链平台应当择优融合，实现全国审判机关区块链的一体化协同。公安、检察院、法院、司法行政机关以及仲裁委员会都成为区块链上的节点。同时，赋予不同层级、不同机关相应的数据使用权限，逐步实现司法大数据上链，以自动化和智能化的整体协同方式完成数据共享。基于区块链建设的智慧法院与侦查机关、检察机关互联形成以审判为中心的区块链互联司法体系，以完整实现司法信息高效、完整地传输。例如侦查案卷的移送、一审法院向二审法院卷宗的移送等。这不仅可以减少人为因素所带来的不确定性、随意性和复杂性，而且能够提高司法协作的效率和快速应变能力，大幅提升数据安全应用价值，实现数据可控共享。

（3）影响因素

目前，区块链在司法中的应用不普遍，但其所具有的特殊优势使其大有可为。

● 法官因素。法官对区块链思维存在认知误区与盲区，其是否接纳区块链技术有待考察。

● 技术因素。目前司法机关在智慧平台建设中采用与科技公司合作开发的模式，弥补自身技术短板。如何处理好司法机关内部大数据的保密性与外部科技公司之间的冲突，需要对技术合作合同以及合作的架构和领域进行规范。

● 法律规范因素。总体来说，区块链技术在法院领域应用规范环境较好。最高人民法院牵头制定了《司法区块链技术要求》《司法区块链管理规范》，指导规范全国法院数据上链。

供稿： 中国人民公安大学　　马明亮

4.2.4.3 司法服务

1.背景及现状

司法通常是指国家司法机关及其司法人员依照法定职权和法定程序，具体运用法律处理案件的专门活动。但在实践中，除了法院审判这类司法活动外，还有很多为了保证司法活动能顺利推进的辅助工作，如司法鉴定、仲裁、公证、社区矫正，其虽然不具有司法的性质，但在保障司法活动的顺利推进、促进司法活动质效提升和维护司法公正方面发挥着不可替代的作用，我们把这类业务称之为司法辅助与服务。司法辅助与服务的顺利开展不仅有利于提高司法效率，还可以起到进一步深化矛盾纠纷多元化解机制改革，推动社会解纷资源的合理配置和高效利用的作用。

近年来，智慧司法成为司法领域建设的重点。党的十九大提出要建设科技强国、数字中国和智慧社会。在中共中央政治局第十八次集体学习中，习近平总书记强调，区块链技术的集成应用在新的技术革新和产业变革中起着重要作用，我们要把区块链作为核心技术自主创新的重要突破口，明确主攻方向，加大投入力度，着力攻克一批关键核心技术，加快推动区块链产业技术和产业创新发展。面对信息化迅猛发展的趋势和与司法行政业务深度融合的迫切需求，司法辅助与服务引入区块链技术，帮助解决司法辅助与服务痛点问题，并取得了初步成效。

（1）场景痛点

司法服务往往牵涉到多个部门之间的合作，但传统业务部门之间信息沟通、交流的方式往往是送达纸质文书，存在信息沟通、交流不到位的问题，存在所谓的"数据壁垒"，导致各项工作无法准确、顺利地开展。除此之外，司法服务业务往往工作繁琐、流程较长，工作人员效率不高，当事人为了办理业务往往也需要多次跑腿。区块链技术具有多方数据共享、防篡改、可追溯的能力，运用区块链技术将业务部门纳入联盟生态，实现数据上链可以有效解决各方互信问题，改变司法机关的协作行为与信息互动方式，以自动化和智能化的整体协同方式完成数据共享，这不仅可以减少人为因素所带来的不确定性、随意性和复杂性，而且能够提高司法协作的效率和快速应变能力。

（2）应用方向

区块链目前在司法服务领域的应用方向大体可分为四种：

● 司法鉴定。司法鉴定是指在诉讼活动中鉴定人运用科学技术或者专门知识对诉讼涉及的专门性问题进行鉴别和判断并提供鉴定意见的活动。区块链技术在司法鉴定方面的运用以对电子数据进行鉴定为主，国内典型的案例有国网区块链司法鉴定中心，江苏省"区块链+司法鉴定"试点，广州市司法鉴定机构接入"公法链"。

● 社区矫正。社区矫正是指将符合法定条件的罪犯置于社区内，由司法行政机关及其派出机构在相关部门和社会力量的协助下，在判决、裁定或决定确定的期限内，矫正其犯罪心理和行为恶习，通过思想改造和劳动改造，并促进其顺利回归社会的非监禁刑罚执行或考验活动。区块链运用于社区矫正的国内典型案例有禅城区"区块链+社区矫正"互联共享平台。

● 仲裁。仲裁是指由双方当事人协议将争议提交（具有公认地位的）第三者，由该第三者对争议的是非曲直进行评判并作出裁决的一种解决争议的方法。仲裁与区块链相结合的代表案例有广州"仲裁链"、南京区块链仲裁平台、青岛仲裁委"基于 5G 网络切片技术的区块链电子证据平台"。

● 公证。公证是公证机构根据自然人、法人或者其他组织的申请，依照法定程序对民事法律行为、有法律意义的事实和文书的真实性、合法性予以证明的活动。区块链技术在几年前就已经运用于公证领域，典型案例有上海徐汇"汇存"区块链电子数据存储平台、北京方正公证取证平台。

（3）应用模式

目前区块链在司法辅助与服务领域的大多数产品都采用联盟链的架构，联合公证处、法院、鉴定中心等司法机构，彼此赋能，实现线上的存取证及司法鉴定等服务，同时提高所存储和输出证据的可信度。除了区块链核心技术之外，还大多应用了其他关键技术，为证据认定提供帮助。这些关键技术包括电子数据存储、可信时间戳、智能合约与虚拟机、隐私与数据加密等技术。同时，司法领域区块链应用还融合了一些相关技术如身份实名认证、证据固定和送达等辅助功能。

（4）应用价值

区块链以其多方数据共享、防篡改、可追溯的技术特点较好地解决了传统司法辅助与服务中存在的痛点问题，其在司法辅助与服务的应用价值主要包括：

● 打破部门信息壁垒，深化"最多跑一次"改革。区块链能够链接司法业务多部门，并为其建立起强信任关系基础，为多方可信数据交换提供有力的技术支持，实现司法数据可控共享和业务高效协同，提高工作效率，降低司法运作成本。另一方面，区块链与安全多方计算等技术相结合，能够实现多部门共同维护大数据，并进行跨部门、跨机构、跨地区、跨层级的综合利用，促进业务协同办理，深化"最多跑一次"改革，让数据多跑路，让公众少跑腿。

● 数据可信存储，维护司法公正。区块链作为一种去中心化的数据库，具有不可篡改、全程留痕、可以追溯、集体维护、公开透明等特点，可以保证数据的真实性和可信度，保障司法公正。且在数据可控授权流转过程中，所有数据访问操作记录在不可篡改的区块链账本之上，实现可靠备案，为建立数据可监管、可追溯的可控授权共享访问机制扫清障碍。一旦发生数据泄露等事故，区块链账本可提供有迹可循的溯源依据，进行追责。

（5）面临的问题

区块链作为新的信息技术，其技术创新为司法领域打通了信息壁垒，实现业务高效协同，但区块链技术、产品、基础设施仍不成熟，缺乏相关的开发、集成、运维和基础设施体系，如何保证对数据的有效审查与监管、保证节点的可信度与平衡有待考究。除此之外，"法律+技术"的复合型人才稀缺，区块链配套的各类规章制度仍亟待补全，这些都制约着区块链在司法辅助与服务领域的应用。

2. 趋势与分析

（1）总体趋势

当前，区块链技术在司法辅助与服务领域的运用范围越来越广，建设了"司法鉴定链""社矫链""仲裁链""公证链"，连接司法业务多部门，实现司法数据可控共享和业务高效协同，提高工作效率，降低司法运作成本。区块链技术与法治建设的全面融合，不断提升着人民群众在法治建设领域的获得感、幸福感、安全感。

在未来，区块链技术与行政执法监督、法律援助、律师资格证书及执业证书管理、法律咨询等工作都可结合，利用区块链数据共享模式，实现数据跨部门、跨区域共同维护和利用，促进司法行政业务协同办理为人民群众提供更加智能、更加便捷、更加优质的公共服务。

（2）创新模式

区块链技术在司法辅助与服务领域的建设多以联盟链为主，司法领域的联盟链建设应当建立在私有链的基础上，联盟链本身是属于私有链的一种，因此司法领域联盟链的建设首先由诸如法院、公安机关、公证处等首先建立各自的私有链，在此基础上形成共同管理的联盟链，每个机构负责管理其中的一个节点，并且读写数据和发送交易的权限仅交由该机构负责。参与者只享有查阅的功能，以确保利用区块链技术加固的证据内容的传播速度和质量。

（3）影响因素

区块链技术在司法辅助与服务的应用尚不具备完善的生态体系，未来需要开展全方位的布局，包括技术研究、配套设施、监管政策与法律法规等。

• 政策因素。2019 年 11 月，司法部在江苏省举办"区块链＋法治"论坛，强调积极推进区块链与法治建设全面融合，把"区块链＋法治"作为"数字法治、智慧司法"建设新内容。国家大力推进智慧司法建设，为区块链技术在司法辅助与服务的运用提供了良好的政策环境。

• 法律因素。2018 年生效的《互联网法院规定》重点提及了区块链证据的真实性问题，且最高人民法院于 2021 年 1 月 21 日发布了《关于人民法院在线办理案件若干问题的规定（征求意见稿）》，其中第十四条至第十七条分别针对区块链证据效力、区块链证据审核规则、上链前数据真实性审查以及区块链证据补强认定等方面对区块链证据的司法认定提出了标准。法律法规的健全规范着区块链在司法领域的应用，为其建设与发展提供行为规范。

• 人才因素。"区块链＋司法"的复合型人才稀缺是制约区块链技术在司法辅助与服务领域运用以及未来发展的重要因素。区块链技术属于一个全新技术领域，在培养出大量合格的成熟区块链技术开发人员之前，区块链技术相关优秀人才的短缺将长期成为技术及相关应用包括司法辅助与服务领域发展道路上的一大障碍。

• 技术因素。出于司法审慎的要求，如何有效保护区块链上的隐私数据、如何实现多机构节点大规模部署和跨链互联，需要加快推进共识算法、跨链技术、隐私保护等区块链核心技术的研究创新。

供稿：　中国人民公安大学　　马明亮

4.2.4.4　公检法司办案协同

1. 背景及现状

检察院、法院、司法厅局等政法单位存在大量跨部门可信协作场景，天然适用于区块链的应用落地。目前，公检法司各机构都已经建立了各自的业务信息系统，包括警综平台、检察院平台、法院办案平台等，已实现部分公检法司内部业务流程的线上化和电子化。然而，公检法司各机构业务系统之间仍未搭建可以实现业务信息及时互通的通道，这使得各家业务系统变成了一座座信息孤岛，无法实现多方可信连接。

2018年5月，中央政法委在苏州召开跨部门大数据共享办案平台建设座谈会，要求全国各省都建立政法信息共享平台，公检法司跨部门之间的办案、协同成为不可逆转的历史潮流。各地纷纷展开调研、试点，尤其以刑事案件领域的探索最为普遍。刑事案件从立案侦查、批捕起诉、审判执行到刑罚执行整个司法程序需要多机构之间交互运转。然而，公检法司等政法单位各自的刑事案件信息系统都局限于内部循环，并未真正实现业务的线上协同、数据共治共享。疏通上述梗阻需要从设施、网络、平台、数据等多个维度入手，而区块链技术成为了"破局"的关键。

（1）场景痛点

"公检法司"主要是指公安、检察院、法院与司法行政机关，作为政法系统的主要机构，公检法司之间的办案、管理场景非常普遍。以往跨地域、跨机构、跨部门之间的协同主要依赖于纸质文书，在时间、流程、效率、完整度及准确性等方面存在诸多问题，有待优化解决。此外，在全国政法智能化建设的推进下，不同机构都有其独立的办案和管理系统，各自的技术架构、网络开放性和数据安全保密要求等不尽相同，如何实现跨系统的对接，使得"数据多跑路"，对于实现政法信息的汇集融合和信息共享，以数据赋能政法至关重要。

（2）应用方向

公检法司各家机构存在业务环节的监督、制约关系，信息化协作对数据可信、校验能力要求高、流程追溯需求强，因而能够充分发挥区块链的数据存证、防篡改与可信校验优势。

目前，公检法司协同场景中，区块链的主要应用方向包括：

• 数据存证。将办案过程中的案件信息录入、流转，文书卷宗信息等进行存证，确认提交方及存证方，由接收方进行查询验证，确保信息安全、真实、可靠，实现案件移交过程的责任明晰。

• 数据追溯。对办案过程信息进行记录，可以使检察院及政法委等部门能够对案件进行追踪与监督。

• 智能合约自动化。发挥智能合约的特性，通过自动化流程替代人工操作，使不同部门之间的协同更加智能、便捷。

（3）应用模式

区块链在公检法司协同场景中的落地应用模式主要有两种。第一种模式是由政法口上层机构牵头主导，如政法委，其他公检法司机构参与。该种模式的优势在于架构和业务设计站位高，牵头部门能够统筹全局，有利于扩大公检法司各机构的参与广度。第二种模式是由公检法司中的某一个主体部门牵头，如公安、法院，聚焦于解决某类特定案件或某项合作领域内的办案和数据信息协同问题。该种模式的优势在于切口小、业务场景细化具体，更容易落地；不足是需要说服其他部门参与到协同体系中，还有系统搭建的费用成本分摊问题。

（4）应用价值

针对目前公检法司业务信息系统和协作体系中存在的问题和困难，利用区块链技术，通过建设联盟链协作系统加强可信数据共享，推进执法司法活动中各机构业务系统的协同交互，解决目前普遍存在的信息不共享、协作不规范、衔接不通畅等问题，实现了如下价值与成效。

● 公检法司业务和案件数据实时高效可信互通。协作系统打破各家业务系统数据孤岛的现状，将业务数据和案件数据实时共享，使得公检法司各机构能够及时获取案件信息和流程进展情况信息，并为相应的业务工作做提前准备，在任务安排和时间掌控上转被动为主动，大大提高了办案效率。

● 案件数据上链存证，实时校验，防篡改。传统的纸质文书存在易丢失、易篡改、易损毁的问题，协同平台借助区块链不可篡改的特性，保证案件数据在多方流转的过程中依然能够保持原有的完整性和真实性。

● 执法司法全流程数据统计与监督。通过执法司法全流程可追溯以及数据统计功能，实现公检法司各机构之间相互监督，以及政法委对办案全流程监督，保证各机构执法公平公正。

● 历史数据的价值挖掘与利用。协同平台将历史业务数据和案件数据依照时间顺序，存储在区块链账本中进行统一管理。借助人工智能和大数据技术对历史数据进行分析挖掘，不仅可以识别出数量庞大的案件中隐藏的固定规律和模式，辅助侦查人员探寻犯罪根源，还可以分析业务流程中存在的隐藏问题，甄别待改善环节，辅助流程制定者完善公检法司各机构内部和机构间的业务流程。

（5）面临的问题

区块链在公检法司场景里的应用尚存在深度不足的问题，主要体现在与业务的结合度不够紧密，应用方向多以通用业务数据存证、数据追溯、业务流程自动化等为主，区块链的可信互联、数据共享、多方计算能力并未得到良好体现。

2. 趋势与分析

（1）总体趋势

基于区块链底层架构，通过融合人工智能、大数据等技术手段，加强公检法司等跨部门的数据交互，同时保障数据办案协同平台安全性，能够有效解决公检法司跨部门之间的法律文书、数据信息共享难题。区块链去中心化、不可篡改、全程留痕、可以追溯、公开透明等特点与法律具有天然的契合性，在公检法司协同的业务场景下具有广阔的应用前景。2021 年 8 月 2 日，中共中央发布《中共中央关于加强新时代检察机关法律监督工作的意见》。《意见》指出运用大数据、区块链等技术推进公安机关、检察机关、审判机关、司法行政机关等跨部门大数据协同办案。在未来，区块链在公检法司办案协同领域的应用将越来越广。

（2）创新模式

● 可突破的应用方向。未来，区块链在公检法司协同的应用方向主要包括两方面，一方面是利用信息技术加速业务协作效率，探索智能合约技术、预言机技术的使用，进一步优化协作流程、提高协作效率。另一方面是将技术与各机构业务进行深入融合，在公安、检察院、法院、司法各机构内部及跨机构业务中探索场景化应用，进一步发挥可信技术价值。

第一，利用区块链和智能合约对电子卷宗进行全生命周期管理。对电子卷宗、电子档案、庭审笔录、各种法律文书等电子文件进行固化存证，从而确保案件在立案、分案、审判、结案、归档、执行、上诉申请再审等各环节流转过程中，以及电子卷宗或电子档案在形成、传输、保存、利用、销毁过程中的安全可信、安全存储、真实防伪、不可篡改。

第二，利用区块链解决法律文书在公检法司间的互信以及人民群众的真实校验问题。对于公检法司间需要传递的法律文书，以及需要送达给当事人的各类通知书、裁判文书等，进行区块链存证，确保文书真实可信、不被篡改。将上述文书进行传递或送达后，接收方可通过区块链核验服务对文书的真实性进行在线校验，以此提升司法的公信力和透明度。

● 可探索的创新模式。未来，公检法司协同的场景可以向外延伸，与其他主体、业务进行深度融合，可进一步催生出一批新场景、新模式。

第一，将公检法司横向与各机构上下级纵向相结合，形成"纵横交织"的立体协作网络。跨层级之间的法律文书、案件材料转移、调取，跨地域之间的部门协同，都可与跨公检法司部门之间的协同进行互联互通，构建更大范围、更深程度的协作网络。

第二，将公检法司与行政执法、监督结合，构建法治政府、法治国家的基础底座。行政执法主要将各委办局有执法权的部门、人员的行政执法信息上链，实现与公检法司的数据共享，使得法治触角得到极大延伸。

第三，将公检法司协作平台的部分能力开放给法律服务机构和社会大众，提升人民群众对高质量法律服务和对公平正义的获得感。公证处、司法鉴定机构、调解机构、律所等主体是依法治国的重要力量，未来可以探索形成区块链公证书、区块链司法鉴定书、区块链法律意见书与公检法司法律文书一同支持上链存证、真实校验，在区块链技术的加持下构建可信社会环境。

（3）影响因素

公检法司作为各自独立的部门，其间的数据共享、协同办案需要克服诸多障碍，目前的落地案例和初步成效来之不易。

一是中央政策推动，顶层设计规划。2018 年 2 月，习近平总书记对政法工作作出重要指示，强调要深化智能化建设，严格执法、公正司法。[①] 在中央政法工作会议上，中共中央政治局委员、中央政法委书记郭声琨要求，要认清大势、抓住大机遇，大力加强智能化建设，把政法工作现代化提高到新水平。要积极推进信息基础设施一体化，进一步提高智能化建设的层次和水平，把深化司法体制改革和现代科技应用结合起来，进一步提高诉讼服务水平，切实提升审判质效。

二是业务场景的现实需求驱动。长期以来，公检法司等政法部门各自的案件（尤其是刑事案件）信息系统都局限于内部循环，部门之间的业务衔接主要通过纸质法律文书人工线下交换、案卷资料派员移送、案件信息重复录入等传统方式实现。案多人少，政法干警工作压力巨大，依托智能化提升办案效率的需求更加迫切。

三是技术能力提供有力支撑。随着近年来区块链技术的不断成熟发展，其功能架构已经基本保持稳定，包含基础设施、基础组件、账本、共识、智能合约、接口、应用、操作运维和系统管理。在账本数据、密码算法、网络通信、智能合约、硬件等方面也不断采用技术措施保障区块链安全，隐私保护手段日趋多样化。区块链技术的日益成熟为公检法司的场景落地提供了强有力的保障。

四是商业公司的大力推动。2019 年 10 月 24 日，中共中央政治局就区块链技术发展现状和趋势进行第十八次学习，习近平总书记强调要把区块链作为核心技术自主创新重要突破口，加快推动区块链技术和产业创新发展，此次会议为我国

---

① 习近平谈政法工作：让遵法守纪者扬眉吐气，让违法失德者寸步难行[EB/OL](2019-1-18)[2022-11-12].http://www.qstheory.cn/politics/2019-01/18/c_1124009221.htm.

区块链产业发展开辟了新篇章。区块链企业纷纷入场布局，积极在各行业领域探索相关应用场景，结合业务端的需求痛点输出可行解决方案。

供稿： 中国人民公安大学 马明亮

4.2.4.5 行政执法

1. 背景及现状

综合行政执法工作是国家法治观念和法治水平的直接体现。传统行政执法存在信息不联通、监管不到位等问题，如何创新执法方式、提升执法水平、强化执法实效、加强执法监管成为行政执法改革的当务之急、重中之重。2014年，中共中央、国务院印发了《关于深入推进城市执法体制改革改进城市管理工作的指导意见》，指出应构建智慧城市，依托信息化技术提升执法效能。区块链技术是新一代信息技术中具有鲜明特质的技术之一，为行政执法活动提供了重要的技术手段。社会治理强调多中心、权威透明、公平公正、联动互信，与区块链技术内涵十分切合。因此，运用区块链思维研究国家社会治理活动的本质规律、提升综合行政执法工作的前瞻性和科学性，具有很强的现实意义和长远意义。

（1）场景痛点

传统行政执法存在跨部门、跨地区、跨专业信息不联通，监管信息化程度低，数据时效和安全性差等问题。加快执法信息整合、推进智慧执法是当务之急。通过引入区块链技术，促进业务信息互联互通，促进跨部门、跨地区一体化执法信息数据共享。将执法流程和记录、行政处罚、信用评价等信息上链，增强执法的规范性和透明度，以及运输全过程监管数据的时效性和安全性，缓解监管部门压力。

（2）应用方向

目前，区块链在行政执法领域主要被运用于记录、存储执法过程以及强化执法监督两个方面。

● 行政执法过程全记录。在行政执法过程中，利用定制的执法记录仪进行录像，计算音视频的哈希值（指纹信息），并将占用内存空间小的哈希值实时上传至区块链，共享给链上的其他节点。

系统通过将执法记录仪等执法设备以可信物联网设备的形式上链，从而保障执法数据的物理设备可信及生产数据的来源可信；系统通过依托区块链的去中心化和不可篡改特性，将执法主体的身份、工作等信息上链，在相应的区块链节点间共享，从而实现执法人员和执法对象的身份互信；

●行政执法监督。司法行政可信法治平台中的区块链+行政执法监督系统，通过与执法主体单位共建联盟区块链，推动执法数据上链，将监督规则以区块链的智能合约技术形成规约，从而实现链上自动监督预警；系统借助将执法过程中的每一环节及其资料数据即时上链，全程公开执法行为、办理时间、法律政策依据等信息，实现链上执法公开，增强执法公开性和透明度；系统通过将群众举报、执法对象自举证、管理部门监督等行为上链存储，形成全民参与执法监督的协同治理模式，执法相对人及相关人员可在链上实时查询、反馈，有效拓展群众监督渠道。

（3）应用模式

在行政执法过程中，通过建立"私有链"全程固定执法流程，客观、公正评价执法人员及其执法行为，保证行政执法的公正性。在行政执法监督方面，与执法部门共建联盟链，实现链上自动监督。推动执法主体身份、工作等信息在相应区块链节点共享，实现执法人员和执法对象的身份互信。全面公开执法行为、执法依据等信息，将群众举报、执法对象举证、管理部门监督等信息上链，推动形成全民参与的执法监督格局。

（4）应用价值

传统的执法监督由于被监督行为数量庞大，存在遗漏执法程序、难以及时纠正、公开不透明不彻底等问题。通过区块链技术，实现了执法数据全程上链、全程记录、不可篡改、执法数据实时共享、实时公开、执法结果实时上传公开平台、同步共享给行政机关、纪检、监察部门以及执法人员信息全覆盖、法规实时更新，有效解决了传统工作中的难题。

●规范行政执法行为，加强行政执法监督。传统的执法监督由于被监督行为数量庞大，存在遗漏执法程序、难以及时纠正、公开不透明不彻底等问题。通过区块链技术，实现了执法数据全程上链、全程记录、不可篡改、执法数据实时共享、实时公开、执法结果实时上传公开平台、同步共享给行政机关、纪检、监察部门以及执法人员信息全覆盖、法规实时更新，不仅能有效提高行政执法的公开性、透明性，规范行政执法行为，还构建了有力的执法监督体系。

●保护执法人员权益，防范执法风险。利用公证公信力和区块链技术作双重背书，可以为行政执法单位及执法人员自证清白提供保障，切实保护行政执法人员的自身权益，有效防范行政执法风险。

（5）面临的问题

行政执法工作日常业务量庞大，当行政执法业务体量变得非常巨大的时候，涉及的部门领域越来越多。去中心化的区块链系统如何保证在如此大数据量的情况下正常运作，并且顺利实现全国范围内跨部门的数据按需共享并且相互保密，以及保证所有数据合法性、安全性受到有关部门的监管，这会是一个巨大的挑战。

2. 趋势与分析

（1）总体趋势

根据《中共中央　国务院关于深入推进城市执法体制改革改进城市管理工作的指导意见》的要求，在"智慧城市"建设总体框架下，结合地区行政综合执法的要求和现状，结合区块链技术积极探索构建"智慧＋执法"模式，进一步量化办案流程、规范案件办理过程、提高为民服务效率，提升城市形象，提升执法效能将成为未来行政执法的重要课题。

（2）创新模式

十八届四中全会曾明确指出要健全行政执法和刑事司法衔接机制，但实践中"两法衔接"问题仍然没有得到有效解决，"有案不移，以罚代刑"问题仍较为突出，在未来可以通过构建行政执法部门与检察院、法院的联盟链，以分布式账本系统打破信息壁垒，以智能合约有效解决"有案不移"难题。

（3）影响因素

区块链技术在行政执法方面的运用尚不成熟，区块链自身的技术因素以及政策因素都影响着区块链在行政执法领域的运用。

● 技术因素。行政执法业务工作量大，如何保证区块链系统在大数据量的情况下正常运作以及如何保证数据按需共享、合法有效存储，只有有效解决这些技术痛点，区块链才能更好地赋能行政执法工作。

● 政策因素。根据中央先后出台《法治政府建设实施纲要（2015-2020 年）》、《关于全面推行行政执法公示制度执法全过程记录制度重大执法决定法制审核制度的指导意见》、《"数字法治 智慧司法"信息化体系建设指导意见》等相关政策要求，在司法部"数字法治 智慧司法"顶层设计的框架下，行政执法的信息化建设已成为一项重要课题，推动着区块链技术与行政执法工作的结合。

供稿：　中国人民公安大学　　马明亮